U0369414

“十三五”国家重点出版物出版规划项目
面向可持续发展的土建类工程教育丛书

工 程 测 量

主　编　李少元　梁建昌
副主编　冯燕萍　赵军华
参　编　陈永昌　宋利杰　李孟倩

机 械 工 业 出 版 社

本书根据现行国家标准和行业规范，结合实际教学经验编写而成，章前设有学习目标模块，章后设有习题。

本书共14章。前10章为基础知识部分，内容是测量学的基本概念和基础理论，主要包括绪论、水准测量、角度测量、直线定向与距离测量、测量误差理论的基本知识、控制测量、GNSS简介、大比例尺地形图测绘、地形图的应用、施工测量的基本工作。第11~14章为工程测量的实用部分，主要包括建筑、线路、桥梁、隧道工程的测量工作。

本书具有实践性强、理论和实践相结合的特点，融入课程思政教育理念，可作为高等院校土木工程、交通工程、水利工程、环境工程、工程管理、工程造价、建筑学等专业的教材，也可作为其他相关专业学生及工程技术人员的参考用书。

本书配套有授课PPT、习题参考答案、视频等资源，免费提供给选用本书的授课教师，需要者请登录机械工业出版社教育服务网（www.cmpedu.com）注册下载。

图书在版编目（CIP）数据

工程测量/李少元，梁建昌主编. —北京：机械工业出版社，2021.6（2025.3重印）
（面向可持续发展的土建类工程教育丛书）
“十三五”国家重点出版物出版规划项目
ISBN 978-7-111-68799-3

Ⅰ.①工… Ⅱ.①李… ②梁… Ⅲ.①工程测量-高等学校-教材 Ⅳ.①TB22

中国版本图书馆CIP数据核字（2021）第150301号

机械工业出版社（北京市百万庄大街22号 邮政编码100037）
策划编辑：李 帅 责任编辑：李 帅 舒 宜
责任校对：张晓蓉 封面设计：张 静
责任印制：单爱军
北京虎彩文化传播有限公司印刷
2025年3月第1版第7次印刷
184mm×260mm · 16印张 · 396千字
标准书号：ISBN 978-7-111-68799-3
定价：49.90元

电话服务	网络服务
客服电话：010-88361066	机 工 官 网：www.cmpbook.com
010-88379833	机 工 官 博：weibo.com/cmp1952
010-68326294	金 书 网：www.golden-book.com
封底无防伪标均为盗版	机工教育服务网：www.cmpedu.com

前 言

工程测量是土木工程、交通工程、水利工程、工程管理、工程造价等工程类专业的基础课，也是一门对学生实际动手能力要求较高的课程。

党的二十大报告指出："加快建设制造强国、质量强国、航天强国、交通强国、网络强国、数字中国。"因此，在新工科建设蓬勃展开的时代背景下，本书兼顾了先进性与实用性：阐释了现代测量新知识和新技术，如 GNSS、无人机摄影测量、CORS 系统、线路测量控制的"三网合一"和中桩坐标通用计算公式等；介绍了测量新设备，如陀螺全站仪、测量机器人、电子水准仪，旨在推动专业技术改造升级；为促进读者树立规范意识，全部采用了现行标准和规范，以现行国家标准为主，兼顾行业规范。本书以数字测图、高速铁路测量为载体，融合了新设备、新技术的应用，便于读者学习理解并贴近工程实际。针对当下及未来一定时期内新、老测绘技术共存的客观事实，在本书基础部分采用了新旧融合或并行的方式，比如微倾式、自动安平式、数字式水准仪融合介绍，以全站仪、RTK 数字测图技术为主，适度讲解经纬仪测图技术部分等。在每章都配有学习目标、习题，便于读者自主学习，利于培养读者分析问题、解决问题的能力。

本书以"大土木"为背景，工程测量内容涵盖建筑、道桥、隧道等工程，内容比较全面，可供不同专业选用。第 1~7 章介绍了测量学的基本知识、测量的基本工作及测量仪器构造和使用，第 8~9 章讲述了大比例尺地形图及其应用，第 10 章介绍了施工测量的基本工作，第 11~14 章着重介绍了建筑、线路、桥梁、隧道工程的测量工作。

本书由石家庄铁道大学李少元（第 1、6、10、14 章）、河北地质大学陈永昌（第 2 章）、河北地质大学冯燕萍（第 3 章）、石家庄铁道大学赵军华（第 4、9、11 章）、华北理工大学李孟倩（第 5 章）、华北理工大学宋利杰（第 13 章）、石家庄铁道大学梁建昌（第 7、8、12 章）共同编写。由李少元和梁建昌负责全书统稿。

由于本书涉及面宽、范围较广、编写人员多，书中难免存在不完善和错误之处，敬请读者批评指正。

本书在编写的过程中，得到了各有关单位、有关专家和工程技术人员的支持与帮助，在此表示衷心的感谢。

编 者

目 录

第1章　绪　　论

【学习目标】

1. 了解测量学分类、任务和作用。
2. 熟悉测量工作的基本原则和特点，测量的基本工作内容。
3. 掌握测量学的基本概念，地面点位的表达方式。

1.1　测量学的任务及其作用

1.1.1　测量学的定义

人类文明伊始，由于生产和生活的需要，人类就开始了对周边环境的探索，收集各种空间分布信息，并对环境进行改造以改善生存条件，促进社会的发展。在这一过程中，测量学得以产生和发展，并应用于生产实践。

测量学是研究确定地表及其附近空间点位、收集空间分布信息（包括确定地球形状和大小）并加以表达，以及将设计的内容体现在地面上的科学和技术。很多时候，测量学也称为测绘学。测量学的任务包括测定和测设两个方面。测定是指运用测量仪器和方法，通过测量和处理，获得地面点的位置信息，或者把地球表面的地形按一定比例缩绘成地形图，供科学研究、国民经济建设和规划设计使用，测定又简称从地面到图纸的工作。测设就是将设计好的建筑物和构筑物的位置用测量仪器和测量方法在地面上标定出来作为施工的依据，测设又简称从图纸到地面的工作。无论是测定或是测设，测量工作的实质是确定地面点位。

1.1.2　测量学的分类

随着科学技术不断发展，测量学的内容和研究对象也在不断丰富。按研究对象和范围的不同，其分类如下：

1）普通测量学：研究小范围内地表测量工作的基本理论、方法和应用的学科。普通测量学将小范围的地球面当作平面处理，不顾及地球的曲率。

2）大地测量学：研究大范围内建立国家大地控制网，测量地球形状、大小和地球重力场的理论、技术与方法的学科。大地测量因涉及范围大，需要顾及地球的曲率影响。大地测量为其他测量工作提供了基础。

3）摄影测量学：研究利用摄影或遥感手段获取地表信息，确定被测物体的位置、形状、大小和性质的学科。

4）工程测量学：研究各类工程项目在设计、施工和管理阶段所进行的多种测量工作的学科。

5）地图制图学：利用所获得的空间分布信息，研究制作地图（测量成果的主要表达方式）的理论、工艺和应用的学科。

6）海洋测绘学：以海洋水体和海底为对象，研究海洋定位、测定海洋平均海面、海底和海面地形、海洋重力、海洋磁力、海洋环境等自然和社会信息的地理分布及编制各种海图的理论和技术的学科。

本教材主要内容包括普通测量学和部分工程测量学的内容。

1.1.3 测量学的地位和作用

测量的应用范围非常广阔，在国民经济建设、国防建设以及科学研究等领域占有重要的地位，对国家可持续发展发挥着越来越重要的作用。

在国民经济建设方面，测绘信息是国民经济和社会发展规划中最重要的基础信息之一。

测量工作常被人们称为工程建设的尖兵，在工程勘测、设计、施工、竣工及运营等阶段都需要测量工作，而且都要求测绘工作“先行”。

测量工作为国土资源开发利用、城市建设、工业、农业、交通、水利、林业、通信、地矿等部门的规划和管理提供地形图和测量资料。土地利用和土壤改良、地籍管理、环境保护、旅游开发等都需要应用测量工作成果。

在国防建设方面，测量工作为打赢现代化战争提供保障。各种国防工程的规划需要测量工作，战略部署、战役指挥离不开地形图，现代测量科学技术对保障远程导弹、人造卫星或航天器的发射及精确入轨起着非常重要的作用，现代军事科学技术与现代测量科学技术已经紧密结合在一起。

在科学研究方面，诸如航天技术、地壳形变、地震预报、气象预报、滑坡监测、灾害预测和防治、环境保护、资源调查，都要应用测量科学技术，需要测量工作的配合。

近十几年来，随着空间科学、信息科学的飞速发展，全球卫星导航系统（GNSS）、遥感（RS）、地理信息系统（GIS）技术已成为当前测绘工作的核心技术，计算机和网络通信技术已经在测绘工作中普遍应用。测量领域早已从陆地扩展到海洋、空间，由地球表面延伸到地球内部，测量技术体系已从模拟转向数字、从地面转向空间、从静态转向动态，并进一步向网络化和智能化方向发展，测量成果已从三维发展到四维、从静态发展到动态。随着新的理论、方法、仪器和技术手段不断涌现及国际测量学术交流合作日益密切，我国的测量事业必将取得更多更大的成就。

1.2 地面点位的确定

1.2.1 地球的形状与大小

测量工作的实质是确定点位。由于测量工作通常是在地球表面上进行的，所以，在讨论如何确定地面点位之前，先介绍关于地球形状和大小的知识。

地球表面是一个极不规则的曲面，它上面有高山、平原、丘陵、陆地表面水域和海洋等。其中，位于我国青藏高原上的世界最高峰珠穆朗玛峰，海拔达 8848.86m；位于太平洋西部最深的马里亚纳海沟，低于平均海平面 11034m。虽然地球表面起伏如此之大，但与其 6371km 的平均半径相比还是微不足道的。由于地球表面上陆地仅占 29%，而海洋却占 71%，所以我们可以将地球总的形状看作是一个被海水包围的球体。

设想静止的海水面延伸至大陆和岛屿后，形成包围整个地球的连续表面，称为水准面，它可以在局部由静止的液体表面来体现。水准面的特性是它处处与铅垂线正交，符合这一特性的水准面有无数个，其中与静止的平均海水面重合的叫大地水准面（图 1-1）。大地水准面是测量工作的基准面。大地水准面所包围的地球形体，称为大地体。

大地水准面虽然比地球的自然表面要规则得多，但仍不能用一个数学公式表示出来。为了便于测绘成果的计算，需选择一个大小和形状与大地水准面极为接近，且表面又能用数学公式表达的旋转椭球来代替大地体，即地球椭球。大地水准面相对于旋转椭球面有一定的起伏，称为大地水准面差距。旋转椭球的大小可采用长半轴 a 和短半轴 b，或长半轴和扁率 $f=(a-b)/a$ 来决定。我国 1980 年国家大地坐标系采用 1975 年国际大地测量与地球物理联合会推荐的椭球参数，长半轴 $a=6378140$m，短半轴 $b=6356755.2881575287$m，扁率 $f=1/298.257$；GPS 应用的是 WGS-84 椭球参数，长半轴 $a=6278137$m，扁率 $f=1/298.257223563$；2000 国家大地坐标系（CGCS2000）的长半轴 $a=6278137$m，扁率 $f=1/298.257222101$。由于地球的扁率 f 很小，所以在一般测量工作中，可把地球看作一个圆球，其半径 $R=6371$km。

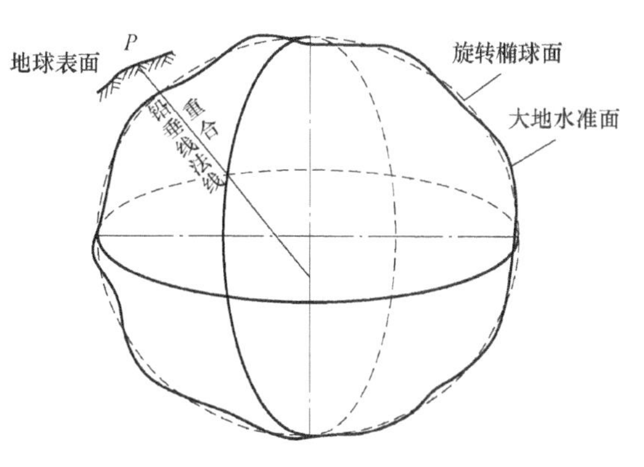

图 1-1 地球形状

1.2.2 地面点位的表示方法

在测量工作中，地面点的位置一般是由地面点在投影面上的坐标和地面点到大地水准面的垂直距离（高程）来表达的。此外，可以用三维空间直角坐标来表达。常用的表达方式如下：

地面点位的表示方法

1. 大地坐标

以经纬度表示地面点位置的球面坐标系称为地理坐标，按测量方法及依据的基准面、基准线的不同，分为大地（地理）坐标和天文（地理）坐标。

大地坐标是表示地面点沿法线在椭球面上的位置，用大地经度和大地纬度来表达。

如图 1-2 所示，N、S 分别为地球的北极和南极，NOS 为地球的短轴，又称地轴。垂直于地轴并通过球心 O 的平面称为赤道面，赤道面与椭球面的交线称为赤道。过地面上任意一点的铅法线与地轴 NS 所组成的平面，称为该点的子午面，子午面与椭球面的交线，称为子午线或经线；垂直于地轴且平行于赤道面的平面与椭球面的交线称为纬线。1968 年以前，将通过英国格林尼治天文台旧址的子午面，称为首子午面（即起始子午面）。地面上任意一点 P 的子午面与起始子午面之间的夹角，称为该 P 点的大地经度，通常用符号 L 表示。大地经度自首子午面起向东 0°～180°称为东经，向西 0°～180°称为西经。地面上过点 P 的法线与赤道面之间的夹角，称为该 P 点的大地纬度，通常用符号 B 表示。大地纬度自赤道起向北 0°～90°称为北纬，向南 0°～90°称为南纬。例如，北京市中心的大地坐标为东经 116°24′，北纬 39°54′。1968 年国际时间局改用经过国际协议原点（CIO）和原格林尼治天文台的经线延伸交于赤道圈的一点作为经度的零点。

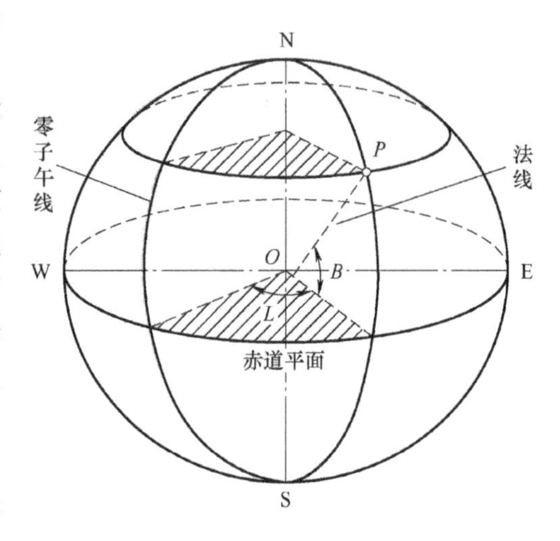

图 1-2　大地坐标

大地经纬度依据的是椭球面和法线，根据大地测量所获得的数据推算而得。

高斯投影

2. 高斯平面直角坐标

用大地坐标表示大范围内地球表面的点位是很方便的，其常用于大地测量问题的解算。但若将其直接应用于工程建设、规划、设计、施工等，则很不方便。故需将球面上的元素按一定条件投影到平面上建立平面直角坐标系。在我国，平面直角坐标系是采用高斯投影分带的方式来建立的。

高斯投影分带的方法是将地球划分成若干带，将每带分别投影到平面上。投影带从首子午线（通过英国格林尼治天文台的子午线）起，每隔经度 6°划分一带（称为六度带），如图 1-3 所示，自西向东将整个地球划分成经差相等的 60 个带。位于各带中央的子午线称为中央子午线或轴子午线。

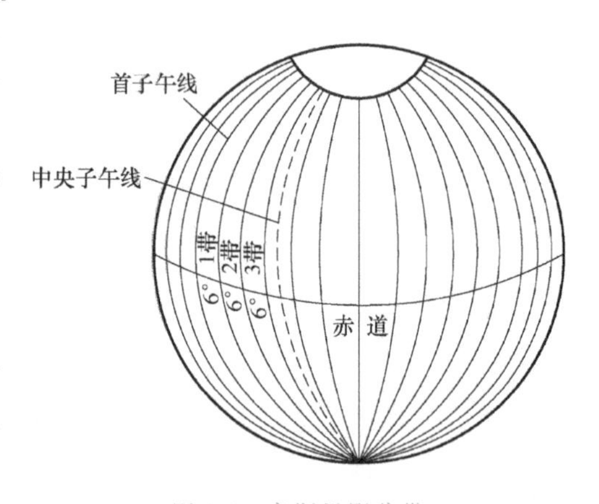

图 1-3　高斯投影分带

如图 1-4a 所示，设想用一个平面卷成一个空心椭圆柱，把它横着套在地球椭球外面，使椭圆柱的中心轴线位于赤道面内并且通过球心，使地球椭球在某个投影带的中央子午线与椭圆柱面相切。在椭球面上的图形与椭圆柱面上的图形保持等角的条件下，将这个投影带投影到椭圆柱面上，然后将椭圆柱沿着通过南北极的母线切开并展开成平面，便得到这个投影带在平面上的投影。中央子午线经投影展开后是一条南北向的直线，其长度投影前后不变，以此直线作为纵轴，即 x 轴；赤道经投影展开后是一条与中央子午线正交的直线，将它作为横轴，即 y 轴；两直线的交点作为原点，则建立了高斯平面直角坐标系，如图 1-4b 中所示。

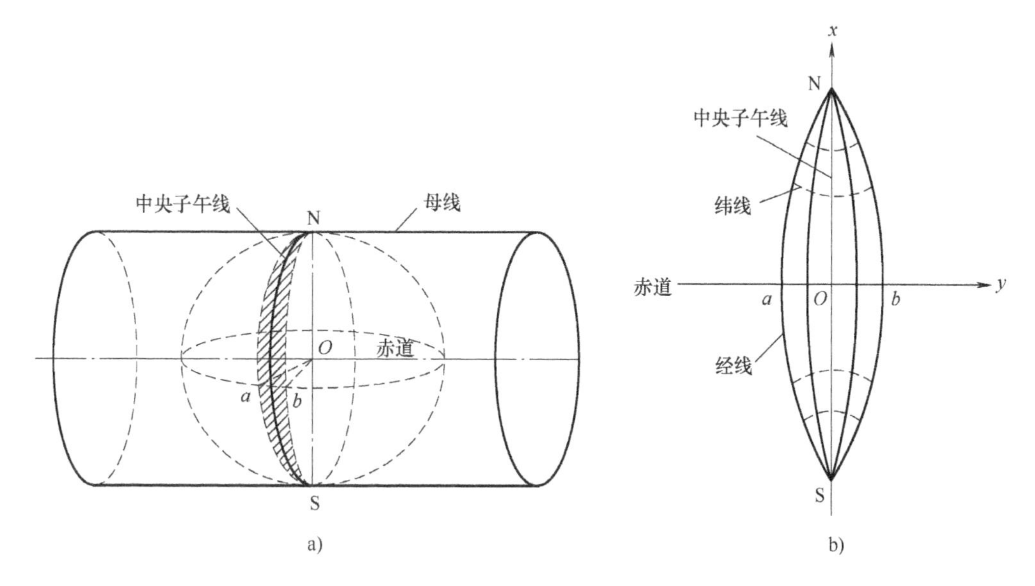

图 1-4　高斯投影方法

a）椭圆柱与投影带的关系　b）投影后平面

在测量学中，平面直角坐标系与数学中常用的笛卡儿坐标系不同，它以南北方向为 x 轴，向北为正；以东西方向为 y 轴，向东为正。象限顺序按顺时针方向计，如图 1-5 所示。这种安排与笛卡儿坐标系的坐标轴和象限顺序正好相反。这是因为在测量中南北方向是最重要的基本方向，直线的方向是从正北方向开始按顺时针方向计量的，但这种改变并不影响三角函数的应用。

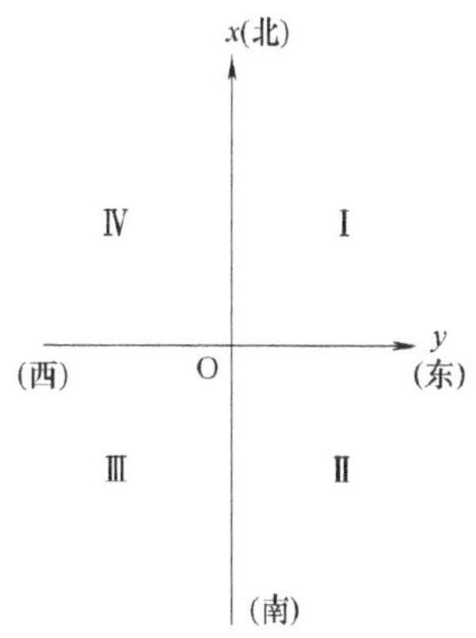

图 1-5　平面直角坐标

3. 独立平面直角坐标

在小区域内进行测量时，用经纬度表示点的平面位置十分不便。理论分析表明，如果把局部椭球面（一般为 $100km^2$ 以内）看作一个水平面，其对距离的影响可忽略不计，而且对角度的影响除最精密的测量工作外也可忽略。因此，可以在过测区中心点的切面上建立起独立平面直角坐标系，纵轴为 x 轴，横轴为 y 轴，构成右手坐标系，则地面上某点 P 在平面上的位置就可用（x_P，y_P）来表示。

4. 高程

高程分为绝对高程和相对高程两种。

（1）绝对高程　地面上任意一点到大地水准面的垂直距离，称为该点的绝对高程，也称为海拔，如图 1-6 中的 H_A 和 H_B 所示。为了建立全国统一高程基准面，我国在青岛设立验潮站，并在附近的观象山建立了水准原点，作为全国高程起算的依据。1987 年以前，我国采用的是“1956 年黄海高程系”，对应的水准原点高程为 72.289m。1988 年 1 月 1 日起，我国正式启用“1985 国家高程基准”，以青岛验潮站 1952—1979 年的潮汐资料推求的平均海水面作为统一的高程基准面，对应的水准原点高程为 72.260m。

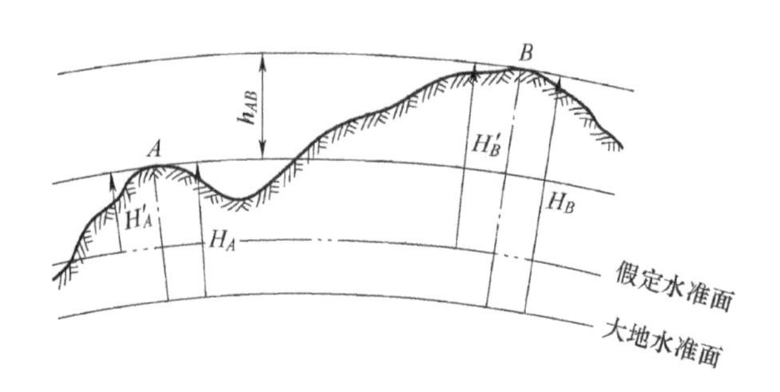

图 1-6 高程与高差

(2) 相对高程 当个别测区引用绝对高程有困难，或有些工作不必要引用绝对高程时，可采用假定水准面作为高程起算的基准面。地面上一点到假定水准面的垂直距离称为该点的假定高程或相对高程，如图 1-6 中的 H'_A 和 H'_B 所示。

在测量工作中，“点的高程”一般情况下是指绝对高程。

(3) 高差 两点间的高程之差称为高差。如图 1-6 所示，A 点高程为 H_A，B 点高程为 H_B，则 B 点对于 A 点的高差为 $h_{AB}=H_B-H_A$。当 h_{AB} 为负值时，说明 B 点高程低于 A 点高程；当 h_{AB} 为正值时，则相反。可以看出，无论采用绝对高程还是相对高程，两点的高差不变。

需要注意的是，因为水准面是一个曲面，即使在很小范围内，高差和高程的确定也必须考虑地球曲率的影响，这一点与平面位置的确定有所不同。

1.3 测量工作概述

1.3.1 确定地面点位的三要素

一个未知点的空间位置（平面坐标和高程）由已知点的空间位置、已知点与未知点间的相互关系要素确定。在测绘领域内，点的位置都依据某个基准确定，不论点与点间的相互关系，还是已知点的空间位置，都通过一定的测量工作获取。通常点与点间的相互关系由水平角（方向）、水平距离、高程表达，因此将这三者称为确定地面点位的三项基本要素。水平角测量、距离测量和高程测量是测量的三项基本工作。

测量工作的原则

1.3.2 测量工作的原则

测量工作中将地球表面的形态分为地物和地貌两类。把地面上的河流、道路、房屋等称为地物，地面高低起伏的山峰、沟、谷等称为地貌，地物和地貌总称为地形。确定某处地物或地貌空间位置及形态的特征点，称为碎部点。

测量的一项基本任务是测绘地形图。为了分幅测绘，提高作业进度，控制误差积累，保证测图精度，要求测量工作遵循在布局上“由整体到局部”，在精度上“由高级到低级”，在次序上“先控制后碎部”的原则。例如，为了保证全国各地区测绘的地形图具有统一的坐标系，精度均匀合理，国家测绘主管部门及其他相关测绘机构首先在全国范围内建立了覆

盖全国的平面控制网和高程控制网，得到了按一定密度均匀分布的高级平面已知点（国家等级平面控制点）、高程已知点（国家等级高程控制点）成果。在某局部域内测绘地形图时，先选埋少数有控制意义的点（低等级控制点），如图 1-7 的中 A、B、…、F 所示。其中，A、B 点只能测山前的地形图，山后要用 C、D、E 等点测量。将这些控制点与国家等级控制点联测，获得它们的平面坐标与高程，然后在已知点上通过角度、距离、高程测量工作确定特征点的位置。例如，将仪器架在已知点 A，测定其与特征点 1、2、3 的三项基本要素，即可得到这些特征点的平面位置和高程，进而绘在图纸上，确定所在房屋的大小及位置。

测量工作是一项非常细致且连续性很强的工作，一旦发生错误，就会影响到下一步工作，乃至整个测量成果。因此，对测绘工作的每一个过程、每一项成果都必须检核。故“步步有检核”是组织测量工作应遵循的又一项原则。假若发现错误或不符合精度要求的观测数据，应立即查明原因，及时返工重测，这样才能保证测绘成果的可靠性。

上述原则也适用于测设工作。如图 1-7 所示，欲将图上设计好的建筑物 P、Q、R 进行测设，须先在实地进行控制测量，然后再在控制点 A、F 上安置仪器，进行建筑物测设。

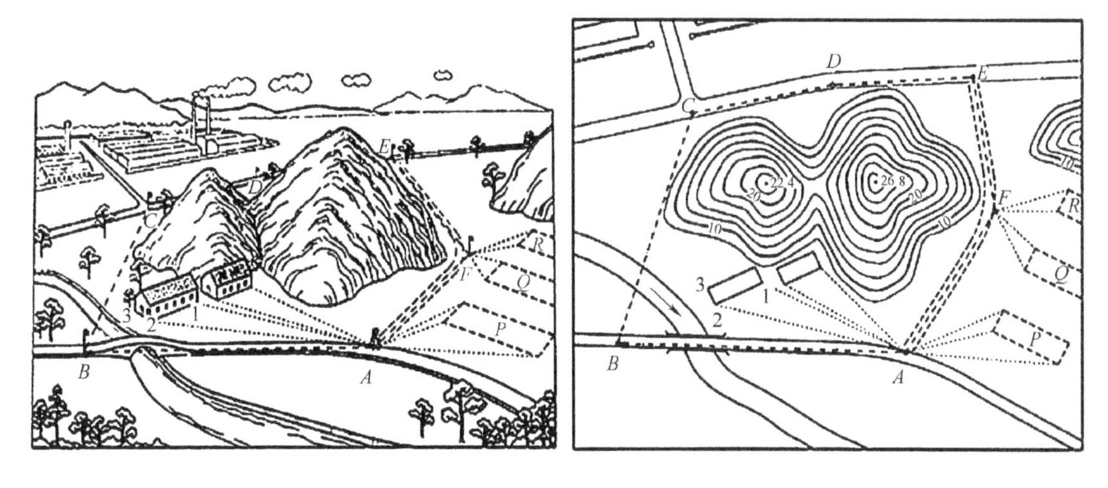

图 1-7　测图与测设

1.3.3　测量工作的特点

测量工作通常以队、组的形式由集体完成任务，只有合理分工，密切配合，才能保质保量地做好工作。

测绘仪器是测量工作的必不可少的工具，测量人员应养成爱护仪器、正确使用仪器的良好习惯。

测量记录是评定观测质量、观测成果的基本依据。测量人员必须坚持认真严肃的科学态度，实事求是地做好记录工作。要求做到内容真实、完善，书写清楚、整洁，野外记录必须当场进行，不得涂改，保持记录的“原始性”。

习　　题

1. 何谓测量学？
2. 试述大地水准面的特点与作用。
3. 如何表示地面点的位置？
4. 相比于数学中笛卡儿坐标系，测量工作中规定的平面直角坐标系有何特点？
5. 绝对高程与相对高程有何不同？什么是高差？
6. 测量工作应遵循什么基本原则？为什么要遵循这些原则？

第2章　水准测量

【学习目标】

1. 了解水准仪的构造及成像原理，精密水准仪、自动安平水准仪、电子水准仪的基本功能与使用，水准仪的检验和校正方法。

2. 熟悉普通水准测量仪器、工具的使用，水准测量的误差来源及测量过程中的注意事项。

3. 掌握水准测量的原理，一般水准测量的实施和水准测量成果计算方法。

测定地面点高程的工作称为高程测量。根据使用的仪器及施测原理不同，高程测量一般分为水准测量、三角高程测量、GNSS 高程测量和气压高程测量等。其中，水准测量是最常用的高程测量方法。

在现阶段，水准测量方法能达到的精度最高，常用于测定高等级高程控制点的高程、建立测区基本高程系统，以及测定地貌平缓区点的高程。

2.1　水准测量原理

水准测量原理

水准测量是利用水准仪提供一条水平视线，读取竖立于两个点上的水准尺读数，计算两点的高差，然后根据一个点的高程，计算出另一个待定点高程。

如图 2-1 所示，A 点为已知高程点，欲测定 B 点（待测高程点）高程。在两点上分别竖立水准尺，并在两点中间安置水准仪。利用水准仪提供的水平视线，分别在两水准尺上读数 a、b，假设大地水准面水平，则两点之间的高差为

$$h_{AB}=a-b \tag{2-1a}$$

由已知点 A 向待测点 B 是测量的前进方向，因而称 A 点为后视点，点上竖立的水准尺称为后尺，尺上的读数 a 称为后视读数；B 点为前视点，点上竖立的水准尺称为前尺，尺上的读数 b 称为前视读数。故式（2-1a）又可表示为

$$\text{高差}=\text{后视读数}-\text{前视读数} \tag{2-1b}$$

h_{AB}表示 A 点至 B 点的高差，h_{BA}表示 B 点至 A 点的高差，二者绝对值相等但符号相反。高差值有正、负之分，当 h_{AB} 为正值时，表示前视点 B 比后视点 A 高；当 h_{AB} 为负值时，表

示前视点 B 比后视点 A 低。在测得高差 h_{AB} 后，未知点 B 的高程 H_B 的计算公式为

$$H_B=H_A+h_{AB}=H_A+(a-b) \tag{2-2}$$

上述先计算两点间的高差，进而计算未知点高程的方法，称为高差法。还可先计算出仪器的水平视线高程 H_i，再计算未知点高程，见式（2-3），该方法称为仪高法。

$$\begin{cases} H_i=H_A+a \\ H_B=H_i-b \end{cases} \tag{2-3}$$

当在一个测站上，需要根据一个高程已知点一次测定多个未知点的高程时，采用仪高法更为简便。

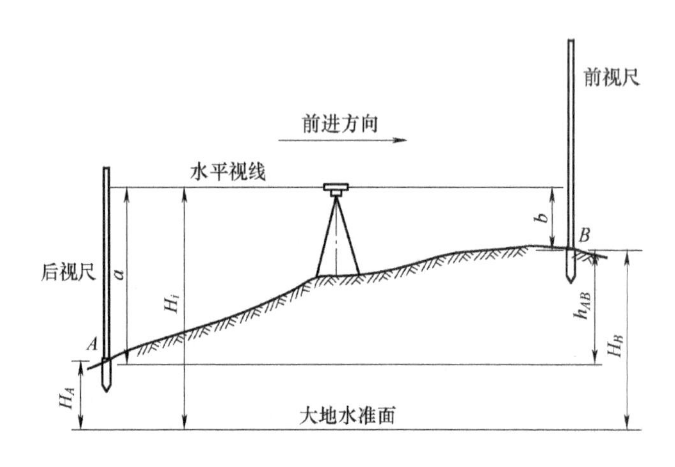

图 2-1 水准测量原理

2.2 水准测量的仪器与工具

水准仪是水准测量的主要仪器。按精度的不同，我国水准仪的型号可分为 DS_{05}、DS_1、DS_3 和 DS_{10}等。其中，“D”“S”分别是“大地测量”“水准仪”的汉语拼音的第一个字母，下标数字表示该型号仪器每千米往返测高差中数的中误差不大于该值，单位为 mm。例如，“3”表示用 DS_3 型仪器进行水准测量时，每千米往、返测的高差中数的中误差不超过 ±3mm。显然，下标数字越小，表示仪器精度等级越高。

水准仪根据精确整平视线的方法不同，可分为微倾式水准仪和自动安平水准仪；根据仪器精度等级的高低，可分为普通水准仪和精密水准仪；根据仪器读数及存储方式的不同，可分为光学水准仪和数字（电子）水准仪。

2.2.1 普通光学水准仪与工具

1. 微倾式水准仪

水准仪主要由望远镜、水准器和基座三部分组成。本节主要介绍 DS_3 型微倾式水准仪的基本构造，如图 2-2 所示。

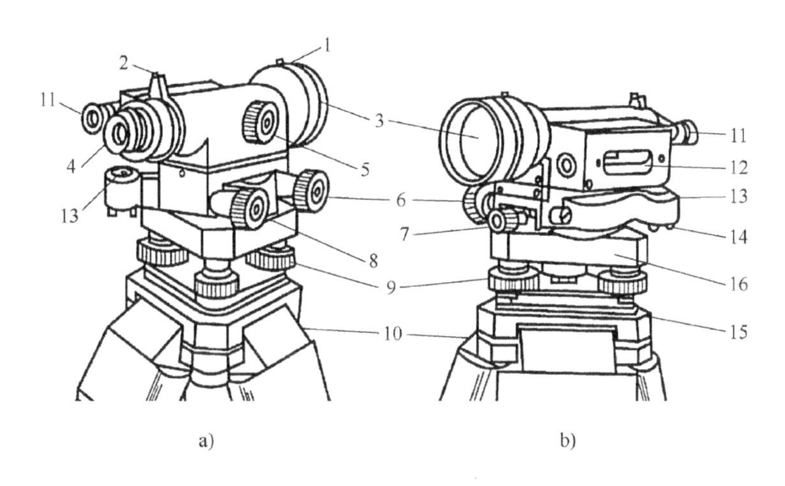

图 2-2　DS_3 型微倾式水准仪的基本构造

1—准星　2—照门　3—物镜　4—目镜　5—物镜对光螺旋　6—水平微动螺旋　7—制动螺旋　8—微倾螺旋　9—脚螺旋　10—脚架　11—符合水准器观察窗　12—管水准器　13—圆水准器　14—圆水准器校正螺钉　15—三角形底板　16—轴座

（1）望远镜　望远镜是精确瞄准目标以及提供视线的装置。望远镜主要由物镜、目镜、调焦透镜及十字丝分划板组成，如图 2-3a 所示。十字丝分划板如图 2-3b 所示（从目镜端观察），中间一根长横丝称为中丝，与中丝平行的上下对称的两根短横丝分别称为上丝和下丝（统称为视距丝），与横丝垂直的丝称为竖丝。在进行水准测量时，读取中丝在水准尺上的读数，用以计算高差；读取上、下丝在水准尺上的读数，用以计算水准仪到水准尺的距离。十字丝交点与物镜光心的连线，称为视准轴，即望远镜瞄准目标的视线。当视准轴水平时，望远镜就提供了一条水平视线。

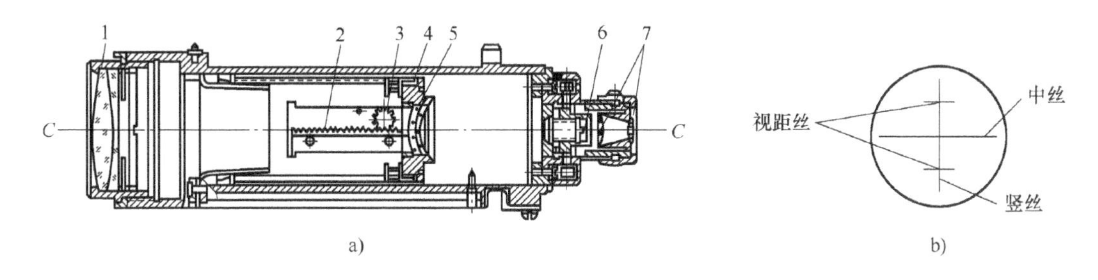

图 2-3　望远镜

1—物镜　2—齿条　3—调焦齿轮　4—调焦镜座　5—物镜调焦螺旋　6—十字丝分划板　7—目镜组

望远镜成像原理如图 2-4 所示，调节目镜调焦螺旋可使十字丝成像清晰。当目标 AB 经过物镜和调焦透镜的折射后，形成一个缩小且倒立的实像 ab，通过调节物镜调焦螺旋，可使目标成像在十字丝分划板上，使得观测者通过目镜看到清晰的十字丝和目标成像。由图 2-4可知，从望远镜中观察到虚像 a_1b_1 的张角 β 远大于直接观测实像 AB 的张角 α，把 $\gamma=\beta/\alpha$ 称为望远镜的放大率。DS_3 型水准仪的望远镜放大率一般为 28～32 倍。

（2）水准器　水准器是用于指示视准轴是否水平或仪器竖轴是否竖直的装置，分为管水准器和圆水准器两类。

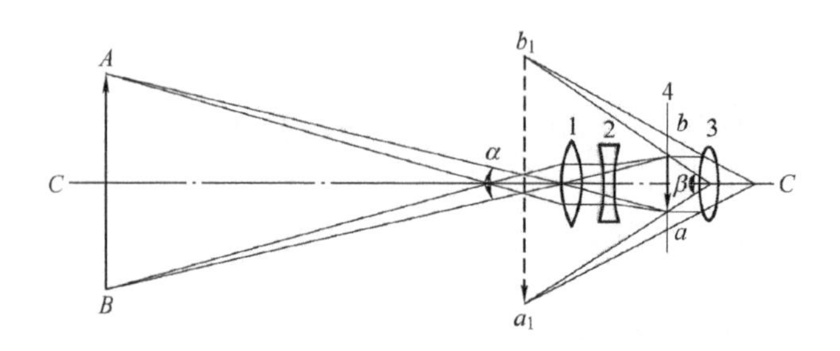

图 2-4　望远镜成像原理

1—物镜　2—调焦透镜　3—目镜　4—十字丝平面

1）管水准器。管水准器又称为水准管，如图 2-5 所示，是精确指示视准轴是否水平的装置。图 2-5a 是管水准器的侧视图，其两端封闭，内装有酒精和乙醚的混合液，加热融封，冷却后管内形成一个气泡，总处于管内最高位置。管水准器的纵向内壁被研磨成具有一定半径的圆弧（一般圆弧半径为 7~20m），通过圆弧中点 O 的纵向切线 LL，称为水准管轴。制造水准仪时，使水准管轴与视准轴平行。

水准管表面刻有相距 2mm 的分划线，且关于圆弧中点 O 对称，如图 2-5b 俯视图所示。当气泡中点与 O 点重合时，称为气泡居中。当气泡居中时，表示水准管轴处于水平位置，视准轴也处于水平状态。

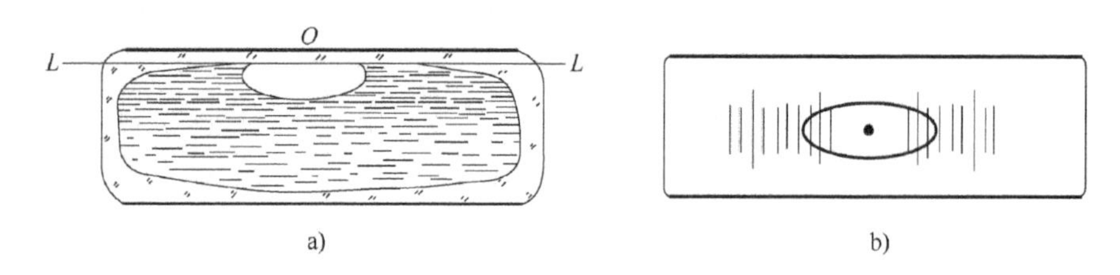

图 2-5　管水准器

水准管上相邻分划线间的圆弧（弧长为 2mm）所对的圆心角 τ 称为水准管分划值（也称为灵敏度），可按式（2-4）计算

$$\tau''=\frac{2}{R}\rho'' \tag{2-4}$$

式中　ρ''——1 弧度所对应角度秒值，$\rho''\approx 206265''$；

R——水准管圆弧半径（mm）。

水准管分划值的物理意义为：当气泡中心偏离圆弧中点 1 小格时，表示水准管轴 LL 倾斜了 τ''（DS_3 型水准仪 $\tau''=20''$）。显然，R 越大，τ''值越小，水准管的灵敏度越高，即水准仪整平精度越高。

由于水准管精度较高，人眼的视力难以精确判断它的气泡是否居中。为此，在水准管的上方安装了符合棱镜系统，如图 2-6 所示。通过棱镜组的反射作用，将气泡两端的半个影像同时显示在目镜左侧的水准管气泡观察窗（图 2-2）中。当气泡两端的影像吻合时，表示气泡居中；若气泡两端的影像错开，则表示气泡不居中，此时应转动微倾螺旋，使影像吻合。

2）圆水准器。圆水准器用于指示仪器竖轴是否竖直的装置。如图 2-7 所示，圆水准器

是一个封闭的圆柱形玻璃盒，顶面内表面研磨成球面，球面中心刻有两个同心圆圈，通过圆心的球面法线为圆水准器轴。当气泡居中时，圆水准器轴处于竖直状态。圆水准器的分划值τ''一般为8′，精度较低，用于粗略整平仪器。

（3）基座　基座位于仪器的下部，主要由轴座、三个脚螺旋、三角形底板和连接板构成，其作用是支撑仪器的上部，利用中心连接螺旋连接在三脚架上。脚螺旋的作用是调节圆水准器，使气泡居中。

在水准仪操作中，常用的螺旋有望远镜水平制动、微动螺旋，物镜、目镜调焦螺旋，微倾螺旋。制动螺旋拧紧后，转动微动螺旋，可使望远镜在水平方向做微小转动，利于照准目标；物镜、目镜调焦螺旋分别用于调节物像和十字丝像的清晰度；微倾螺旋调节望远镜在竖直面内微小仰俯，在仪器大致水平的基础上使水准管气泡居中，以达到视准轴水平的目的。

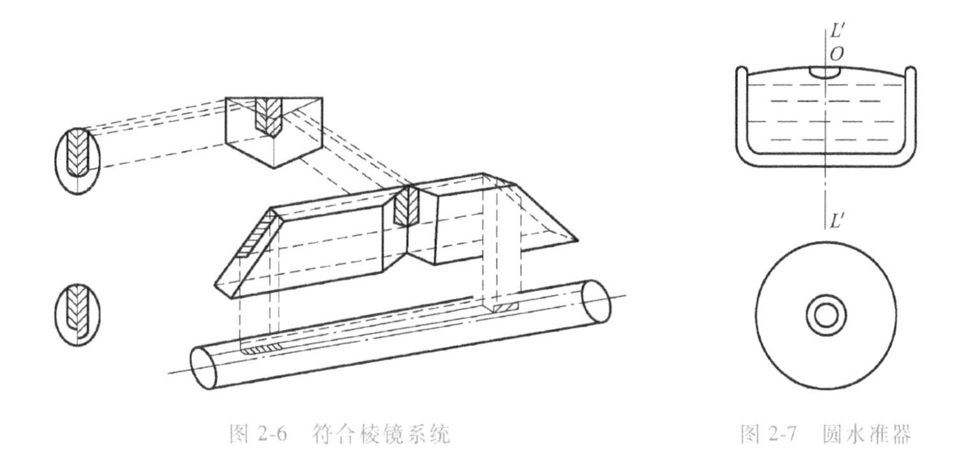

图2-6　符合棱镜系统　　　　图2-7　圆水准器

2. 自动安平水准仪

自动安平水准仪在结构上用望远镜内的自动安平补偿装置代替微倾式水准仪的水准管和微倾螺旋。

如图2-8a所示，视准轴水平时读到的读数为a。当视准轴倾斜一个微小倾角α后，如图2-8b所示，视线读数为a'，不是水平视线对应的读数。为了在视准轴倾斜状态下，仍然读到水平视线时的读数a，在望远镜的光路上安置一个自动补偿器，使进入物镜光心的水平光线经过补偿器后偏转一个β角，仍能通过十字丝交点。这样十字丝交点上读出的水准尺读数仍为a，即视线水平时应该读到的水准尺读数。由于α和β都很小，若满足$f\alpha=d\beta$就能达到补偿目的，其中f为物镜到十字丝分划板的距离，d为补偿装置到十字丝分划板的距离。

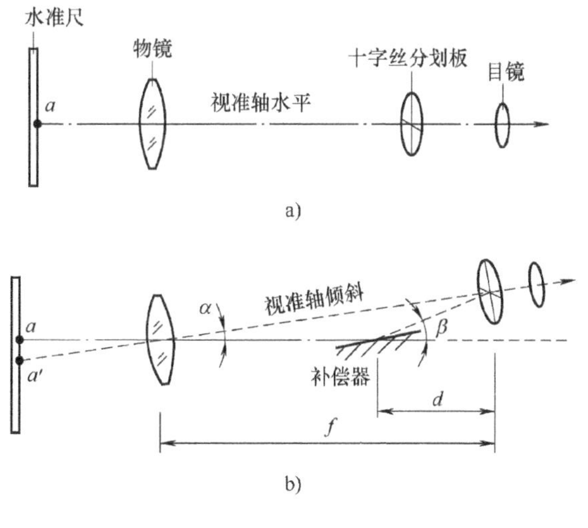

图2-8　自动安平水准仪原理

常用的自动补偿器是由特殊材料制成的金属丝悬吊一组光学棱镜构成的，如图2-9所示。它利用重力作用实现视线自动补偿。补偿器起作用的最大允许倾斜角称为补偿范围。自动安平水准仪补偿器的补偿范围一般为±8′~±11′，只有视准轴的倾斜角在范围内时，补偿器才能起作用。圆水准器的分划值通常为8′/2mm，因此自动安平水准仪上没有管水准器。操作自动安平水准仪时，只需调节脚螺旋使圆水准器气泡居中，补偿器就能起作用。

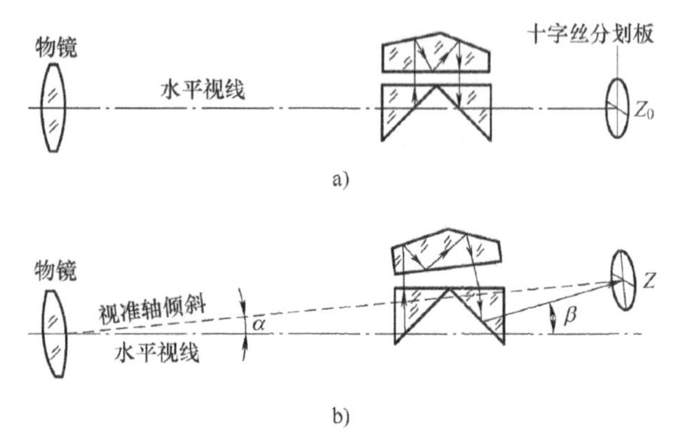

图2-9　补偿器光学棱镜

由于自动安平水准仪无须精平，使用它不仅可以缩短观测时间，而且对于施工场地地面的微小振动、刮风等原因引起的视线微小倾斜能迅速补偿，从而提高水准测量的观测精度。但补偿器类似于一个钟摆，开始时会有所晃动，表现为十字丝相对于水准尺影像的移动，1~2s趋于稳定后才可读数。

3. 普通水准尺和尺垫

（1）水准尺　水准尺是指水准测量中使用的形态特殊的直尺。普通常用的水准尺有如图2-10a和图2-10b所示的双面尺和如图2-10c所示的塔尺，制作材料一般为不易变形且干燥的优良木材或玻璃钢。

双面尺多用于三等、四等水准测量，有长度2m和3m两种规格，两面均有刻划，每格的宽度均为1cm，在分米处注有数字，两根为一对。双面尺的一面为黑白格相间，如图2-10a所示，叫作黑面（也称为主尺面）底端均由0开始刻划；另一面为红白格相间，如图2-10b所示，叫作红面，一根底端由4.687m开始刻划，另一根底端由4.787m开始刻划。因此，在同一根水准尺的同一高度上黑面与红面读数之差的理论值为4.687m或4.787m，这两个常数称为尺常数，常用K表示。通常在水准尺的两个侧面装有把手和圆水准器，以便尺子稳定竖立，确保水准测量作业时读数的正确性。

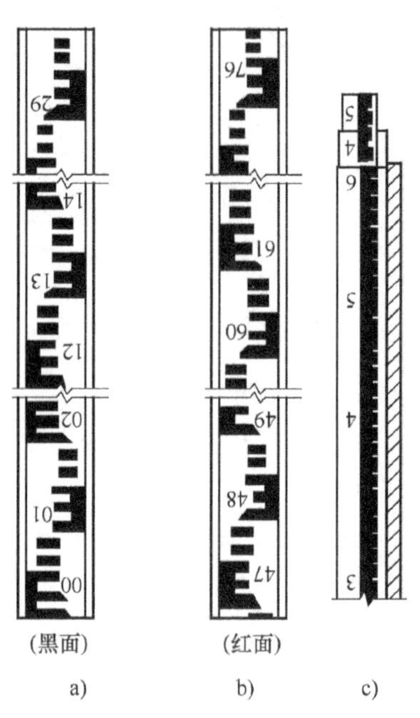

图2-10　普通水准尺

塔尺多用于等外水准测量，长度有3m和5m两种，用三节或五节套接在一起，如图2-10c所示。尺的底部为零点，尺上黑白格相间，每格宽度为1cm，有的为0.5cm，在米和分米处均有注记。塔尺拉出使用时，一定要检查接合处的卡簧是否卡紧，数值是否连续。

（2）尺垫　尺垫一般采用生铁铸成三角形，中央有一凸起的半球体，下方有三个支脚，如图2-11所示。尺垫在转点处放置，上方凸起的半球形顶点作水准测量转点之用，竖立水准尺。使用时将其支脚牢固地插入土中，防止下沉。

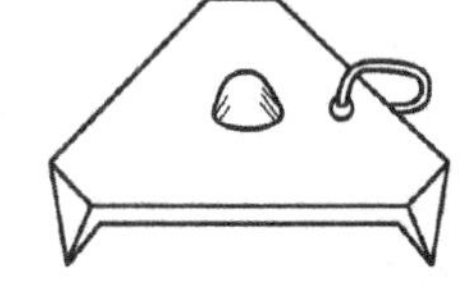

图2-11　尺垫

2.2.2 精密光学水准仪和电子水准仪及水准尺

1. 精密光学水准仪和精密水准尺

DS_1（含）以上等级的水准仪称为精密水准仪，主要用于高精度的高程测量工作，如国家二等及以上等级水准测量、构筑物的沉降观测等高精度工程测量，大型精密设备安装的高程基准测量等。使用精密水准仪必须配有相应的精密水准尺。

1）精密水准仪的原理和结构与一般水准仪类似（图 2-12），但能够精密地整平视线和精确地读取读数，精密水准仪具有以下特点：

① 管水准器具有较高的灵敏度，如 DS_1 水准仪的管水准器 $\tau=10''/2\text{mm}$。

② 望远镜具有良好的光学性能，如 DS_1 水准仪望远镜的放大倍数为 38 倍，望远镜的有效孔径为 47mm，视场亮度较高，十字丝的中丝刻成楔形，能较精确地瞄准水准尺的分划。

③ 具有光学测微器装置，可直接读取水准尺一个分格（1cm 或 0.5cm）的 1/100（0.1mm 或 0.05mm），提高了读数精度。

④ 视准轴与水准管轴之间的联系相对稳定。精密水准仪均采用钢构件，并且严格密封，受温度变化影响较小。

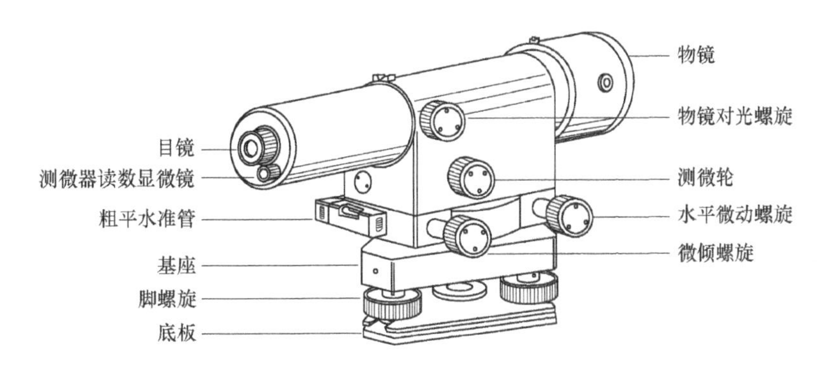

图 2-12　DS_1 型精密水准仪

2）精密水准尺一般是在木质尺身的槽内安置一根因瓦合金带，在一定的拉力引张下两端固定于木尺，由于因瓦合金材料受温度影响较小，因此这种精密水准尺的长度分划基本不受气温变化的影响。合金带上标印有左右两列刻划，对应的数字标注在两侧木尺上（图 2-13）。右边为基本分划，左边为辅助分划。基本分划的注记从零开始，辅助分划的注记从某一常数 K 开始（如 3.01550m），K 称为基辅差。

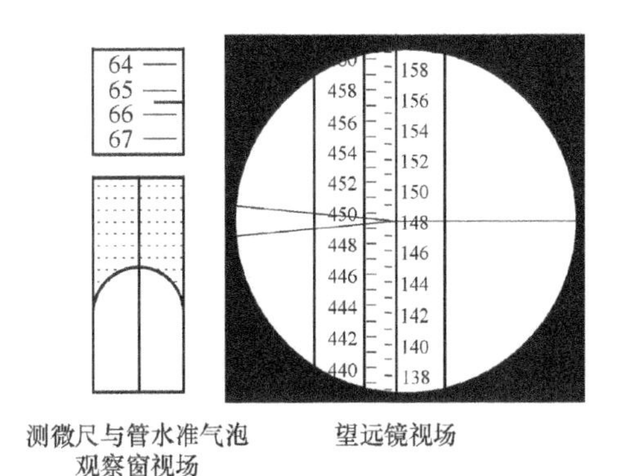

图 2-13　精密水准仪十字丝与观察窗视场

2. 电子水准仪（数字水准仪）和条形码水准尺

电子水准仪是在水准仪望远镜光路中增加了分光镜和光电探测器（CCD 阵列）等部件，原理如图 2-14b 所示，再结合条形码分划水准尺（图 2-14a）和电子图像处理系统，构成光、机、

电及信息存储与处理的一体化水准测量系统。条形码水准尺通常由玻璃纤维或铟钢制成，其外形类似于商品外包装上印制的条形码，须与电子水准仪配套使用。电子水准仪可识别水准尺上的条形编码，摄入条形码影像后，通过信号转换和数据化，经程序处理，在显示屏上直接显示中丝读数和视距。图 2-15 所示为精密电子水准仪 DNA03。

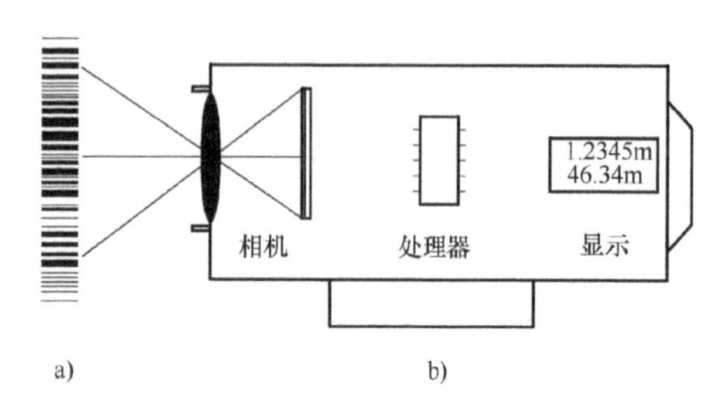

图 2-14　电子水准仪原理

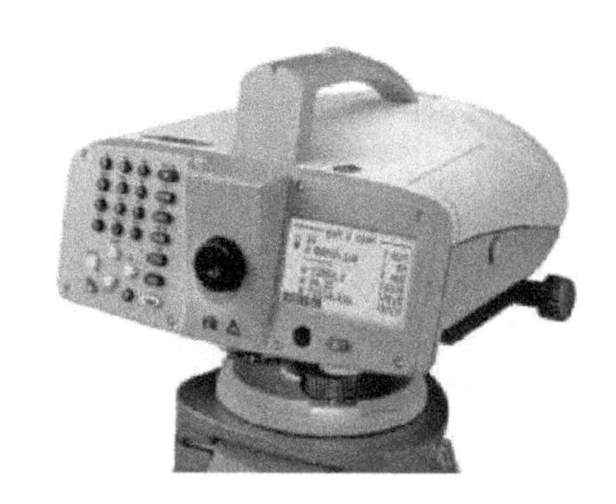

图 2-15　精密电子水准仪 DNA03

电子水准仪具备以下主要优点：

1）观测精度高，如 DNA03 型电子水准仪的分辨率为 0.01mm，每千米往返测得高差中数的中误差为 0.3mm。

2）操作简捷，自动观测和记录，并用数字即时显示测量结果，大大减小了观测误差，减少了观测错误的发生。

3）观测速度快，整个观测过程在几秒钟内即可完成。

4）仪器附有数据处理器及与之配套的软件，可将观测结果输入计算机进行处理，实现了测量工作自动化，大大提高了工作效率。

2.3　水准仪的使用

1. 普通水准仪的使用

普通水准仪使用的基本程序为：安置仪器、粗略整平、调焦与瞄准、精确整平和读数。

（1）安置仪器　首先在前、后视矩（水准仪到前视点、后视点的距离）大致相等处打开三脚架，调节脚架至高度适中，三个脚尖在地面的位置大致呈等边三角形，目估使三脚架顶面大致水平。接着将三脚架踩实，使三脚架稳定，检查脚架伸缩螺旋是否拧紧。然后打开仪器箱取出水准仪，平稳地安放在三脚架架头上，一手握住仪器，一手旋转三脚架上的连接螺旋，使仪器与三脚架牢固连接。

（2）粗略整平　粗略整平（简称粗平）是通过调节三个脚螺旋使圆水准器气泡居中，从而使仪器竖轴大致竖直。首先用双手分捏住一对脚螺旋（如 1、2）反向转动，如图 2-16a 所示，使气泡向内移到第三只脚螺旋与这两个脚螺旋连线的垂线上；然后转动第三只脚螺旋（如 3），使气泡居中，如图 2-16b 所示。在粗平的过程中，气泡移动的方向与左手大拇指转动脚螺旋的方向相同，称之为左手大拇指规则。

（3）调焦与瞄准　首先对目镜进行调焦对光，将望远镜对着明亮的背景，旋转调节目镜调焦螺旋，使十字丝清晰；然后松开制动螺旋，转动望远镜，通过镜筒上的粗瞄器或准

星，粗略瞄准水准尺，拧紧制动螺旋；接着转动物镜调焦螺旋，使水准尺成像清晰并消除视差后，转动微动螺旋，使十字丝的竖丝对准水准尺，如图 2-17 所示。

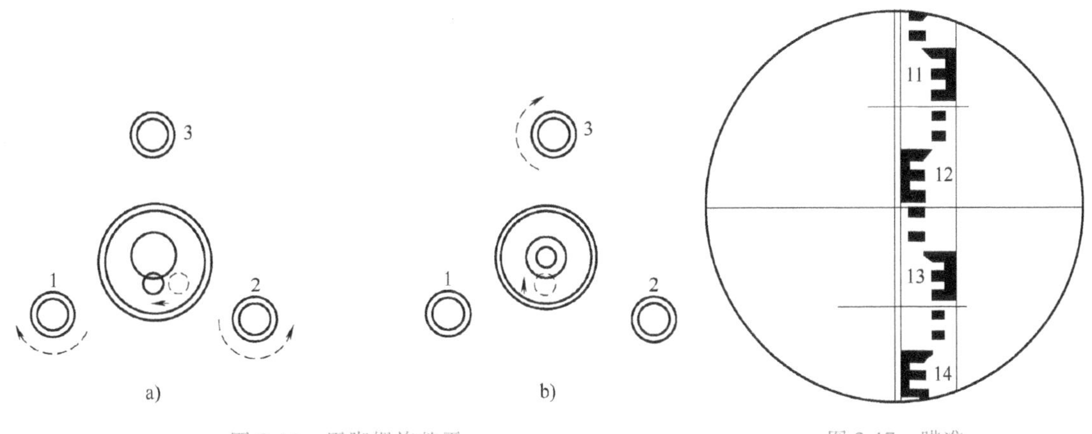

图 2-16　用脚螺旋整平　　　图 2-17　瞄准

在调节物镜调焦螺旋，水准尺成像清晰后，当眼睛在目镜端上下微微移动时，时常会发现十字丝与目标影像有相对运动（图 2-18a），这种现象称为视差。产生视差的原因是目标成像未落在十字丝分划板上。视差的存在会影响读数的正确性，必须进行消除。消除的方法是重新进行物镜和目镜调焦，直到眼睛上下移动，目标相对于十字丝不动为止，如图 2-18b 所示。

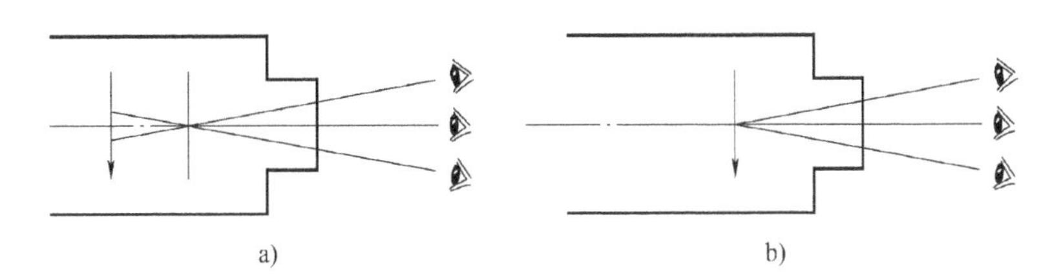

图 2-18　视差及消除

（4）精确整平和读数　精确整平（简称精平）是指调节微倾螺旋，使管水准器气泡精确居中，从而使视准轴精确水平。具体操作方法是：在右手转动微倾螺旋的同时，眼睛通过位于目镜左方的符合气泡观察窗，观察水准管气泡，使气泡两端的像吻合。

完成精平后，即可用十字丝的中丝读取竖立在点上的水准尺读数。读数时应从水准尺注记数字由小向大的方向读，先估出毫米数，然后读出全部 4 位数字（对于采用倒像的望远镜，注意读数时从上往下读）。图 2-17 中水准尺读数为 1.259m，也可记作 1259mm。读数后还须再检查气泡是否仍然居中，若不居中，则读数无效，应重新精平再读数。

自动安平水准仪在完成安置仪器、粗略整平、调焦与瞄准操作后，等待 2~4s 即可进行读数，无须进行精平操作。有的自动安平水准仪配有一个补偿器检查按钮，每次读数前须按一下该按钮，确认补偿器能正常作用后再读数。

2. 精密水准仪和电子水准仪的使用

（1）精密水准仪的使用　精密水准仪操作与普通水准仪基本相同，只是读数方法有些差异。当水准仪精平或自动安平后，十字丝中丝往往不能恰好对准水准尺上某一整分划线，这时需要转动测微轮，使视线上、下移动，使十字丝的楔形丝正好夹住一个整分划线，如图2-13所示，被夹住的分划线的数字注记单位是cm。此时，视线上下平移的距离可从测微器读数窗中（或测微鼓上）读出，估读到0.1格（0.01mm）。图2-13中的读数为148cm+0.655cm=148.655cm=1.48655m。

（2）电子水准仪的使用　电子水准仪的操作面板设有各种操作功能键和数字键，且有LCD显示屏。观测时，电子水准仪在完成安置与粗平、瞄准目标（条形码水准尺）后，按下测量键，约2~4s即可显示出测量结果，测量数据可保存在电子水准仪内或外挂存储器中。

2.4　一般水准测量方法

水准测量的一项主要工作就是在遵循“由高级到低级”“先控制后碎部”的原则下，由已知高程点测出碎部点的高程，或者由高等级已知高程点测出低等级的待测高程点的高程。

一测段水准测量

2.4.1　一测段水准测量

当已知高程点与待测高程点之间的距离较远或高差较大时，需要在两点间加设多个立尺点，多测站连续观测。如图2-19所示，已知水准点A的高程$H_A=19.153$m，待测高程点B，为了获得高差h_{AB}在两点之间加设了4个立尺点TP_1、TP_2、TP_3、TP_4，从A点依次观测相邻两点间高差，累加起来即h_{AB}。加设的这些立尺点只起到传递高程的作用，故称为转点（Turning Point，TP）。在两个高程点间，经由若干个转点的多测站水准观测组成的线路称为一个测段。一个测段的基本观测步骤如下：

1）在距离A点适当的位置布设转点（通常是放置尺垫）TP_1，在A、TP_1两点分别竖立水准尺，在A、TP_1两点之间距离两点大致相等的位置安置好水准仪。

2）观测者经过“粗平—瞄准—精平—读数”的操作步骤，读取后尺（A点水准尺）上的读数为1.632m，将观测数据记录在表2-1相应栏内。转动望远镜瞄准前尺（TP_1点水准尺），读取前尺上的读数为1.271m，将观测数据记录在表2-1相应栏内，计算两点间高差。第一站的测量工作完成。

3）TP_1点水准尺保持不动，将A点水准尺转移到转点TP_2，将水准仪迁移到TP_1和TP_2之间，工作内容与要求同步骤1）、2）。完成后再迁站，直至测到B点并计算出其高程为止。

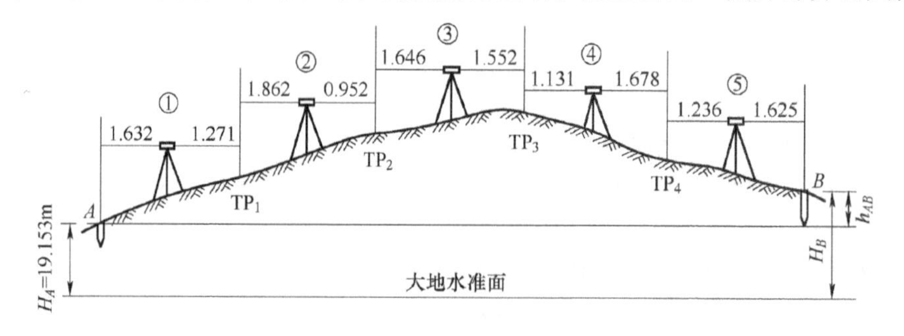

图2-19　一个测段的基本观测

表 2-1 水准测量手簿（一）

观测日期 仪器型号 观测者 天气 记录者

点号	水准尺读数/m		高差 h/m		高程/m	备注
	后视 a	前视 b	+	−		
A	1.632				19.153	已知
TP_1	1.862	1.271	0.361			
TP_2	1.646	0.952	0.910			
TP_3	1.131	1.552	0.094			
TP_4	1.236	1.678		0.547		
B		1.625		0.389	19.582	
Σ	7.507	7.078	1.365	0.936		
$\sum a-\sum b=+0.429$　$\sum h=+0.429$　19.582−19.153=+0.429　计算检核						

2.4.2 中视法水准测量

中视法水准测量就是在一个测站前后尺之间的若干个待测点上，竖立水准尺并用中丝读数，此读数称为中视读数，采用仪高法计算各点的高程。如图 2-20 所示，一段长为 268.30m 的乡村道路，起点附近有已知水准点 BM_0（高程为 79.665m），需要测量出 0+0～0+268.30 道路中线点的高程。基本观测步骤如下：

1）BM_0 上竖立水准尺。在距离起点 0+0 和已知点 BM_0 适当的位置 T_1 安置好水准仪，读取后视点（BM_0）水准尺上的读数 1.263m，将观测数据记录在表 2-2 相应栏内，并计算出本站的水平视线高程（也称为“仪高”），见式（2-3）。

2）将水准尺转立到 0+0，转动望远镜瞄准之，读取中视读数 1.874m，填表并计算 0+0 的高程，见式（2-3）。

3）保持水准仪位置不变，将水准尺依次转立到 0+50、0+100、0+150，分别读取中视读数 1.785m、1.777m、1.801m，填表并计算出各点高程。

4）在 0+200 打入木桩与地面平齐，作为转点，竖立水准尺。水准仪读取尺上的前视读数 1.689m，填表并计算出 0+200 点的高程 79.239m。

5）0+200 的水准尺不动，水准仪迁移到前进方向距离 0+200 适当的位置 T_2 安置。以 0+200 为后视已知点，重复步骤 1)～3)，完成剩余两点的测量工作。

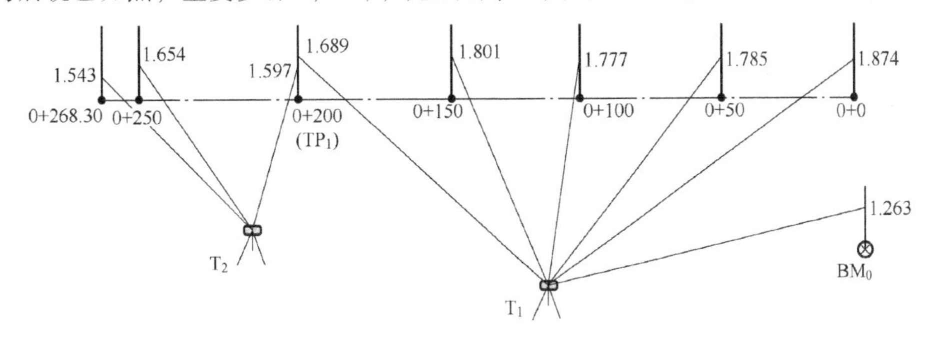

图 2-20 中视法水准测量

表 2-2 水准测量手簿（二）

观测日期 仪器型号 观测者 天气 记录者

测站	点号	水准尺读数/m			水平视线高程/m	高程/m	备注
		后视 a	中视 c	前视 b			
T_1	BM_0	1.263			80.928	79.665	已知
	0+0		1.874			79.054	
	0+50		1.785			79.143	
	0+100		1.777			79.151	
	0+150		1.801			79.127	
	0+200(TP_1)			1.689		79.239	
T_2	0+200(TP_1)	1.597			80.836		
	0+250		1.654			79.182	
	0+268.30		1.543			79.293	

2.4.3 水准测量的检核

“步步有检核”是测量工作的原则，普通水准测量观测质量的检核工作有测站检核、计算检核、外业成果检核等几项。

1. 测站检核

测站检核的目的是及时发现和纠正观测过程中因读数、记录等原因导致的高差错误。检核的方法有双面尺法和改变仪器高法。电子水准仪自动读数与记录有助于减小因读数与记录导致的错误发生。

（1）双面尺法 立尺采用双面尺，在一个测站安置好仪器后，读取每把尺的黑面和红面的读数，分别计算同一水准尺红面与黑面（加常数后）读数之差、两个黑面读数的高差 $h_{黑}$ 与两个红面读数的高差 $h_{红}$ 之差。若在规定的允许值之内，$h_{黑}$ 与 $h_{红}$ 的平均值为该测站高差值；若超出允许值，则表明有错，需要重新观测。

（2）改变仪器高法 在每一测站安置好仪器测得高差后，改变仪器高度，且不小于10cm，再测一次高差。若两次测得的高差之差在规定的允许值之内（如不超过±5mm），取两次高差的平均值作为该站高差值；否则表明有错，需要检查原因，重新观测。

2. 计算检核

计算检核的目的是及时发现记录手簿中高差和高程的计算是否有错误。方法是检查“各站高差之和=各站后视读数之和-各站前视读数之和=测段终点高程-测段起点高程”［即式（2-5）］是否成立，如表 2-1 中最末一行中的计算检核。当等式成立时，说明计算正确，否则计算有误。采用微型计算机编程记录计算或电子水准仪的随机计算程序有助于减小这类错误发生。

$$\sum h=\sum a-\sum b=H_{终}-H_{始} \tag{2-5}$$

3. 外业成果检核

测站检核和计算检核不能发现水准测量外业成果中可能存在的某些错误，如一个测

站上前后视读数记反、迁站期间转点位移等。应对的办法是将一组高程点用它们之间的测段高差连接起来，形成一定形式的水准路线，通过将观测的高差与点间的理论高差关系相比较，判断外业观测中是否存在错误并估计观测质量。显然，由于观测会受到多种因素（包括错误）的影响，使得观测高差与理论高差之间不可避免地存在偏差，即

$$f_h = h_{测} - h_{理} \tag{2-6}$$

f_h 称为高差闭合差。单一水准路线有附合水准路线、闭合水准路线和支水准路线三种形式。

（1）附合水准路线　如图 2-21a 所示，从一个已知水准点 BM_A 出发，沿各待测高程点 1、2、3 进行水准测量，最后附合到另一个水准点 BM_B，这种路线形式称为附合水准路线。

理论上讲，附合水准路线各段实测高差的代数和等于首尾两端已知水准点间的理论高差值，即 $\sum h_{测} = \sum h_{理} = H_{终} - H_{起}$。由式（2-6）可写出附合水准路线高差闭合差为

$$f_h = \sum h_{测} - (H_{终} - H_{始}) \tag{2-7}$$

（2）闭合水准路线　如图 2-21b 所示，从已知水准点 BM_A 出发，沿各待测高程点 1、2、3、4、5 进行水准测量，最后又回到水准点 BM_A。这种形成闭合环的路线称为闭合水准路线。

理论上讲，闭合水准路线各测段高差代数和理论值为 0，即 $\sum h_{理} = 0$，根据式（2-6）可写出其闭合差为

$$f_h = \sum h_{测} \tag{2-8}$$

（3）支水准路线　如图 2-21c 所示，从已知水准点 BM_A 出发，沿各待测高程点 1、2 进行水准测量。这种从一个已知水准点出发到待测水准点结束的路线称为支水准路线。

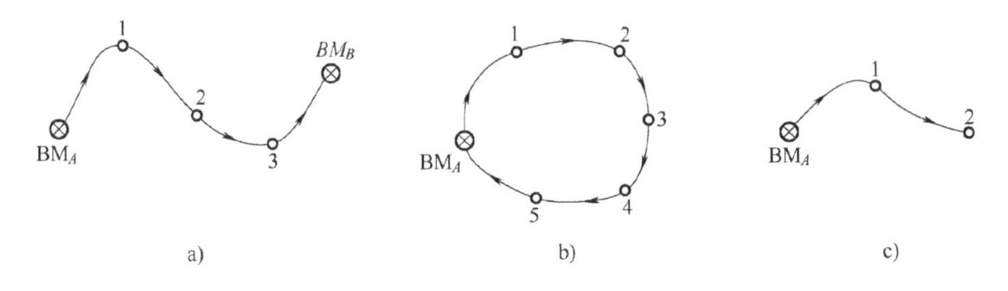

图 2-21　单一水准路线

支水准路线本身没有检核条件，通常采用往、返测得的高差进行路线成果的检核。理论上讲，同一测段的往测高差与返测高差大小相等、符号相反，即 $\sum h_{往} + \sum h_{返} = 0$。根据式（2-6）可写出其闭合差为

$$f_h = \sum h_{往} + \sum h_{返} \tag{2-9}$$

若闭合差 f_h 在允许限差之内，表示外业观测合格，否则应查明原因，返工重测。不同等级水准测量对高差闭合差的限差规定不同，如《工程测量标准》（GB 50026—2020）规定：四等水准测量的高差闭合差限差 $f_{h允} = \pm 20\sqrt{L}$（平地）或 $f_{h允} = \pm 6\sqrt{n}$（山地），五等水准测量的平地高差闭合差限差 $f_{h允} = \pm 30\sqrt{L}$。其中，$f_{h允}$ 的单位为 mm，L 为水准测量路线长度（km），n 为测站数。

水准测量成果计算

2.4.4 水准测量成果计算

1. 整理外业成果

水准测量外业结束后，要先检查观测手簿，整理测段高差与网形图。

2. 高差闭合差的调整

将高差闭合差与限差比较。在外业成果合格的情况下，应调整高差闭合差，计算改正后的高差。

高差闭合差的调整原则是：将闭合差 f_h 以相反的符号，按与测段长度（或测站数）成正比的原则改正各测段高差。各测段改正值为

$$v_i = -\frac{f_h}{\sum L}L_i \tag{2-10}$$

或 $$v_i = -\frac{f_h}{\sum n}n_i \tag{2-11}$$

式中 v_i——第 i 测段的高差改正值；

f_h——高差闭合差；

$\sum L$——路线总长度；

$\sum n$——路线总测站数；

L_i——第 i 测段的长度；

n_i——第 i 测段的测站数。

可计算各测段改正后的高差值 h_i'，即

$$h_i' = h_i + v_i \tag{2-12}$$

3. 计算各待测点的高程

根据已知水准点高程和各测段改正后的高差 h_i'，按顺序逐点计算各待测点的高程。

【例 2-1】 一条五等附合水准路线，其观测成果如图 2-22 所示，BM_A、BM_B 为已知高程的水准点，$H_A=65.376\text{m}$，$H_B=68.623\text{m}$；1、2、3 为待定高程的水准点，h_1、h_2、h_3、h_4 为各测段的观测高差，n_1、n_2、n_3、n_4 为对应各测段的测站数，L_1、L_2、L_3、L_4 为各测段路线长度。试进行水准测量的成果计算（以平地公式为例）。

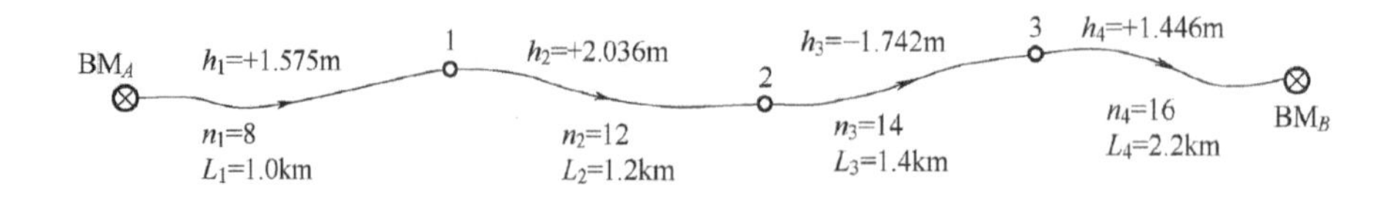

图 2-22 附合水准路线观测成果示意图

解：1）将点号、已知点的高程、测段长度、测站数、观测高差等信息填入表 2-3中。

2）计算高差闭合差

$$f_h = \sum h_{测} - (H_B - H_A) = 3.315\text{m} - (68.623\text{m} - 65.376\text{m}) = +0.068\text{m} = 68\text{mm}$$

表 2-3　水准测量成果计算表

点号	距离/km	测站数	实测高差/m	改正数/mm	改正后高差/m	高程/m	备注
BM_A						65.376	
	1.0	8	+1.575	-12	+1.563		
1						66.939	
	1.2	12	+2.036	-14	+2.022		
2						68.961	已知
	1.4	14	-1.742	-16	-1.758		
3						67.203	
	2.2	16	+1.446	-26	+1.420		
BM_B						68.623	
$\sum$	5.8	50	+3.315	-68	+3.247		
辅助计算	$f_h=\sum h_{测}-(H_B-H_A)=+0.068\text{m}$；$f_{h允}=\pm30\sqrt{L}=\pm30\sqrt{5.8}=\pm72\text{mm}$；$\lvert f_h\rvert<\lvert f_{h允}\rvert$						

3）判断实测高差是否合格。由规范可知，五等水准测量平地高差闭合差允许值 $f_{h允}=\pm30\sqrt{L}=\pm30\sqrt{5.8}\text{mm}=\pm72\text{mm}$。$\lvert f_h\rvert<\lvert f_{h允}\rvert$，说明观测成果符合要求，可对高差闭合差进行调整。

4）计算各测段高差的改正数

$$v_1=-\frac{f_h}{\sum L}L_1=-\frac{68\text{mm}}{5.8\text{km}}\times1.0\text{km}=-12\text{mm}$$

$$v_2=-\frac{f_h}{\sum L}L_2=-\frac{68\text{mm}}{5.8\text{km}}\times1.2\text{km}=-14\text{mm}$$

$$v_3=-\frac{f_h}{\sum L}L_3=-\frac{68\text{mm}}{5.8\text{km}}\times1.4\text{km}=-16\text{mm}$$

$$v_4=-\frac{f_h}{\sum L}L_4=-\frac{68\text{mm}}{5.8\text{km}}\times2.2\text{km}=-26\text{mm}$$

检核：$\sum v_i=-f_h$。

将各测段高差改正数填入表 2-3 中。

5）将各测段观测高差加上相应的改正数，计算出各测段改正后高差

$$h'_1=h_1+v_1=+1.575\text{m}+(-0.012\text{m})=+1.563\text{m}$$

$$h'_2=h_2+v_2=+2.036\text{m}+(-0.014\text{m})=+2.022\text{m}$$

$$h'_3=h_3+v_3=-1.742\text{m}+(-0.016\text{m})=-1.758\text{m}$$

$$h'_4=h_4+v_4=+1.4469\text{m}+(-0.026\text{m})=+1.420\text{m}$$

检核：$\sum h'=H_B-H_A$。

将各测段改正后高差填入表 2-3 中。

6）由已知点 BM_A 的高程开始，根据各测段改正后高差，依次推算出各待定点的高程

$$H_1=H_A+h'_1=65.376\text{m}+1.563\text{m}=66.939\text{m}$$

$$H_2=H_1+h'_2=66.939\text{m}+2.022\text{m}=68.961\text{m}$$

$$H_3=H_2+h'_3=68.961\text{m}+(-1.758\text{m})=67.203\text{m}$$

$$H_{B(推算)}=H_3+h'_4=67.203\text{m}+1.420\text{m}=68.623\text{m}$$

最后推算出的 BM_B 点高程应与已知的高程相等，以此作为计算检核，并将推算出各待定点的高程填入表 2-3 中。

2.5 水准仪的检验和校正

水准仪的检验是为了确定仪器各轴线之间的几何关系是否满足作业条件要求。若不满足，需要对水准仪进行校正。

2.5.1 水准仪的轴线及应满足的条件

图 2-23 展示了水准仪的主要轴线：*CC* 为视准轴，*LL* 为水准管轴，*L'L'* 为圆水准器轴，*VV* 为仪器的竖轴。它们应满足以下几何条件：

（1）水准管轴平行于视准轴（*LL*//*CC*） 视准轴水平与否是根据水准管气泡是否居中来判断的。这是水准仪应满足的主要条件。

（2）圆水准器轴平行于仪器竖轴（*L'L'*//*VV*） 仪器的粗平是根据圆水准器的气泡是否居中判断的。因此，使仪器竖轴处于铅垂位置，应满足圆水准器轴平行于仪器竖轴。

（3）十字丝横丝垂直于仪器竖轴 *VV* 为确保十字丝的横丝在水准尺上的读数正确，横丝应水平，即横丝应垂直仪器竖轴。

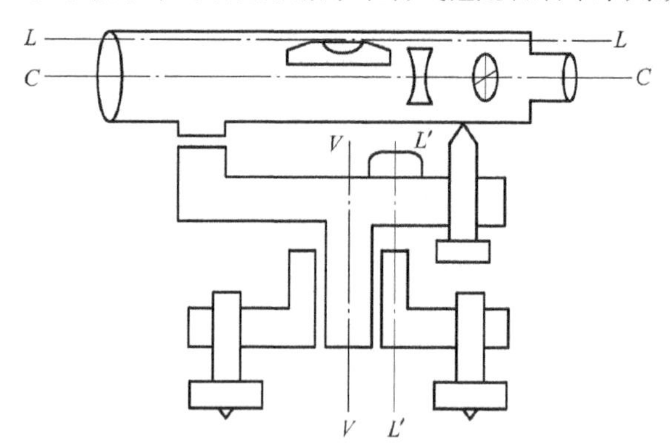

图 2-23 水准仪的主要轴线

2.5.2 检验和校正

水准仪的检验与校正即对上述应满足的几何条件进行检校。检校过程应按下列顺序进行，保证前面检验的项目不受后面检验项目的影响。

1. 圆水准器的检验和校正

（1）检验 安置水准仪，使圆水准器的气泡居中，如图 2-24a 所示，然后将仪器绕竖轴旋转 180°。如果此时气泡仍然居中，表示条件 *L'L'*//*VV* 满足；如果气泡偏离中心，如图 2-24b 所示，表示条件 *L'L'*//*VV* 不满足，需要进行校正。

（2）校正 保持水准仪不动，先旋转脚螺旋，使气泡向圆水准器中心移动偏离值的 1/2，此时竖轴处于铅垂位置，如图 2-24c 所示；然后先松开圆水准器底部中间的连接螺钉，再用校正针拨转圆水准器底部的 3 个校正螺钉，使气泡居中，则圆水准器轴也处于铅垂位置，达到使圆水准轴平行于竖轴的目的，如图 2-24d所示。注意，在校正结束后再把中间一个连接螺钉旋紧。

2. 十字丝的检验和校正

（1）检验 整平水准仪后，用十字丝横丝一端瞄准一个清晰目标点 *P*，如图 2-25a 所示，转动水平微动螺旋，如果目标点 *P* 始终沿着中丝移动，如图 2-25b 所示，则表示中丝水平；如果目标点 *P* 的移动表现如图 2-25c 至图 2-25d 所示，则需要校正。

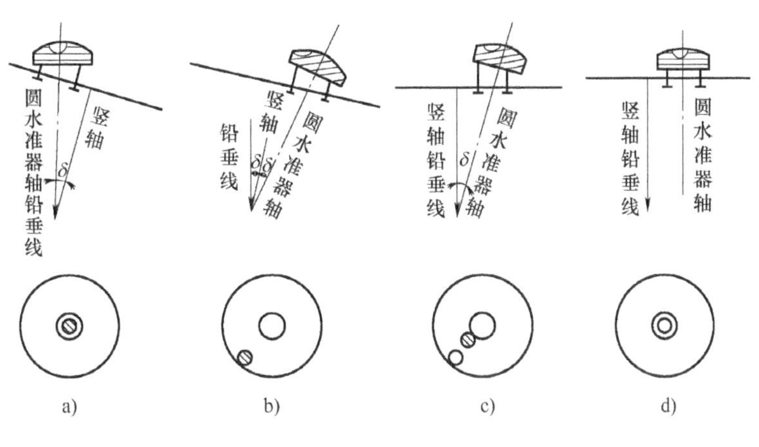

图 2-24　圆水准器的检验和校正

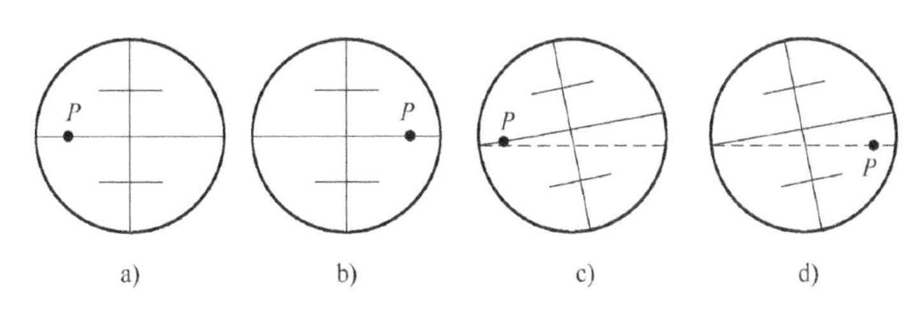

图 2-25　十字丝的检验

(2) 校正　保持水准仪不动。旋下目镜端的十字丝环外罩，用螺钉旋具旋松十字丝环的 4 个固定螺钉，如图 2-26 所示。按中丝倾斜的反方向小心地转动十字丝环，直到转动水平微动螺旋时，目标点始终在横丝上移动。最后，旋紧十字丝的固定螺钉，旋上十字丝环外罩。

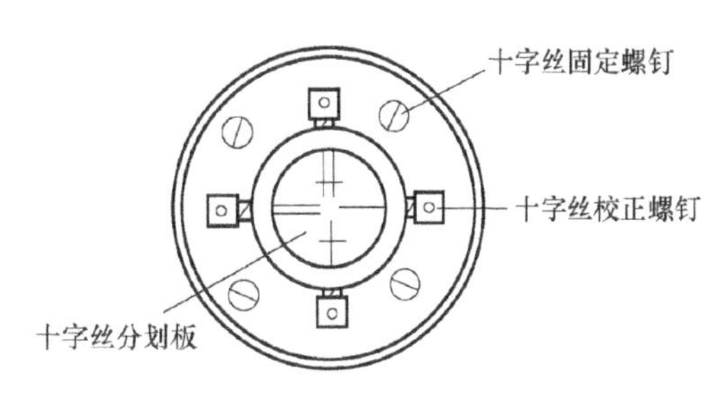

图 2-26　十字丝的校正

3. 水准管轴平行于视准轴的检验和校正

在竖直面内，水准管轴不平行于视准轴的夹角被称为 i 角。有 i 角时，水准管气泡居中，视准轴相对于水平线方向倾斜了 i 角，导致视线在尺上的读数存在偏差，称为水准仪的 i 角误差。i 角误差随着视距的增大而增大。当仪器至前、后视距相等时，两把尺上的 i 角误差相等，因此对两点间的高差计算无影响；若前、后视距的差距增大，则 i 角误差对高差的影响也会随之增大。

(1) 检验　如图 2-27 所示，首先在平坦地面上选定 A、B 两点，打下木桩标定位置并竖立水准尺；接着丈量 AB 并找出中点 C 后，安置水准仪于此，分别读取 A、B 两点上水准尺的读数 a_1、b_1，并计算 A、B 两点的高差 $h_1=a_1-b_1$；然后将仪器搬到与 B 点相距约 2～3m 处，整平仪器后，分别读取 A、B 点水准尺的读数 a_2、b_2，并计算 A、B 两点的高差 $h_2=a_2-b_2$。若 $h_2=h_1$，表示水准管轴平行于视准轴。若 $h_2\neq h_1$，则按式（2-13）计算出夹角 i 的大小，并判断是否满足规定要求。例如，DS_3 水准仪的 $i>20''$时需要进行校正。

$$i=\frac{h_2-h_1}{D_{AB}}\rho'' \tag{2-13}$$

（2）校正　仪器在第二个测站上保持瞄准 A 尺的状态不动，按式（2-14）计算第二个测站上视准轴水平时 A 尺的读数 a_2'

$$a_2' = h_1 + b_2 \tag{2-14}$$

接下来可采用两种方法校正。

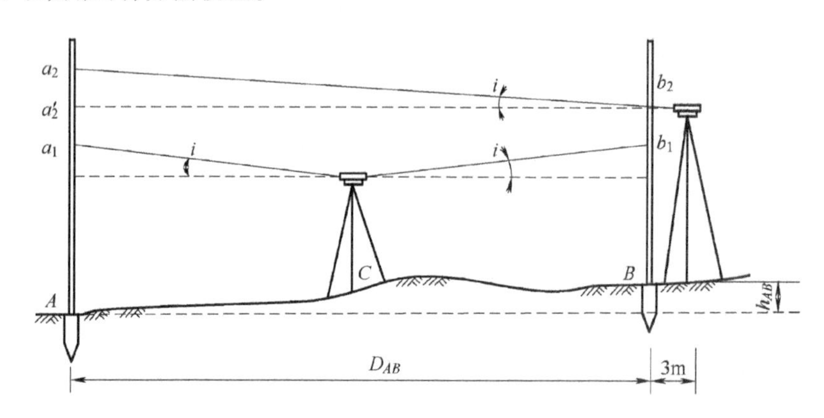

图 2-27　水准管轴平行于视准轴的检验和校正

方法一：先旋转微倾螺旋，使中丝对准 A 尺上的读数 a_2'，然后用校正针拨动水准管的上、下两个校正螺钉（图 2-28），使水准管气泡居中，则可达到水准管轴平行于视准轴的要求。

方法二：旋下十字丝环外罩，转动十字丝环的上、下两个校正螺钉（图 2-29），使横丝对准 A 尺上的读数 a_2'，则可达到水准管轴平行于视准轴的要求。

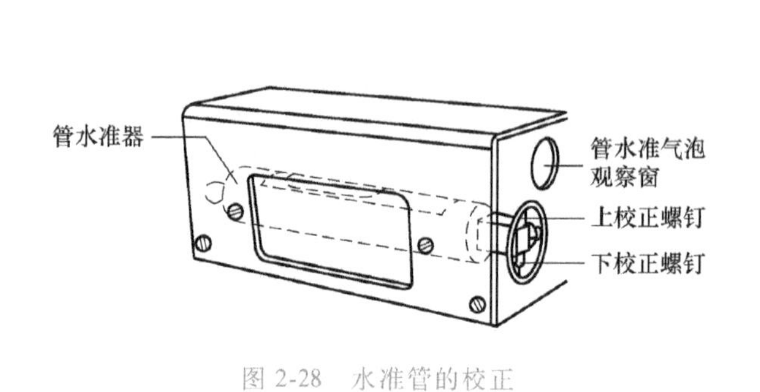

图 2-28　水准管的校正

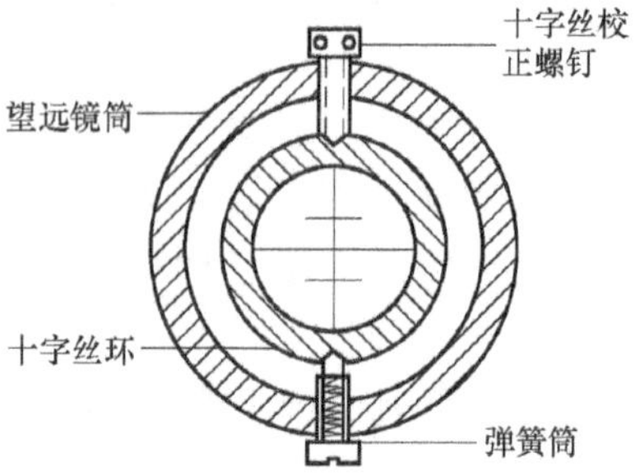

图 2-29　十字丝的校正

■ 2.6　水准测量误差分析及注意事项

在水准测量的过程中不可避免地存在着误差，按其来源可分为仪器误差、观测误差和外界条件影响误差三类。找出误差产生的原因并分析其规律，可尽量避免或减小各类误差，提高水准测量成果的质量。

1. 仪器误差

（1）i 角残余误差　水准仪在使用前按照规定进行了检验和校正后，仍然存在水准管轴不完全平行于视准轴的残余差，称为 i 角残余误差。此项误差的影响一般在观测中采用前、后视距相等的方法消除或削弱。

（2）水准尺误差　水准尺刻划不准确、尺身弯曲都给读数带来误差。在精度要求较高的工程中，必须对水准尺进行检定，符合要求的才能使用。

水准尺底端磨损，将导致尺底的零点位置发生变化，而且一对水准尺的尺底磨损情况一般不相同。为了消除或削弱此项误差，可在一个测段内采用偶数站，两根尺交替作为后视尺或前视尺。

2. 观测误差

（1）水准管气泡居中误差　水准测量时，视线水平是通过使水准器气泡居中实现的。由于观测者自身的原因，在判断气泡是否居中时或多或少会存在误差。消除或减小这种误差的方法是在每次读数前仔细进行精平操作，使水准管气泡严格居中。

（2）读数误差　在水准尺上估读毫米数的误差，它与人眼的分辨能力（一般为60″）、望远镜的放大倍率以及视线长度有关。

（3）视差影响　当视差存在时，十字丝平面与水准尺影像不重合，若眼睛观察的位置不同，便读出不同的读数，因而也会产生读数误差。

（4）水准尺倾斜误差　如果水准尺在仪器视线方向倾斜，观测者不容易发觉，此时的读数会偏大。如果水准尺上没有圆水准器，可采用摇尺法；装有圆水准器的水准尺可以通过气泡居中来保证水准尺的竖直。

3. 外界条件影响误差

（1）仪器下沉误差　在一个测站的观测过程中，若水准仪下沉，尤其是在土质松软的地方，可导致水准尺读数不准。为消除或减小此类误差，观测者应将水准仪安置在较坚实的地面上，并将脚架踩实，在每一测站上采取“后—前—前—后”的观测顺序，迅速观测。

（2）尺垫下沉误差　如果在转站过程中尺垫发生下沉，则导致下一站的后视读数增大。采用往返观测，取平均值的方法可以减弱其影响。

（3）地球曲率和大气折光影响的误差　水准测量基本原理中假设大地水准面与水平视线平行，存在水平面代替曲面的误差，即地球曲率对水准测量的影响。另外，由于地面上空气密度呈垂直方向梯度变化，光线通过时会产生折射，使得观测时的视线不是水平线，即大气折光对水准测量的影响。分析与研究发现，地球曲率和大气折光对水准尺读数的综合影响f计算公式为

$$f=(1-K)\frac{D^2}{2R} \tag{2-15}$$

式中　D——水准仪至水准尺的距离；

R——地球半径；

K——大气折光系数，一般取$K=0.14$。

由式（2-15）可知，当前后视距相等时，地球曲率和大气折光对前、后视读数误差相等，可消除此项误差对水准测量高差的影响。

（4）温度影响的误差　温度的变化不仅会引起大气折光的变化，而且会引起仪器的部件涨缩，引起视准轴的构件（物镜、十字丝和调焦镜）相对位置的变化，或者视准轴相对于水准管轴位置的变化，导致较大的测量误差。另外，烈日照射水准管时，水准管受热温度不匀，气泡向着温度高的方向移动，影响仪器水平，会产生气泡居中误差，因此观测时应注意为仪器撑伞遮阳。

4. 水准测量注意事项

1）水准测量过程中应尽量保持前、后视距相等，用以减弱水准管轴不平行视准轴的误差，同时选择适当的观测时间，限制视线长度和最低高度来减少折光的影响。

2）仪器脚架要踩实，观测要快速而有节奏，以减少仪器下沉的影响。转点处要用尺垫并踩实，并取往、返观测结果的平均值来抵消转点下沉的影响。

3）为确保读数准确，读数时要仔细对光，消除视差；对于微倾式水准仪，读数前后必须确保精平。

4）标尺底部必须保持洁净，不得有泥土等附着；对于折叠尺或塔尺应检查衔接处是否严密；为了消除两尺零点差的影响，测站数应为偶数。

5）人工读数记录时，记录员要复读，以便核对，并应按记录格式填写，字迹要整齐、清楚、端正，所有计算成果必须经校核后才能使用。

6）记录要保持原始性和完整性，当场填写清楚所有内容，不得事后回忆补记，在记错或算错时，应在错字上画一条斜线，将正确数字写在错字上方，不得连环涂改。

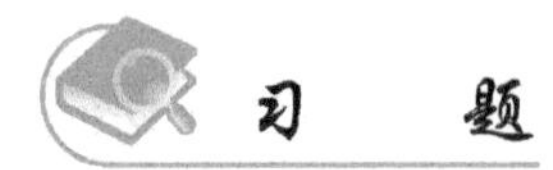

习　题

1. 用水准仪测定 A、B 两点高差，已知 A 点高程 $H_A=8.106$m，A 尺上读数为 1.120m，B 尺上读数为 1.439m，计算高差 h_{AB} 和 B 点高程 H_B。

2. 进行水准测量时，为何要求前、后视距大致相等？

3. 什么是视差？视差产生的原因是什么？如何消除视差？

4. 水准仪有哪些主要几何轴线？它们之间应满足哪些条件？哪个是主要条件？

5. 什么是水准路线？什么是高差闭合差？

6. 简述用水准仪进行五等水准测量时，一个测站上的操作步骤与高差计算方法。

7. 计算表 2-4 中水准测量观测高差及 B 点高程。

表 2-4　水准测量观测记录手簿

测站	测点	水准尺读数/m		高差/m	高程/m	备注
		后视读数	前视读数			
1	A	1.764			5.002	已知
	TP_1		0.897			
2	TP_1	1.897				
	TP_2		0.935			
3	TP_2	1.126				
	TP_3		1.765			
4	TP_3	1.612				
	B		0.711			
计算检核	$\sum$					
		$\sum a-\sum b=$		$\sum h=$		

8. 列表计算出图 2-30 中五等附合水准路线各点高程。

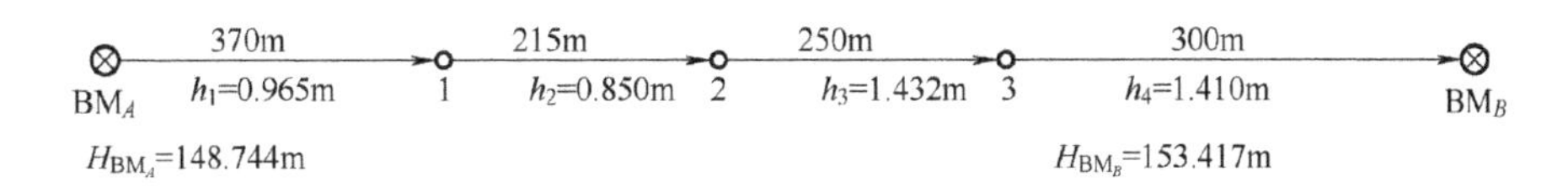

图 2-30 附合水准路线及观测成果

第3章 角度测量

【学习目标】

1. 了解光学经纬仪的检验与校正方法。

2. 熟悉角度测量的误差来源及测量过程中的注意事项，三角高程测量的原理与计算。

3. 掌握经纬仪操作及水平角测量和竖直角测量方法。

水平角测量原理

3.1 角度测量原理

3.1.1 水平角测量原理

水平角是指空间一点到两个目标点的方向线在水平面上垂直投影所夹的角度，或者说是分别过两条方向线的竖直面所夹的二面角。如图 3-1 所示，A、B、C 为地面上的任意三点，将三点沿铅垂方向投影到水平面上，得到对应的 a、b、c 三点，则直线 ab 与直线 ac 所成的夹角 β，即方向线 AB、BC 的水平角。由此可见，β 也为过 AB、BC 作两个铅垂面所形成的二面角。

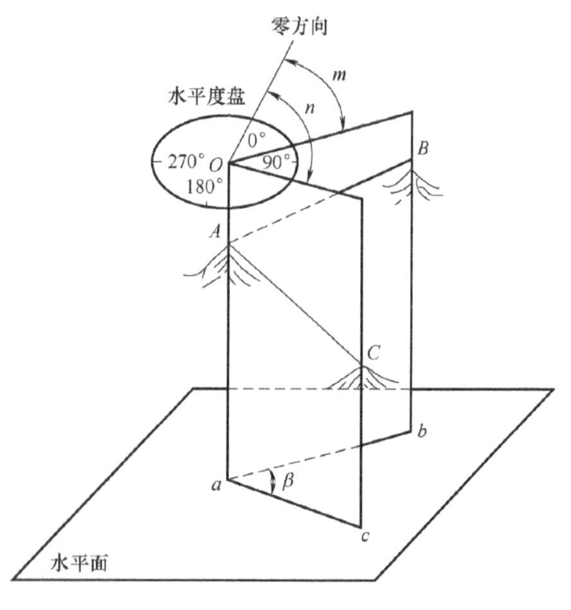

图 3-1 水平角测量原理

根据水平角的概念，为测量水平角，可设想在 O 点架设一种仪器。如图 3-1 所示，这种仪器上有一个水平安置的顺时针刻有度数的圆度盘（称为水平度盘），度盘中心位于过 O 点的铅垂线上。此外，仪器上还需有瞄准设备，能瞄准 B、C 两点，且瞄准的视线分别与方向线 AB、AC 位于同一铅垂面内。在水平读盘上能读出相应于 AB、AC 的

水平方向值为 m、n，则水平角 $\beta=\angle bac=n-m$。水平角的取值范围为 0°~360°。

3.1.2　竖直角测量原理

竖直角测量原理

竖直角是指观测目标的方向线与其同在一个竖直平面内的水平线所夹的锐角，又称为倾斜角、垂直角或高度角，用 α 表示。竖直角有俯角和仰角之分。如图 3-2 所示，若视线 OA 与水平线的夹角在水平线以上，为仰角，符号为正，范围为 0°~+90°；当倾斜视线 OB 与水平线的夹角在水平线以下，为俯角，符号为负，取值范围为−90°~0°。

根据竖直角的概念，为测量竖直角，可设想在 O 点安置一个有顺时针刻划的垂直圆盘（称为竖直度盘，简称“竖盘”），令其中心过 O 点，且位于目标方向线的竖直面内。利用瞄准设备和读数装置获得目标方向、水平线在度盘上的读数，就可以计算竖直角大小。与水平角一样，竖直角也是度盘上两个方向的读数之差，不同的是，这竖直角两个方向必有一个是水平方向。视线与铅垂线天顶方向之间的夹角叫作天顶距。

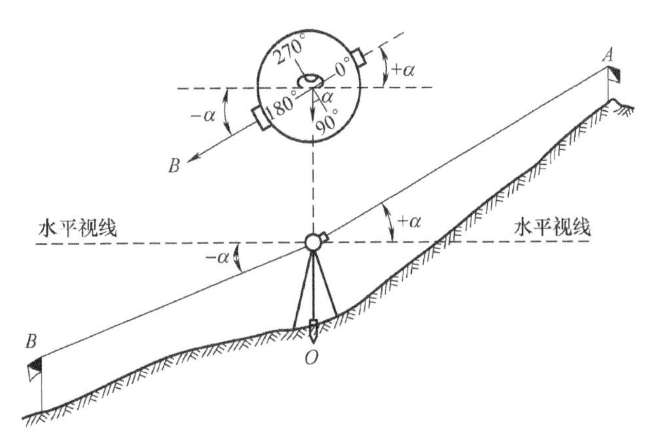

图 3-2　竖直角测量原理

由上述可知，用于角度测量的仪器应具备带有刻度的水平度盘、竖直度盘，以及瞄准设备、读数设备等。经纬仪就是能符合这些要求的测角仪器，既可用于测量水平角，也可用于测量竖直角。

3.2　光学经纬仪

经纬仪可分为光学经纬仪和电子经纬仪。光学经纬仪按不同测量精度又分为多种等级，如 DJ_{07}、DJ_1、DJ_2、DJ_6、DJ_{15}等型号。其中，“D”“J”分别为“大地测量”“经纬仪”的汉语拼音的第一个字母；右下角的数字代表仪器测量精度，如 DJ_6 表示水平方向测量一测回的方向观测中误差不超过 6″。不同厂家生产的经纬仪的部件和构造略有区别，但是基本原理一样。本章重点介绍 DJ_6 型光学经纬仪的构造和使用方法。

DJ_6 型光学经纬仪结构如图 3-3 所示。仪器主要由基座、水平度盘、照准部三部分组成。

1. 基座

基座位于仪器的下部，通过中心连接螺旋使经纬仪照准部紧固在三脚架上。基座上还设有轴座固定螺旋，拧紧该螺旋，可将照准部固定在基座上。使用仪器时切勿随意松动此螺旋，以免照准部与基座分离而坠落或造成读数错误。

2. 水平度盘

水平度盘由光学玻璃刻制而成，度盘全圆周顺时针刻划 0°~360°的等角距分划线。在水平角测量时，可利用度盘变换手轮将度盘转至所需要的位置，并及时盖好护盖，以防测量中碰动。观测过程中，水平度盘固定，不随照准部转动。

3. 照准部

照准部是基座之上能围绕竖轴水平自由旋转的整体部分的总称。主要包括支架、望远镜、望远镜制动与微动螺旋、竖直度盘、水准器、光学对中器、读数设备、照准部的旋转轴等。

望远镜可绕仪器横轴上下转动，随着支架围绕竖轴水平旋转。望远镜制动与微动螺旋用于控制其转动，利用水平和竖直制动和微动螺旋，可以使望远镜固定在任意位置。望远镜侧旁设有光学读数显微镜，通过它可进行水平角和竖直角读数。

竖直度盘固定在望远镜横轴的一端，随望远镜的竖向旋转而转动。其用于量测竖直角，与之配套的还有竖直度盘指标水准管装置或自动补偿装置。

照准部上设有圆水准器和水准管，用于精确整平仪器，使仪器竖轴处于铅直位置，并由仪器内部应具备的几何关系使水平度盘和横轴处于水平位置。此外，照准部上还设有光学对中器用于光学对中，其对中误差一般不大于1mm。

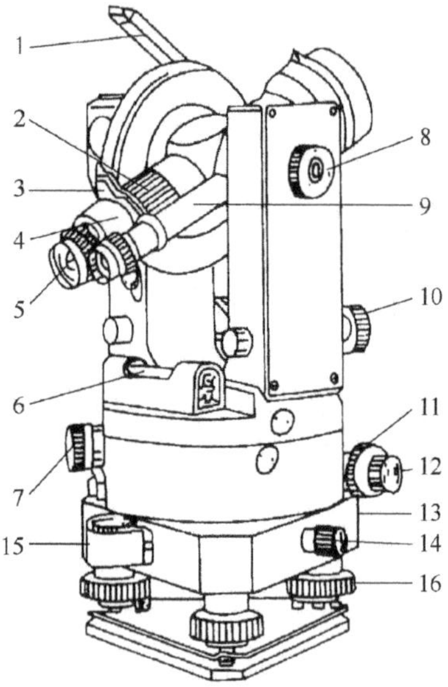

图 3-3　DJ_6 型光学经纬仪

1—指标水准器反光镜　2—望远镜对光螺旋　3—粗瞄准照门　4—分划板护罩　5—望远镜目镜　6—照准部水准管　7—度盘变换手轮　8—望远镜制动螺旋　9—读数显微镜　10—望远镜微动螺旋　11—水平微动螺旋　12—水平制动螺旋　13—基座　14—轴座锁紧螺旋　15—圆水准气泡　16—脚螺旋

4. 光学经纬仪的读数方法

DJ_6 型光学经纬仪的水平度盘和竖直度盘的分划线通过一系列的棱镜和透镜，在望远镜目镜侧旁的读数显微镜内成像，观测者通过读数显微镜读取度盘上的读数。

DJ_6 型经纬仪常用的是分微尺测微器，在读数显微镜内可以同时看到度盘分划和分微尺，如图 3-4 所示，视场内有 2 个读数窗，分别为水平度盘分划线及其分微尺的像、竖直度盘分划线及其分微尺的像。度盘分划间隔是1°，分微尺分划总宽度刚好等于度盘一格的宽度，分微尺有 60 个小格，一小格代表 1′。

读数时，首先判断哪一根度盘的分划线被测微尺覆盖，度数就是这根分划线的注记读数，然后读取分的读数。分的读数是这根分划线所指的测微尺上的读数，直接读取到 1′，估读到 0.1′，并直接转化成秒(″)。如图 3-4 所示，水平度盘的读数为 73°04′54″，竖盘的读数为 87°06′12″。

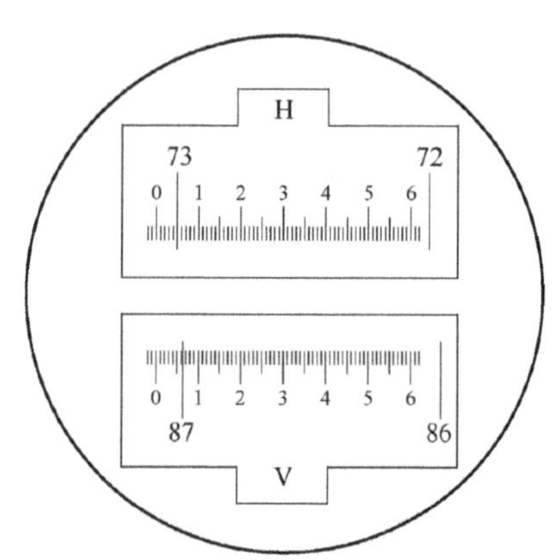

图 3-4　DJ_6 型经纬仪分微尺测微器读数窗

5. 照准目标

角度测量的常用工具有标杆、测钎、垂球和觇牌，如图 3-5 所示，其可作为照准目标。

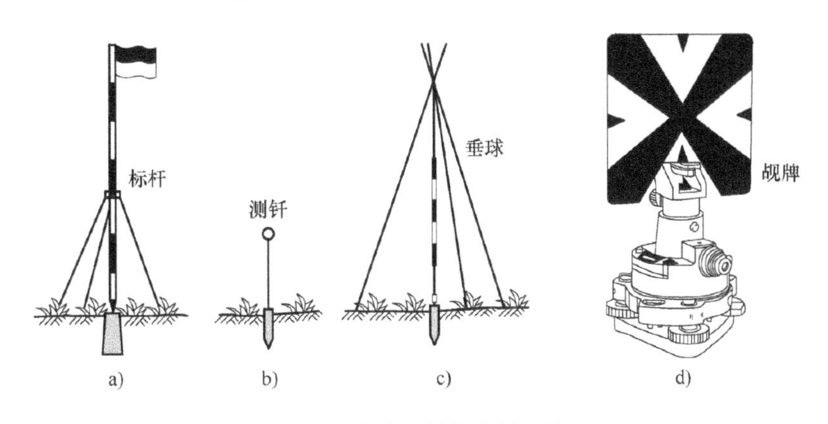

图 3-5　角度测量的常用工具

3.3　经纬仪的使用

用经纬仪观测角度必须将仪器中心安置在测站点的铅垂线上，同时保持竖轴竖直、水平度盘处于水平位置。

3.3.1　仪器安置

在测站上安置经纬仪包括对中、整平两项工作。

1. 对中

对中的目的是使仪器中心与测站点的标志中心位于同一铅垂线上。一般程序如下：

1）张开三脚架，调节脚架使高度与观测者适宜，目估架头水平，并使架头中心初步对准测站点标志。

2）安上仪器、旋紧中心连接螺旋，调节光学对中器焦距螺旋，使其分划环、地面成像清晰。

3）固定三脚架的一条腿于适当位置，两手分别握住另外两条腿，移动这两条腿并同时从光学对中器中观察，使对中器对准测站标志中心（地面点在分划环内部中心）。

4）将脚架腿尖踩实。

2. 整平

整平的目的是使仪器的竖轴竖直，水平度盘处于水平位置。先初步整平，再精确整平。

1）初步整平用目估法移动三脚架来实现。通过伸缩任意两根脚架使圆水准器气泡大致居中。

2）精确整平是调节基座的三个脚螺旋，如图 3-6 所示。

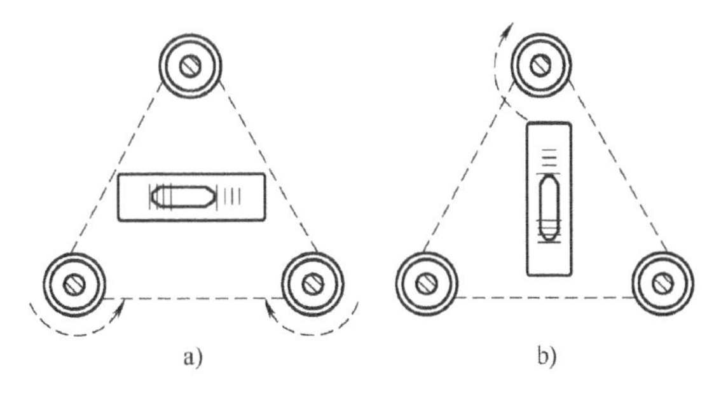

图 3-6　精确整平

具体做法如下：首先转动照准部，使水准管与任意两个脚螺旋连线平行，双手相向转动这两个脚螺旋，气泡移动方向与左手大拇指移动方向相同，使气泡居中。再将照准部旋转

90°，使照准部水准管垂直于原来两个脚螺旋的连线，调整第三个脚螺旋使气泡居中。按上述方法反复操作，直到仪器旋至任意位置气泡均居中为止。

整平后应检查对中，若对中破坏，应重新对中、整平。在观测水平角过程中，可允许气泡偏离中心位置不超过 1 格。

3.3.2 瞄准

瞄准是使经纬仪望远镜的视准轴对准目标点上照准标志的中心。具体操作如下：

1）经纬仪望远镜目镜对光。将望远镜对着明亮的背景，调节目镜对光螺旋，使十字丝成像清晰。

2）松开制动螺旋，转动望远镜，通过镜筒上粗瞄器，粗略瞄准目标，拧紧制动螺旋。

3）物镜调焦，使目标像成清晰，消除视差。

4）转动微动螺旋，精确瞄准，使十字丝的中丝或竖丝中心对准目标的恰当部位。

在测量水平角时，应尽量瞄准目标底部，使目标像夹在双纵丝内且与双纵丝对称，或使单纵丝平分目标，如图 3-7 所示；观测竖直角时，应使十字丝中丝与目标规定的部位相切。

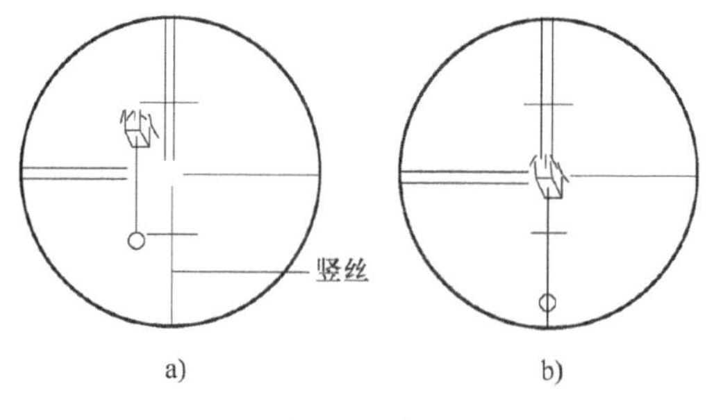

图 3-7　瞄准

3.3.3 读数

读数时首先打开反光镜，调节反光镜镜面位置，使读数窗亮度适中。然后转动读数显微镜目镜对光螺旋，使度盘、测微尺及指标线的影像清晰。之后根据仪器的读数设备，按前述的经纬仪读数方法进行读数。

3.4 水平角观测

水平角测量的方法一般有测回法和方向观测法两种。测回法常用于测量两个方向之间的单角，当一个测站需测量的方向数为 3 个或 3 个以上时，通常采用方向观测法。

测回法测水平角

3.4.1 测回法

如图 3-8 所示，设 O 为测站点，A、B 为观测目标，用测回法观测 OA 与 OB 两方向之间的水平角 β，具体施测步骤如下：

1）在测站点 O 安置经纬仪，在 A、B 两点竖立好标杆或测钎等目标标志。

2）盘左位置（正镜位置），转动照准部，先瞄准左目标 A，读取水平度盘读数 a_L，设读数为 0°01′10″；松开照准部制动螺旋，顺时针转动照准部，瞄准右目标 B，读取水平度盘读数 b_L，设读数为 66°32′28″。由式（3-1）计算可得盘左位置的水平角角值（也称为上半测回角值）

$$\beta_L = b_L - a_L \tag{3-1}$$

图 3-8　测回法测水平角

得 $\beta_L=66°31'18''$。

以上称为上半测回。

3）松开照准部制动螺旋，倒转望远镜成盘右位置（倒镜位置）。先瞄准右目标 B，读取水平度盘读数 b_R，设读数为 246°32′46″；松开照准部制动螺旋，逆时针转动照准部，瞄准左目标 A，读取水平度盘读数 a_R，设读数为 180°01′10″。由式（3-2）计算得盘右位置的水平角角值（也称为下半测回角值）

$$\beta_R=b_R-a_R \tag{3-2}$$

得 $\beta_R=66°31'36''$。

以上称为下半测回。

4）盘左、盘右两个半测回，合称为一个测回。在本例中，上、下两半测回角值之差为

$$\Delta\beta=\beta_L-\beta_R=66°31'18''-66°31'36''=-18''$$

当上、下两个半测回角值之差在限差之内时，取两个半测回角值的平均值作为一测回的角值，即

$$\beta=(\beta_L+\beta_R)/2 \tag{3-3}$$

得 $\beta=66°31'27''$。

将结果记入表 3-1 相应栏内。

表 3-1　测回法观测手簿

测站	测回数	垂盘位置	目标	度盘读数（° ′ ″）	半测回角值（° ′ ″）	一测回角值（° ′ ″）	各测回平均角值（° ′ ″）	备注
O	1	左	*A*	0 01 10	66 31 18	66 31 27	66 31 26	
			B	66 32 28				
		右	*A*	180 01 10	66 31 36			
			B	246 32 46				
O	2	左	*A*	90 00 34	66 31 24	66 31 24		
			B	156 31 58				
		右	*A*	270 00 58	66 31 24			
			B	336 32 22				

当测角精度要求较高时，需对一个角度观测多个测回，应根据测回数 n，以 $180°/n$ 的差值，配置水平度盘读数。例如，当测回数 $n=2$ 时，第一测回的起始方向读数可配置在略

大于0°处；第二测回的起始方向读数可配置在略大于90°处。各测回角值互差如果没有超过限差，取各测回角值的平均值作为最后角值，记入表3-1相应栏内。

3.4.2 方向观测法

方向观测法以一个选定的目标为起始方向（称为零方向）开始观测，顺次观测各个目标的水平方向值，则每个角度的角值即组成该角度的两个方向的方向值之差。

下面以图3-9为例，说明在测站 *O* 上观测 *A*、*B*、*C*、*D* 四个方向，所需的观测步骤及测站成果计算方法。

1. 观测步骤

1）将经纬仪安置于测站点 *O* 点对中，整平。

2）选择一个明显目标作为起始方向（零方向），如 *A* 点。在盘左位置，照准 *A* 点，将度盘设置成略大于0°。读水平度盘读数，如0°01′00″，记入表3-2中。

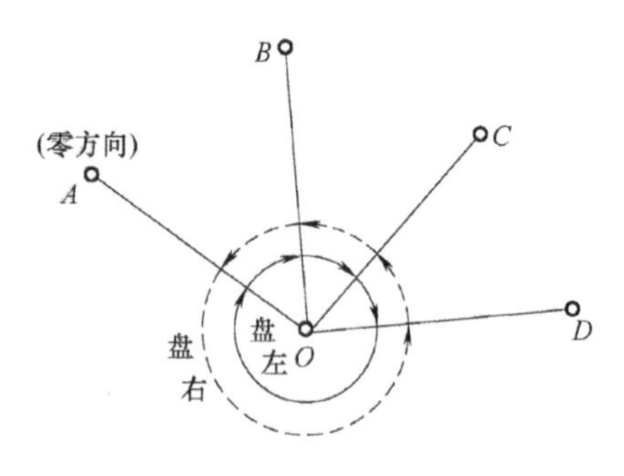

图3-9 方向观测法测角

3）松开水平和竖直制动螺旋，顺时针方向转动照准部，依次瞄准 *B*、*C*、*D* 各点，分别读数、记录。最后再次瞄准起始点 *A* 并读数，称为归零（当观测方向不多于3个时，可不归零）。*A* 方向两次读数差称为半测回归零差，其限差可参见表3-3中相关技术要求。如果超出限差，说明观测过程中有仪器度盘位置变动或仪器被碰动等问题，应重新观测。上述观测称为上半测回。

4）倒转望远镜成盘右位置，逆时针方向依次瞄准 *A*、*D*、*C*、*B*，最后回到 *A* 点，并读数、记录，该操作称为下半测回。

表3-2 方向观测法测角手簿

测站	目标	水平度盘读数		2c ″	平均方向值 (° ′ ″)	归零方向值 (° ′ ″)	各测回归零方向值的平均值 (° ′ ″)
		盘左 (° ′ ″)	盘右 (° ′ ″)				
O 第1测回	A	0 01 00	180 01 12	−12	(0 01 09) 0 01 06	0 00 00	0 00 00
	B	62 15 24	242 15 48	−24	62 15 36	62 14 27	62 14 23
	C	107 38 42	287 39 06	−24	107 38 54	107 37 45	107 37 46
	D	185 29 06	5 29 12	−6	185 29 09	185 28 00	185 28 02
	A	0 01 06	180 01 18	−12	0 01 12		
O 第2测回	A	90 01 36	270 01 42	−6	(90 01 41) 90 01 39	0 00 00	
	B	152 15 54	332 16 06	−12	152 16 00	62 14 19	
	C	197 39 24	17 39 30	−6	197 39 27	107 37 46	
	D	275 29 42	95 29 48	−6	275 29 45	185 28 04	
	A	90 01 36	270 01 50	−14	90 01 43		

表 3-3　方向观测法技术要求　　[单位：(″)]

仪　器	半测回归零差	一测回内 2c 互差	同一方向值各测回互差
DJ_2	12	18	12
DJ_6	18	—	24

注：表中是《工程测量标准》（GB 50026—2020）一级及以下等级导线水平角方向观测的技术指标。

2. 方向观测法的有关计算

表 3-2 中自“2*c*”栏起为方向观测法的计算内容，现说明如下：

（1）2*c* 的计算　2*c* 是指 2 倍照准误差，在数值上等于同一测回同一方向的盘左读数与盘右读数±180°之差，即

$$2c=盘左读数-(盘右读数\pm180°) \tag{3-4}$$

一般地，一个测站上各目标的竖直角互差不大，对于同一台经纬仪，在同一测回内测得的各方向的 2*c* 值可视为常数。在实际观测过程中，由于观测误差不可避免，导致各个方向 2*c* 值不相等，但不会超出某个限值。因此，各方向 2*c* 互差可作为衡量观测质量的标准之一。对于 DJ_2 型经纬仪，2*c* 变动范围不应超过 18″；对于 DJ_6 型经纬仪，没有限差规定。

（2）计算各方向的平均方向值　取每一方向同一测回内的盘左读数与（盘右读数±180°）的平均值，作为该方向的平均方向值，即

$$平均方向值=[盘左读数+(盘右读数\pm180°)]/2 \tag{3-5}$$

由于存在归零读数，故起始方向有 2 个平均值。将这 2 个值再取平均，作为起始方向的平均方向值。

（3）计算归零方向值　将各方向的平均方向值减去起始方向的平均方向值（括号内的值），得各方向的归零方向值，即

$$归零方向值=平均方向值-起始方向的平均方向值 \tag{3-6}$$

如果有多个测回观测，同一方向各测回观测得到的归零方向值理论上应该相等，但实际上，它们之间存在互差，称为同一方向值各测回互差。

（4）计算各测回归零方向值的平均值　将各测回同一方向的归零方向值相加并除以测回数，可得到该方向各测回归零方向值的平均值。

3.5　竖直角观测

3.5.1　竖盘的构造

经纬仪竖盘结构如图 3-10 所示，其包括竖直度盘、竖盘指标整平装置（包括水准管反射镜、竖盘指标水准管、竖盘水准管微动螺旋）。竖盘由光学玻璃制成，固定在横轴的一端，随望远镜一起在竖直面内转动，而读取竖直度盘的指标线处于铅垂位置并不随望远镜转动。视线水平时，竖盘 0°与 180°刻划连线处于水平位置。当望远镜上下转动瞄准不同高度的目标时，竖盘随之转动，而指标线不动，因而可得不同位置的竖盘读数，用以计算不同高度目标的竖直角，如图 3-11 所示。竖盘指标整平装置主要有竖盘指标水准管、竖盘指标自

动补偿器两种结构形式。对于竖盘指标水准管结构形式，当指标水准管气泡居中时，指标线就处于正确位置。故每次读取竖直度盘读数之前，都应先调节竖直度盘指标水准管的微动螺旋，使竖直度盘指标水准管气泡居中。对于竖盘指标自动补偿器结构形式，观测竖直角前要打开补偿器开关。

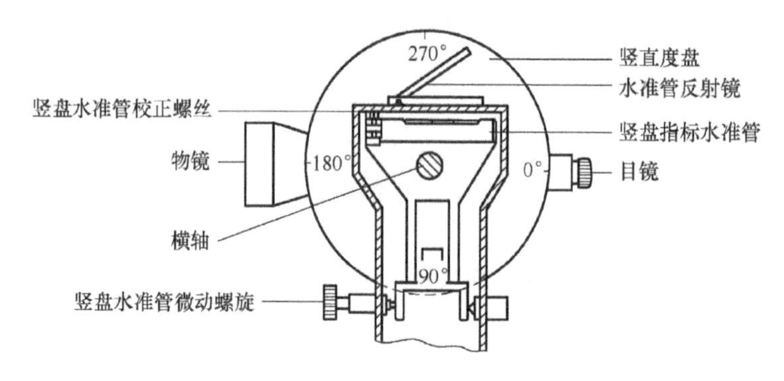

图 3-10　竖盘结构

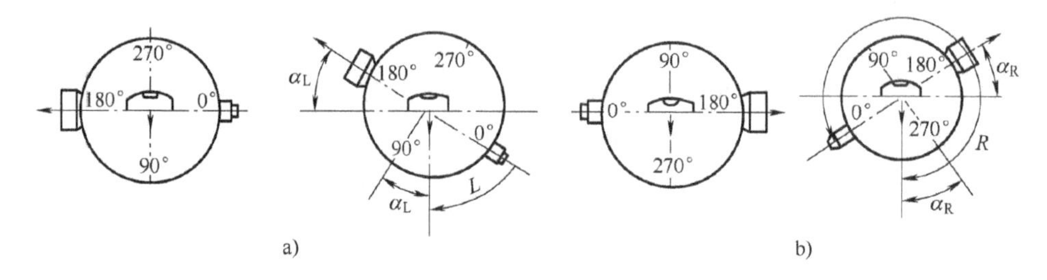

图 3-11　竖盘读数与竖直角计算

竖直角观测与计算

3.5.2　竖直角的观测方法

1. 竖直角的计算公式

由图 3-11 可知，在盘左位置，望远镜水平时，指标线（度盘下方带箭头的短线）的读数为 90°；望远镜向上转动瞄准目标，读数减小为 L。仰角为正，故盘左时竖直角为

$$\alpha_L = 90° - L \tag{3-7}$$

在盘右位置，望远镜水平时的读数为 270°；望远镜向上转动瞄准目标，读数增加为 R。仰角为正，故盘右时竖直角为

$$\alpha_R = R - 270° \tag{3-8}$$

由于观测中存在误差，α_L 与 α_R 常不相等，应取其平均值作为最后观测成果，即

$$\alpha = \frac{1}{2}(\alpha_L + \alpha_R) = \frac{1}{2}[(R-L) - 180°] \tag{3-9}$$

可见，计算竖直角也是两个方向的读数之差，只是其中水平方向读数固定，不需要读取。

2. 竖直角观测步骤

1）在测站上安置仪器，对中、整平。

2）盘左位置瞄准目标，使十字丝中丝切准目标规定位置。

3）转动竖盘水准管微动螺旋，使竖盘水准管气泡居中（或打开竖盘指标自动补偿器开关），读取竖盘读数 L 并记录，竖直角观测手簿见表 3-4，计算上半测回竖直角。

4）倒转望远镜，盘右位置照准目标同一位置，同 3）方法读取竖盘读数 R 并记录，计算下半测回竖直角。

5）计算竖盘指标差，判断其是否超限。若超限，则应重测；若不超限，则取上、下半测回竖直角平均值作为本测回成果。

表 3-4 竖直角观测手簿

测站	测回数	目标	竖盘位置	竖盘读数（° ′ ″）	半测回竖直角（° ′ ″）	指标差（″）	一测回竖直角（° ′ ″）	各测回竖直角平均值（° ′ ″）	备注
O	1	A	左	84 12 36	5 47 24	−12	5 47 12	5 47 14	
			右	275 47 00	5 47 00				
	2	A	左	84 12 42	5 47 18	−3	5 47 15		
			右	275 47 12	5 47 12				

3.5.3 竖盘指标差的计算

当视线水平、竖盘指标水准管气泡居中时，竖盘指标线没有指向正确位置，而存在一差值 x，称为竖盘指标差。竖盘指标差 x 本身有正负号，一般规定，当竖盘指标线偏离的方向与竖盘注记方向一致时为正，反之为负。

如图 3-12 所示，盘左位置，由于存在指标差，其正确的竖直角计算见下式

$$\alpha = 90° + x - L = \alpha_L + x \tag{3-10}$$

盘右位置正确的竖直角计算见下式

$$\alpha = R - (270° + x) = \alpha_R - x \tag{3-11}$$

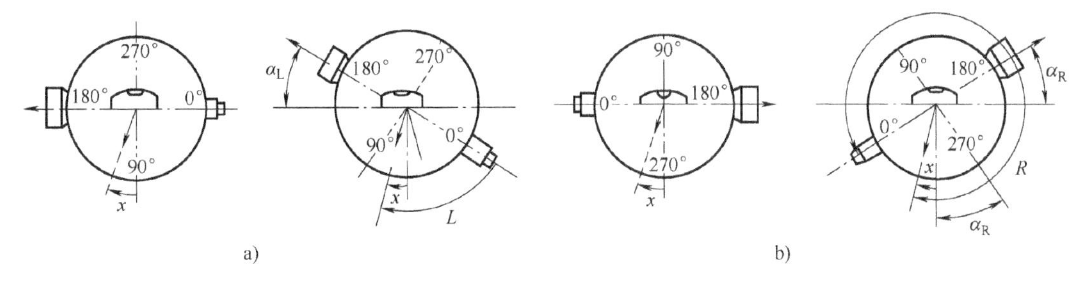

图 3-12 竖盘指标差

a）盘左位置 b）盘右位置

将式（3-11）减去式（3-10），再除以 2，得竖盘指标差的计算公式为

$$x = \frac{1}{2}(\alpha_R - \alpha_L) = \frac{1}{2}(R + L - 360°) \tag{3-12}$$

将式（3-10）和式（3-11）相加并除以 2，得一测回竖直角为

$$\alpha = \frac{1}{2}(\alpha_L + \alpha_R) = \frac{1}{2}(R - L - 180°) \tag{3-13}$$

可见，在竖直角测量时，用盘左、盘右观测，取平均值作为竖直角的观测结果，可以消除竖盘指标差的影响。

指标差互差可以反映观测成果的质量。有关规范规定：使用 DJ_6 型仪器进行竖直角观测时，指标差互差不得超过±25″。

3.6 三角高程测量

在实际测量工作中，单纯测竖直角没有意义。同一测站，照准同一目标，因仪器架设高度不同，得到的竖直角会不同，但测站和目标点之间的水平距离和高差是不变的。因此，竖直角的观测通常都伴随着距离测量和高差测量。在山区、丘陵或地形起伏较大的测区测定未知点高程时，若采用水准测量，施测速度较慢，困难程度较大，此时可采用三角高程测量的方法。

3.6.1 三角高程测量原理

三角高程测量是根据两点的水平距离和竖直角计算两点的高差。三角高程测量原理如图 3-13所示，已知 A 点高程 H_A，欲测定 B 点高程 H_B。在 A 点安置经纬仪，量测仪器高 i；在 B 点竖立标杆，用望远镜中丝瞄准标杆上约定标识（如顶点）M，测得竖直角 α，量出目标（标识）高 v，再结合 A、B 点的平距 D，根据式（3-14）计算 AB 点间的高差

$$h_{AB}=D\tan\alpha+i-v \tag{3-14}$$

则 B 点的高程为

$$H_B=H_A+h_{AB}=H_A+D\tan\alpha+i-v \tag{3-15}$$

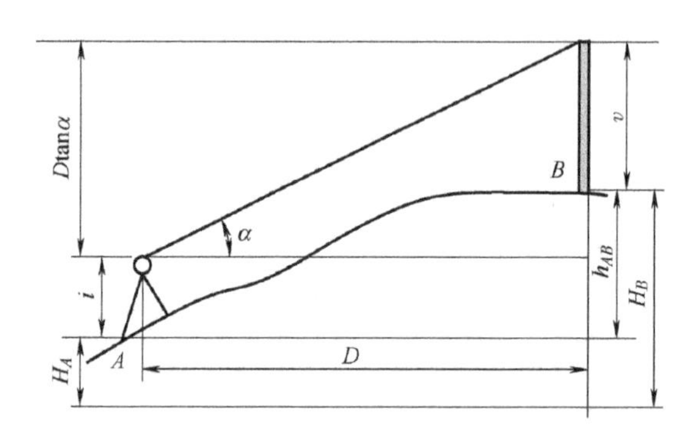

图 3-13　三角高程测量原理

当两点平距大于 300m 时，应考虑地球曲率和大气折光误差 f（称为球气差）对高差的影响。精度要求不高时，可取 $f=0.43D^2/R$，其中 R 为地球半径。为更好地消减球气差的影响，提高三角高程测量的精度，在五等及以上等级测量中通常采用对向观测的方法，即由 A 向 B 观测（称为直觇），再由 B 向 A 观测（称为返觇），也称为双向观测。对向观测所得的高差较差不超限（如五等的对向观测高差较差不大于 $60\sqrt{D}$，单位：mm），取平均值作为最终成果。

3.6.2　三角高程测量的观测与计算

1）在测站安置仪器，观测前后量测仪器高 i 和目标高 v 各一次并精确至1mm，取其平均值作为最终高度，记入表3-5。

表3-5　三角高程测量记录表

起算点	A	
待求点	B	
觇法	直（A→B）	返（B→A）
斜距 S/m	351.846	351.758
竖直角	+14°06′30″	-14°03′09″
平距 D/m	341.233	341.231
$S\sin\alpha$/m	+85.765	-85.411
仪器高 i/m	+1.411	+1.604
标杆高（$-v$）/m	-1.802	-1.563
两差改正/m	+0.008	+0.008
高差 h/m	+85.382	-85.362
平均高差/m	+85.372	
起算点A高程/m	279.257	
待求点B高程/m	364.629	

2）用仪器十字丝瞄准目标，测量边长，测回法观测竖直角，主要技术要求见表3-6。

表3-6　三角高程观测主要技术要求

观测等级	竖直角观测				边长测量	
	仪器等级	测回数	指标差较差	测回较差	仪器等级	观测次数
四等	2″	3	≤7″	≤7″	10mm	往返各一次
五等	2″	2	≤10″	≤10″	10mm	往一次

3）高差及高程计算。将测站的竖直角、边长观测成果整理后，填入表3-5，并完成高差、高程计算。

当用三角高程测量法测定控制点待求高程时，应将未知点与已知点组成闭合或附合三角高程路线，每边均需进行对向观测。先对各边高差均值进行球气差改正，再计算闭合环或附合路线的高程闭合差 f_h。当 f_h 不大于限差时，按与边长成正比例的原则，将之反符号分配给各高差，然后用改正后的高差，由起始点的高程计算各待求点的高程。

3.6.3　三角高程测量注意事项

1）对向观测垂直角和距离，是消除或减弱球气差对高差影响的有效措施。

2）仪器高、目标高在量取时应尽量准确。

3）对于竖直角的对向观测，当直觇完成后应即刻迁站进行返觇测量。

4）选择有利的观测时间。一般情况下，中午前后观测竖直角最有利。

3.7 经纬仪的检验与校正

3.7.1 经纬仪的轴线应满足的条件

经纬仪的主要轴线如图 3-14 所示，有照准部水准管轴 *LL*（通过水准管内壁圆弧中点的纵向切线）、竖轴（仪器旋转轴）*VV*、视准轴 *CC*、横轴（又称为水平轴，是望远镜旋转轴）*HH* 等几条主要轴线。根据经纬仪的测角原理，经纬仪整平后，这些轴线应满足以下几何条件：

1）照准部水准管轴垂直于竖轴（$LL \perp VV$）。

2）视准轴垂直于横轴（$CC \perp HH$）。

3）横轴垂直于竖轴（$HH \perp VV$）。

此外，经纬仪应满足：十字丝竖丝垂直于横轴，竖盘指标水准管气泡居中时指标线处于正确的位置，光学对中器的视准轴与竖轴重合。

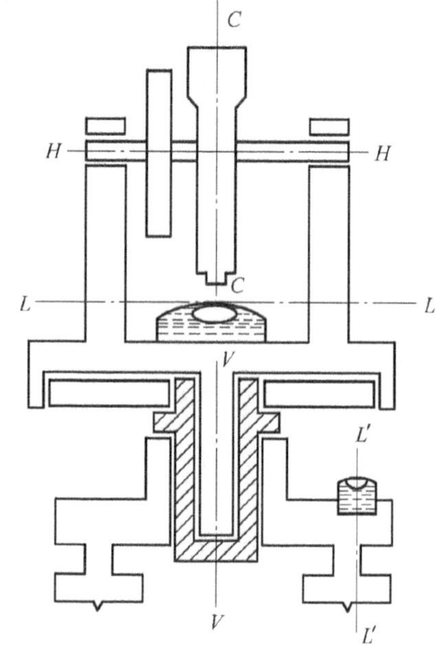

图 3-14　经纬仪的主要轴线

3.7.2 检验与校正

经纬仪在出厂前及经过一段时间使用后均需要对仪器各轴线之间的关系进行检验，若不能满足要求，则需要对经纬仪进行校正。

1. 照准部水准管轴的检验与校正

（1）检验

1）在土质坚实的地面安置仪器，大致整平。

2）转动照准部，使水准管平行于任意两脚螺旋的连线，调节这两脚螺旋使气泡精确居中。

3）松开照准部，旋转 180°，若气泡仍然居中，表示条件满足。若气泡偏离中心超过 1 格，应进行校正。

（2）校正　如图 3-15a 所示，水准管轴不垂直于竖轴，设两者的不垂直度为 α。水准管轴水平时竖轴倾斜，其与铅垂线的夹角为 α。将照准部围绕竖轴旋转 180°，如图 3-15b 所示，此时水准管轴与水平线的交角为 2α。先用脚螺旋将气泡调回偏离格数的一半，使竖轴处于铅垂位置（图 3-15c），再用校正针拨水准管校正螺钉，使气泡居中（图 3-15d）。

校正后，应再将照准部旋转 180°，若气泡仍不居中，按上述方法再进行校正，直至条件满足。

2. 十字丝竖丝的检验与校正

角度观测时，应以十字丝交点瞄准目标。当十字丝处于正确位置（即横丝水平、竖丝竖直）时，则用竖丝上任意一点瞄准同一目标时水平度盘读数不变，用横丝上任意一点瞄准同一目标时竖直度盘读数也不变，这能给观测工作提供很大方便。所以，在观测前应对此项条件进行检验与校正。

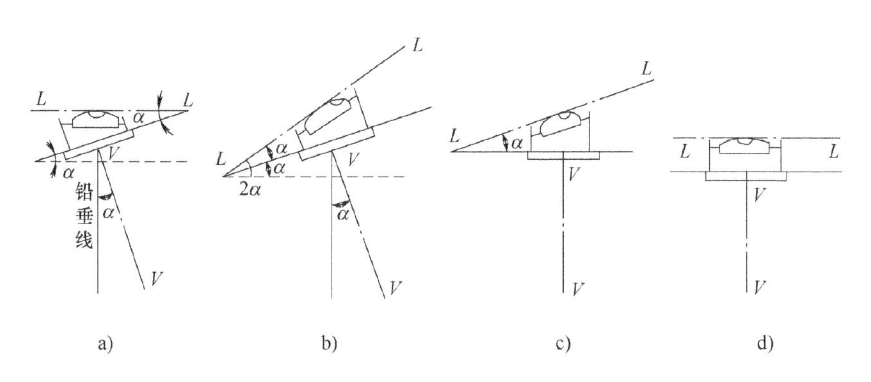

图 3-15　照准部水准管轴的检验与校正

（1）检验　整平仪器后用十字丝交点瞄准一个明显的小目标，固定照准部，调节望远镜竖直微动螺旋，使望远镜徐徐转动，若所瞄准目标始终沿着竖丝移动，则条件满足，如图 3-16a所示；否则，说明竖丝不垂直于横轴 HH，需要进行校正。

（2）校正　松开十字丝压环螺钉（固定螺钉），如图 3-16c 所示，转动十字丝环至图 3-16b 所示虚线处，使条件满足，再将压环螺钉固紧。

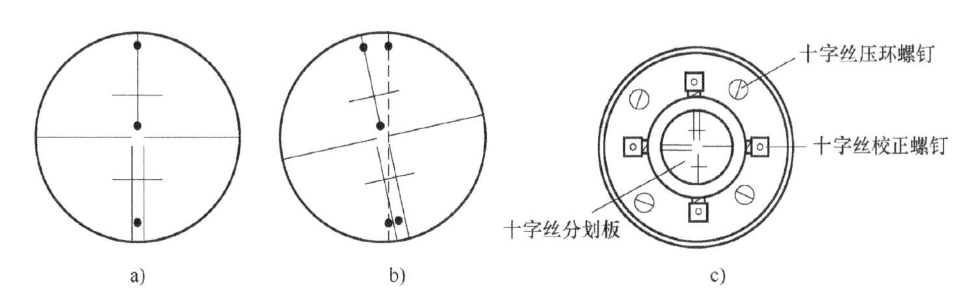

图 3-16　十字丝的检验与校正

3. 视准轴的检验与校正

（1）检验　如图 3-17 所示，在一处平坦场地选择 A、B 两点（相距约 100m），安置仪器与 A、B 连线中点 O，在 A 点竖立一个照准标志，在 B 点与仪器同高处横置一根带有毫米分划的直尺使其垂直于 OB。

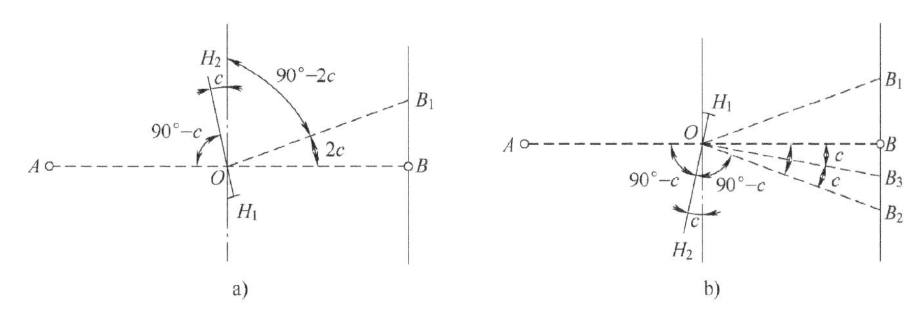

图 3-17　视准轴检验

如图 3-17a 所示，先用盘左位置瞄准 A 点，制动照准部，然后纵转望远镜，在 B 点尺上读得 B_1。再用盘右位置瞄准 A 点，制动照准部，然后纵转望远镜，在 B 点尺上读得 B_2，如

图 3-17b 所示。如果 B_1 与 B_2 两读数相同，说明视准轴垂直于横轴。否则，表明不垂直。

设视准轴不垂直于横轴的偏差为 c，由图 3-17b 可知，$\angle B_1OB_2=4c$，则 c 值大小为

$$c=\frac{B_1B_2}{4D}\rho \tag{3-16}$$

式中 D——O 点到 B 点的水平距离（m）；

B_1B_2——读数 B_1、B_2 之差（m）；

ρ——弧度秒值，$\rho=206265''$。

对于 DJ_6 型经纬仪，如果 $c>60''$，则需要校正。

（2）校正　如果仪器视准轴偏差超限，需要校正，应送交仪器维修人员处理。

4. 横轴的检验与校正

（1）检验

1）如图 3-18 所示，在离墙不远的地方整平经纬仪。以盘左瞄准高处一点 P，固定照准部，然后将望远镜视线调至水平，指挥另一人在墙上标出十字丝交点的位置，设为 P_1。

2）将仪器变换为盘右位置，仍先瞄准 P 点，再将望远镜视线调至水平。同法在墙上又一次标出十字丝交点的位置，设为 P_2。

3）若 P_1 与 P_2 重合，则表示条件满足；否则，存在横轴倾斜误差。

（2）校正　如果仪器横轴倾斜误差超限，需要校正，应送交仪器维修人员处理。

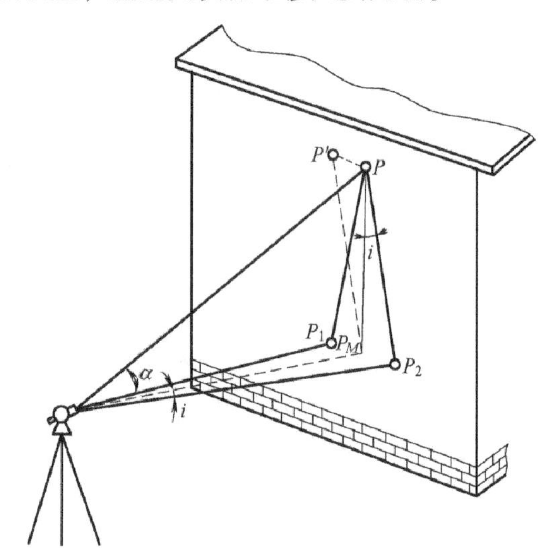

图 3-18　横轴的检验与校正

5. 竖盘指标差的检验与校正

（1）检验　整平经纬仪后，以盘左、盘右分别对同一个目标进行竖角观测。读取盘左读数 L 和盘右读数 R，根据式（3-13）计算出竖盘指标差。如果指标差超过 1′，则需要校正。

（2）校正　对于带竖盘指标水准管的经纬仪，保持仪器盘右位置瞄准目标不动，计算出不含指标差的盘右正确读数 $R-x$，旋转竖盘水准管微动螺旋，使竖直度盘读数为 $R-x$。此时，竖直度盘指标水准器气泡偏离中心位置。拧下水准器校正螺钉护盖，用校正针调整上、下两颗校正螺钉，至气泡居中。此项检校需反复进行，直至指标差符合限差要求。对于有竖直补偿器的仪器，一般不做此项校正。

3.8　角度测量误差分析及注意事项

影响测角精度的因素有很多，误差的来源主要有仪器误差、观测误差和外界条件造成的误差。

1. 仪器误差

（1）视准轴误差　由于望远镜十字丝安装不正确或外界温度变化等原因，造成视准轴与横轴不垂直，产生视准轴误差。视准轴误差可采用对同一目标以盘左、盘右观测，再取平均值的方法消除。

（2）横轴误差　当存在横轴误差时，经纬仪在整平后，仪器竖轴铅垂而横轴不水平，

视准轴绕横轴旋转就会形成一个斜面，使水平角观测存在误差。

对同一目标，采用一个测回中盘左、盘右观测取均值的方法，可消除横轴误差对水平角观测的影响。

（3）竖轴误差　由于整平时照准部水准管气泡未严格居中或水准管与竖轴不垂直，安置好经纬仪后，竖轴不在铅垂方向上，而是与之形成一个小角度，引起横轴以及水平度盘的倾斜，造成测角误差。

在一个测站上，一旦仪器对中整平后不再变化，竖轴的倾斜角度就是一个定值，所以竖轴误差不能通过盘左、盘右取平均的方法予以消除。要消除此误差，在观测前，就必须对水准管进行严格的检验和校正，观测时（尤其是在观测目标的竖直角较大时）仔细整平，始终保持照准部水准管气泡居中，偏离中心位置不可超过 1 格。

（4）度盘偏心误差　度盘偏心误差是指经纬仪的水平度盘中心与照准部旋转中心不重合，由此产生的测角误差。度盘偏心误差在水平度盘的对径方向读数中符号相反、大小相等，因此瞄准某一个目标后，可将对径方向两个读数取平均值消除该项误差；此外，采用盘左、盘右观测取平均值也可消除该项误差。

2. 观测误差

（1）仪器对中误差　安置经纬仪时，如果光学对中器分划圆圈中心或垂球中心与测站点不重合，会导致竖轴与测站点不在同一铅垂线上，造成测角误差。如图 3-19 所示，A、B 为观测目标，O 为测站点，O'为仪器中心（竖轴）在地面上的投影点，D_1、D_2 分别为 OA、OB 的水平距离。OO'为测站偏心距，用 e 表示；θ 为测站偏心角，是起始方向 $O'A$ 与偏心方向的水平夹角。正确的水平角值为 β，实际测得的水平角值为 β'，由图 3-19 可知，两者之差为

$$\Delta\beta=\beta-\beta'=\varepsilon_1+\varepsilon_2 \tag{3-17}$$

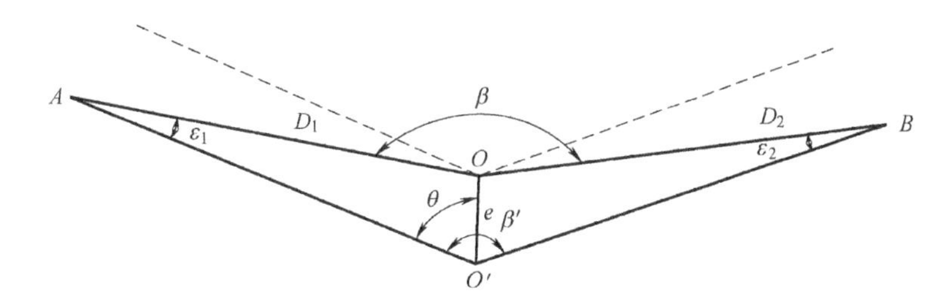

图 3-19　仪器对中误差

在△AOO'和△BOO'中，由于 ε_1、ε_2 很小，其正弦值可用弧度代替，则

$$\begin{cases}\varepsilon_1=\dfrac{e\rho}{D_1}\sin\theta \\ \varepsilon_2=\dfrac{e\rho}{D_2}\sin(\beta'-\theta) \\ \Delta\beta=\varepsilon_1+\varepsilon_2=e\rho\left[\dfrac{\sin\theta}{D_1}+\dfrac{\sin(\beta'-\theta)}{D_2}\right]\end{cases} \tag{3-18}$$

由式（3-18）可知：仪器对中误差对水平角的影响与偏心距大小成正比，与测站点到目标点的距离成反比；当水平角 β 接近 180°、偏心角 θ 接近 90°时，对中误差对水平角的影响 $\Delta\beta$ 最大。该项误差不能通过观测方法消除，所以在观测水平角时应严格对中，特别是当观

测边较短或两目标与仪器位置在同一条直线上时更应注意，以免引起较大误差。

(2) 目标偏心误差　目标偏心误差是由目标点上所竖立的照准标志（如标杆、觇牌等）的中心与目标点不在同一条铅垂线上引起的。如果照准的标杆倾斜，则会引起目标偏心误差。如图 3-20 所示，O 为测站点，A 为地面目标点，D 为 O、A 的水平距离；AA'为照准标杆，倾斜角度为 α，杆长为 d。目标偏心距 e 为

$$e=d\sin\alpha \tag{3-19}$$

目标偏心对观测方向的影响由式（3-20）计算

$$\varepsilon=\frac{e}{D}\rho=\frac{d\rho}{D}\sin\alpha \tag{3-20}$$

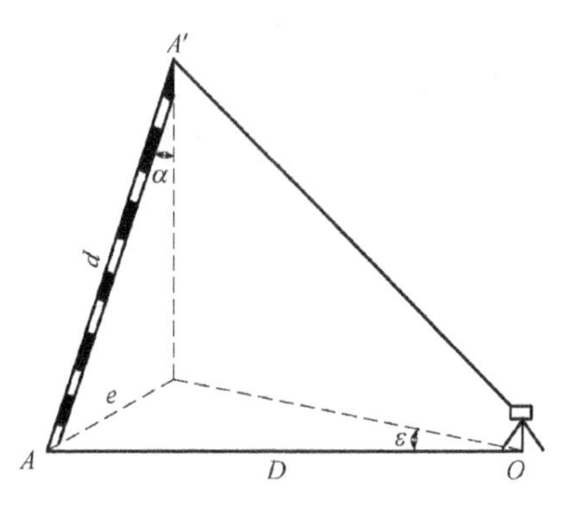

图 3-20　目标偏心误差

由式（3-20）可知，目标偏心对水平方向的影响与偏心距 e 成正比，与测站点到目标的距离 D 成反比。

仪器对中误差和目标偏心误差均属于对中性质的误差，为了减弱这两种误差的影响，对于短边的角度应特别注意对中，测角时标杆、测钎等标志应竖直，瞄准目标时，要尽量瞄准目标的下部。

(3) 照准误差与读数误差　照准误差是指在测角时，由于人眼通过望远镜瞄准目标产生的误差。该项误差的影响因素很多，如望远镜的放大倍数、人眼分辨率、十字丝的粗细、标志的形状和大小、目标影像的宽度、颜色等。为减小该项误差的影响，在测角时，应适当选择一定放大倍率的经纬仪和适宜的标志，以及有利的观测气候条件和观测时间。

导致读数误差的因素有读数窗内的明暗、小于最小刻划值的估读、对径符合装置的重合判断、作业员的技能水平等多种，例如 J_6 光学经纬仪（测微尺读数装置尺）的读数误差可以不超过 6″，但如果观测者技术不熟练，调焦不佳，估读误差可能大大超过此数。

这两项误差主要取决于仪器的构造及设计精度，观测者应认真仔细操作，可采用增加观测次数的方法减弱其影响。此外，观测者要努力提高自己的操作技术水平。

3. 外界条件造成的误差

外界条件造成误差的影响因素很多，如大气透明度、大气热辐射、大气折光度会影响照准精度，温度变化会影响仪器的正常状态，大风、土质松软会影响仪器的稳定性，阳光照射会影响水准气泡位置等，完全避免这些影响是不可能的。野外作业时为尽量减小该项误差对测角的影响，应尽量选择有利的观测条件而避开不利的条件，如选择在微风多云、空气清晰度好的条件下观测，观测时应踩实三脚架，必要的时候撑伞保护仪器等。

4. 角度观测中应注意的事项

(1) 观测规定　仪器安置的高度应适中，踩实脚架，拧紧中心螺旋；观测时手不扶脚架，转动照准部及调节各个螺旋时，用力要轻；当观测目标的高度相差较大时，仪器要严格整平；测角精度要求越高或边长越短，则对中要求越严格；消除视差；观测时尽量用十字丝交点照准目标点或桩上小钉；一个测回过程中不允许再调，若气泡偏离中心超过两格，应再次整平，重测该测回。

(2) 记录规定　按照观测顺序记录水平度盘读数。不得改动零方向，不得同时改动观测值与半测回方向值的分、秒，不得就字改字，不得使用橡皮，不得转抄结果，水平角观测

结果中间不得留空页。允许改动的数字应用横线整齐划去，在上面写正确的数字。注意检查限差，一经超限，应立即重测。

（3）重测规定　当 $2c$ 差超限或各测回互差超限时，应重测该方向并联测零方向。零方向 $2c$ 差超限，或超限测方向数超过总方向数三分之一时，应重测整个测回。

习　题

1. 水平角是如何定义的？经纬仪如何测量水平角？
2. 试述测回法和方向观测法测量水平角的步骤及角度的计算方法。
3. 竖直角是如何定义的？什么是竖盘指标差？经纬仪为什么能测量竖直角？
4. 经纬仪主要有哪些轴线？它们应该满足哪些重要条件？
5. 水平角测量的误差主要有哪些？在测量中应该注意什么？
6. 角度测量中采用盘左、盘右观测可消除哪些测量误差？
7. 整理计算表 3-7 测回法水平角观测记录和竖直角观测记录。

表 3-7　水平角观测记录（测回法）

测站	目标	竖盘位置	水平度盘读数 （° ′ ″）			半测回角值 （° ′ ″）	一测回角值 （° ′ ″）	备　注
O	A	左	0	12	20			A, B, β, O
	B		75	54	48			
	A	右	180	12	02			
	B		255	54	36			

8. 整理计算表 3-8 方向法水平角观测记录。

表 3-8　方向观测法水平角观测记录

测站	测回数	目标	读数 盘左 （° ′ ″）			读数 盘右 （° ′ ″）			$2c$ （″）	平均读数 （° ′ ″）	归零方向值 （° ′ ″）	各测回归零方向值的平均值 （° ′ ″）
O	1	A	0	02	12	180	02	00				
		B	37	44	15	217	44	05				
		C	110	29	04	290	28	52				
		D	150	14	51	330	14	33				
		A	0	02	18	180	02	08				
	2	A	90	03	30	270	03	24				
		B	127	45	34	307	45	28				
		C	200	30	24	20	30	18				
		D	240	15	57	60	15	49				
		A	90	03	25	270	03	18				

9. 整理计算表 3-9 竖直角观测记录。

表 3-9　竖直角观测记录

测站	目标	竖盘位置	竖直度盘读数 (°　′　″)	半测回角值 (°　′　″)	指标差 (″)	一测回角值 (°　′　″)	备　　注
O	*A*	左	72　18　28				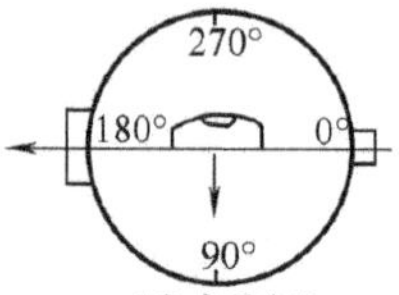 270° 180°　0° 90° (盘左注记)
		右	287　42　10				
	B	左	96　32　58				
		右	263　27　40				

第 4 章　直线定向与距离测量

【学习目标】

1. 了解视距测量原理、光电测距原理、光电测距仪分类、陀螺全站仪及使用。

2. 熟悉直线定向和方位角的概念、直线定线的方法、钢尺精密量距方法、光电测距成果计算方法、全站仪常用功能和操作方法。

3. 掌握钢尺一般量距方法、视距测量计算公式、坐标方位角概念和推算公式、坐标正算与反算公式。

4.1　直线定向

确定地面上两点之间的相对位置，需要获得两点之间连线的方向和水平距离。前者通过直线定向确定。直线定向就是确定直线和某一参照方向（即标准方向）的关系。

4.1.1　标准方向的种类

在测量中经常采用的标准方向有三种，即真子午线方向、磁子午线方向和坐标纵轴方向，如图 4-1 所示。

1. 真子午线方向

过地球某点及地球的自然南、北极的方向线为该点的真子午线，通过该点真子午线的切线方向称为该点的真子午线方向。真子午线方向是用天文测量方法或用陀螺经纬仪来测定的。

2. 磁子午线方向

自由悬浮的磁针静止时，磁针北极所指的方向是磁子午线方向，又称磁北方向。磁子午线方向可用罗盘仪来测定。

3. 坐标纵轴方向

由于地面上任何两点的真子午线方向和磁子午线方向都不平行，这会给直线方向的计算带来不便。采用坐标纵轴作为标准方向，在同一坐标系中任何点的坐标纵轴方向都是平行的，这给使用

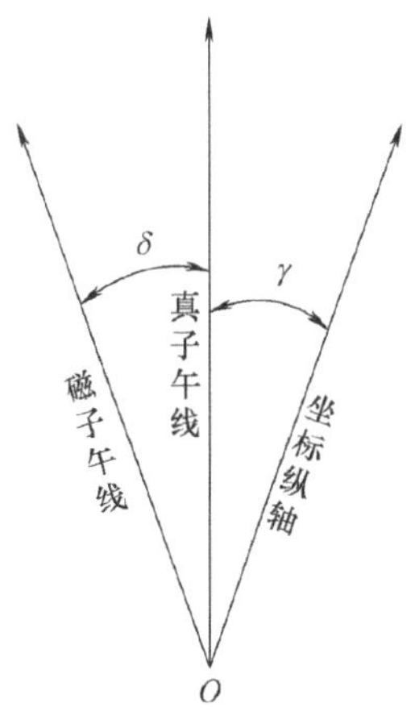

图 4-1　三种标准方向

带来极大方便。因此，在平面直角坐标系中，一般采用坐标纵轴作为标准方向，称坐标纵轴方向，又称为坐标北方向。

前已述及，我国采用高斯平面直角坐标系，在每个投影分带内都以该带的中央子午线作为坐标纵轴。如采用假定坐标系，则用假定的坐标纵轴（x 轴）。

由于地球上各点的真子午线都收敛于两极，所以地面上不同经度的两点，其真子午线方向是不平行的。过地面上某点的真子午线与该点的坐标纵轴方向一般也不重合（中央子午线上的点除外），如图 4-1 所示，过 O 点的真子午线方向与其坐标纵轴方向有一夹角，称子午线收敛角 γ，当坐标纵轴方向在真子午线方向以东时 γ 为正值，在真子午线方向以西时 γ 为负值。

由于地球南、北极与地磁场南、北极不重合，故真子午线方向与磁子午线方向也不重合，它们之间的夹角 δ 称为磁偏角，如图 4-1 所示。当磁子午线在真子午线以东时，δ 的符号为正；在西时，δ 的符号为负。磁偏角 δ 的符号和大小因地而异，在我国，磁偏角 δ 的变化约在+6°（西北地区）到−10°（东北地区）之间。

4.1.2 方位角的概念

1. 定义

从标准方向的北端起，顺时针方向到某一直线的水平角称为该直线的方位角，如图 4-2 所示，方位角的取值范围为 0°~360°。

当标准方向为真子午线方向时，方位角称真方位角，用 $A_{真}$ 来表示；当标准方向为磁子午线时，称为磁方位角，用 $A_{磁}$ 表示。真方位角和磁方位角的关系为

$$A_{真}=A_{磁}+\delta \tag{4-1}$$

当标准方向为坐标纵轴方向时，方位角称为坐标方位角，用 α 表示，如图 4-3 所示。测量中常用坐标方位角来表达直线的方向。真方位角和坐标方位角的关系为

$$A_{真}=\alpha+\gamma \tag{4-2}$$

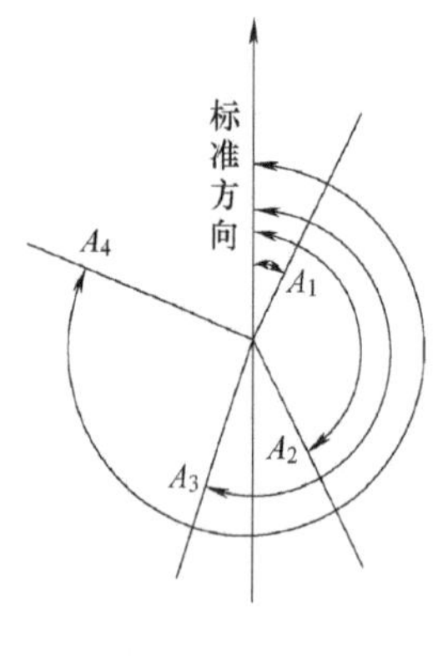

图 4-2 方位角

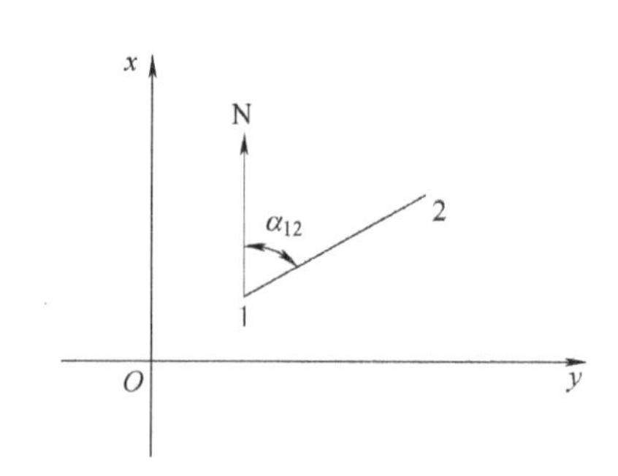

图 4-3 坐标方位角定义

2. 正、反方位角

若规定直线一端量得的方位角 A_{12} 为正方位角，则直线另一端量得的方位角 A_{21} 为反方位角，二者是相对的。正、反方位角的关系为

$$A_{12}=A_{21}+\gamma\pm180°\tag{4-3}$$

式中　γ——直线两端点的子午线收敛角。

对于坐标方位角，在同一坐标系内坐标纵轴方向都是平行的，如图 4-4 所示，正（α_{12}）、反坐标方位角（α_{21}）的关系为

$$\alpha_{12}=\alpha_{21}\pm180°\tag{4-4}$$

当 $\alpha_{21}<180°$时，用“+”号；当 $\alpha_{21}>180°$时，用“-”号。

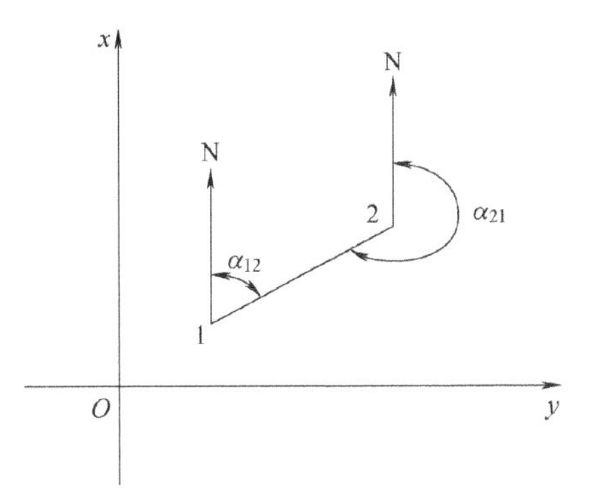

图 4-4　正、反坐标方位角

4.1.3　坐标方位角的计算

测量工作中一般不直接测定每条边的坐标方位角，而是通过与已知方向连测，推算出各边的坐标方位角。这个过程称为坐标方位角传递。如图 4-5 所示，假设 *AB* 边的坐标方位角已知，通过连测 *AB* 边与 *A*1 边的连接角 β_A，以及测出其余各点处的左角或右角（指以编号顺序为前进方向，各点处位于左边或右边的角度，图 4-5 中为左角，图 4-6 中为右角）β_A、β_1、β_2、β_3，即可利用 *AB* 边的坐标方位角和已测出的角度计算出 *A*1、12、23、34 各边的坐标方位角。方法如下：

坐标方位角的计算

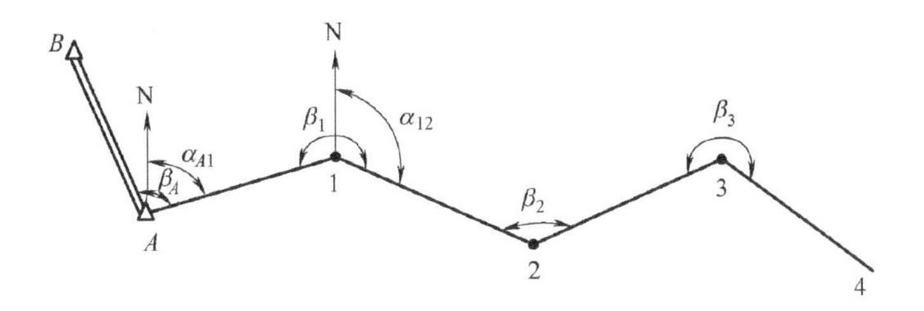

图 4-5　方位角推算图（左角）

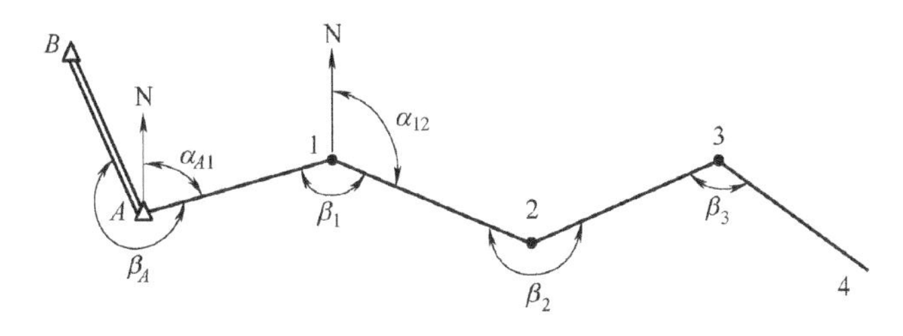

图 4-6　方位角推算图（右角）

由坐标方位角定义（图 4-3）可知

$$\alpha_{A1}=\alpha_{AB}+\beta_A\tag{4-5a}$$

并可推算

$$\alpha_{12}=\alpha_{A1}-180°+\beta_1\tag{4-5b}$$

$$\alpha_{23}=\alpha_{12}-180°+\beta_2\tag{4-5c}$$

$$\alpha_{34}=\alpha_{23}-180°+\beta_3\tag{4-5d}$$

由此可得转折角为左角时方位角推算的公式，即

$$\alpha_{前}=\alpha_{后}-180°+\beta_{L} \tag{4-5e}$$

式中 $\alpha_{前}$——沿前近方向前一条边的方位角；

$\alpha_{后}$——沿前近方向后一条边的方位角；

β_{L}——观测左角。

同理可证明，当转折角为右角时（图 4-6），方位角的推算公式为

$$\alpha_{前}=\alpha_{后}+180°-\beta_{R} \tag{4-6}$$

式中 β_{R}——观测右角。

综上所述，坐标方位角的一般推算公式为

$$\alpha_{前}=\alpha_{后}\mp 180°\pm\beta \tag{4-7}$$

由式（4-5）~式（4-7）可得任意边坐标方位角的推算公式为

$$\alpha_{终}=\alpha_{始}\mp n\times 180°\pm\sum\beta \tag{4-8}$$

说明：在式（4-7）和式（4-8）中，转折角 β 为左角时，其前用“+”号，相应的常数项（180°或 $n\times180°$）其前用“-”号；转折角 β 为右角时，其前用“-”号，相应的常数项其前用“+”号；当计算结果大于 360°时，减 360°，出现负数时，加 360°。

前述中，若 A、B 两点的坐标已知，则坐标方位角还可通过坐标反算得出。

任意两点间的坐标增量与坐标方位角的关系如图 4-7 所示，$\tan\alpha_{12}=\dfrac{\Delta y_{12}}{\Delta x_{12}}$，计算公式为

$$\begin{cases} D_{12}=\sqrt{\Delta x_{12}^{2}+\Delta y_{12}^{2}} \\ \alpha_{12}=2\tan^{-1}\left(\dfrac{\Delta y_{12}}{D_{12}+\Delta x_{12}}\right) \end{cases} \tag{4-9}$$

式中 D_{12}——1、2 两点间的水平距离。

若 $\alpha_{12}<0$，则加上 360°。式（4-9）利用了半角公式，目的是避免直接用反正切公式所需的象限判断。

有了坐标方位角，结合水平距离，就可以计算两点的坐标增量，进而推求待定点的坐标，这一过程称为坐标正算。坐标增量的计算公式为

$$\begin{cases} \Delta x_{12}=D_{12}\cos\alpha_{12} \\ \Delta y_{12}=D_{12}\sin\alpha_{12} \end{cases} \tag{4-10}$$

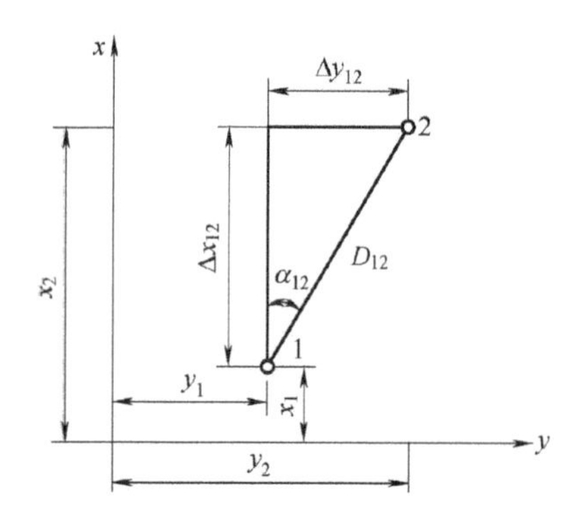

图 4-7 坐标增量与方位角

4.1.4 陀螺全站仪简介

1. 陀螺全站仪

陀螺全站仪是将陀螺仪和全站仪结合在一起的仪器，利用高速回转体的内置陀螺进行真北方向的准确定位，被广泛地应用在地铁、隧道等工程的测量。图 4-8 为索佳 GYROX 自动陀螺全站仪及其部件，下面将介绍此仪器的组成和使用方法。

2. 陀螺全站仪的组成

陀螺全站仪由摆动系统、观测系统和锁紧限幅机构组成。

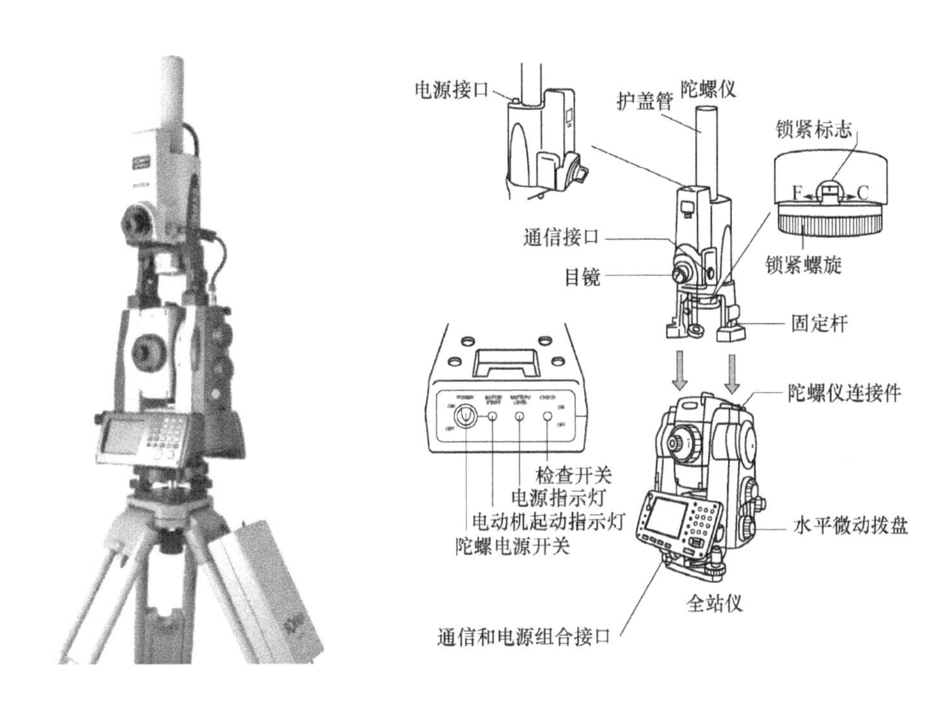

图 4-8　索佳 GYROX 自动陀螺全站仪及其部件

（1）摆动系统　摆动系统包括悬吊带、导线、转子（电动机）、转子底盘等，它们是整个陀螺仪的灵敏部件。转子要求运转平稳，重心要通过悬吊带的对称轴，可以通过转子底盘上的螺钉进行调节。悬吊带采用特种合金材料制成。

（2）观测系统　观测系统是用来观察摆动系统的工作情况的。照明灯泡将灵敏部件上的双线光标照亮，通过成像透镜组使双线光标成像在分划板上，以便在观察窗中观察。

（3）锁紧限幅机构　锁紧限幅机构包括凸轮、限幅盘、转子底盘、锁紧圈，用凸轮使限幅盘沿导向轴向上滑动，使限幅盘托起转子的底盘靠在与支架连接的锁紧圈上。限幅盘上的泡沫塑料块在下放转子部分时，能起到缓冲和摩擦限幅的作用。

3. 陀螺全站仪的使用

陀螺仪转子的额定转速非常高，可以形成很大的内力矩，如果操作不正确，很容易毁坏仪器，因此正确使用陀螺仪非常重要。具体操作步骤如下：

（1）仪器连接　安置好全站仪，进行整平、对中；取下全站仪提柄；将陀螺仪上的固定杆置于“开”位置，通过连接件将陀螺仪与全站仪连接后将固定杆置于“关”位置，并将其固紧（在连接前要确认锁紧扣是否锁紧，在取出陀螺仪时要双手拿连接杆，切忌用手拿护盖管）。

如图 4-9 所示，进行全站仪、陀螺仪、逆变器和电池的连接。用 5 芯电缆连接陀螺仪接口与逆变器输出接口（连接前检查逆变器开关是否处于关闭状态，如果未处于关闭状态应将开关至于关闭状态）；用 3 芯电缆连接逆变器输入接口与电池 DC 12V 输出接口；用 DOC135 通信电缆连接陀螺仪通信接口与全站仪数据通信接口；连接完成后，再次进行对中和整平。

（2）粗定向　松开管式罗盘锁紧螺旋，将管式罗盘安置在陀螺仪顶部，使罗盘体与全

站仪望远镜处于同一方向线上。利用水平手轮转动仪器使罗盘指针处于指标线中央，此时，望远镜大致对准磁子午线方向。

（3）零位检查　零位检查是为了确认仪器状态，在正式观测前和观测后都必须进行零位检查。测前进行零位检查是为了确保仪器在观测前正常，测后进行零位检查是为了确定仪器在观测过程中正常。索佳 GYROX 可以进行自动观测并提示操作员是否正常，方法是：在"全站式陀螺仪"显示界面下启动检查模式，按照屏幕提示将陀螺仪锁紧螺旋慢慢旋至自由悬挂位，确认游标左右摆幅位于刻划范围内，按〈OK〉键启动检查模式。如果在游标摆幅超出刻划范围外的情况下实施测量，屏幕将给出错误信息提示。检查完毕，屏幕显示检查结果，若为"无须调整"，按〈结束〉键退出检查模式；若为"必须调整"，则应联系该产品售后服务人员。

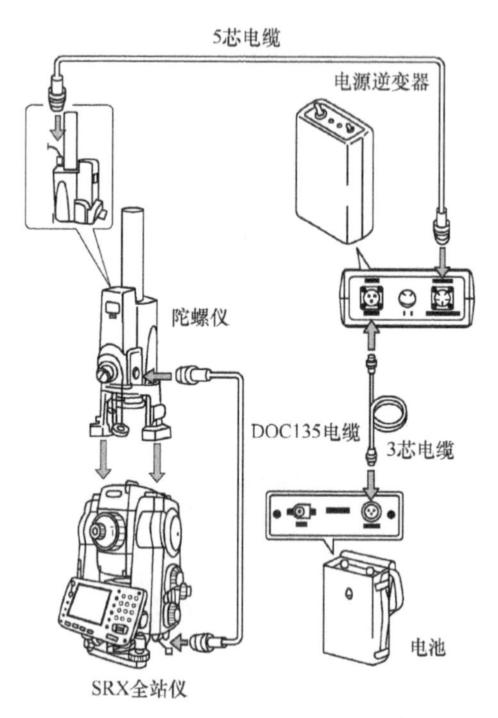

图 4-9　陀螺全站仪的连接

注意零位检查开始前务必确认陀螺已处于完全锁紧位，电动机电源必须处于关闭状态，尤其测后零位检查一定要等待电动机静止。

（4）真北方向观测　仪器提供了逆转点跟踪测量法和中天测量法两种可用于真北方向测定的模式。下面以逆转点跟踪测量法为例，观测步骤如下：

1）将锁紧螺旋旋至半锁紧位置，如图 4-10a 所示，等待约 10s，让光标移动稳定下来，然后将锁紧螺旋慢慢旋转至自由位置，如图 4-10b 所示；在下放陀螺时可以进行观测次数的设定。

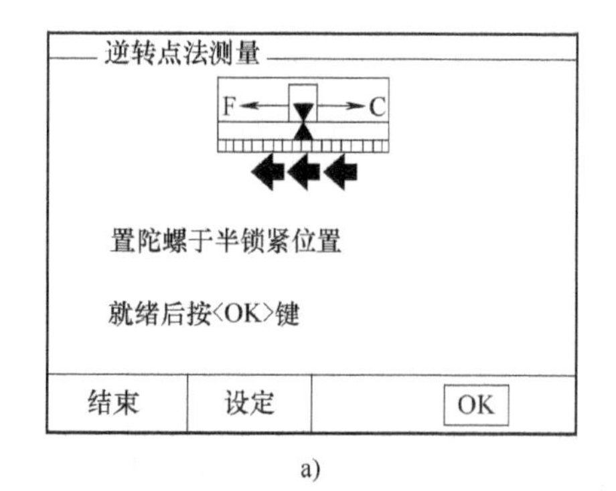

a)

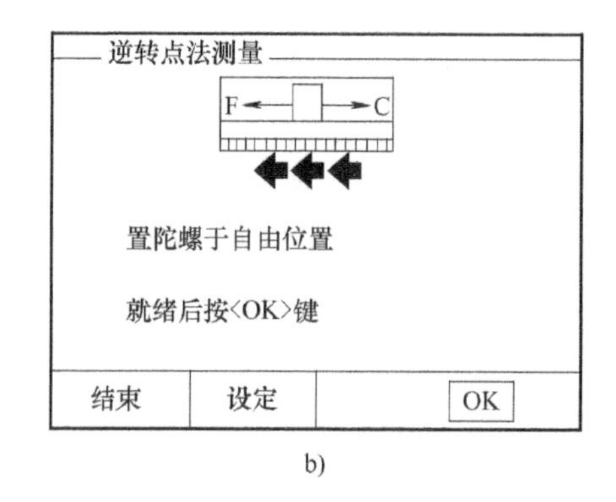

b)

图 4-10　陀螺全站仪真北方向观测

2）当陀螺下放至自由悬挂位后，按〈OK〉键，开始逆转点跟踪法测量。测量完成后，仪器将根据计算所得方位角值自动旋转至真北方向上。点击〈方位角〉键，全站仪将以观测出的真北值进行置零。

3）将陀螺仪锁紧螺旋沿“C”方向旋到底，置陀螺于完全锁紧位后，按〈结束〉键结束测量。

4）观测结束后，关闭电源。

4.2 钢尺量距

距离测量的常用方法有钢尺量距、视距测量和光电测距，其结果一般表达为水平距离。水平距离是指两点连线在某基准面（参考椭球面或水平面）上的投影长度。

4.2.1 钢尺量距的工具

1. 钢卷尺

钢卷尺简称钢尺，如图 4-11 所示，通常为钢制的带状尺，尺的宽度为 10~15mm，厚度约 0.4mm，长度有 30m、50m 等。一把钢尺的全长称为“一尺段”。

钢尺上长度的最小分划为 mm，最小注记为 cm，各整米处也有注记。使用时要注意钢尺的零刻度位置，图 4-12a 为端点尺，图 4-12b 为刻线尺。

图 4-11 钢尺

2. 钢尺量距的辅助工具

如图 4-13 所示，用于辅助钢尺完成量距工作主要工具有花杆、测钎、垂球等，当精度要求较高时，还需要有弹簧秤和温度计。花杆用于标定直线；测钎用于标定分段点；垂球用于不平坦地区将尺子的端点垂直投影到地面；弹簧秤用于拉直尺子时施加标准拉力；温度计用于测定丈量时钢尺的温度。

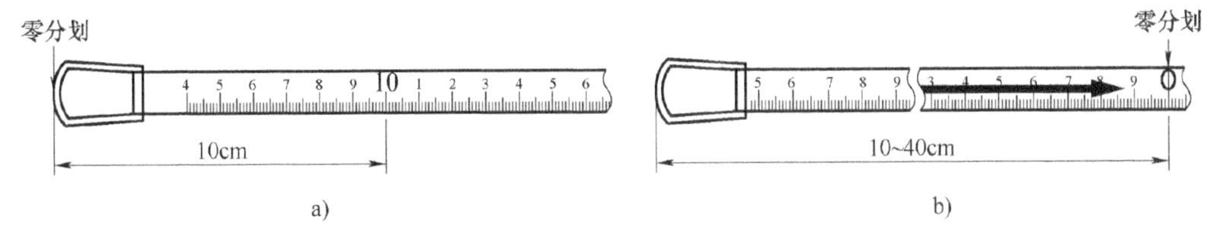

图 4-12 端点尺与刻线尺

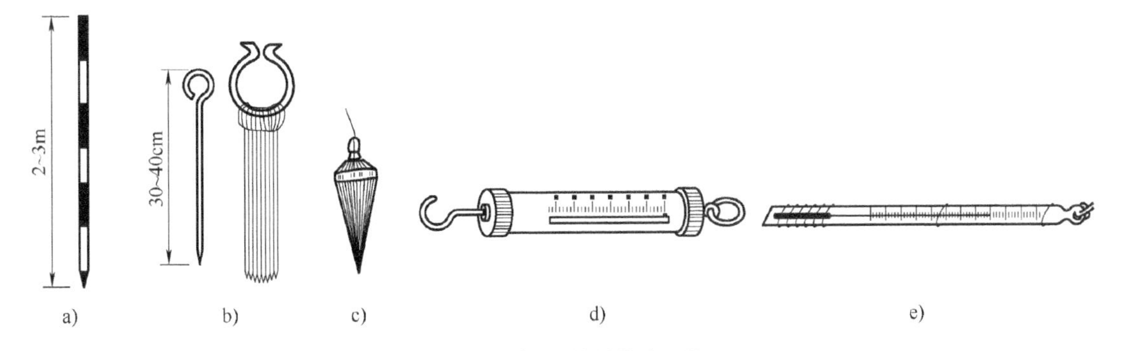

图 4-13 钢尺量距辅助工具

a）花杆 b）测钎 c）垂球 d）弹簧秤 e）温度计

4.2.2 钢尺量距方法

钢尺量距有一般丈量和精密量距两种，其步骤分为直线定线和丈量。

1. 直线定线

当两点的间距超过一尺段时，需在两点方向上添加若干过渡点，这项工作称为直线定线。直线定线有目估法定线和经纬仪定线两种方法。

（1）目估法定线　如图 4-14 所示，欲测量 *A*、*B* 两点之间的水平距离，在 *A*、*B* 两点上各竖立一根花杆，甲（观测者）位于 *A* 点之后 1~2m 处，单眼标定 *AB* 视线，指挥乙（中间持花杆者）自远而近在 1、2、……各分段点处左右移动花杆至 *AB* 连线上，确定分段点位置。若定线不准，会使丈量结果偏大。一般丈量时，要求定线偏差不大于 0.2m，可用目估定线。

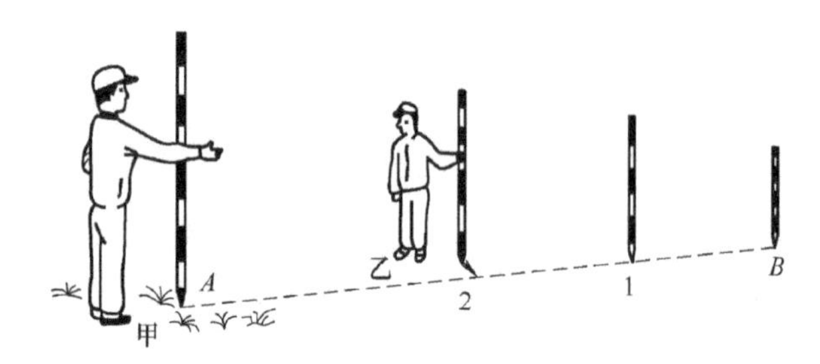

图 4-14　目估法直线定线

（2）经纬仪定线　如图 4-15 所示，在 *A* 点架设经纬仪，照准 *B* 点标志后将照准部在水平方向上固定，然后沿 *BA* 方向按尺段长概量 *B*1 距离，纵转望远镜瞄到分段点 1 附近，指挥 1 点处的测钎使其与十字丝的竖丝重合。同法依次在 *AB* 线上定分段点 2、3 等。

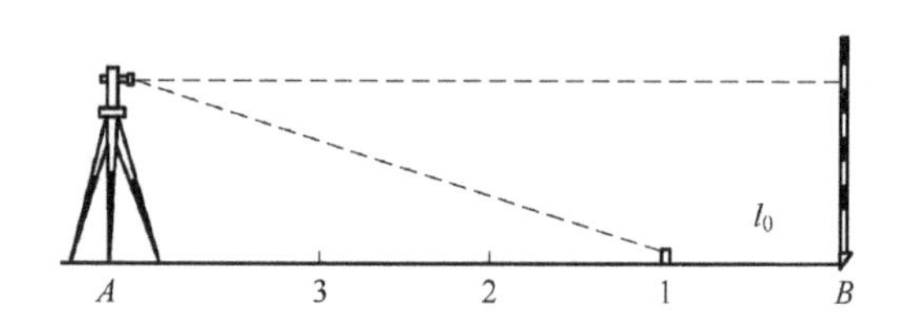

图 4-15　经纬仪直线定线

2. 一般丈量方法

当精度要求为 1/1000~1/3000 时采用一般丈量方法。在平坦地面，直线定线后，先丈量整尺段长，后丈量余长，往返丈量（图 4-16）。

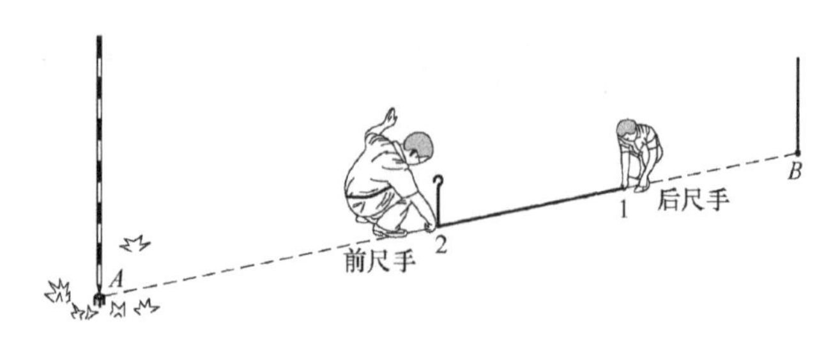

图 4-16　平坦地面钢尺丈量

在倾斜地面，若地面如图 4-17a 所示坡度均匀，大致呈一倾斜面，可沿地面丈量倾斜距离 S，再用水准仪测定两点间的高差 h，然后换算为水平距离；若地面如图 4-17b 所示高低不平，在分段丈量时，前、后尺手应同时抬高并拉紧尺子，使其成悬空状态并保持水平，用垂球将尺子端点或某一分划投影到地面，以得到该段的水平距离。

使用式（4-11）计算往测距离 $D_{往}$ 与返测距离 $D_{返}$ 的相对误差 K，并化为分子为 1，分母 m 为整百的分数形式。若满足精度要求，则取平均值 $D_{均}$ 作为最后结果。

$$K=\frac{|D_{往}-D_{返}|}{D_{均}}=\frac{1}{m} \tag{4-11}$$

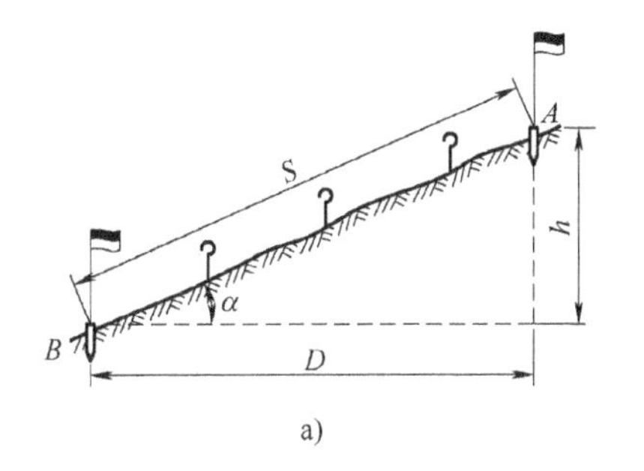

a)

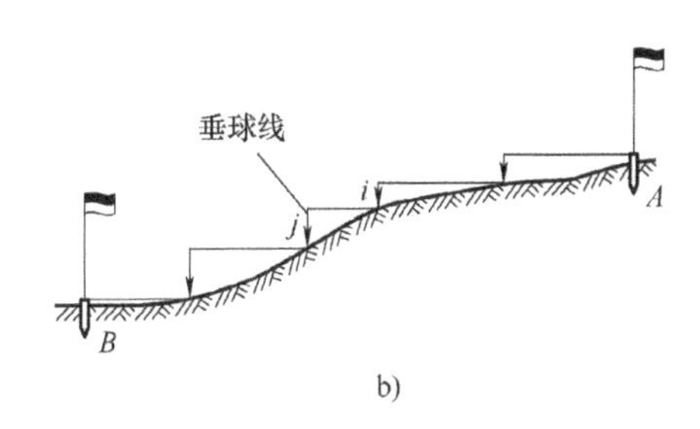

b)

图 4-17　倾斜地面钢尺丈量

3. 精密量距方法

当相对误差要求高于 1/5000 时采用精密量距方法。

1）经纬仪进行定线时，分段点处钉设木桩，并在桩顶标出分段点标志。

2）使用检定过的钢尺丈量各测段相邻两分段点标志间的斜距，并采用式（4-12）进行尺长改正

$$\Delta l_d=\frac{\Delta l}{l_0}l \tag{4-12}$$

式中　l——丈量的斜距（m）；

l_0——名义长度（m）；

Δl——实际长度与名义长度之差（m）。

一般量距时只要保持拉力均匀即可，精密量距须使用弹簧秤对钢尺施加标准拉力。

3）钢尺的温度每变化 1℃，约影响长度为 1/80000。一般量距时，当温度变化小于 10℃时可以不加改正，但精密量距每一尺段均须记录丈量时的温度（估读到 0.5℃），并采用式（4-13）进行温度改正

$$\Delta l_t=\alpha l(t-t_0) \tag{4-13}$$

式中　t_0——标准温度，一般为 20℃；

t——丈量时的温度（℃）；

α——钢尺膨胀系数，一般为 1.25×10^{-5}。

4）用水准仪测出相邻两分段点标志之间的高差（往、返测高差之差不超过+10mm 时，取平均值作为该段最终高差），采用式（4-14）进行倾斜改正

$$\Delta l_h=-\frac{h^2}{2l} \tag{4-14}$$

式中　h——高差（m）。

每一尺段水平距离为

$$d=l+\Delta l_d+\Delta l_t+\Delta l_h$$

将改正后的各段水平距离相加，即得单程的丈量距离全长。

4.3 视距测量

视距测量是一种根据光学和三角学的原理，利用仪器望远镜十字丝的上、下丝获得尺子刻划读数 M 和 N，实现水平距离及高差测量的方法。视距测量的精度只有1/100~1/300，现常用于光学水准测量中前、后视距离控制。

4.3.1 视距测量的基本原理

1. 视线水平时的视距测量

如图4-18所示，当 A、B 两点高差不大时，要测定 A、B 两点间的水平距离，在 A 点安置水准仪，B 点竖立视距尺，当望远镜视线水平时，视准轴与尺子垂直，经对光后，通过上、下两条视距丝 n、m 就可读得尺上 M、N 两点处的读数，两读数的差值 l 称为视距间隔。f 为物镜焦距，p 为视距丝间隔，δ 为物镜至仪器中心的距离，由图4-18可知，A、B 间的平距为

$$D=d+f+\delta \tag{4-15a}$$

其中，由两相似三角形△MNF 和△mnF 可得

$$\frac{d}{f}=\frac{l}{p}\text{或 } d=\frac{f}{p}l \tag{4-15b}$$

因此

$$D=\frac{f}{p}l+(f+\delta) \tag{4-15c}$$

令 $\frac{f}{p}=K$，K 称为视距乘常数，$f+\delta=c$，c 称为视距加常数，则

$$D=Kl+c \tag{4-15d}$$

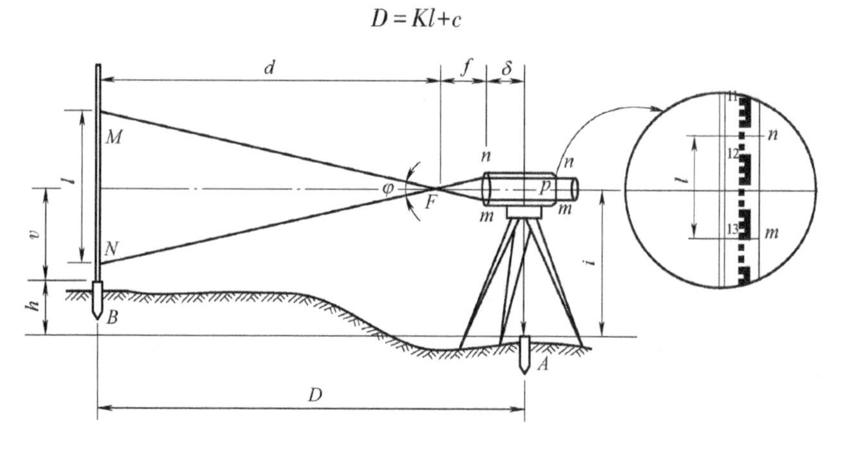

图4-18　视线水平时的视距测量

在设计望远镜时，适当选择有关参数后，可使 $K=100$、$c=0$。于是，视线水平时的视距为

$$D=100l \tag{4-15e}$$

2. 视线倾斜时的视距测量

当地面起伏较大时，必须将望远镜倾斜才能照准视距尺（用经纬仪），如图 4-19 所示，此时的视准轴不再垂直于尺子，需要将式（4-15e）中的 l 换算成尺子置于垂直于视准轴的位置时对应的 l'。由图 4-19 可知

$$l'=l\cos\alpha \tag{4-16a}$$

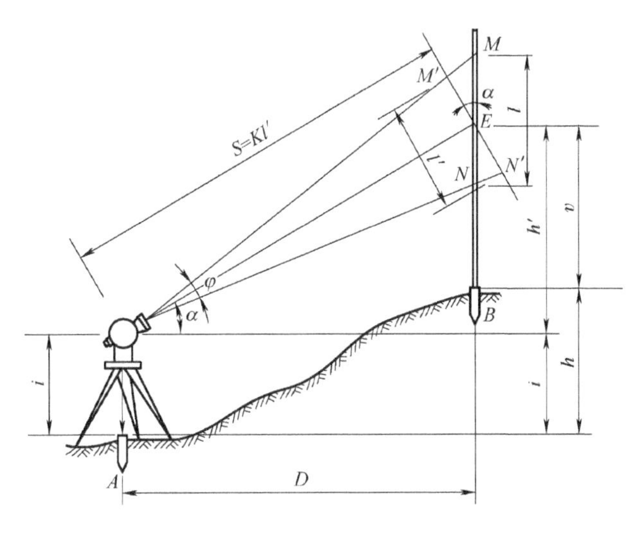

图 4-19　视线倾斜时的视距测量

则倾斜距离为

$$S=Kl'=Kl\cos\alpha \tag{4-16b}$$

对应平距为

$$D=S\cos\alpha=Kl\cos^2\alpha \tag{4-16c}$$

结合仪器高 i 和中丝读数 v，A、B 两点间的高差为

$$\begin{aligned} h &= S\sin\alpha+i-v=Kl\cos\alpha\sin\alpha+i-v \\ &=\frac{1}{2}Kl\sin2\alpha+i-v \end{aligned} \tag{4-17a}$$

故视线倾斜时的高差公式为

$$h=\frac{1}{2}Kl\sin2\alpha+i-v \tag{4-17b}$$

4.3.2　视距测量方法

如图 4-19 所示，用经纬仪进行视距测量的步骤如下：

1）在 A 点安置经纬仪，量取仪器高 i，在 B 点竖立视距尺。

2）盘左（或盘右）位置，转动照准部大约瞄准视距尺上与仪器同高的位置，再用望远镜的微动螺旋使下丝对准一个整分米数（如 1.3，此举主要为了便于计算视距间隔），再读取上丝的读数（如 1.786），则视距间隔 $l=1.786-1.3=0.486$。

3）转动竖盘指标水准管微动螺旋，使竖盘指标水准管气泡居中，读取竖盘读数并计算竖直角 α。

4）根据视距间隔 l、竖直角 α、仪器高 i 及中丝读数 v，计算水平距离 D 和高差 h。

4.4 光电测距

4.4.1 光电测距原理

光电测距是指以光波为载体，通过测定光波在测线两端点间往返传播的时间来测量距离。与传统测量方法相比，光电测距具有精度高、测程远、作业快、不受地形条件限制等优点，是目前距离测量的主要方法。

如图 4-20 所示，欲测 A、B 两点的距离，在 A 点安置测距仪，在 B 点安置反射棱镜。由测距仪在 A 点发出的测距电磁波信号至反射棱镜经反射回到仪器。如果电磁波信号往返所需时间为 t，设信号的传播速度为 c，则 A、B 之间的距离 D 为

$$D=\frac{1}{2}ct \tag{4-18}$$

式中 c——电磁波信号在大气中的传播速度，其值约为 3×10^8m/s。

由此可见，测量距离的精度主要取决于测量时间的精度。

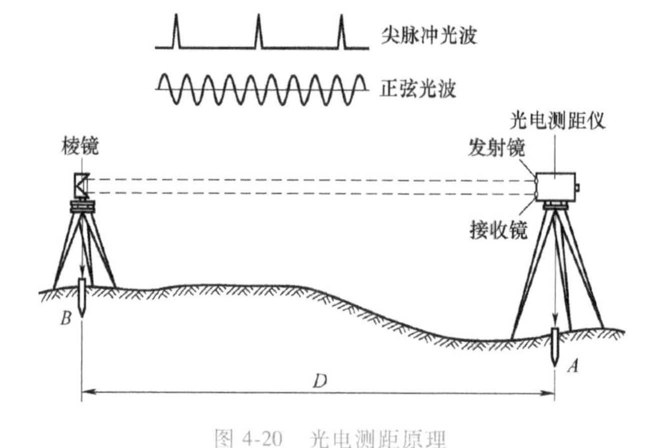

图 4-20 光电测距原理

在光电测距中测量时间一般采用两种方法，一种是直接测定时间，如电子脉冲法；另一种是通过测量电磁波信号往返传播所产生的相位移来间接地测定时间，如相位法。目前，大多数光电测距仪采用的是相位法测距。

图 4-21 表示的是相位法测距时，测距仪发出的按正弦波变化的调制信号往返传播情况。信号的周期为 T，一个周期信号的相位变化为 2π，信号往返所产生的相位移为

相位法测距原理

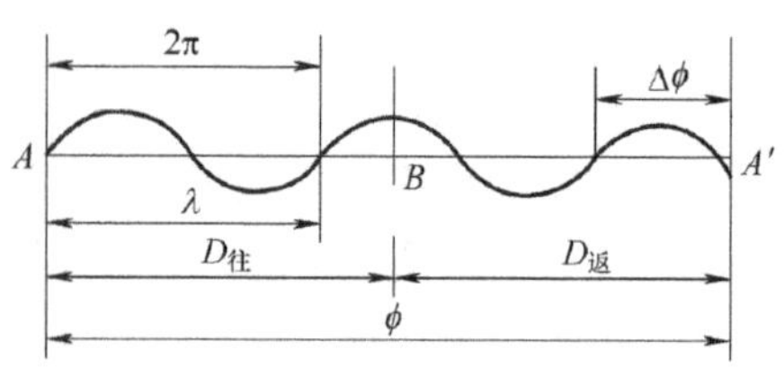

图 4-21 相位法测距

$$\phi = 2\pi ft \tag{4-19}$$

则

$$t = \frac{\phi}{2\pi f} \tag{4-20}$$

故

$$D = \frac{1}{2}ct = \frac{1}{2}c\frac{\phi}{2\pi f} = \frac{c\phi}{4\pi f} \tag{4-21}$$

式中　f——调制信号的频率；

t——调制信号往返传播的时间；

c——调制信号在大气中的传播速度。

信号往返所产生的相位移为

$$\phi = N \cdot 2\pi + \Delta\phi = 2\pi\left(N + \frac{\Delta\phi}{2\pi}\right) \tag{4-22}$$

式中　N——相位移的整周期数；

$\Delta\phi$——不足一周期的尾数。

将式（4-22）代入（4-21）式，得

$$D = \frac{1}{2}\frac{c}{f}\left(N + \frac{\Delta\phi}{2\pi}\right) = \frac{\lambda}{2}(N + \Delta N) \tag{4-23}$$

式中　λ——调制正弦波信号的波长，$\lambda = \frac{c}{f}$；

$\Delta N = \frac{\Delta\phi}{2\pi}$。

令$\frac{\lambda}{2} = u$，式（4-23）可写为

$$D = u(N + \Delta N) \tag{4-24}$$

式（4-23）可以理解为用一把测尺长度为 u 的“光尺”量距，N 为整尺段数，ΔN 为不足一整尺段的尾数。仪器用于测量相位的装置（称相位计）只能测量出尺段尾数 ΔN，而不能测量整周数 N，例如当测尺长度 $u = 10$m 时，要测量距离为 835.486m 时，测量出的距离只能为 5.486m，即此时只能测量小于 10m 的距离。为此，要增大测程就要增大测尺长度，但测相器的测相误差和测尺长度成正比，由测相误差所引起的测距误差约为测尺长度的 1/1000，增大测尺长度会使测距误差增大。为了兼顾测程和精度，仪器中采用不同测尺长度的测尺，即“粗测尺”（长度较大的尺）和“精测尺”（长度较小的尺）同时测距，然后将粗测结果和精测结果组合得最后结果。这样既保证了测程，又保证了精度。例如，测量上述距离时采用 $u_1 = 10$m 测尺和 $u_2 = 1000$m 测尺，测量结果如下：

精测结果：5.486。

粗测结果：835.4。

仪器显示：835.486（m）。

4.4.2　光电测距仪的分类

光电测距仪有多种分类方法。

1. 按光源分类

1）红外光源：采用砷化镓发光二极管发出不可见的红外光，目前工程测量中所使用的短程测距仪都采用此光源。

2）激光光源：采用固体激光器、气体激光器或半导体激光器发出的方向性强、亮度高、相干性好的激光作光源，一般用于中远程测距仪。

2. 按测程分类

1）短程光电测距仪：测程小于 3km，用于工程测量。

2）中程光电测距仪：测程为 3~15km，通常用于一般等级控制测量。

3）远程光电测距仪：测程大于 15km，通常用于国家三角网及特级导线。

3. 按测距精度分类

光电测距仪精度，可按 1km 测距中误差 m_D 划分为 4 级：

Ⅰ级：$m_D \leqslant 2mm$；Ⅱ级：$2mm < m_D \leqslant 5mm$；Ⅲ级：$5mm < m_D \leqslant 10mm$；Ⅳ级：$m_D > 10mm$。

1km 测距中误差可由式（4-25）求出

$$m_D = A + BD \tag{4-25}$$

式中 A——仪器标称精度中的固定误差（mm）；

B——仪器标称精度中的比例误差系数（mm/km）；

D——测距边长度（km），此处取 $D = 1km$。

4.4.3 光电测距的成果计算

在测距仪测得初始斜距值后，还需加上仪器常数改正、气象改正和倾斜改正等，最后求得水平距离。

1. 仪器常数改正

由于仪器的发射中心、接收中心与仪器安置中心不一致而引起的测距偏差值，称为仪器加常数。仪器加常数改正值 K 与距离无关，其可由仪器预设进行自动改正。

由于仪器的实际频率与设计频率有偏移而引起测量成果随距离发生变化，其比例因子称为乘常数。乘常数改正值等于乘常数乘以距离。在有些测距仪中可预置乘常数进行自动改正。

实际上，仪器常数还包括由于反射棱镜等效反射面与棱镜安置中心不一致引起的测距偏差，称为棱镜常数。

2. 气象改正

距离测量时，距离值会受测量时大气条件的影响。为了顾及大气条件的影响，距离测量时须使用气象改正值修正测量成果。气象改正值是由大气温度、大气压力、海拔高度、空气湿度推算出来的。不同的仪器给出的气象改正公式也不尽相同，一般在其使用说明书中给出，式（4-26）是某种测距仪气象改正的计算公式

$$\Delta S = \left(273.8 - \frac{0.2900p}{1 + 0.00366t}\right) S \tag{4-26}$$

式中 p——大气压力（hPa）；

t——大气温度（℃）。

目前，所有的测距仪都可将气象参数预置于机内，在测距时自动进行气象改正，测距前输入测量时的气温、气压即可。

3. 倾斜改正

倾斜改正是距离的倾斜观测值经过仪器常数改正和气象改正后得到改正后的斜距。

当测得斜距的竖角 α 后，可按式（4-27）计算水平距离

$$D = S\cos\alpha \tag{4-27}$$

式中　S——斜距；

α——竖直角。

4.5　全站仪的使用

4.5.1　全站仪简介

全站仪（全称为全站型电子速测仪）是指能完成一个测站上的全部测量工作的仪器。用全站仪不仅可以测得水平角、竖直角和倾斜距离数据，还可通过内部微处理器计算得到水平距离、坐标、方位角、高差、高程等数据，并可实现观测数据的实时显示、存储以及输出。

4.5.2　全站仪的常用功能与操作

本节以索佳 FX-101 全站仪为例，对全站仪的一些常用功能及其操作方法进行介绍。

1. 角度测量

1）在测站点安置仪器，对中整平。

2）先置盘左，用竖丝照准左边目标点 1，在测量模式下，按〈置零〉键，在〈置零〉键闪动时再次按下该键，此时目标点 1 方向值被设置为“0”。

3）水平转动照准部至右边目标点 2，仪器显示水平方向值 HA-R 和竖直角值 ZA，HA-R 即两目标点间上半测回水平角（图 4-22）。上半测回测量水平角 = 目标点 2 方向值 - 目标点 1 方向值。

4）将仪器置为盘右，先后照准目标点 2 和目标点 1，并记录方向值，则下半测回测量水平角 = 目标点 2 方向值 - 目标点 1 方向值。

5）若上下半测回角值之差不超限，取二者平均值作为该角一测回的最终角值。

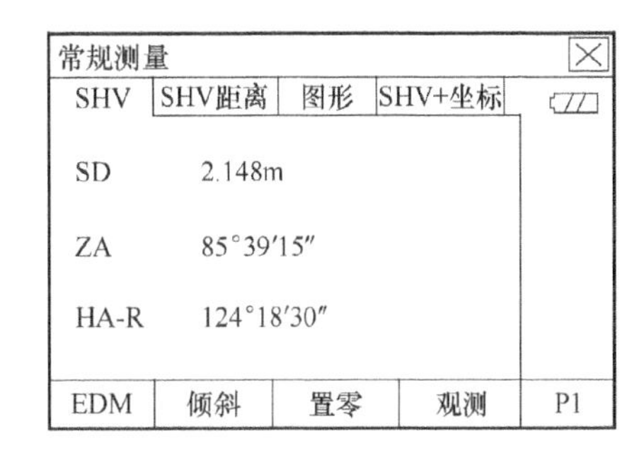

图 4-22　全站仪角度和距离测量

若需要将任意方向的水平方向值设置为指定值（固定水平角），可在照准目标后，在测量模式界面第 2 页菜单下（如图 4-22 所示，选择“P1”切换至“P2”界面），按〈置盘〉键，显示“设置水平角”界面，输入已知方向值后，按〈确定〉键，此时屏幕所显示的水平角值即为所输入值。

2. 距离测量

在测站点安置仪器，对中整平，在目标点上放置距离观测标志（如棱镜）。

1）如图 4-22 所示，在测量模式“P1”界面，选择“EDM”界面，在“EDM”界面进行测距参数设置，包括测距模式设置、目标类型设置、棱镜常数等，并在其中的“PPM”

界面进行大气改正设置，正确输入当前气温、气压值，按〈OK〉键。

2）照准目标棱镜中心，单击〈观测〉键开始距离测量，测量结束后，显示测量结果（图 4-22），SD 为测量斜距，若要显示水平距离 HD，可按〈SHV 距离〉切换显示。

3. 坐标测量

如图 4-23 所示，在某测站点设站，测量目标点的三维坐标，步骤如下：

1）设置大气改正值 PPM 及测距参数 EDM。方法同距离测量。

2）用小卷尺分别量取仪器高 Hi 和棱镜高 Ht。

3）设置测站坐标。如图 4-24a 所示，在“坐标测量”模式下，选择“测站设置”功能，依次输入 N（X）、E（Y）、Elev（H），以及仪器高 Hi 和棱镜高 Ht，输入完毕，单击〈OK〉键。

目标点
后视点
测站点

图 4-23　全站仪坐标测量

4）设置后视点坐标或后视方位角。选择“后视定向”功能，输入后视点坐标或后视方位角，如图 4-24b 所示，输入完毕后，准确照准后视点，按〈观测〉键并检核距离，没有问题后，按〈OK〉键，完成后视定向，返回坐标测量界面。

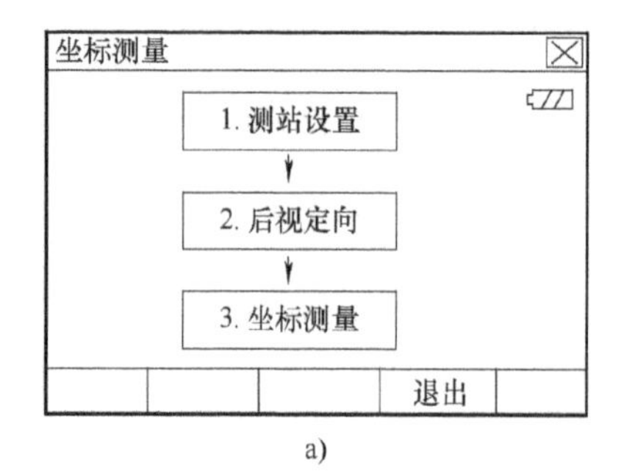

a)

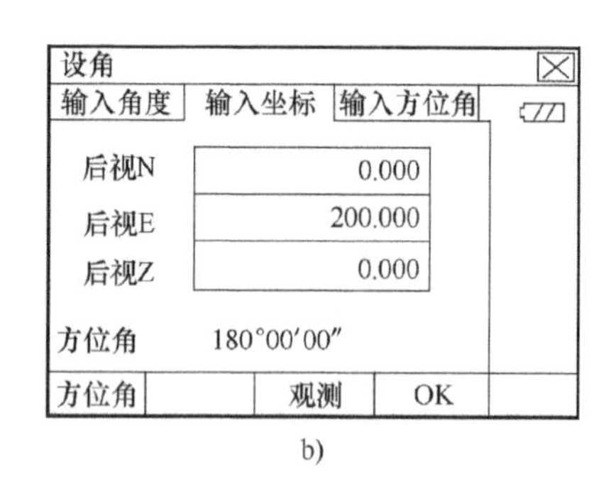

b)

图 4-24　测站设置

5）照准目标棱镜，在坐标测量界面，选择“坐标测量”，按〈观测〉键，全站仪开始测量并显示目标点的三维坐标。

4. 对边测量

对边测量功能用于在不搬动仪器的情况下，直接测定多个目标点相对于某一参考点（起始点）之间的倾斜距离、水平距离、坡度和高差，如图 4-25a 所示。在适合观测的地方整平仪器后，在常用测量菜单中，选择“对边测量”命令，先照准起始点，按〈观测〉键测量起始点后，再照准下一目标点，按〈对边〉键开始观测，仪器即可显示出两个棱镜之间的平距（HD）、斜距（S）、高差（V）和坡度（%）。如图 4-25b 所示。对边测量可以连续进行，按〈起点〉键可以将最后观测的目标点设置为后续测量新的起始点。

5. 全站仪悬高测量

全站仪悬高测量功能用于无法测量在观测点上设置棱镜的物体的高度，如楼层、高压输电线、桥梁桁架等的高度测量。如图 4-26 所示，欲测量二楼底板的高度，可将棱镜架设在待测物体的正下方，量取棱镜高。架设好仪器后，在常用测量菜单中选择“悬高测量”命

令，按〈仪器高〉键，选择并输入棱镜高，先瞄准棱镜，按〈观测〉键测量，然后照准待测物体，按〈悬高〉键，仪器即可显示目标的高度 H。

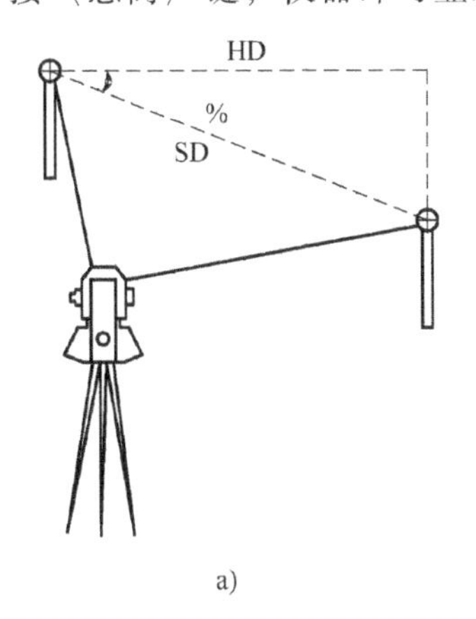

a)

对边测量		
对边斜距	0.601m	
对边坡度	−0.33%	
对边平距	0.601m	
对边高差	−0.002m	
SD	2.606m	
ZA	45°42′49″	
HA-R	359°59′59″	
起点	观测	对边

b)

图 4-25　全站仪对边测量

6. 坐标后方交会测量

如图 4-27 所示，通过坐标后方交会测量，可以通过若干已知点坐标来确定测站点（待定点）的三维坐标。将全站仪安置在待定点上，在常用测量菜单中，选择“后方交会”→“坐标交会”命令，进入“后方交会/已知点”界面，输入第 1 个已知点坐标和目标高，按〈后点〉键再输入下一个已知点坐标，按〈前点〉键，可返回到上一个点。当所需要的已知点全部输入后，按〈OK〉键，然后照准第 1 个已知点，按〈观测〉键测量，按〈是〉键，确认测量结果。用同样的方式观测后续已知点，当观测的点数满足计算要求时（一般多于 2 个），将会显示“计算”，按〈计算〉键或按〈YES〉键，仪器自动计算并显示出计算的待定点坐标以及观测精度等。

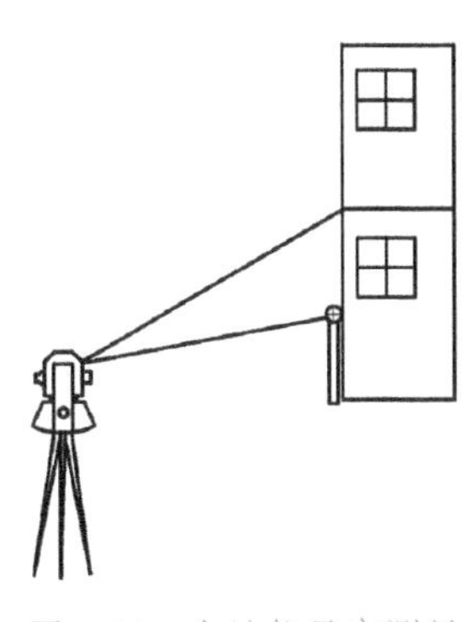

图 4-26　全站仪悬高测量

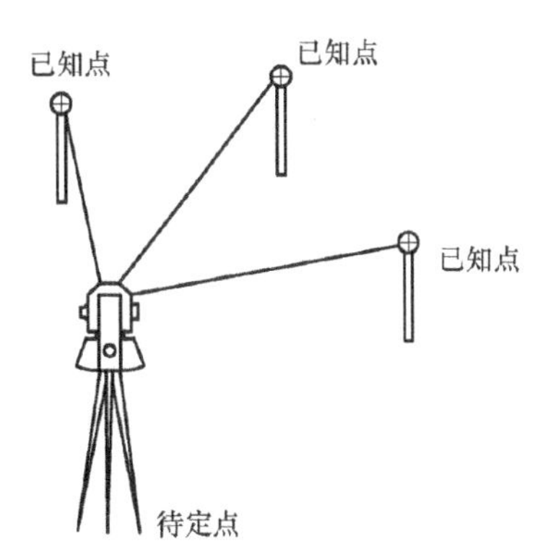

图 4-27　全站仪后方交会测量

7. 坐标放样

如图 4-28a 所示，要在已知点上确定放样点位置，首先在已知点安置好仪器，在常用测量菜单中，选择“放样测量”→“测站设置”命令，显示测站设置界面，按“坐标测量”中的 1)-4) 步先进行测站设置与后视点定向，然后选择“放样测量”界面中的“输入坐标”命令，按〈增加〉键，可增加输入需要放样的点坐标。在“点名”界面中，选择一个放样点，按〈确定〉键，显示“坐标放样”界面。将棱镜移至仪器照准方向上，按〈观测〉键开始测距，显示照准点的测量结果（当前棱镜处）。按图 4-28b 中箭头所指方向移动棱镜，直到位于放样点位上。

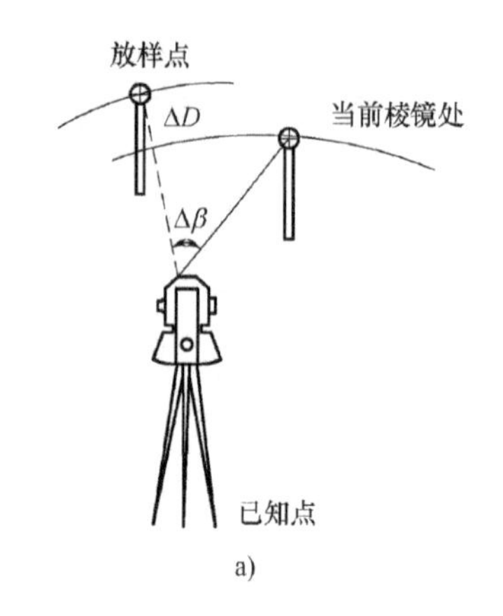

a)

坐标放样			
SHV	NEZ	图形1	图形2
◁			−1°58′05″
◀			−0.058m
▲			−0.350m
⏶			−0.003m
SD			2.484m
ZA			42°50′05″
HA-R			344°47′43″
OK		设置	观测

b)

图 4-28　全站仪坐标放样

4.5.3　全站仪使用注意事项

1）严禁直接用望远镜观察太阳，以免造成眼睛失明或仪器损坏；观测太阳时务必使用阳光滤色镜。

2）取出或放回仪器应轻拿轻放，搬运仪器时，防止仪器受到强烈冲击或振动。

3）当温差较大时，应先打开仪器，置放一段时间再观测。

4）在干燥恒温的室内保存仪器。

5）禁止使用与指定电压不相符的电源或充电器或使用潮湿的电池或充电器。充电时，严禁在充电器上覆盖如布等物品，以免造成火灾或触电事故。

6）定期对仪器进行检验和校正，以确保仪器的测量精度，一般至少每三个月检查一次。

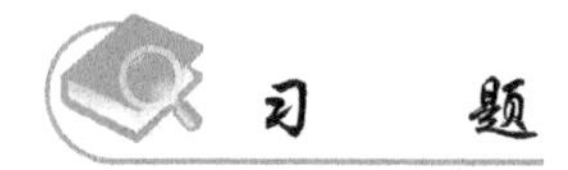

习　题

1. 钢尺量距时，为什么要进行直线定线？直线定线有哪几种方法？

2. 钢尺丈量 A、B 两点之间的距离，往测距离为 189.78m，返测距离为 189.74m，请计算 A、B 两点间的距离及相对误差。

3. 钢尺量距精度受到那些误差的影响？在量距过程中应注意些什么问题？

4. 阐述视距测量的步骤。

5. 试述光电测距仪的基本原理。

6. 全站仪的基本功能有哪些？请简述用全站仪完成距离测量、角度测量、坐标测量的步骤。

7. 确定直线的方向时采用的标准方向有哪几种？

8. 直线的方向可用什么来表示？解释方位角和象限角的概念。

9. 已知 A 点的磁偏角为 $-5°15'$，过 A 点的真子午线与中央子午线的收敛角 $\gamma=+2'$，直

线 AC 的坐标方位角 $\alpha_{AC}=110°16'$，求 AC 的真方位角与磁方位角，并绘图说明。

10. 图 4-29 中，已知坐标方位角 $\alpha_{12}=65°$，2、3 点处的角值 β_2 及 β_3 均标注于图上，试求 23 边的正坐标方位角及 34 边的反坐标方位角。

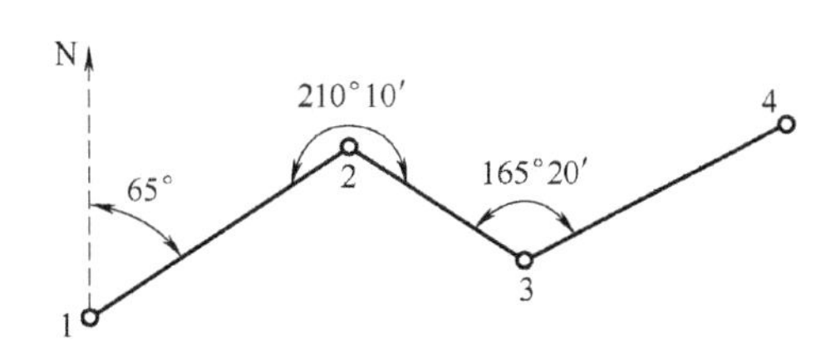

图 4-29　第 10 题图

第 5 章　测量误差理论的基本知识

【学习目标】

1. 了解偶然误差的特性。
2. 熟悉测量误差的分类和评定精度的指标。
3. 掌握中误差的计算和误差传播定律及其应用。

学习测量误差的意义

5.1　测量误差概述

5.1.1　测量误差及其来源

测量工作中不可避免地存在着测量误差。例如，为求某段距离，往返测量若干次，这些重复观测的距离值之间存在着差异。又如，为求某平面三角形的三个内角，只要对其中两个内角进行观测就可得出第三个内角值，但为检验测量结果，对三个内角均进行观测，三个内角之和往往与真值 180°存在差异。尽管采用了合格的测量仪器和合理的观测方法，测量观测者的工作态度认真负责，但仍然不能消除测量误差。产生测量误差的原因，概括起来有以下三个方面：

1. 测量仪器

测量工作需要借助测量仪器来完成，任何仪器只有一定限度的精密度，使观测值的精度受到限制。例如，用只有厘米分划的普通水准尺进行水准测量时，就无法保证估读毫米值的精确。另外，仪器因装配、搬运、磕碰、老化等原因使自身结构产生微变，也会使观测结果产生误差。

2. 观测者

测量需要由观测者操作仪器完成，由于观测者的感观鉴别能力有一定的局限，所以仪器的安置、使用、瞄准、读数等操作都会产生误差。此外，观测者的工作态度、观测技术熟练程度等也会对观测结果的质量产生直接影响。

3. 外界环境

测量工作都是在一定的外界环境条件下进行的，温度、风力、大气折光等因素的变化，都会使测量结果产生误差。例如，温度变化使钢尺产生伸缩，风力和日光照射使仪器的安置

不稳定，大气折光使望远镜的瞄准产生偏差等。

测量工作由于受到上述三方面因素的影响，观测结果总会产生这样或那样的观测误差，所以测量外业工作应在一定的观测条件下，确保观测成果具有较高的质量，将观测误差控制在允许的限度内。

5.1.2　测量误差分类

测量误差按其产生的原因和对观测结果影响性质的不同，可以分为系统误差和偶然误差两类。

1. 系统误差

在相同的观测条件下，对某一量进行一系列的观测，如果出现的误差数值大小和正负符号固定不变或按一定的规律变化，这种误差称为系统误差。系统误差具有累积性，它随着单一观测值观测次数的增多而累积。例如，用名义长度为10m而实际长度为10.005m的钢尺量距，每量一尺段就使距离产生0.005m的误差，其误差的符号不变，与所量距离的长度成正比。系统误差的存在必将给观测成果带来系统偏差。准确度是指观测值对真值的偏离程度或接近程度。

系统误差对观测值的影响具有一定的数学或物理上的规律性，如果这种规律能够被找到，就可以采用适当的措施消除或减弱，通常有以下三种措施：

（1）测定系统误差的大小，对观测值加以改正　如用钢尺量距时，通过对钢尺的检定求出尺长改正数，对观测结果加尺长改正数和温度变化改正数，消除尺长误差和温度变化引起的误差。

（2）采用对称观测的方法　使系统误差在观测值中以相反的符号出现，加以抵消。如水准测量时，采用前后视距相等的对称观测，消除由于视准轴与水准管轴不平行引起的系统误差；经纬仪测角时，用盘左、盘右两个观测值取中数的方法消除视准轴误差等系统误差的影响。

（3）检校仪器　如经纬仪照准部水准管轴不垂直于竖轴的误差对水平角的影响，可通过精确检校仪器并在观测中仔细整平的方法来减弱其影响。

2. 偶然误差

在相同的观测条件下对某一量进行一系列观测，单个误差的出现没有一定的规律性，其数值的大小和符号都不固定，表现出偶然性，这种误差称为偶然误差，又称为随机误差。偶然误差是由人力所不能控制的因素或无法估计的因素（如人眼的分辨能力、仪器的极限精度和气象因素等）共同引起的测量误差，其数值的正负、大小纯属偶然。例如，在厘米分划的水准尺上读数，估读毫米位时，有时估读偏大，有时估读偏小；大气折光使望远镜中目标成像不稳定，瞄准目标时有时偏左，有时偏右。多次重复观测取其平均数可以抵消掉一些偶然误差，但偶然误差是不可避免的。

系统误差和偶然误差往往是同时存在的，有时还有粗差或错误，但它们不属于误差，必须剔除。当观测值中有显著的系统误差时，偶然误差就居于次要地位，观测误差呈现出系统的性质，反之则呈现出偶然的性质。因此，对一组剔除了粗差的观测值，首先应寻找判断和排除系统误差，或将其控制在允许的范围内，然后根据偶然误差的特性对该组观测值进行处理，求出最接近未知量真值的估值，同时评定观测结果质量的优劣，即评定精度。

5.1.3 偶然误差的特性

由前所述，偶然误差单个出现时不具有规律性，但在相同条件下重复观测某量时，所出现的大量偶然误差却具有规律性。这种规律性可根据概率原理，用统计学的方法来分析研究。测量误差理论主要讨论在具有偶然误差的一系列观测值中如何求得最可靠的结果和评定观测成果的精度。

设某一量的真值为 X，对此量进行 n 次观测，得到的观测值为 l_1，l_2，…，l_n，在每次观测中产生的偶然误差（又称为“真误差”）为 Δ_1，Δ_2，…，Δ_n，则

$$\Delta_i = X - l_i \qquad (i=1,2,\cdots,n) \tag{5-1}$$

结合某观测实例，用统计方法进行偶然误差特性分析。在某测区，在相同的观测条件下观测了358个三角形的全部内角，由于每个三角形内角之和的真值（180°）为已知，因此，可以按式5-1计算每个三角形内角和的偶然误差 Δ_i，将它们分为负误差、正误差和误差绝对值，按绝对值由小到大依次排序，以误差区间 $d\Delta = 3''$ 进行误差个数 k 的统计，并计算其相对个数 $k/n(n=358)$，k/n 称为误差出现的频率。偶然误差的统计见表5-1。

表5-1 偶然误差的统计

误差区间 dΔ/(″)	负误差		正误差		误差绝对值	
	k	k/n	k	k/n	k	k/n
0~3	45	0.126	46	0.126	91	0.254
3~6	40	0.112	41	0.115	81	0.226
6~9	33	0.092	33	0.092	66	0.184
9~12	23	0.064	21	0.059	44	0.123
12~15	17	0.047	16	0.045	33	0.092
15~18	13	0.036	13	0.036	26	0.073
18~21	6	0.017	5	0.014	11	0.031
21~24	4	0.011	2	0.006	6	0.017
>24	0	0	0	0	0	0
Σ	181	0.505	177	0.495	358	1.000

为了直观地表示偶然误差正负和大小的分布情况，可以按表5-1的数据作图（图5-1）。图中以横坐标表示误差的正负和大小，以纵坐标表示误差出现于各区间的频率（k/n）除以区间（$d\Delta$），每一区间按纵坐标画成矩形小条，则每一小条的面积代表误差出现于该区间的频率，各小条的面积总和等于1，该图在统计学上称为频率直方图。

由图5-1可以归纳出偶然误差的特性如下：

1）在一定观测条件下的有限次观测中，偶然误差的绝对值不会超过一定的限值。

2）绝对值较小的误差出现的频率大，绝对值较大的误差出现的频率小。

3）绝对值相等的正、负误差具有大致相等的频率。

4）当观测次数无限增大时，偶然误差的理论平均值趋近于零，即偶然误差具有抵偿性。用公式表示为

$$\lim_{n\to\infty}\frac{\Delta_1+\Delta_2+\cdots+\Delta_n}{n}=\lim_{n\to\infty}\frac{[\Delta]}{n}=0 \tag{5-2}$$

式中　[ ]——表示取括号中数值的代数和。

根据 358 个三角形角度观测值的闭合差画出的误差频率直方图，表现为中间高、两边低并向横轴逐渐逼近的对称图形，它并不是一种特例，而是统计偶然误差时出现的普遍规律，可以用数学公式来表示。若误差的个数无限增大（$n\to\infty$），同时无限缩小误差的区间 $\mathrm{d}\Delta$，则图 5-1 中各小长条的顶边的折线就逐渐成为一条光滑的曲线，该曲线在概率论中称为正态分布曲线，其概率分布密度为：

$$f(\Delta)=\frac{1}{\sqrt{2\pi}\sigma}\mathrm{e}^{-\frac{\Delta^2}{2\sigma^2}} \tag{5-3}$$

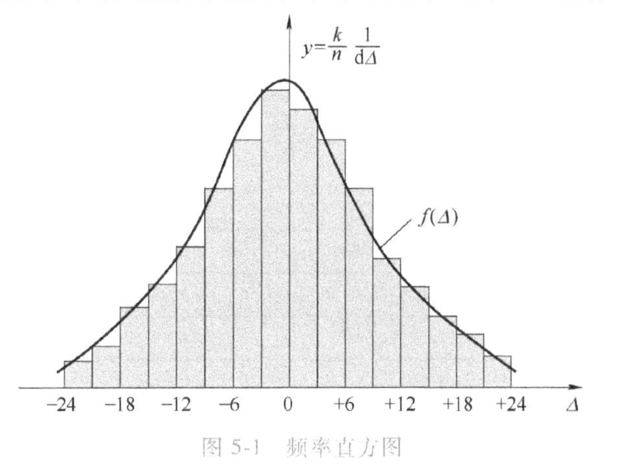

图 5-1　频率直方图

它完整地表示了偶然误差出现的概率 P。

5.2　评定精度的指标

中误差

5.2.1　中误差

在相同的观测条件下，对一未知量进行了 n 次观测，其观测值的真误差分别为 Δ_1，Δ_2，…，Δ_n。为了统一衡量在一定观测条件下观测结果的精度，测量中以中误差（均方差、标准差）作为衡量精度标准的数字特征值。中误差的定义为

$$\sigma=\lim_{n\to\infty}\sqrt{\frac{\Delta_1^2+\Delta_2^2+\cdots+\Delta_n^2}{n}}=\lim_{n\to\infty}\sqrt{\frac{[\Delta\Delta]}{n}} \tag{5-4a}$$

实际测量工作中不可能对观测对象进行无穷多次观测，因此取有限次观测计算得的估值，即

$$m=\hat{\sigma}=\pm\sqrt{\frac{\Delta_1^2+\Delta_2^2+\cdots+\Delta_n^2}{n}}=\pm\sqrt{\frac{[\Delta\Delta]}{n}} \tag{5-4b}$$

例如，对 10 个三角形的内角进行了两组观测，根据两组观测值中的偶然误差（三角形的角度闭合差），分别计算其中误差，列于表 5-2 中。

表 5-2　按观测值的真误差计算中误差

次序	第一组观测			第二组观测		
	观测值 l	真误差 $\Delta/('')$	Δ^2	观测值 l	真误差 $\Delta/('')$	Δ^2
1	180°00′03″	−3	9	180°00′00″	0	0
2	180°00′02″	−2	4	179°59′59″	+1	1

（续）

次序	第一组观测			第二组观测		
	观测值 l	真误差 $\Delta/('')$	Δ^2	观测值 l	真误差 $\Delta/('')$	Δ^2
3	179°59′58″	+2	4	180°00′07″	−7	49
4	179°59′56″	+4	16	180°00′02″	−2	4
5	180°00′01″	−1	1	180°00′01″	−1	1
6	180°00′00″	0	0	179°59′59″	+1	1
7	180°00′04″	−4	16	179°59′52″	+8	64
8	179°59′57″	+3	9	180°00′00″	0	0
9	179°59′58″	+2	4	179°59′57″	+3	9
10	180°00′03″	−3	9	180°00′01″	−1	1
$\Sigma\|\ \|$		24	72		24	130
中误差	$\sigma_1=\pm\sqrt{\frac{\Sigma\Delta^2}{10}}=\pm2.7''$			$\sigma_2=\pm\sqrt{\frac{\Sigma\Delta^2}{10}}=\pm3.6''$		

由表 5-2 可见，第二组观测值的中误差 m_2 大于第一组观测值的中误差 m_1。虽然这两组观测值的误差绝对值之和是相等的，但在第二组观测值中出现了较大的误差（−7″、+8″），因此，计算出来的中误差就较大，或者相对来说其精度较低。

5.2.2 相对误差

在某些测量工作中，对观测值的精度仅用中误差来衡量还不能正确反映出观测的质量。例如，用钢卷尺丈量 200m 和 40m 两段距离，量距的中误差都是±2cm，但不能认为两者的精度是相同的，因为量距的误差与其长度有关，距离越大，误差的积累也越大。为此，用观测值的中误差与观测值之比的形式（称为相对中误差）描述观测的精度。相对误差是一个无量纲数，在测量上通常以分子为 1 的分数来表示，即

$$K=\frac{|m|}{D}=\frac{1}{D/|m|} \tag{5-5}$$

式中 m——中误差；

D——观测值。

上述例子中，前者的相对中误差为 0.02/200 = 1/10000，而后者则为 0.02/40 = 1/2000，前者的量距精度高于后者。

5.2.3 极限误差和允许误差

由频率直方图（图 5-1）可知：图中各矩形小条的面积代表误差出现在该区间中的频率，当统计误差的个数无限增加，误差区间无限减小时，频率逐渐趋于稳定而成为概率，直方图的顶边即形成正态分布曲线。根据正态分布曲线，可以表示出误差出现的微小区间 dΔ 的概率为

$$P(\Delta)=f(\Delta)\,\mathrm{d}\Delta=\frac{1}{\sqrt{2\pi}\,\sigma}\mathrm{e}^{-\frac{\Delta^2}{2\sigma^2}}\mathrm{d}\Delta \tag{5-6a}$$

根据上式的积分，可以得到偶然误差在任意大小区间中出现的概率。以 k 倍中误差作为区间，则在此区间中误差出现的概率为

$$P(|\Delta|<k\sigma)=\int_{-k\sigma}^{+k\sigma}\frac{1}{\sqrt{2\pi}\sigma}e^{-\frac{\Delta^2}{2\sigma^2}}d\Delta \tag{5-6b}$$

分别以 $k=1$、$k=2$、$k=3$ 代入上式，可得到偶然误差的绝对值不大于中误差、2倍中误差和3倍中误差的概率为

$$P(|\Delta|\leqslant\sigma)=0.683=68.3\%$$
$$P(|\Delta|\leqslant 2\sigma)=0.954=95.4\%$$
$$P(|\Delta|\leqslant 3\sigma)=0.997=99.7\%$$

以上三式可见，绝对值大于2倍中误差的偶然误差占误差总数的5%，而大于3倍中误差的仅占误差总数的0.3%。一般进行的测量次数有限时，可以认为出现一次大于3倍中误差的偶然发生的可能性极小。因此，通常以2倍或3倍中误差作为偶然误差的极限误差（“限差”），即

$$\Delta_{限}=3\sigma \tag{5-7}$$

现行测量规范中，常取2倍中误差作为允许误差，并以 m 代替 σ 即

$$\Delta_{允}=2m \tag{5-8}$$

5.3 误差传播定律及其应用

在测量工作中，有些需要获取的量并非直接观测值，而是根据一些直接观测值用一定的数学公式（函数关系）计算而得，如坐标由距离和角度计算而得，因此称这些量为观测值的函数。由于观测值中含有误差，使函数受其影响也含有误差，称为误差传播，阐述观测值的中误差与观测值函数的中误差之间关系的定律，称为误差传播定律。

5.3.1 误差传播定律

设有独立观测值 x_1，x_2，…，x_n，其中误差分别为 m_{x_1}，m_{x_2}，…，m_{x_n}，今有 n 个独立观测值的函数 $Z=f(x_1,x_2,\cdots,x_n)$，对其求全微分得

$$dZ=\frac{\partial f}{\partial x_1}dx_1+\frac{\partial f}{\partial x_2}dx_2+\cdots+\frac{\partial f}{\partial x_n}dx_n \tag{5-9}$$

因真误差 Δx_i、ΔZ 均很小，故可代替式（5-9）中的微分 dx_i 及 dZ，从而有真误差关系

$$\Delta Z=\frac{\partial f}{\partial x_1}\Delta x_1+\frac{\partial f}{\partial x_2}\Delta x_2+\cdots+\frac{\partial f}{\partial x_n}\Delta x_n \tag{5-10}$$

注意，$\frac{\partial f}{\partial x_1}$可以用 x_i 的观测值代入求得，是一常数，故上式实际是线性表达式。

设对函数 Z 进行了 N 组观测，将上式平方求和，再取均值，得

$$\frac{[\Delta Z^2]}{N}=\left(\frac{\partial f}{\partial x_1}\right)^2\frac{[\Delta x_1^2]}{N}+\left(\frac{\partial f}{\partial x_2}\right)^2\frac{[\Delta x_2^2]}{N}+\cdots+\left(\frac{\partial f}{\partial x_n}\right)^2\frac{[\Delta x_n^2]}{N}+$$
$$\frac{2}{N}\left(\frac{\partial f}{\partial x_1}\frac{\partial f}{\partial x_2}[\Delta x_1\Delta x_2]+\frac{\partial f}{\partial x_1}\frac{\partial f}{\partial x_3}[\Delta x_1\Delta x_3]+\cdots+\frac{\partial f}{\partial x_{n-1}}\frac{\partial f}{\partial x_n}[\Delta x_{n-1}\Delta x_n]\right) \tag{5-11}$$

由于观测值彼此独立，x_i、x_j的偶然误差 Δx_i、Δx_j之乘积 $\Delta x_i \Delta x_j$ 也必然表现为偶然误差的性质，依偶然误差的抵偿性则有

$$\lim_{\substack{N\to\infty \\ i\neq j}}\left(\frac{\partial f}{\partial x_i}\right)\left(\frac{\partial f}{\partial x_j}\right)\frac{[\Delta x_i \Delta x_j]}{N}=0 \tag{5-12}$$

依中误差定义式（5-4b）得

$$m_Z^2=\left(\frac{\partial f}{\partial x_1}\right)^2 m_{x_1}^2+\left(\frac{\partial f}{\partial x_2}\right)^2 m_{x_2}^2+\cdots+\left(\frac{\partial f}{\partial x_n}\right)^2 m_{x_n}^2 \tag{5-13}$$

依据（5-13）式，可导出表 5-3 所列各类函数式的误差传播定律。

表 5-3　误差传播定律

函　　数	函数表达式	误差传播定律
一般函数	$Z=f(x_1,x_2,\cdots,x_n)$	$m_Z=\pm\sqrt{\left(\frac{\partial f}{\partial x_1}\right)^2 m_{x_1}^2+\left(\frac{\partial f}{\partial x_2}\right)^2 m_{x_2}^2+\cdots+\left(\frac{\partial f}{\partial x_n}\right)^2 m_{x_n}^2}$
倍数	$Z=kx$	$m_Z^2=k^2m_x^2$
和差	$Z=\pm x_1\pm x_2\pm\cdots\pm x_n$	$m_Z^2=m_{x_1}^2+m_{x_2}^2+\cdots+m_{x_n}^2$
线性	$Z=k_1x_1\pm k_2x_2\pm\cdots\pm k_nx_n$	$m_Z^2=k_1^2m_{x_1}^2+k_2^2m_{x_2}^2+\cdots+k_n^2m_{x_n}^2$
均值	$Z=\frac{[x]}{n}=\frac{1}{n}x_1+\frac{1}{n}x_2+\cdots+\frac{1}{n}x_n$	$m_Z^2=m_x^2/n$（等精度观测）

5.3.2　误差传播定律的应用

误差传播定律在测量工作中有着广泛的应用，利用它不仅可以求得观测值函数的中误差，而且还可以确定非直接观测量的允许误差。

【例 5-1】　两点间的水平距离 D 分为 n 段来丈量，各段量得的长度分别为 d_1、d_2、……、d_n，$D=d_1+d_2+\cdots+d_n$，已知各段的中误差分别为 m_1、m_2、……、m_n，求 D 的中误差。

解：$m_D=\sqrt{m_1^2+m_2^2+\cdots+m_n^2}$

特别是当各个观测值为等精度观测，即 $m_1=m_2=\cdots=m_n=m$ 时

$m_D=\sqrt{n}\,m$

【例 5-2】　在 1：1000 的地形图上量得两点间距 $d=237.5$mm，已知丈量中误差 $m_d=\pm0.2$mm，问该两点的地面水平距离 D 及中误差 m_D为多少？

解：$D=1000d=237.5$m

$m_D=1000m_d=\pm0.20$m

【例 5-3】　用测距仪对某段距离进行了 16 次同精度的观测，每次测距中误差 $m_S=\pm4$mm，问这段距离算术平均值的中误差 m_{S_0}为多少？

解：$S_0=[S]/n$

$m_{S_0}=m_S/\sqrt{n}=(\pm4/\sqrt{16})\text{mm}=\pm1\text{mm}$

【例 5-4】　设有函数关系 $h=D\tan\alpha$，已知 $D=120.25\text{m}\pm0.05\text{m}$，$m_\alpha=12°47'\pm0.5'$，求 h 及其中误差 m_h。

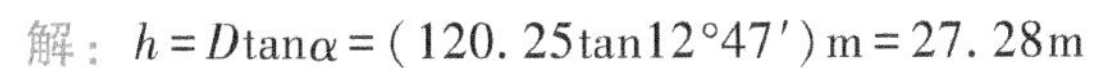

解：$h=D\tan\alpha=(120.25\tan 12°47')\text{m}=27.28\text{m}$

又　$dh=\tan\alpha dD+(D\sec^2\alpha)\dfrac{d\alpha'}{\rho'}$

显然　$f_1=\tan 12°47'=0.2269$

$f_2=D\sec^2\alpha=(120.25\sec^2 12°47')\text{m}=126.44\text{m}$

应用误差传播公式（5-13），有

$$\begin{aligned} m_h^2&=\tan^2\alpha m_D^2+(D\sec^2\alpha)^2\left(\frac{m_\alpha}{\rho'}\right)^2\\ &=\left[(0.2269)^2\times(0.05)^2+(126.44)^2\left(\frac{0.5'}{3438'}\right)^2\right]\text{m}^2\\ &=4.67\times10^{-4}\text{m}^2\end{aligned}$$

故　$m=\pm0.02\text{m}$

最后结果写为　$h=27.28\text{m}\pm0.02\text{m}$

【例 5-5】　在两水准点之间进行往返水准测量，线路长度为 L(km)，共设 n 个测站，请推导往返观测闭合差的中误差及限差的表达式。

解：两点间的高差为各站所测高差的总和 $\sum h=h_1+h_2+\cdots+h_n$

设每测站所测高差的中误差为 $m_{站}$，由误差传播定律有，高差总和中误差为

$$m_\Sigma=m_{站}\sqrt{n}$$

设两水准点间的水准路线的长度为 L(km)，每站的距离 s(km)，则有 $L=ns$，将 $n=L/s$，则长度 L 上的中误差为

$$m_\Sigma=m_{站}\sqrt{1/s}\sqrt{L}$$

式中　$1/s$——1km 的测站数；

$m_{站}\sqrt{1/s}$——1km 高差中误差，记为 μ。

则长度为 L(km) 上的中误差为

$$m_\Sigma=\mu\sqrt{L}$$

即水准测量的高差中误差与水准路线的距离的平方根成正比。

已知四等水准测量每公里往返高差的平均值中误差 $m=\pm5\text{mm}$，则 L 公里单程高差的中误差为

$$m_L=\sqrt{2}m_\Sigma=\pm5\sqrt{2L}$$

往返测量高差较差的中误差为

$$m_{\Delta h}=\sqrt{2}m_L=\pm10\sqrt{L}$$

取两倍中误差作为极限误差，则较差的允许值为

$$f_{h允}=2m_{\Delta h}=\pm20\sqrt{L}$$

5.4　等精度观测值的精度评定

5.4.1　算术平均值

相同条件下，对某一量进行 n 次重复观测，设其观测值为 L_1，L_2，…，L_n。这些观测值

的算术平均值 $\bar{x}$ 为

$$\bar{x}=\frac{L_1+L_2+\cdots+L_n}{n}=\frac{[L]}{n} \tag{5-14}$$

式中 $[L]$——所有观测值之和；

n——观测值的个数。

设其观测值的真值为 X，根据式（5-1）可以写出各观测值的真误差，即

$$\begin{cases}\Delta_1=X-L_1\\ \Delta_2=X-L_2\\ \quad\cdots\cdots\\ \Delta_n=X-L_n\end{cases} \tag{5-15}$$

将等式两端相加，有

$$[\Delta]=nX-[L] \tag{5-16a}$$

上式等号两端各除以观测值个数 n，并考虑式（5-14）得

$$[\Delta]/n=X-\bar{x} \tag{5-16b}$$

根据偶然误差的特性 4)，在式（5-16b）中，当 $n\to\infty$ 时，$[\Delta]/n\to 0$，则 $\bar{x}\to X$。即如果对某一量观测无穷多次，据此无穷多个观测值求出的算术平均值就是某一量的真值。在实际作中，对任一量的观测次数是有限的，所以只能根据有限个观测值求出该量的算术平均值 $\bar{x}$。由于 $\bar{x}$ 与其真值 X 只差一个很小的量 $[\Delta]/n$，故算术平均值最接近于真值，是该量最可靠的值，也称为最或是值。但是，有限次观测所得到的算术平均值不是真值。

5.4.2 根据观测值改正数计算观测值的中误差

由于观测值的真值 X 一般无法知道，真误差 Δ 也难以计算，故而常常不能直接应用式（5-4b）求观测值的中误差。而观测值的算术平均值 $\bar{x}$ 总是可求的，所以可利用观测值的最或是值 $\bar{x}$ 与各观测值之差 v 来计算中误差。v 称为改正数，定义为

$$\begin{cases}v_1=\bar{x}-L_1\\ v_2=\bar{x}-L_2\\ \quad\cdots\cdots\\ v_n=\bar{x}-L_n\end{cases} \tag{5-17}$$

以式（5-15）减去式（5-17），并令 $\delta=(X-\bar{x})$，得

$$\begin{cases}\Delta_1=v_1+\delta\\ \Delta_2=v_2+\delta\\ \quad\cdots\cdots\\ \Delta_n=v_n+\delta\end{cases} \tag{5-18}$$

将式（5-18）等号两边分别自乘后相加，得

$$[\Delta\Delta]=[vv]+n(X-\bar{x})^2+2\delta[v] \tag{5-19}$$

若将式（5-17）中之各式相加，得

$$[v]=n\bar{x}-[L] \tag{5-20a}$$

根据算术平均值的定义得$n\bar{x}=[L]$，则有

$$[v]=0 \tag{5-20b}$$

再将式（5-20）代入式（5-19），则有

$$[\Delta\Delta]=[vv]+n\delta^2 \tag{5-21}$$

将（5-22）式中之各式相加，得

$$[\Delta]=[v]+n\delta \tag{5-22a}$$

由于$[v]=0$，所以$[\Delta]=n\delta$，将此式自乘之，则有

$$\delta^2=\frac{[\Delta]^2}{n^2} \tag{5-22b}$$

以上式代入式（5-28），得

$$[\Delta\Delta]=[vv]+\frac{[\Delta]^2}{n} \tag{5-22c}$$

即

$$[\Delta\Delta]=[vv]+\frac{[\Delta\Delta]}{n}+\frac{2(\Delta_1\Delta_2+\Delta_1\Delta_3+\cdots+\Delta_{n-1}\Delta_n)}{n} \tag{5-22d}$$

式（5-22d）中，Δ_1，Δ_2，…，Δ_n 为偶然误差，$\Delta_i(i=1,2,\cdots,n)$ 的互乘项也是偶然误差，在相当多的观测次数情况下，根据偶然误差的特性4），互乘项之间相互抵消，其和再除以观测次数，其值可忽略不计。于是式（5-22d）可写为

$$[\Delta\Delta]=[vv]+\frac{[\Delta\Delta]}{n} \tag{5-22e}$$

根据中误差的定义，式（5-22e）可表达为$nm^2=[vv]+m^2$，于是有

$$m=\pm\sqrt{\frac{[vv]}{n-1}} \tag{5-23}$$

这就是利用改正数求观测值中误差的公式，称为白塞尔公式。

白塞尔公式

算术平均值的中误差为

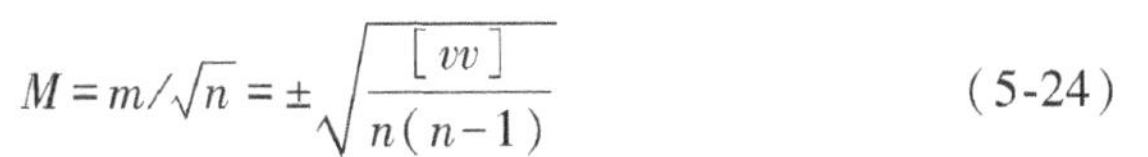

$$M=m/\sqrt{n}=\pm\sqrt{\frac{[vv]}{n(n-1)}} \tag{5-24}$$

【例5-6】　表5-4列出了五次距离丈量结果，试计算观测值之中误差和算术平均值的中误差。

表5-4　算术平均值和观测值中误差计算

观测值 L/m	改正数 v	vv
542.50	−0.04	0.0016
542.42	+0.04	0.0016
542.46	0.00	0
542.44	+0.02	0.0004
542.48	−0.02	0.0004
$\bar{x}=542.46$	$[v]=0$	$[vv]=0.0040$

解：观测值中误差为

$$m=\left(\pm\sqrt{\frac{0.0040}{5-1}}\right)\text{m}=\pm0.032\text{m}$$

算术平均值的中误差为

$$M=m/\sqrt{n}=\pm\sqrt{\frac{[vv]}{n(n-1)}}=\pm0.014\text{m}$$

习 题

1. 偶然误差和系统误差有什么不同？偶然误差有什么特性？

2. 在角度测量中采用正倒镜观测、水准测量中前后视等距，这些规定都是为了消除什么误差？

3. 中误差如何得到？它能说明什么问题？

4. 经测量得到一圆的半径 $r=30.2\text{mm}$，已知半径测量的中误差为 0.2mm，求该圆的周长和面积的中误差。

5. 对某直线等精度独立丈量了 6 次，观测结果分别为 68.148m、168.120m、168.129m、168.150m、168.137m、168.131m。试计算其算术平均值、每次观测的中误差及算术平均值的中误差。

第6章　控制测量

【学习目标】

1. 了解控制测量等级、交会定点方法。

2. 熟悉控制测量类型、任务和作用，导线的布设形式。

3. 掌握常见导线外业、内业工作，掌握三、四等水准测量的外业、内业工作。

6.1　控制测量概述

控制测量概述

在工程测量中，为了限制误差的传播范围，满足测定和测设的精度要求，使分区的测区能够拼接成整体或使整体的测量工作能够分区进行，从而加快测量工作进程，一般应遵循“从整体到局部”“先控制，后碎部”的原则。即先在测区内选定一些对整体具有控制作用的点（称为控制点），并依此建立控制网，用较精密的仪器和方法测定各控制点的平面位置和高程，然后根据控制网进行碎部测定和测设。控制网分为平面控制网和高程控制网两种：测定控制点平面位置的工作，称为平面控制测量；测定控制点高程的工作，称为高程控制测量。

建立平面控制网的主要方法有：三角形网测量、导线测量、卫星定位 GNSS 测量等。建立高程控制网的主要方法有：水准测量和三角高程测量。

1. 平面控制测量

在全国范围内建立的控制网称为国家控制网，它是全国各种比例尺测图和其他相关测量工作的基本控制，并为确定地球的形状和大小提供研究资料。国家控制网使用精密测量仪器和方法，按照一等、二等、三等、四等四个精度等级依次建立，由高级向低级逐级控制。

传统上我国国家级控制网基本上采用三角测量的方法建立，现在大都被全球定位系统 GNSS 测量所取代。关于全球定位测量将在第 7 章介绍。图 6-1a 是建立西安 80 大地坐标系统国家平面控制网的示意图，图 6-1b 是建立国家高程控制网的示意图。

三角测量就是在地面上布设一系列连续三角形，采用测角及测边的方式测定各三角形顶点水平位置的方法。水平角观测是三角测量的关键性工作，此外，要选择一些三角形的边作为起始边，测量其长度和方位角。从一个起始点和起始边出发，利用观测的角度值和边长，逐一推算各边的长度和方位角，再进一步推算各三角形顶点在大地坐标系中的水平位置。三角测量的特点是测角工作量大，而量边工作量小，适用于通视条件好但地形复杂、测距不便的环境。一等三角锁是国家平面控制网的骨干；二等三角网布设于一等三角锁环内，是国家平面控制网的全面基础；三、四等三角网为二等三角网的进一步加密。

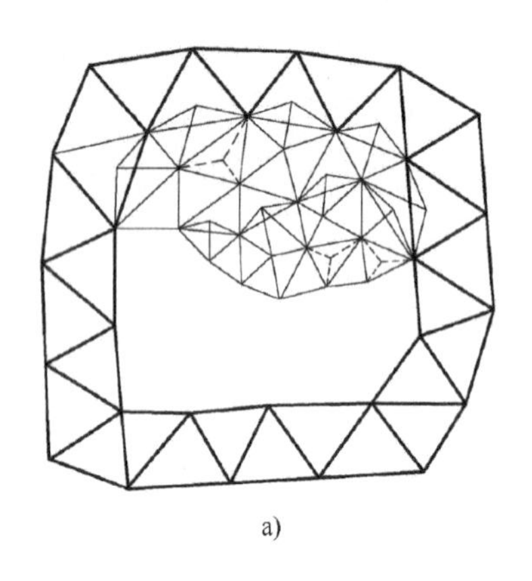
a)

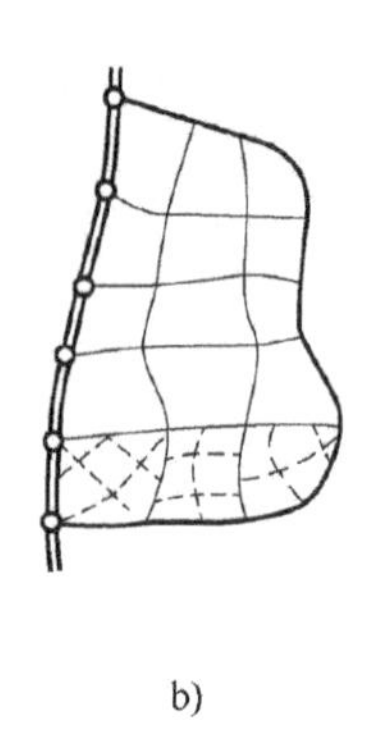
b)

图 6-1 国家平面控制网和高程控制网的示意图
a）平面控制网 b）高程控制网

城市或工程区域，一般应在上述国家等级控制点的基础上，根据测区的大小、城市规划或施工测量的要求，布设不同等级的平面控制网，以供地形测图和测设建（构）筑物时使用。其中，直接用于测图而建立的控制点称为图根点，相应的控制网称为图根控制网。

《工程测量标准》规定，平面控制网的布设可采用 GNSS 卫星定位测量、导线测量、三角形网测量方法。其中，GNSS 测量的技术要求参见第 7 章，各等级导线测量的主要技术要求应符合表 6-1 的规定。

表 6-1 导线测量的主要技术要求

等级	导线长度/km	平均边长/km	测角中误差(″)	测距中误差/mm	测回数			方位角闭合差(″)	导线全长相对闭合差
					1″级	2″级	6″级		
三等	14	3	±1.8	±20	6	10	—	$\pm3.6\sqrt{n}$	1/55000
四等	9	1.6	±2.5	±20	4	6	—	$\pm5\sqrt{n}$	1/35000
一级	4	0.3	±5	±15	—	2	4	$\pm10\sqrt{n}$	1/15000
二级	2.4	0.2	±8	±15	—	1	3	$\pm16\sqrt{n}$	1/10000
三级	1.2	0.12	±12	±15	—	1	2	$\pm24\sqrt{n}$	1/5000
图根	≤1.0M	—	±30	—	—	—	—	$\pm60\sqrt{n}$	1/2000

注：n 为测站数，M 为测图比例尺分母。图根测角中误差为±30″，首级控制为±30″，方位角闭合差一般为$\pm60\sqrt{n}$，首级控制为$\pm40\sqrt{n}$。

2. 高程控制测量

在全国范围内，由一系列按国家统一规范测定高程的水准点构成的网称为国家水准网，

水准点上设有固定标志，以便长期保存，为国家各项建设和科学研究提供高程资料。

图 6-1b 是国家高程控制网布设的示意图。国家水准网按逐级控制、分级布设的原则分为一、二、三、四等，其中一、二等水准测量称为精密水准测量。一等水准网是国家高程控制网的骨干；二等水准网布设于一等水准环内，是国家高程控制网的基础；三、四等水准网为国家高程控制网的进一步加密，直接为测制地形图和各项工程建设之用。全国各地的高程，都是根据国家水准网统一传算的。其中直接为测图而建立的水准点称为图根水准点，相应的测量称为图根水准测量。

《工程测量标准》规定，各等级水准测量的主要技术要求应符合表 6-2 及表 6-3 的规定。

表 6-2　水准测量主要技术要求

<table>
<tr><th rowspan="2">等级</th><th rowspan="2">每公里高差中误差/mm</th><th rowspan="2">路线长度/km</th><th rowspan="2">水准仪的型号</th><th rowspan="2">水准尺</th><th colspan="2">观测次数</th><th colspan="2">往返较差、附合路线或环线闭合差</th></tr>
<tr><th>与已知点联测</th><th>附合路线或环线</th><th>平地/mm</th><th>山地/mm</th></tr>
<tr><td>二等</td><td>2</td><td>—</td><td>DS_1</td><td>因瓦</td><td>往返各一次</td><td>往返各一次</td><td>$2\sqrt{L}$</td><td>—</td></tr>
<tr><td rowspan="2">三等</td><td rowspan="2">6</td><td rowspan="2">≤50</td><td>DS_1</td><td>因瓦</td><td rowspan="2">往返各一次</td><td>往一次</td><td rowspan="2">$12\sqrt{L}$</td><td rowspan="2">$4\sqrt{n}$</td></tr>
<tr><td>DS_3</td><td>双面</td><td>往返各一次</td></tr>
<tr><td>四等</td><td>10</td><td>≤16</td><td>DS_3</td><td>双面</td><td>往返各一次</td><td>往一次</td><td>$20\sqrt{L}$</td><td>$6\sqrt{n}$</td></tr>
<tr><td>五等</td><td>15</td><td>—</td><td>DS_3</td><td>单面</td><td>往返各一次</td><td>往一次</td><td>$30\sqrt{L}$</td><td>—</td></tr>
<tr><td>图根</td><td>20</td><td>≤5</td><td>DS_{10}</td><td>—</td><td>往返各一次</td><td>往一次</td><td>$40\sqrt{L}$</td><td>$12\sqrt{n}$</td></tr>
</table>

注：结点之间或结点与高级点之间，其路线的长度不应大于表中规定的 0.7 倍；L 为往返测段，附合或环线的水准路线长度，以 km 为单位；n 为测站数。

表 6-3　三、四等水准测量测站限差

<table>
<tr><th>等级</th><th>水准仪</th><th>视线长度/m</th><th>前后视距差/m</th><th>前后视距累积差/m</th><th>视线高度</th><th>黑、红面读数之差/mm</th><th>黑、红面所测高差之差/mm</th></tr>
<tr><td rowspan="2">三</td><td>DS_1、DS_{05}</td><td>≤100</td><td rowspan="2">≤2.0</td><td rowspan="2">≤5.0</td><td rowspan="2">三丝能读数</td><td>1.0</td><td>1.5</td></tr>
<tr><td>DS_3</td><td>≤75</td><td>2.0</td><td>3.0</td></tr>
<tr><td rowspan="2">四</td><td>DS_1、DS_{05}</td><td>≤150</td><td rowspan="2">≤3.0</td><td rowspan="2">≤10.0</td><td rowspan="2">三丝能读数</td><td rowspan="2">3.0</td><td rowspan="2">5.0</td></tr>
<tr><td>DS_3</td><td>≤100</td></tr>
</table>

3. 小区域控制网

在小于 $100km^2$ 范围内建立的控制网称为小区域控制网，这是土木工程测量经常面对的情况。在小区域控制网范围内，水准面可近似为水平面，不需要将直接测量的结果进行换算，可以采用直角坐标系，直接在平面上进行坐标的正算和反算（由实测的边角值推算点位坐标称为坐标正算，由已知的点位坐标推算各点间的距离和方位角称为坐标反算）。建网时应尽可能与测区高级控制点联测。当不便联测时，也可建立独立控制网，独立控制网的起点坐标可以假定，起始方位角可用 GNSS 测量方法加以确定，或用测区中央

的磁方位角代替坐标方位角。小区域平面控制常采用导线或交会定点等形式，高程控制常采用三、四等水准测量和三角高程测量。其中，三角高程测量的内容见本书第 3 章 3.6 节，本章不再赘述。

6.2 导线测量

6.2.1 导线的布设形式

导线是由若干条直线连成的折线，每条直线称为导线边，相邻两直线之间的水平角称为转折角。测定了转折角和导线边长之后，即可根据已知坐标方位角和已知坐标算出各导线点的坐标。

1. 闭合导线

如图 6-2 所示，由一个已知控制点出发，最后仍旧回到该已知点，形成一个闭合多边形。这类导线有 1 对坐标检核条件及 1 多边形内角和检核条件。虽然检核条件个数与附合导线相同，但单强度稍弱。因为起始坐标和方位是否正确无法检核，故其为内部检核。

2. 附合导线

如图 6-3 所示，布设在两个已知点和一对已知方向之间的导线，称为附合导线。导线从一高级控制点 A 和已知方向 BA 出发，经过一系列的转折点后附合到另一已知高级点 C 和已知方向 CD。这类的导线有 1 对坐标检核条件及 1 个方位检核条件，而且是外在检核。

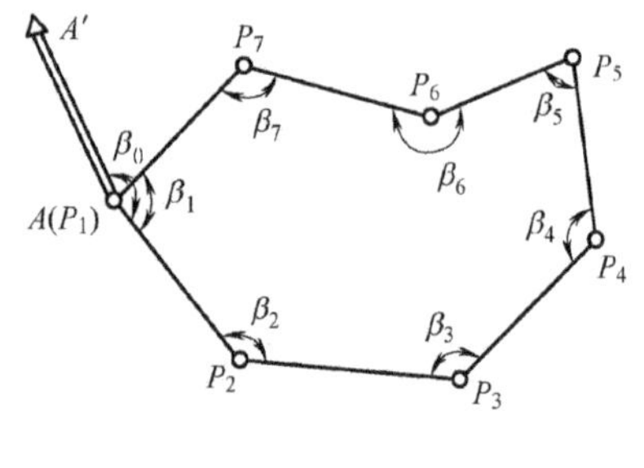

图 6-2 闭合导线

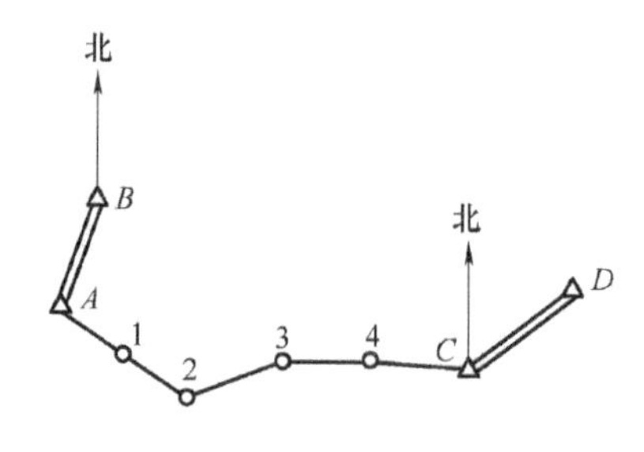

图 6-3 附合导线

3. 支导线

由一已知点和一已知方向出发，既不能附合到另一已知点和方向，也不便回到起始点的导线称为支导线（图 6-4）。因支导线缺乏检核条件，故一般只在地形测量的图根导线中采用。其边数一般不应超过 3 条。

以上三种是导线常见的布设形式，除此之外还有结点导线网（图 6-5）和环形导线网（图 6-6）。

用导线测量方法建立小区域平面控制网，通常分为一级导线、二级导线、三级导线和图根导线等几个等级。导线测量的主要技术要求见表 6-1。

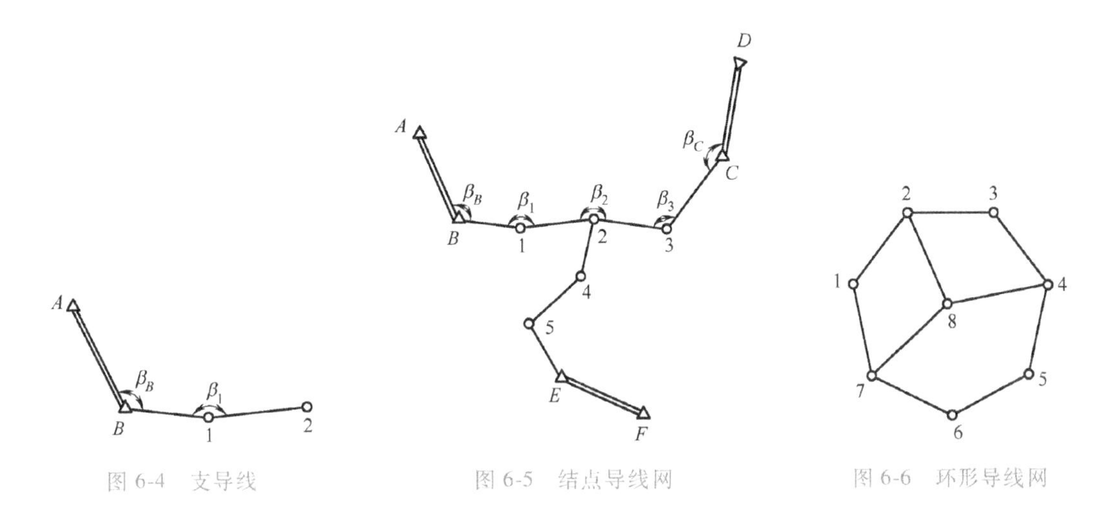

图 6-4　支导线　　图 6-5　结点导线网　　图 6-6　环形导线网

6.2.2　导线测量的外业工作

导线测量的外业工作包括：踏勘选点、建立标志、测角、测距及联测。

1. 踏勘选点及建立标志

踏勘是为了了解测区范围、地形及控制点情况，以便确定导线的形式和布置方案。选点应考虑便于导线测量、地形测量和施工放样。选点的原则如下：

1）相邻导线点间必须通视良好。

2）等级导线点应便于加密图根点，导线点应选在地势高、视野开阔、便于碎部测量的地方。

3）导线边长大致相同。

4）密度适宜、点位均匀、土质坚硬、易于保存和寻找。

点位选定后，应马上建立和埋设标志。标志的形式可以是临时性标志。

如图 6-7 所示，直接在地上打入木桩。桩顶钉一小铁钉或划“+”作为点的标志。必要时在木桩周围灌注混凝土。如果导线点需要长期保存，则应埋设混凝土桩或标石，如图 6-8 所示。在桩中心的钢筋顶面和“+”处，或标石制作时顶部嵌以统一的标志，以示点位。埋桩后应统一进行编号。为了今后便于查找，应量出导线点至附近明显地物的距离。绘出草图，注明尺寸，称为点之记，如图 6-9 所示。

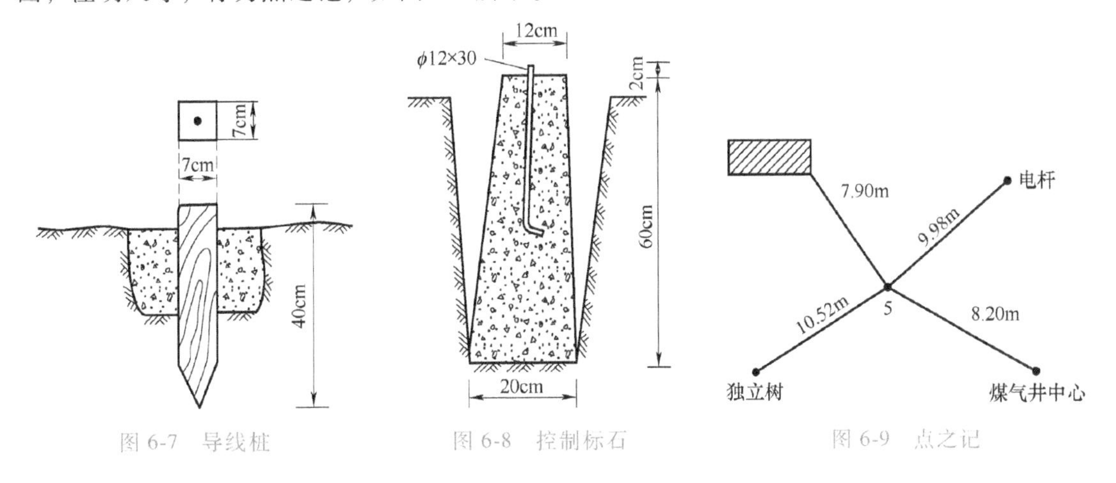

图 6-7　导线桩　　图 6-8　控制标石　　图 6-9　点之记

2. 测角

导线转折角既可测左角，也可测右角，闭合导线则测内角，技术要求见表 6-2。

3. 测距

传统导线边长可采用钢尺量距、光电测距、视距法等进行测量。随着测绘技术的发展，目前全站仪已成为距离测量的主要手段。

4. 联测

测区内有国家高级控制点时，可与控制点联测推求方位，包括测定联测角和联测边；当联测有困难时，也可采用罗盘仪测磁方位或陀螺经纬仪测定方向。

导线测量内业计算

6.2.3 导线测量内业计算

导线测量内业计算又称导线平差，其目的是计算各导线点的坐标。为此，需要对测量数据进行适当处理，合理分配测量误差，并计算各点的坐标。为了保证计算成果的准确，计算之前，应全面检查导线测量外业记录，检查内容包括数据是否齐全，有无记错、算错，成果是否符合精度要求，起算数据是否准确等。然后绘制导线略图，把各项数据标注于图上相应位置。对各项测量数据应取到足够位数；对小区域控制和图根控制测量的所有角度观测值及其改正数取到整秒；距离、坐标增量及其改正数和坐标值均取到毫米。取舍原则为："四舍六入，五前单进双舍"，即保留位后的数大于五就进，小于五就舍，等于五时，则其前保留位上的数是单数就进，是双数就舍。

1. 导线测量内业计算步骤

计算之前应对外业测量成果进行复查，确认没有问题方可进行计算。由于导线测量的误差主要体现在角度测量和距离测量中，因此导线平差计算主要针对两个方面进行，一是角度闭合差的分配及调整，二是距离闭合差（坐标增量闭合差）的分配和调整。以下说明计算步骤：

1）将已知数据和观测数据按导线推算顺序填入表格。

2）角度闭合差的计算与调整。

① 角度闭合差计算。对于闭合导线，其角度闭合差计算公式为

$$f_\beta = \sum\beta_{测} - \sum\beta_{理} = \sum\beta_{测} - (n-2)\times180° \tag{6-1}$$

对于附合导线，其角度闭合差计算公式为

$$\begin{cases} f_\beta = \alpha_{始} - \alpha_{终} = \alpha_{AB} - \alpha_{CD} + \sum\beta_{左} - n\times180°(左角) \\ f_\beta = \alpha_{始} - \alpha_{终} = \alpha_{AB} - \alpha_{CD} - \sum\beta_{右} + n\times180°(右角) \end{cases} \tag{6-2}$$

式中 α_{AB}、$\alpha_{始}$——起始边的方位角，$\alpha_{AB}=\alpha_{始}$；

α_{CD}、$\alpha_{终}$——终边的方位角，$\alpha_{CD}=\alpha_{终}$。

② 角度闭合差调整。只有当角度闭合差 f_β 小于表 6-1 中规定的限差时，才能进行调整，否则需重测。调整的方法是将 f_β 反符号平均分配到每个观测角上。

对于闭合导线，各角度的闭合差分配计算公式为

$$v_{\beta_i} = -\frac{f_\beta}{n} \tag{6-3}$$

对于附合导线，各角度的闭合差分配计算公式为

$$\begin{cases}左角:v_{\beta_i}=-\dfrac{f_\beta}{n}\\ 右角:v_{\beta_i}=\dfrac{f_\beta}{n}\end{cases} \tag{6-4}$$

各角度分配值之和$\sum v_{\beta_i}$应等于$\pm f_\beta$，以此作为检核。

3）推算各边方位角。角度闭合差分配后，分配后的各角值相加应与理论值相等。根据分配后的角值和已知边方位角，依次推算其他各边方位角，最终闭合或附合于已知边作为检核。

4）坐标增量闭合差的计算与调整。

① 坐标增量闭合差计算。坐标增量计算公式为

$$\begin{cases}\Delta x_i=D_i\cos\alpha_i\\ \Delta y_i=D_i\sin\alpha_i\end{cases} \tag{6-5}$$

式（6-5）中，假设角度误差已被消除，但由于距离测量值 D 中仍存在误差，所以根据方位角和测量距离计算出的各边的坐标增量存在误差，从而坐标增量总和与理论值也就不相等，二者之差称为坐标增量闭合差。对于附合导线，坐标增量总和的理论值是终点和起点的坐标差（$\sum\Delta x_{理}=X_{终}-X_{始}$和$\sum\Delta y_{理}=Y_{终}-Y_{始}$），对于闭合导线，由于起止于同一点，所以闭合导线的坐标增量总和理论上为零（$\sum\Delta x_{理}=0$ 和$\sum\Delta y_{理}=0$）。根据闭合差的概念，坐标增量闭合差可表示为

$$\begin{cases}f_x=\sum\Delta x_{测}-\sum\Delta x_{理}\\ f_y=\sum\Delta y_{测}-\sum\Delta y_{理}\end{cases} \tag{6-6}$$

以闭合导线为例，导线从 A 点出发，经过若干点后，因各边丈量的误差，使导线没有回到 A 点，而是落在 A'。如图 6-10 所示，AA'为导线全长闭合差，用f_D表示，可见f_x、f_y是f_D在 x、y 轴上的分量，所以有

$$f_D=\sqrt{f_x^2+f_y^2} \tag{6-7}$$

可见f_D是所有边长之和$\sum D$ 的误差，根据相对误差的概念，则导线全长相对闭合差为

$$K=\frac{f_D}{\sum D} \tag{6-8}$$

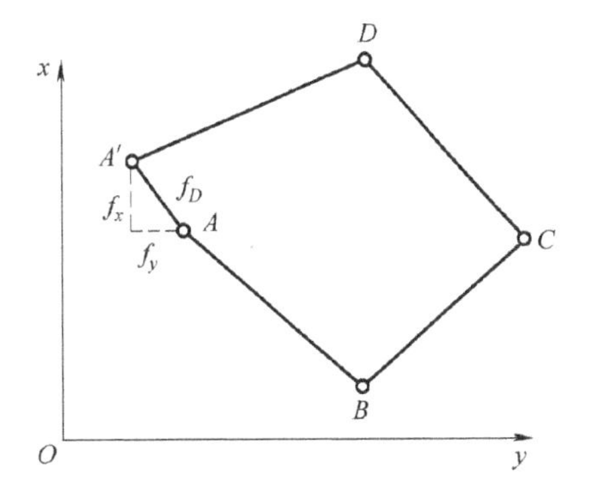

图 6-10　闭合导线全长闭合差

导线全长相对闭合差的大小体现的距离测量的精度，它不能超过一定界限，假设用$K_{允}$表示这个界限值，则当$K\leqslant K_{允}$时，认为导线边长丈量是符合要求的（表 6-2）。在这个前提下，以边长误差与边的长度成正比的原则，应将坐标增量闭合差f_x、f_y反符号按边长成正比例进行调整。

② 坐标增量闭合差的调整。令v_{x_i}、v_{y_i}为第 i 条边的坐标增量改正数，则有

$$\begin{cases} v_{x_i} = -\dfrac{f_x}{\sum D} D_i \\ v_{y_i} = -\dfrac{f_y}{\sum D} D_i \end{cases} \tag{6-9}$$

并以 $\sum v_{x_i} = -f_x$，$\sum v_{y_i} = -f_y$ 作为检核。

5）导线点坐标计算。根据改正后的各边坐标增量和已知点坐标，即可依次求得其他点的坐标。例如，假设起点 A 的坐标为（x_A, y_A），A 点至 1 点的坐标增量为（$\Delta x_{A1}, \Delta y_{A1}$），则 1 点坐标计算式为

$$\begin{cases} x_1 = x_A + \Delta x_{A1} \\ y_1 = y_A + \Delta y_{A1} \end{cases} \tag{6-10}$$

2. 导线测量内业计算算例

表 6-4 和表 6-5 分别是闭合导线和附合导线的计算表格。

需要说明的是，观测角的填入顺序是按方位角的推算顺序进行的。表 6-4 中，第 1 栏第 2 行填入的是闭合导线推算路线上第 2 个点的观测角度，而最后填入的是起始点的观测角度。附合导线成果计算表 6-5 中，各观测角依推算路线从起始点到终点逐项填入。

表 6-4　闭合导线坐标计算表

点号	观测左角（° ′ ″）	改正数（″）	改正后角度（° ′ ″）	方位角（° ′ ″）	平距/m	坐标增量/m		改正数/mm		改正后坐标增量/m		平差后坐标/m	
						Δx	Δy	v_x	v_y	Δx′	Δy′	x	y
1												831.584	521.744
				92 14 30	145.570	−5.694	145.458	32	28	−5.662	145.486		
2	101 34 18	−20	101 33 58									825.922	667.230
				13 48 28	132.456	128.628	31.612	28	24	128.656	31.636		
3	76 17 42	−19	76 17 23									954.578	698.866
				270 05 51	90.264	0.154	−90.264	20	18	0.174	−90.246		
4	125 06 24	−20	125 06 04									954.752	608.620
				215 11 55	150.766	−123.200	−86.904	32	28	−123.168	−86.876		
1	57 02 54	−19	57 02 35									831.584	521.744
				92 14 30									
2													
Σ	360 01 18	−78	360 00 00		519.056	−0.112	−0.098	112	98	0.000	0.000		
辅助计算	$f_\beta = \sum\beta_{测} - \sum\beta_{理} = 78''$　　$f_x = -0.112$ $f_{\beta_{允}} = \pm 60\sqrt{n} = \pm 120''$　　$f_y = -0.098$ $f_\beta < f_{\beta_{允}}$，符合图根导线要求　　$f = 0.148$　　$K = f/\sum D = 1/3500 < 1/2000$　符合精度要求												

表 6-5　附合导线成果计算表

点号	观测左角 (° ′ ″)	改正数 (″)	改正后角度 (° ′ ″)	方位角 (° ′ ″)	平距 /m	坐标增量/m		改正数 /mm		改正后坐标增量/m		平差后坐标/m	
						Δx	Δy	v_x	v_y	$\Delta x'$	$\Delta y'$	x	y
B													
				151 27 38									
A	143 54 47	−4	143 54 43									9372. 881	3854. 386
				115 22 21	651. 161	−279. 023	588. 351	−13	12	−279. 036	588. 363		
1	149 08 11	−4	149 08 07									9093. 845	4442. 749
				84 30 28	870. 923	83. 357	866. 925	−17	16	83. 340	866. 941		
2	224 07 32	−4	224 07 28									9177. 185	5309. 690
				128 37 56	522. 082	−325. 946	407. 834	−10	9	−325. 956	407. 843		
3	157 21 53	−4	157 21 49									8851. 229	5717. 533
				105 59 45	1107. 360	−305. 152	1064. 485	−22	20	−305. 174	1064. 505		
4	167 05 15	−4	167 05 11									8546. 055	6782. 038
				93 04 56	794. 352	−42. 711	793. 203	−16	14	−42. 727	793. 217		
C	74 32 48	−3	74 32 45									8503. 328	7575. 255
				347 37 41									
D													
Σ	916 10	−23			3945. 878	−869. 475	3720. 798	−78	71	−869. 553	3720. 869		
辅助计算	$f_\beta=(\alpha_0+\Sigma f_{\beta_{测}}-n\times180)-\alpha_n$　$f_x=0.078$　$f_y=-0.071$ $f_{\beta_{允}}=60\sqrt{6}=147''$　$f=0.1055$　$K=f/\sum D=1/37400$												

6. 2. 4　全站仪导线坐标测量

1. 全站仪导线测量方法

随着全站仪的普及，利用三维坐标功能进行导线测量也在实践中得以应用。下面介绍其有关的计算。如图 6-11 所示，A、B、C、D 为已知控制点，中间各点为导线点，首先将全站仪安置于已知点 B 上，利用全站仪的三维坐标测量功能和记忆功能，输入已知点 A、B 的三维坐标、方位以及仪器和觇标高度后，用全站仪瞄准 A 点定位，测记前视导线点 2 坐标；然后将仪器移至导线点 2，继续不断测记新导线点 3、4、…、n，直至附合到 CD 边。

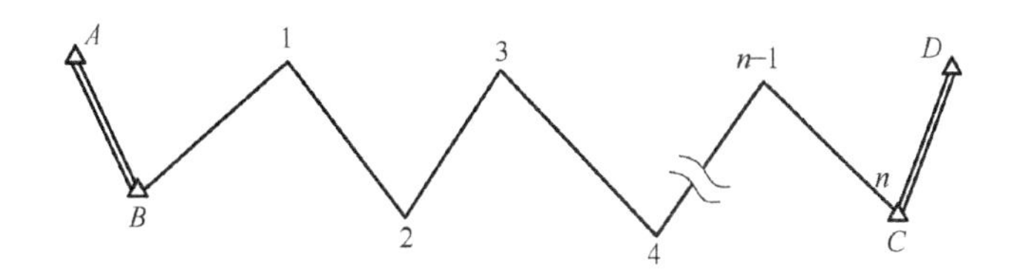

图 6-11　全站仪附合导线坐标测量示意图

2. 导线的近似坐标平差

全站仪导线坐标测量往往采用近似平差方法。计算步骤如下：

如图 6-11 中的附合导线，由于存在观测误差，最后测得的 C 点坐标（x'_c,y'_c,z'_c）与 C 点已知坐标（x_c,y_c，z_c）不一致，其差值即为纵、横坐标增量闭合差 f_x，f_y 及高程闭合差 f_z

$$\begin{cases} f_x = x'_c - x_c \\ f_y = y'_c - y_c \\ f_z = y'_c - y_c \end{cases} \tag{6-11}$$

先考虑导线平面坐标平差。

导线全长闭合差 f 为

$$f=\sqrt{f_x^2+f_y^2} \tag{6-12}$$

导线全长相对闭合差 K 为

$$K=\frac{1}{\sum D/f} \tag{6-13}$$

此时若满足要求的精度，就可以直接根据坐标增量闭合差来计算各个导线点的坐标改正数，各导线点的坐标改正值 v_{x_i}、v_{y_i} 计算公式为

$$\begin{cases} v_{x_i} = -\dfrac{f_x}{\sum|\Delta x|}(|\Delta x_1|+|\Delta x_2|+\cdots+|\Delta x_i|) \\ v_{y_i} = -\dfrac{f_y}{\sum|\Delta y|}(|\Delta y_1|+|\Delta y_2|+\cdots+|\Delta y_i|) \end{cases} \tag{6-14}$$

改正后各点坐标 x_i、y_i 为

$$\begin{cases} x_i = x'_i + v_{x_i} \\ y_i = y'_i + v_{y_i} \end{cases} \tag{6-15}$$

式中　Δx_1、Δx_2、Δx_i，Δy_1、Δy_2、Δy_i——第 1、第 2 和第 i 条边的近似坐标增量；

x'_i、y'_i——各待定点坐标的观测值（即全站仪外业直接观测的导线点的坐标）。

全站仪导线高程闭合差若满足相应精度要求，可按以下公式进行调整

$$v_{zi} = -\frac{f_z}{\sum|\Delta z|}(|\Delta z_1|+|\Delta z_2|+\cdots+|\Delta z_i|) \tag{6-16}$$

$$z_i = z'_i + v_{zi} \tag{6-17}$$

采用坐标法进行导线近似平差，直接在已经测得导线点的坐标上进行改正，方法简单，易于掌握，避免了传统近似平差法的方位角的推算和改正，以及坐标增量的计算和改正，能大大提高工作效率，而且不易出错。同时可以看出，传统附合导线测量需要两条已知边作为方位角的检核条件，而直接坐标法只需要一条已知边和一个已知点即可，使导线的布网更加灵活。

6.3　交会法定点

交会定点是加密控制点常用的方法，它可以在数个已知控制点上设站，分别向待定点观

测方向或距离，也可以在待定点上设站，向数个已知控制点观测方向或距离，然后计算待定点的坐标。交会定点方法有前方交会法、距离交会法、后方交会法和自由设站法等。本节主要介绍三种常用交会定点方法。

6.3.1　前方交会

如图6-12所示，在已知点A、B上设站测定待定点P与控制点的夹角α、β，即可得到AP边的方位角$\alpha_{AP}=\alpha_{AB}-\alpha$，$AP$边的距离$D_{AP}=D_{BA}\sin\beta/\sin(\alpha+\beta)$。$P$点的坐标为

$$\begin{cases}x_P=x_A+D_{AP}\cos\alpha_{AP}\\ y_P=y_A+D_{AP}\sin\alpha_{AP}\end{cases}\tag{6-18}$$

将$\alpha_{AP}=\alpha_{AB}-\alpha$及$D_{AP}=D_{BA}\sin\beta/\sin(\alpha+\beta)$带入上式化简后得

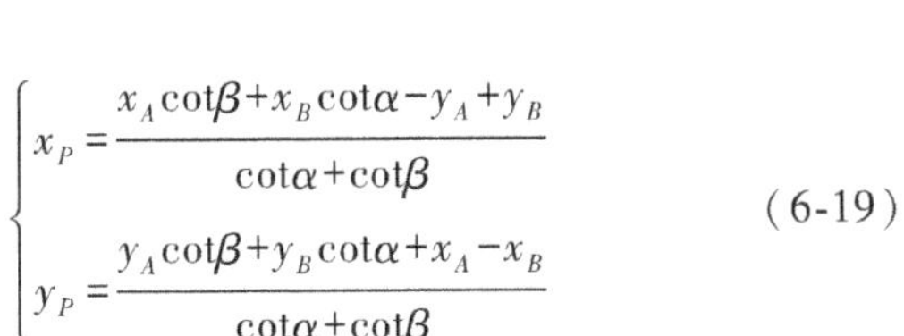

$$\begin{cases}x_P=\dfrac{x_A\cot\beta+x_B\cot\alpha-y_A+y_B}{\cot\alpha+\cot\beta}\\ y_P=\dfrac{y_A\cot\beta+y_B\cot\alpha+x_A-x_B}{\cot\alpha+\cot\beta}\end{cases}\tag{6-19}$$

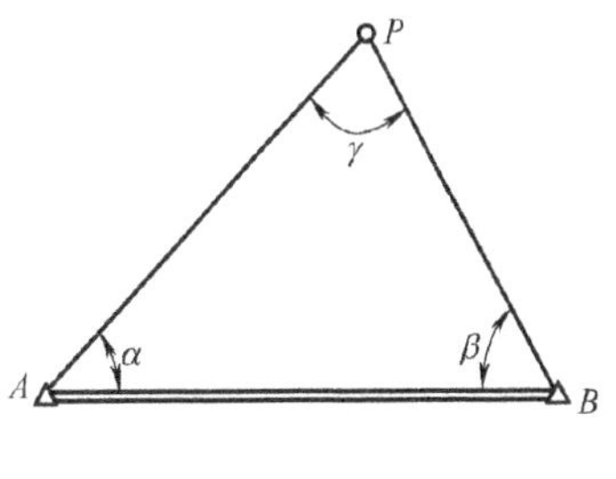

图6-12　前方交会

前方交会中，由未知点至相邻两起始点方向的夹角γ称为交会角。交会角过大或过小，都会影响P点位置测定精度，要求交会角一般应大于30°并小于150°。一般测量中，都布设三个已知点进行交会，这时可分两组计算P点坐标，设两组计算P点坐标分别为(x'_P,y'_P)，(x''_P,y''_P)。当两组坐标的点位较差$\Delta D=\sqrt{(x'_P-x''_P)^2+(y'_P-y''_P)^2}\leqslant 0.2M$时（图根控制），则取它们的平均值作为$P$点的最后坐标。这里$M$为测图比例尺分母，$\Delta D$以mm为单位。

6.3.2　距离交会

除前方交会法外，还可采用距离交会（也称测边交会）法定点，通常采用三边交会法，如图6-13所示。图中A、B、C为已知点，a、b、c为测定的边长。

由已知点反算边的方位角和边长为α_{AB}、α_{BC}和D_{AB}和D_{CB}。

在$\triangle ABP$中，$\cos A=\dfrac{D_{AB}^2+a^2-b^2}{2D_{AB}a}$

则$\alpha_{AP}=\alpha_{AB}-A$

$$\begin{cases}x'_P=x_A+a\cos\alpha_{AP}\\ y'_P=y_A+a\sin\alpha_{AP}\end{cases}\tag{6-20}$$

同样，在$\triangle CBP$中，$\cos C=\dfrac{D_{CB}^2+c^2-b^2}{2D_{CB}c}$，$\alpha_{CP}=\alpha_{CB}+C$

$$\begin{cases}x''_P=x_A+c\cos\alpha_{CP}\\ y''_P=y_A+c\sin\alpha_{CP}\end{cases}\tag{6-21}$$

图6-13　距离交会

对于图根控制而言，按式（6-20）和式（6-21）计算的两组坐标，其点位较差$\Delta D\leqslant 0.2M$，则取它们的平均值作为P点的最后坐标。

6.3.3 后方交会

后方交会是在待定点上对三个或三个以上的已知控制点进行角度观测，从而求得待定点的坐标。如图 6-14 所示，A、B、C 为三个已知控制点，P 点为待求点。在 P 点观测了 α、β 角。

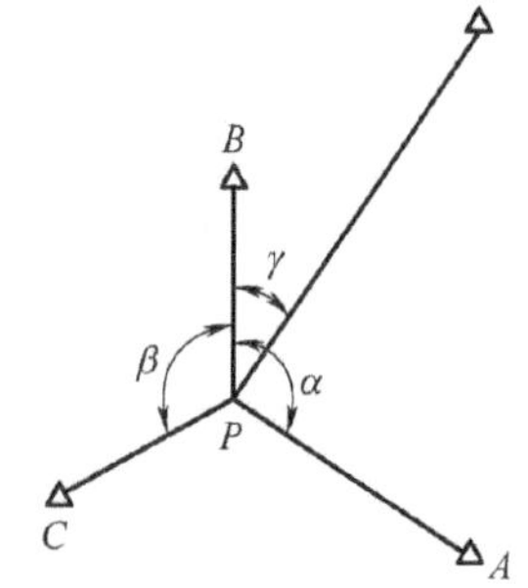

图 6-14 后方交会

由图 6-14 可以列出下式

$$\begin{cases} y_P-y_B=(x_P-x_B)\tan\alpha_{BP} \\ y_P-y_A=(x_P-x_A)\tan(\alpha_{BP}+\alpha) \\ y_P-y_C=(x_P-x_C)\tan(\alpha_{BP}-\beta) \end{cases} \tag{6-22}$$

上式的方程中有三个未知数，即 x_P、y_P 和 α_{BP}，故可通过上述三个方程解算出三个未知数，从而求得 P 点的坐标。这里略去推导过程，直接给出计算公式，即

$$\tan\alpha_{PB}=\frac{(y_B-y_A)\cot\alpha+(y_B-y_C)\cot\beta+(x_A-x_C)}{(x_B-x_A)\cot\alpha+(x_B-x_C)\cot\beta-(y_A-y_C)} \tag{6-23}$$

$$\Delta x_{BP}=x_P-x_B=\frac{(y_B-y_A)(\cot\alpha-\tan\alpha_{BP})-(x_B-x_A)(1+\cot\alpha\tan\alpha_{BP})}{1+\tan^2\alpha_{BP}} \tag{6-24}$$

$$\Delta y_{BP}=\Delta x_{BP}\tan\alpha_{BP} \tag{6-25}$$

$$\begin{cases} x_P=x_B+\Delta x_{BP} \\ y_P=y_B+\Delta y_{BP} \end{cases} \tag{6-26}$$

实际计算中，利用式（6-23）~式（6-26）时，点号的安排应与图 6-14 一致，即 P、A、B、C、按逆时针排列，AP、PB 间为 α 角，BP、PC 间为 β 角。为了检核，实际工作中常要观测 4 个已知点，每次用 3 个点，共组成两组后方交会。对于图根控制，两组点位较差也不得超过 0.2M（单位：mm）。

后方交会还有其他解法，请参考有关书籍。在后方交会中，若 P 点与 A、B、C 点位于同一圆周上时，则在这一圆周上的任意点与 A、B、C 组成的 α 角和 β 角的值都相等，故 P 点的位置无法确定。所以称这个圆为危险圆。在进行后方交会时，必须注意不要使待求点位于危险圆附近。

需要说明的是，由于全站仪的应用普及，测角后方交会很少单独采用，现在大多数全站仪均内置了自由设站边角后方边角交会的功能，简称自由设站，其使用可参考相应的全站仪说明书。

6.4 三、四等水准测量

三、四等水准测量常用于小地区测绘地形图和施工测量的高程控制。施测过程中，水准测量主要技术要求见表 6-2，三、四等水准测量测站限差见表 6-3。

1. 实施方法

以 DS_3 型水准仪和双面水准尺在一个测站中的观测步骤为例，具体实施方法如下：

1）瞄准后视水准尺黑面，精平，读取上、下视距丝和中丝读数，记入记录表 6-6 中

(1)、(2)、(3)。

2）瞄准前视水准尺黑面，精平，读取上、下视距丝和中丝读数，记入记录表中（4）、(5)、(6)。

3）瞄准前视水准尺红面，读取中丝读数，记入记录表中（7）。

4）瞄准后视水准尺红面，读取中丝读数，记入记录表中（8）。

这样的观测顺序简称为“后—前—前—后”，其优点是可以减弱仪器下沉误差的影响。概括起来，每个测站共需读取 8 个读数，并立即进行测站计算与检核，满足三等、四等水准测量的有关限差要求后方可迁站。

表 6-6　三、四等水准测量记录手簿

测站编号	后尺 上丝	前尺 上丝	方向及尺号	标尺读数/mm		K+黑-红/mm	高差中数/mm	备注
	后尺 下丝	前尺 下丝		黑面	红面			
	后视距/m	前视距/m						
	视距差 d	$\sum d$/m						
	(1)	(4)	后	(3)	(8)	(14)	(18)	
	(2)	(5)	前	(6)	(7)	(13)		
	(9)	(10)	后—前	(15)	(16)	(17)		
	(11)	(12)						
1	1614	774	后	1384	6171	0	832	
	1156	326	前	551	5240	-2		
	45.8	44.8	后—前	833	931	2		
	1	1						
2	2188	2252	后	1934	6622	-1	-74	
	1682	1758	前	2008	6796	-1		
	50.6	49.4	后—前	-74	-174	0		
	1.2	2.2						
3	1922	2066	后	1726	6512	1	-141	
	1529	1668	前	1866	6554	-1		
	39.3	39.8	后—前	-140	-42	2		
	-0.5	1.7						
4	2041	2220	后	1832	6520	-1	-174	
	1622	1790	前	2007	6793	1		
	41.9	43	后—前	-175	-273	-2		
	-1.1	0.6						

计算：

此段共测 4 站，路线长度 $L=0.355$km，$\sum(3)-\sum(6)=444$，$\sum(8)-\sum(7)=442$，$\sum(15)=444$，$\sum(16)=442$，$\sum(15)+\sum(16)=886$，$\sum(18)=443$

2. 成果计算

1）视距部分。视距等于上丝读数与下丝读数的差乘以100。

后视距（9）：(9)= 100×[(1)-(2)]

前视距（10）：(10)= 100×[(4)-(5)]

计算前、后视距差（11）：(11)=(9)-(10)

计算前、后视距离累积差（12）：(12)=前站(12)+(11)

2）水准尺读数检核。同一水准尺黑面与红面读数差的检核如下

$$(13)=K+(6)-(7) \tag{6-27}$$

$$(14)=K+(3)-(8) \tag{6-28}$$

K 为双面水准尺的红面底端起始刻划值（4.687m或4.787m）。

3）高差计算与校核。按前、后视水准尺黑、红面中丝读数分别计算两点高差。

黑面高差：(15)=(3)-(6)

红面高差：(16)=(8)-(7)

黑、红面高差之差：(17)=(14)-(13)=(15)-[(16)±100]

黑、红面高差之差在允许范围内时取其平均值，作为该站的观测高差（18），即

(18)= {(15)+[(16)±100]}/2

上式计算时，当（15）>(16）时，100mm前取正号；(15)<(16）时，100mm前取负号。

4）水准测量记录计算检核。水准测量记录应做总的计算检核。

高差检核：

$$\sum(3)-\sum(6)=\sum(15) \tag{6-29}$$

$$\sum(8)-\sum(7)=\sum(16) \tag{6-30}$$

$$\sum(15)+\sum(16)=2\sum(18)\text{（偶数站）} \tag{6-31}$$

或

$$\sum(15)+\sum(16)=2\sum(18)\pm100\text{mm（奇数站）} \tag{6-32}$$

水准路线总长度：

$$L=\sum(9)+\sum(10) \tag{6-33}$$

习 题

1. 控制测量的作用是什么？测量控制网有哪几种形式？各在什么情况下采用？

2. 导线的布设形式有几种？选择导线点应注意哪些事项？导线的外业工作包括哪些内容？

3. 闭合导线 $ABCDA$ 的观测数据如图6-15所示，其已知数据为：$x_A=500.00\text{m}$，$y_A=1000.00\text{m}$，DA 边的方向角 $\alpha_{DA}=133°47'$。试用表格计算 B、C、D 三点的坐标。

4. 附合导线 $AB12CD$ 的观测数据如图6-16所示，起算点坐标为 B（5800.000，4800.000），C（5755.470，5355.900）。试列表计算1、2两点的坐标。

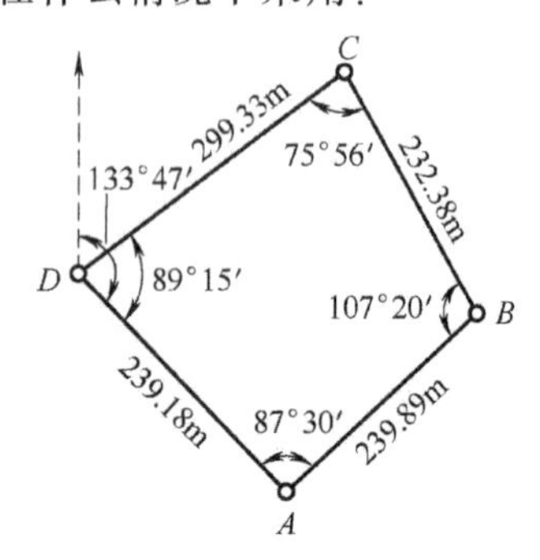

图6-15 第3题图

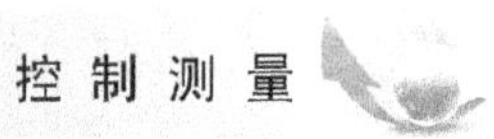

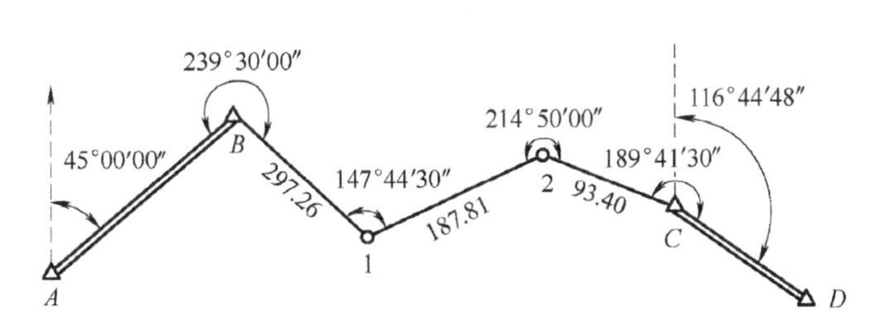
239°30′00″
45°00′00″
B
297.26
147°44′30″
1
187.81
214°50′00″
2
93.40
189°41′30″
116°44′48″
C
A
D

图 6-16　第 4 题图

第7章　全球卫星导航系统（GNSS）简介

【学习目标】

1. 了解GNSS的用途及系统组成，GNSS接收机基本构成和分类，GNSS不同定位方法的基本原理，GNSS网点要求和同步图形扩展布设方式，网平差的主要目的。

2. 熟悉GNSS概念，GNSS网外业观测内容，GNSS在测绘的应用方向，GNSS网测量作业的基本技术要求。

3. 掌握GNSS定位基本原理和绝对定位。

GNSS概述

7.1　概述

7.1.1　卫星导航系统的现状

卫星导航定位是以卫星为基础，把卫星作为动态已知点，利用卫星发射的无线电信号进行导航定位，现代卫星导航定位系统能实现高精度、快速的导航、定位、测速和授时功能，并具有良好的保密性和抗干扰性。

全球卫星导航系统（Global Navigation Satellite System，GNSS）泛指全球已建成、在建和即将建设的所有卫星导航系统，是多系统、多层面、多模式的复杂组合系统。当前，主要有为全球用户提供全天时、全天候、高可靠性服务的GPS、GLONASS、BDS、GALILEO四大全球性卫星导航定位系统，区域性的日本准天顶卫星系统（QZSS）、印度区域导航卫星系统（IRNSS）等，以及相关的增强系统。

1. GPS全球定位系统

卫星测时测距导航/全球定位系统（Navigation Satellite Timing and Ranging/Global Positioning System，GPS），是由美国研制的全球卫星导航定位系统。其采用原点位于地球质心的WGS-84大地坐标系，军民两用，是目前全球民用最多的系统。

2. GLONASS全球卫星导航系统

俄罗斯的格洛纳斯卫星导航系统（Global Navigation Satellite System，GLONASS）的系统组成和工作原理与GPS类似，可供国防、民间使用，不带任何限制。GLONASS采用基于

Parameters of the Earth 1990 框架的 PZ-90 大地坐标系，原点位于地球质心。

3. 北斗卫星导航系统

北斗：北斗之路

北斗卫星导航系统（Bei Dou Navigation Satellite System，BDS）简称北斗系统，是我国自主建设、独立运行的全球性卫星导航系统。BDS 采用无源与有源导航方式相结合，定位精度为 2.5～5m，测速精度为 0.2m/s，授时精度为 20ns。它采用的北斗坐标系（Bei Dou Coordinate System，BDCS）与 2000 中国大地坐标系（China Geodetic Coordinate System 2000，CGCS 2000）一致。2020 年 6 月 23 日，北斗第 55 颗卫星在西昌卫星发射中心发射成功，标志着北斗三号全球卫星导航系统星座部署完成。

BDS 具有以下特点：①空间段采用三种轨道卫星组成混合星座，与其他卫星导航系统相比，高轨卫星更多，抗遮挡能力强，低纬度地区性能特点更为明显；②系统提供多个频点的导航信号，能通过多频信号组合使用等方式提高服务精度；③系统创新融合了导航与通信能力，具有实时导航、快速定位、精确授时、位置报告和短报文通信服务五大功能。BDS 中的卫星与卫星之间具备通信能力，可以在没有地面站支持的情况下自主运行。

4. GALILEO 系统

伽利略卫星导航系统（Galileo Satellite Navigation System）是由欧盟通过欧洲空间局和欧洲导航卫星系统管理局建造的新一代以民用为主的全球卫星导航系统。该系统于 2005 年开始研制，正在建造中，所采用的坐标系统是基于 GALILEO 地球参考框架（GTRF）的大地坐标系。GALILEO 系统可与现有的 GPS、GLONASS 系统组合，实现全球导航与定位，并使定位的精度更高、更可靠。

7.1.2　卫星导航定位技术的应用

GNSS 在测绘、导航及其相关学科领域获得了极其广泛的应用。在测绘方面的应用范围主要包括建立和改善高精度的地面控制网，对已有的地面控制实施加密；建立工程测量、海洋测量等各级控制网；实施地震监测、大坝的变形监测、陆地建筑物的变形和沉陷监测、海上建筑物的沉陷监测、资源开采区（如油田）的地面沉降观测等；进行航空摄影测量相片控制测量、界址点测定、海洋资源勘探测量、施工放样、地形图测绘等。在导航方面可用于海船、舰艇、飞机、导弹、出租车等各种交通工具及运动载体的导航，包括海上、空中和陆地运动目标的导航，运动目标的监控与管理，以及运动目标的报警与救援等方面。利用 GNSS 还可进行高精度的授时，可用于电力和通信系统中的时间控制。此外，GNSS 定位技术在运动载体的姿态测量、近地卫星的定轨，以及气象学和大气物理学的研究等领域也有广阔的应用前景。

7.2　GNSS 定位基本原理

GNSS 定位基本原理

GNSS 定位的基本原理是空间测距交会。设想在三颗卫星上各装有一部无线电信号发射台，且每个发射台的空间坐标（卫星空间位置）已知；将 GNSS 接收机（简称接收机）安放在一个坐标待测点上，若在某一时刻测得了待测点信号接收机至三个卫星的距离 ρ_1、ρ_2、ρ_3，则待测点必定在三个以已知点为球心、距离 ρ_i 为半径的球面相交处，其数学模型为

$$\rho_i=\sqrt{(X_i-X_P)^2+(Y_i-Y_P)^2(Z_i-Z_P)^2} \qquad (i=1,2,3) \tag{7-1}$$

式中　(X_i,Y_i,Z_i)——卫星坐标（m）；

(X_P,Y_P,Z_P)——待测点坐标（m）。

卫星空间位置由卫星发射的导航电文给出，卫星至接收机天线的距离通过接收卫星测距信号并与接收机内信号进行相关处理求定。由于卫星接收机一般采用精度较低的石英晶体振荡器作为时间基准，对测距产生很大误差影响，因此必须考虑进行接收机钟差改正。

如图 7-1 所示，设在时刻 t_i，测站 P 上 GNSS 接收机同时测得至 4 颗 GNSS 卫星 S_i 的距离 $\rho_i(i=1,2,3,4)$，并解译出该时刻 4 颗 GNSS 卫星的三维坐标（X_i, Y_i, Z_i），由式（7-1）并顾及接收机钟差 δ_{tP}，可得求解 P 点坐标（X_P,Y_P,Z_P）的观测方程

$$\begin{cases}\rho_1+\delta_{tP}=\sqrt{(X_1-X_P)^2+(Y_1-Y_P)^2(Z_1-Z_P)^2}\\ \rho_2+\delta_{tP}=\sqrt{(X_2-X_P)^2+(Y_2-Y_P)^2(Z_2-Z_P)^2}\\ \rho_3+\delta_{tP}=\sqrt{(X_3-X_P)^2+(Y_3-Y_P)^2(Z_3-Z_P)^2}\\ \rho_4+\delta_{tP}=\sqrt{(X_4-X_P)^2+(Y_4-Y_P)^2(Z_4-Z_P)^2}\end{cases} \tag{7-2}$$

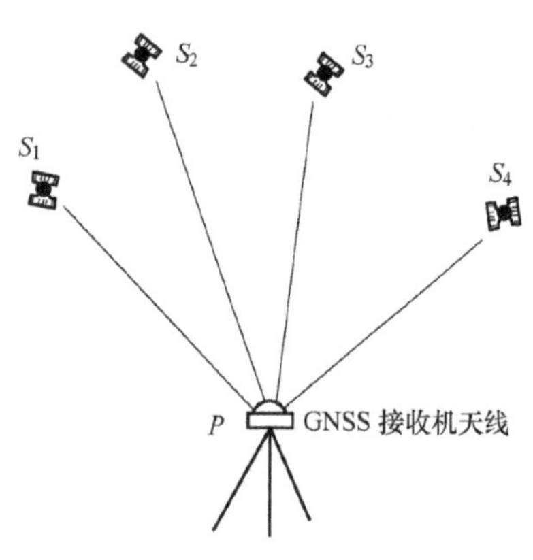

图 7-1　GNSS 定位原理

由式（7-2）可见，GNSS 三维定位以卫星和用户接收机天线之间的距离观测值为基础，根据已知的卫星瞬时坐标来确定用户接收机天线所对应的点位，至少需要四颗卫星，建立四个方程式。定位的关键是测定用户接收机天线与 GNSS 卫星之间的距离，分伪距测量和载波相位测量两种。

7.3　卫星导航系统组成

卫星导航系统都是由空间星座部分（空间段）、地面监控部分（地面控制段）和用户设备部分（用户段）三部分组成，本节以 GPS 系统为例进行介绍。

1. 空间星座部分

（1）GPS 卫星星座　GPS 卫星星座部分由 24 颗卫星组成，其中 21 颗工作卫星，3 颗备用卫星。工作卫星均匀分布在 6 个近圆轨道面内，每个轨道面上有 4 颗卫星，如图 7-2 所示。各轨道平面升交点的赤经相差 60°，同一轨道上两卫星之间的升交角距相差 90°。这样的卫星空间分布保障了在地球上任何地点、任何时刻均至少可同时观测到 4 颗卫星（同时在地平线以上的卫星数目随时间和地点而异，最多时达 11 颗），实现全天候的连续实时定位。

（2）GPS 卫星及功能　GPS 卫星的主体呈圆柱形，直径为 1.5m，质量约 774kg。两侧配自动对日定向双叶太阳能板，为保证卫星正常工作提供电源，如图 7-3 所示。每颗卫星装有 4 台高精度原子钟（铷钟和铯钟各两台），为 GPS 测量提供高精度的时间标准。

GPS 卫星的主要功能是接收和储存由地面监控系统发射来的导航信息，接收并执行地面监控系统发送的控制指令，向用户连续不断地发送导航和定位信息。

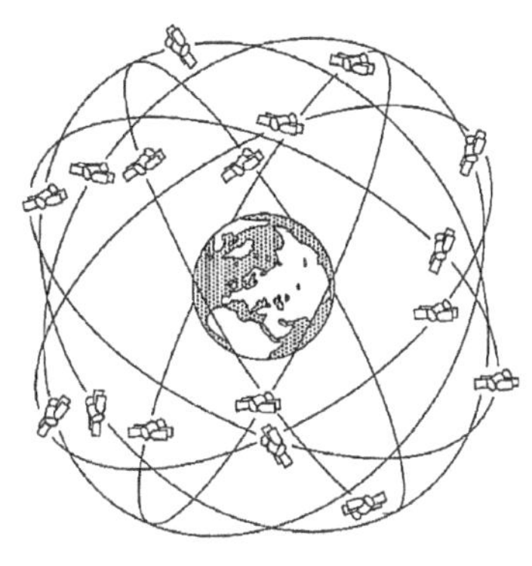

图 7-2　GPS 卫星星座

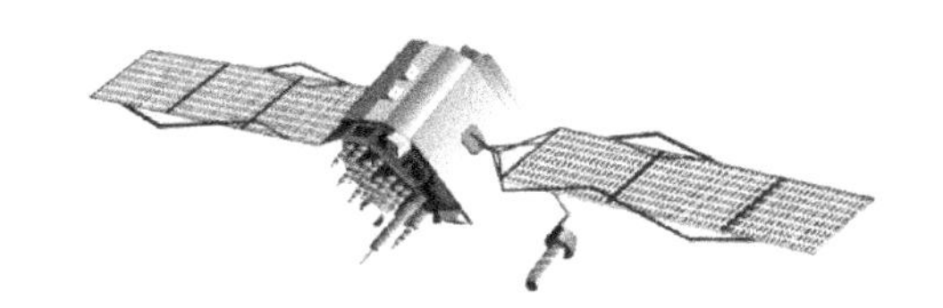

图 7-3　GPS 卫星

（3）GPS 卫星信号　GPS 卫星向地面发射的信号是经过调制的组合信息，由高频载波信号传送。高频载波信号是由铷钟和铯钟提供的基准频率（F_0 = 10.23MHz）实现倍频以后，形成的 L_1（频率 1575.42MHz、波长 λ_1 = 19.03cm）、L_2（频率 1227.60MHz、波长 λ_2 = 24.42cm）两个载波频率信号。载波上有 C/A 码（也称为粗码，1.023MHz，波长 293.1m）、P 码（也称为精码，10.23MHz，波长 29.3m）、导航电文（也称为 D 码，50bit/s）三种相位调制，但 L_2 波上没有调制 C/A 码。

C/A 码和 P 码均可用作测距码，其中，C/A 码的测距精度低，供民用；P 码的测距精度高，只供美国军方和授权用户使用。导航电文（D 码）含有为计算卫星坐标用的卫星星历、系统时间、卫星钟性能及电离层改正参数、卫星历书等信息。

2. 地面监控部分

GPS 的地面监控系统主要由分布在全球的五个地面站组成。按其功能分为主控站（MCS）、注入站（GA）和监测站（MS）三种。

1）主控站 1 个，设在美国本土的科罗拉多州空间中心，负责协调和管理所有地面监控系统的工作，根据所有地面监测站的观测资料推算编制各卫星的星历、卫星钟差和大气层修正参数等，并把这些数据及其他导航电文传送到注入站，提供全球定位系统的时间基准，调整卫星状态和启用备用卫星等。

2）注入站 3 个，分别设在印度洋的迪戈加西亚岛、南太平洋的卡瓦加兰岛和南大西洋的阿松森群岛，主要任务是将来自主控站的导航电文和其他控制指令注入给相应的卫星，并监测注入信息的正确性。

3）监测站原有 5 个，除主控站和注入站 4 个地面站具有监测站功能外，在夏威夷州设有一个监测站。监测站的主要任务是连续观测和接收所有 GPS 卫星发出的信号并监测卫星的工作状况，将采集到的数据连同当地气象观测资料和时间信息经初步处理后传送到主控站。2000 年后，监测站数量成倍增加，显著改善了卫星广播星历的精度。

整个地面监控系统由主控站控制，地面站之间由现代化通信系统联系，无须人工操作，实现了高度自动化和标准化。

3. 用户设备部分

GPS 的用户设备部分包括 GPS 信号接收机、数据处理软件和微处理机及其终端设备等。GPS 信号接收机是用户设备部分的核心。

7.4 GNSS 接收机

7.4.1 GNSS 接收机构成

GNSS 接收机（图 7-4）主要由接收机天线、主机（含操作手簿）、电源三部分组成，主要功能是接收 GNSS 卫星信号并经过信号放大、变频、锁相处理，测出信号从卫星到接收机天线的传播时间、解译导航电文、实时计算 GNSS 接收机天线所在位置（三维坐标）及运行速度。

1. GNSS 接收机天线

GNSS 接收机天线由天线单元和前置放大器两部分组成，封装为一体，作用是接收 GNSS 卫星信号并将微弱电磁波能量转化为相应电流，通过前置放大器将信号放大。目前常用的有微带天线、锥形天线等。

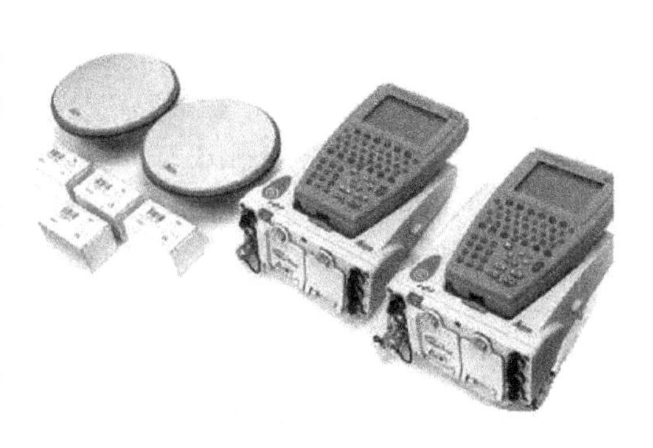

图 7-4　GNSS 接收机

2. GNSS 接收机主机

接收机主机由变频器、信号通道、微处理器、存储器和显示器组成，主要作用是对天线接收到的信号进行数据处理、记录、存储、状态及结果显示等。

当前，GNSS 接收机以天线、主机、电池一体型居多，机身上只有电源键和 3~5 个 LED（关键信息）显示灯或按钮，而使用拥有较大显示屏的独立手簿实现更细致的操作。

为了充分利用 GNSS，不仅需要接收机具有功能较强的机内软件，如自测试软件、卫星预置软件、导航电文解码软件、GNSS 单点定位软件及导航软件，而且需要一个多功能的测后数据处理软件包。

3. 电源

GNSS 接收机电源有内电源（一般为锂电池）、外接电源两种。内电源主要对 RAM 存储器供电，外接电源常用可充电的 12V 直流镍镉电池组。

7.4.2 GNSS 接收机分类

GNSS 接收机可以按不同用途、不同系统类型、不同原理和功能进行分类。

1）GNSS 接收机按用途分为导航型接收机、测地型接收机、授时型接收机和姿态测量型接收机等多种。

导航型接收机一般采用伪距单点定位，主要用于船舶、车辆、飞机等运动载体的实时定位及导航，按不同应用领域又分手持型、车载型、航海型、航空型以及星载型。测地型接收机主要采用载波相位观测值进行相对定位，一般相对精度可达±（$5\text{mm}+10^{-6}D$），主要用于精密大地测量、工程测量、地壳形变测量等领域。就 GPS 测地型接收机而言，还可分为只接收 L_1 载波的单频机、接收 L_1、L_2 载波的双频机及多频机。授时型接收机主要利用 GNSS 卫星提供的高精度时间标准进行授时，常用于天文台授时、电力系统、无线电通信系统中的

时间同步等。姿态测量接收机可提供载体的航偏角、俯仰角和滚动角，主要用于船舶、飞机及卫星的姿态测量。

2）GNSS 接收机按系统类型分为单系统接收机和多系统接收机。单系统接收机只能接收一种类型导航卫星信号，如 GPS 接收机、GLONASS 接收机、GALILEO 接收机、北斗星接收机等。多系统接收机能同时接收多种类型导航卫星信号，如 GPS/GLONASS 双系统接收机、GPS/BD 双系统接收机、GPS/GLONASS/GALILEO 三系统接收机等。能同时接收 GPS、GLONASS、BDS、GALILEO 等卫星信号的接收机，简称为 GNSS 卫星定位接收机。使用 GNSS 接收机具有增加接收卫星数、提高效率、提高定位的可靠性和精度等优越性。

当前以能同时接收多种卫星定位系统信号的兼容接收机为主。我国市场上常见的接收机品牌主要有南方、中海达、华测、苏光、中纬、瑞士徕卡、美国 Trimble（天宝）、日本索佳、日本拓普康等。

7.5　GNSS 定位基本观测值

卫星导航定位中，一般将导航卫星的位置作为已知值，接收机位置作为待求参数，采用单程被动式测距的方法进行导航定位，其基本观测值有测码伪距观测值和载波相位观测值两类。这两类观测值都将受到时钟误差（卫星钟和接收机钟误差）、大气延迟（对流层延迟和电离层延迟）等影响。

1. 伪距观测值及观测方程

测码伪距获得的距离是信号发射时刻的卫星位置至信号接收时刻接收机位置之间的几何距离。

在待测点上安置 GNSS 接收机天线，令 t^{S} 为信号发射时刻卫星钟读数，t_{r} 为信号接收时刻接收机钟读数，两者时间差 $\Delta t=t_{r}-t^{S}$ 即为传播时间。令 c 为真空中的光速，则卫星到接收机天线的空间距离为

$$\tilde{\rho}=(t_{r}-t^{S})c=\Delta tc \tag{7-3}$$

卫星和接收机的时钟均有误差，电磁波经过电离层和对流层时将产生传播延迟。因此，式（7-3）不是接收机到卫星的真实几何距离，故称为伪距，以 $\tilde{\rho}$ 来表示。

若用 δ_{tS}、δ_{tr} 分别表示卫星和接收机时钟的误差，δ_{I} 表示信号在大气中传播的延迟距离改正数，则可得到

$$\rho=\tilde{\rho}+c(\delta_{tr}-\delta_{tS})+\delta_{I} \tag{7-4}$$

式中　ρ——接收机至卫星的实际距离；

δ_{tr}——未知数。

δ_{tS} 可由卫星发出的导航电文给出，δ_{I} 可采用数学模型计算出来。设（X_{S},Y_{S},Z_{S}）为卫星在卫星导航定位系统中的瞬时位置，由卫星发出的导航电文计算得到；（X,Y,Z）为接收机天线（待测点）在同一系统中的坐标，是待求的未知量。则式（7-4）可表示为

$$\sqrt{(X_{S}-X)^{2}+(Y_{S}-Y)^{2}+(Z_{S}-Z)^{2}}=\tilde{\rho}+c\delta_{tr}-c\delta_{tS}+\delta_{I} \tag{7-5}$$

式（7-5）即伪距定位观测方程。

2. 载波相位观测值及观测方程

载波相位测量是利用 GNSS 卫星发射的载波为测距信号，测定信号从卫星到达接收机天线之间的相位延迟，得到卫星到接收机天线间用载波相位表达的距离观测值。

GNSS 卫星向地面发射的是经过调制的组合信息，因此接收机需要将接收的信号中调制在载波上的测距码和卫星电文去掉，重新获得载波，这一工作称为重建载波。接收机将重建的卫星载波与接收机内由振荡器产生的本振信号通过相位计比相，即可得到相位差。

假设载波信号从卫星发出的时刻为 t^{f}，其相位为 φ_{S}^{f}，同时刻接收机产生一个与卫星载波信号完全一致的基准信号 φ_{R}^{f}，即 $\varphi_{S}^{f}=\varphi_{R}^{f}$；在随后的某一时刻 t_0 这个卫星信号到达接收机天线，记作 $\varphi_{S}(t_0)$，即 $\varphi_{S}(t_0)=\varphi_{S}^{f}$。此时刻，卫星产生的信号为 φ_{S}^{0}，接收机产生的信号为 $\varphi_{r}(t_0)$，且 $\varphi_{S}^{0}=\varphi_{r}(t_0)$，如图 7-5 所示。则该载波信号从出发到接收机天线之间完整相位延迟为

$$\phi=\varphi_{S}^{0}-\varphi_{S}^{f}=\varphi_{r}(t_0)-\varphi_{S}(t_0)=N_0+\Delta\varphi_0 \tag{7-6}$$

式中 N_0——信号的整周期数；

$\Delta\varphi$——相位差不足一周的小数部分，ϕ、$\Delta\varphi$ 均以 2π（周期数）为单位。

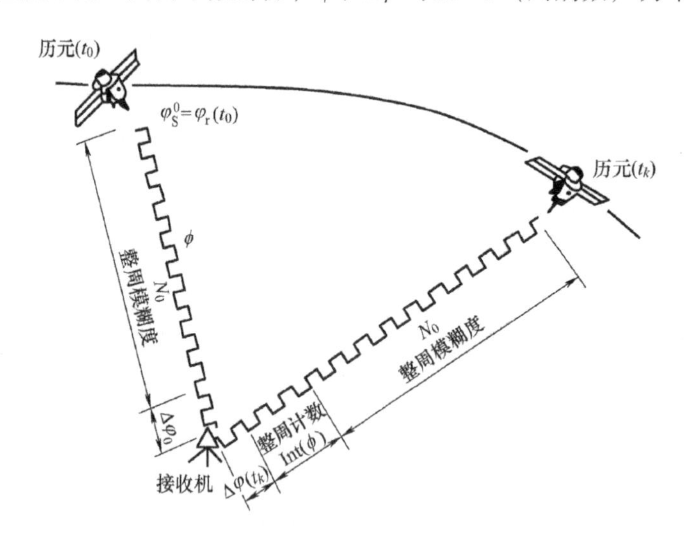

图 7-5 载波相位测量原理

在载波相位测量中，接收机无法测定载波的整周数 N_0，称为整周模糊度，但是载波相位测量可以精确测定 $\Delta\varphi$。当接收机对卫星进行连续跟踪观测时，由于接收机内有多普勒频移计数器，只要卫星信号不失锁，N_0 就不变，即可从累计计数器中得到载波信号的整周变化计数 Int(ϕ)。因此，对于接收机上观测的某颗 GNSS 卫星，卫星到接收机天线的相位观测值在初始时刻 t_0、随后的任意时刻 t_k 分别表达为

$$\phi(t_0)=\varphi_r(t_0)-\varphi_S(t_0)+N_0 \tag{7-7a}$$

$$\phi(t_k)=\varphi_r(t_k)-\varphi_S(t_k)+N_0=\Delta\varphi(t_k)+\mathrm{Int}(\phi)+N_0 \tag{7-7b}$$

式中 $\varphi(t_k)$——实际观测值，$\varphi(t_k)=\Delta\varphi(t_k)+\mathrm{Int}(\phi)$。

与伪距测量一样，考虑到卫星和接收机的时钟误差 δ_{tS}、δ_{tr}，电离层和对流层对信号传播的影响 $\delta\rho_1$、$\delta\rho_2$，由式（7-7b）可得到用载波相位表达的距离观测值为

$$\rho=\frac{c}{f}(\varphi(t_k)+N_0)+c(\delta_{tr}-\delta_{tS})+\delta\rho_1+\delta\rho_2 \tag{7-8a}$$

写为载波相位测量观测方程，即

$$\varphi(t_k)=\frac{f}{c}\rho+f\delta_{tS}-f\delta_{tr}-\frac{f}{c}\delta\rho_1-\frac{f}{c}\delta\rho_2-N_0 \tag{7-8b}$$

对载波进行相位测量，测距中误差能达到±(3～7mm)，从而保证了定位的高精度。N_0的确定是载波相位测量中特有的问题，也是进一步提高 GNSS 定位精度，提高作业速度的关键所在。

7.6　GNSS 基本定位方法

GNSS 定位根据待定点位的运动状态可分为静态定位和动态定位。按定位的模式不同可分为绝对定位、相对定位和差分定位。

1. 静态定位和动态定位

静态定位即在定位过程中，接收机天线（待测点）的位置相对于周围地面点而言处于静止状态。静态定位通过大量的重复观测提高精度，是一种高精度的定位方法。动态定位即在定位过程中，接收机天线（待测点）的位置相对于周围地面点而言处于运动状态，也就是说定位结果是连续变化的，如用于飞机、轮船导航定位的方法。

2. 绝对（单点）定位

绝对定位又称为单点定位，是指在一个待测点上，用一台接收机独立跟踪 GNSS 卫星测定待测点的绝对坐标。单点定位一般采用伪距测量，称为伪距绝对（单点）定位。

伪距单点定位使用的观测方程为式（7-5），卫星钟差从卫星导航电文中获得，对流层延迟采用经验模型计算，电离层延迟采用经验模型计算或双频方法消除，忽略卫星钟差残余误差等误差的影响。当同时观测的卫星多于 4 颗时，用最小二乘法进行平差处理，得到的测站坐标与卫星星历所采用的坐标系一致。

卫星在空间的几何分布是评定 GNSS 绝对定位精度的重要参考指标，常用精度因子（DOP）作为评价参数，使用较多的有空间位置精度因子（PDOP）、平面位置精度因子（HDOP）等几种类型。

伪距定位精度低，难以满足高精度测量定位工作的要求。但由于伪距单点定位只需用一台接收机，定位速度快、无多值性问题，在运动载体的导航定位上应用很广泛。另外，伪距还可以作为载波相位测量中解决整周模糊度的参考数据。

3. 载波相位测量相对定位

相对定位一般采用载波相位测量，用两台接收机在两个测站上固定不动，同步接收卫星信号，利用相同卫星的相位观测值进行解算，求定两台接收机的相对位置。两点的相对位置也称为基线向量，常用三维直角坐标差（$\Delta X,\Delta Y,\Delta Z$）表示，也可用大地坐标之差（$\Delta B,\Delta L,\Delta H$）表示。当其中一个点坐标已知，则可推算另一个待定点的坐标。

载波相位相对定位普遍采用将相位观测值进行线性组合的方法，具体有三种：单差法（一次差分）、双差法（二次差分）和三差法（三次差分）。

（1）单差法　如图 7-6 所示，单差法是将两不同测站的接收机（T_1,T_2）同步观测相同

卫星 P 所得到的相位观测值 $\varphi_1^P(t)$、$\varphi_2^P(t)$ 求差，这种求差法称为站间单差，可按下式计算

$$\Delta\varphi_{12}^P(t)=\varphi_1^P(t)-\varphi_2^P(t)=\frac{f}{c}[\rho_1^P(t)-\rho_2^P(t)]-f(\delta_{tr1}-\delta_{tr2})-N_{12}^P \tag{7-9}$$

站间单差可以消去卫星钟差、卫星轨道误差。当 T_1、T_2 两测站距离较近时，还可以明显减弱电离层和对流层延迟等大气传播误差。

（2）双差法　双差法是在不同测站的两接收机（T_1,T_2）同步观测两卫星 P、Q 得到的 $\Delta\varphi_{12}^P(t)$、$\Delta\varphi_{12}^Q(t)$ 两个单差之间再求差，如图 7-7 所示，这种求差也称为站间星间差，即

$$\Delta\varphi_{12}^{PQ}(t)=\Delta\varphi_{12}^P(t)-\Delta\varphi_{12}^Q(t)=\frac{f}{c}\{[\rho_1^P(t)-\rho_2^P(t)]-[\rho_1^Q(t)-\rho_2^Q(t)]\}-N_{12}^{PQ} \tag{7-10}$$

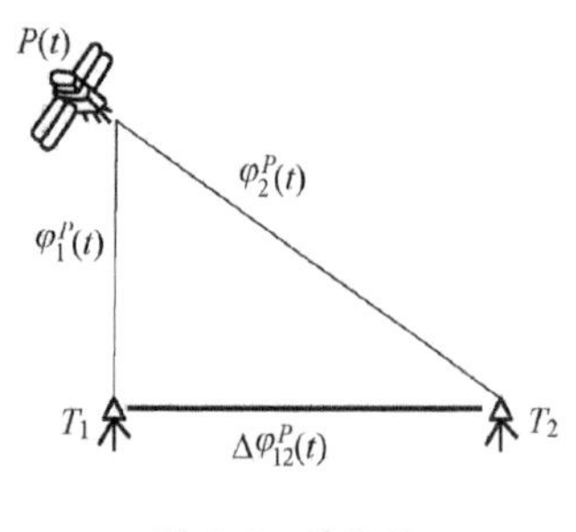

图 7-6　单差法

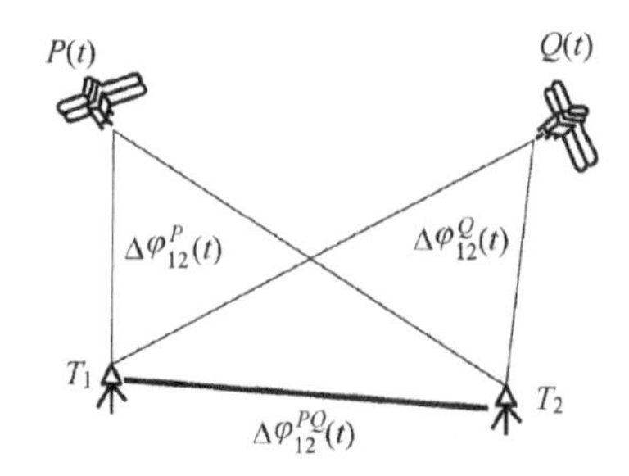

图 7-7　双差法

站间星间差除了消除了卫星时钟误差的影响外，还消除了两个测站接收机时钟误差的影响，同时大大减小了各种系统误差的影响，这是双差模型的主要优点。通常采用双差方程作为 GNSS 基线解算的基本方法。

经过站间、星间、历元之间三次差后可消除整周模糊度差，但三差模型中未知参数的数目较少，对未知数解算产生不良影响，使精度降低。

相对定位方法也适用于用多台接收机安置在若干条基线的端点，通过同步观测以确定多条基线向量的情况。

4. 单基准站 GNSS 差分定位

GNSS 差分定位的基本原理是在基准站（已有精确坐标点）安置 GNSS 接收机并锁定卫星信号，利用获得的星历和已知点坐标计算 GNSS 观测值的差分修正值，实时通过无线电通信设备（数据链）将差分修正值发送给流动站（运动中的 GNSS 接收机），流动站利用差分修正值对自己的 GNSS 观测值进行修正，以消除如卫星钟差等相似误差，从而提高实时定位精度。差分定位根据基准站的布设数量和布设范围可分为单基准站差分、局域差分、广域差分几类。

单基准站 GNSS 差分定位系统由基准站、流动站和数据链三部分组成，如图 7-8 所示，现在常见的方法是单基准站载波相位实时差分［单基准站 RTK（Real Time Kinematic）］。

载波相位实时差分（RTK）是通过基准站、流动站同步观测，利用载波相位观测值实现实时高精度定位功能的差分方法，可分为单基准站 RTK、网络 RTK。基于这种方法的测量技术称为 RTK 测量（实时动态测量、实时差分动态测量）。RTK 定位精度可达到 1cm，主要用于低等级控制、地形测量和工程放样等。

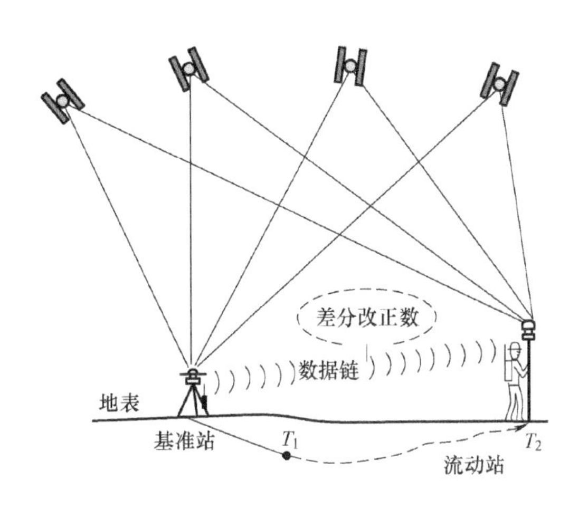

图 7-8　单基站 GNSS 差分定位系统

1）单基准站 RTK 是指由一个基准站将采集的载波相位观测值，通过网络或电台实时播发，该区域内的流动站接收信号并与本机观测的载波相位进行求差解算，实现实时高精度动态定位。单基准站 RTK 的基准站系统（图 7-9a）作用是接收 GNSS 卫星信号，并实时向流动站提供基准站地心坐标和载波相位观测值、伪距观测值卫星观测值（或差分修正信号）等。流动站设备组成有分体式接收机、一体化接收机（图 7-9b）两种情况，作用是接收 GNSS 卫星信号和基准站发送来的信号，进行载波相位数据处理，从而实时、高精度地解算出流动站的三维坐标。

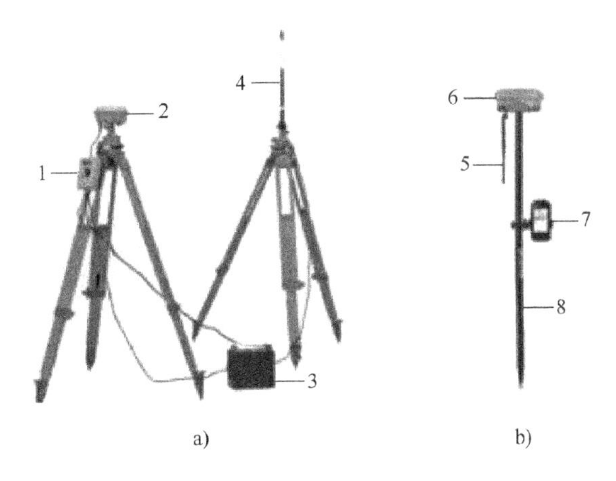

图 7-9　单基准站 RTK 系统

1—发射电台　2—GNSS 接收机　3—外接电源　4—发射天线　5—鞭状电台接收天线
6—内置数据链接收电台 GNSS 接收机　7—电子手簿（控制器）　8—对中杆

单基准站 RTK 实际作业距离不可太远，一般实际测量作业中要求作业半径不大于 15km。

2）CORS 系统与网络 RTK GNSS 连续运行参考站（Continuously Operating Reference Stations，CORS）网络系统是通过集中综合处理 GNSS 连续运行参考网的卫星观测数据，建立和维持高精度时空参考框架，并提供精确导航定位、授时、气象预测、空间天气监测、

GNSS 卫星定轨和相关地球物理应用等服务的系统。系统由基准站网、数据处理中心、数据传输系统、定位导航数据播发系统、用户应用系统五个部分组成，各基准站与监控分析中心间通过数据传输系统连接成一体，形成专用网络。一般在测绘领域，CORS 系统最广泛的应用是提供无缝、精确导航定位服务，也称为网络 RTK。

网络 RTK 是指由数据处理中心 24h 连续不断地对覆盖在一定范围内多个基准站的同步观测数据（区域 CORS 网的卫星观测数据）进行集中综合处理，生成差分数据并通过网络播发，该区域内的终端接收卫星信号和差分信息，实现实时动态定位（RTK）的技术。

网络 RTK 相比常规 RTK 测量作业方式，采用连续基站，用户不需架设参考站，相同参考站数量下覆盖范围更广，覆盖范围之内精度分布较均匀，提供了更优的可靠性和可用性，提供远程 Internet 服务，实现了数据的共享，扩大了 GNSS 在动态领域的应用范围。

RTK 接收机是指通过无线通信设备接收单基站或者网络 RTK 播发的北斗/GNSS 载波相位实时动态差分数据，自主进行实时解算，提供高精度定位结果的终端设备。

7.7 GNSS 控制测量

一般情况下，卫星定位测量控制网和常规大地测量方法一样，是指运用卫星静态相对定位方法在地面建立的控制网，称为 GNSS 网。此外，还有 CORS 系统参考站网，在城市测量中也可以采用 GNSS RTK 进行低等级平面控制测量。

7.7.1 GNSS 网的分级和精度指标

GNSS 网通常以网中最弱边相对中误差作为平面成果精度衡量指标。网中相邻点之间基线长度中误差 σ 为

$$\sigma=\sqrt{a^2+(bd)^2} \tag{7-11}$$

式中 σ——基线长度中误差（mm）；

a——固定误差（mm）；

b——比例误差系数（mm/km）；

d——相邻点间的距离（或实际平均边长）（km）。

GNSS 网的布设一般应遵循从高级到低级、逐级布设的原则，在保证精度、密度等技术要求时也可跨级布设。《卫星定位城市测量技术标准》（CJJ/T 73—2019）规定：城市首级 GNSS 网应一次全面布设，加密 GNSS 网可逐级布网、越级布网或布设同级全面网。

不同用途的 GNSS 网其等级划分及精度要求存在不同程度的差异。国家或局部 GNSS 网划分为 A、B、C、D、E 五个等级。《工程测量标准》中卫星定位测量控制网的等级划分为二等、三等、四等、一级、二级，主要技术指标见表 7-1。

表 7-1 各等级卫星定位测量控制网的主要技术指标

等级	平均边长 /km	固定误差 a /mm	比例误差系数 b /(mm/km)	约束点间的边长相对中误差	约束平差后最弱边相对中误差
二等	9	≤10	≤2	≤1/250000	≤1/120000
三等	4.5	≤10	≤5	≤1/150000	≤1/70000

（续）

等级	平均边长/km	固定误差 a/mm	比例误差系数 b/(mm/km)	约束点间的边长相对中误差	约束平差后最弱边相对中误差
四等	2	≤10	≤10	≤1/100000	≤1/40000
一级	1	≤10	≤20	≤1/40000	≤1/20000
二级	0.5	≤10	≤40	≤1/20000	≤1/10000

7.7.2 GNSS 网的建立

建立 GNSS 网，与以往的控制网建立过程大致一样，包括方案设计、外业测量和内业数据处理三个过程。根据用户提交的任务书或测量合同所规定的测量任务，依据国家相关 GNSS 测量规范和行业标准设计和实施。

1. GNSS 网形设计

GNSS 网形设计

GNSS 网图形设计灵活性比较大，一般采用同步观测（同步观测指两台或两台以上接收机同时对同一组卫星进行的观测）图形扩展的布设方式，通常有点连式、边连式、网连式及边点混连式四种方式。

点连式是指相邻同步图形（即同步观测图形）间仅用一个公共点连接，如图 7-10a 所示。这种方式作业效率高、图形扩展迅速，但检查条件很少，抗粗差能力较差。一般采用加测几个观测时段的方法增强网的异步图形闭合条件的个数。

边连式是指同步图形之间由一条公共基线连接，如图 7-10b 所示。这种方式作业效率较高，有较多的复测基线和异步观测环条件，抗粗差能力较强。

网连式是指相邻同步图形之间有三个或以上公共点相连接，如图 7-10c 所示。这种方式需要 4 台以上的接收机，几何强度和可靠性更高，但作业效率低，用于高精度控制网。

边点混连式是指将点连接和边连接有机结合起来，组成 GNSS 网，如图 7-10d 所示。这种方式实际上是点连式、边连式、网连式的结合体，是观测中最常用的作业方式。

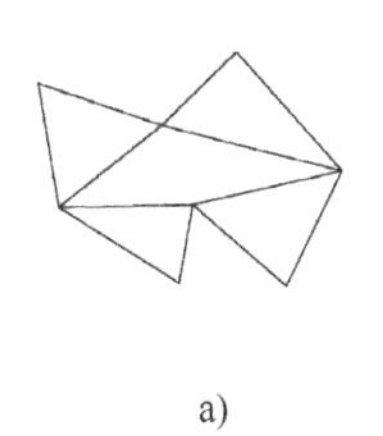
a)
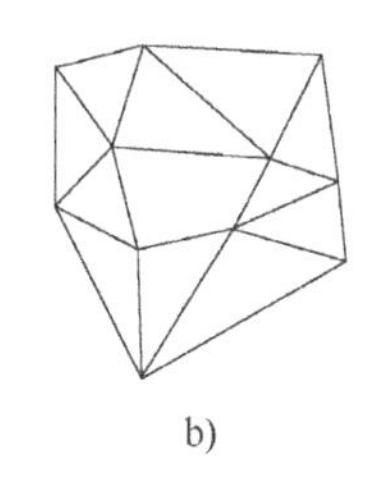
b)
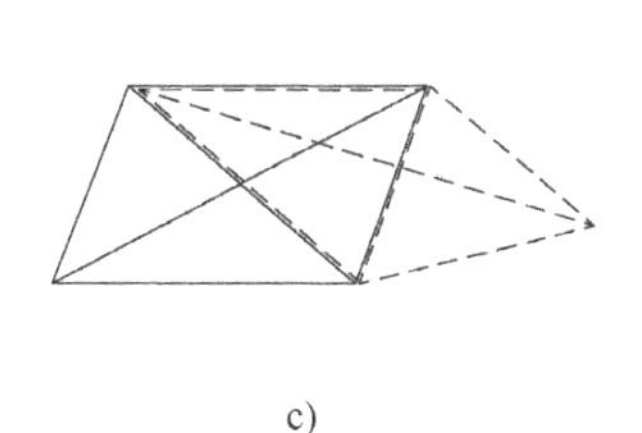
c)
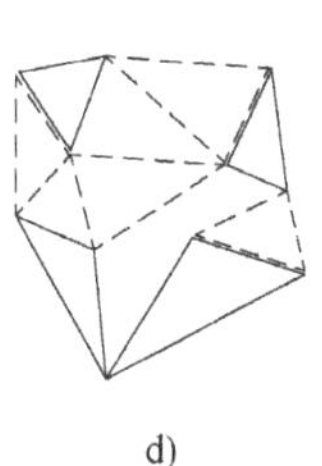
d)

图 7-10 GNSS 网的布网形式

a) 3 台 4 时段同步点连 b) 3 台 11 时段同步边连 c) 4 台 2 时段同步网连 d) 3 台 8 时段同步混连

GNSS 网设计应注意以下几个问题：

1）应由一个或若干个异步环或附合路线构成，不应存在自由基线，闭合条件中基线个数不可过多，以增加检查条件，提高网的可靠性。

2）GNSS 点虽然不需要通视，但每点应有一个以上通视方向，以利于常规测量方法联测和扩展等应用。

3）为了计算出测区内 GNSS 坐标系统（WGS-84 坐标系/CGCS2000）与测区坐标系的坐标转换参数，要求至少 3 个及以上的 GNSS 网点与地面已知控制网点重合。

4）为了利用 GNSS 进行高程测量，测区内 GNSS 点应尽可能与水准点重合，或者进行等级水准联测。

5）点位应满足控制点的一般要求和 GNSS 测量的特别要求。

2. 选点、埋石

GNSS 网的选点、埋石工作同常规控制测量相同，但对点位除了稳固、便于观测、交通便利等的一般要求外，还有如下要求：

1）点位四周上空开阔、无遮蔽，高度角 15°以上不允许存在成片的障碍物，以减少 GNSS 信号被遮挡或障碍物吸收。

2）控制点应远离大功率的无线电信号发射源，与高压输电线、变压器等保持一定的距离，避免电磁场对 GNSS 信号的干扰甚至损坏接收机天线。

3）测站应远离房屋、围墙、广告牌、山坡及大面积平静水面等信号反射物，以免出现严重的多路径效应。

3. 外业观测

为了外业观测工作高效、有序地实施，宜首先制定观测计划，根据仪器数量、交通工具状况、测区交通环境状况等因素制定作业调度表。

（1）观测工作依据的主要技术指标　GNSS 观测技术指标与常规测量有很大不同，应根据任务要求不同执行相应的技术规范，如在铁路（含高速铁路）工程测量工作中，应按表 7-2执行。卫星高度角是指在用户本地水平坐标系中用户与导航卫星连线方向与水平面的夹角。观测时段是指测站上开始记录卫星观测数据到停止接收，连续观测的时间间隔。

表 7-2　铁路（含高速铁路）工程测量 GNSS 技术指标

项　目		等　级				
		一等	二等	三等	四等	五等
静态测量	卫星高度角/(°)	≥15	≥15	≥15	≥15	≥15
	同时观测有效卫星数	≥4	≥4	≥4	≥4	≥4
	观测时段数	≥2	≥2	1~2	1~2	1
	有效时段长度/min	≥120	≥90	≥60	≥45	≥40
	数据采样间隔/s	10~60	10~60	10~60	10~30	10~30
	接收机类型	双频	双频	双频	单/双频	单/双频
	PDOP 值	≤6	≤6	≤8	≤10	≤10
快速静态测量	卫星高度角/(°)	—	—	—	≥15	≥15
	有效卫星总数	—	—	—	≥5	≥5
	平均重复设站数	—	—	—	≥1.5	≥1.5
	观测时间/min	—	—	—	5~20	5~20
	数据采样间隔/s	—	—	—	5~20	5~20
	PDOP 值	—	—	—	≤7（8）	≤7（8）

注：平均重复设站数≥1.5 是指至少有 50%的点设站 2 次。

（2）天线安置　正确天线安置是GNSS完成精密测量的重要保证，天线应架设在三脚架上，仔细对中、整平、量取天线高。天线高是指观测时接收机天线相位中心至测站中心标志面的高度。量取天线高时，依照仪器操作说明，使用钢尺在互为120°方向量三次，互差小于3mm，取平均值后输入GNSS接收机，或者用专门的量高尺量测，并做记录。分体式GNSS接收机主机应安置在距离天线不远的安全处，连接天线及电源电缆，并确保无误。

（3）开机观测　GNSS接收机开机自检过后，一般很快即可锁定卫星进行自动定位和信息记录。接收机正常工作过程中不要随意开关电源、更改设置参数、关闭文件等。一个时段测量结束后，查看仪器高和测站名是否输入，确保无误再关机、关电源、迁站。

4. 内业数据处理

（1）基线解算　对两台及两台以上接收机同步观测值进行独立基线向量（坐标差）的平差计算，称为基线解算。基线解算一般在外业阶段实施。观测成果的外业检核项目有复测基线的检验、同步环检验、异步环检验等。

1）复测基线检验一条基线不同时段观测多次，有多个独立基线值，这些边称为复测基线。任意两个时段所得基线差应小于相应等级规定精度的$2\sqrt{2}$倍。

2）同步环检验三台及以上接收机同步观测所获得的基线向量构成的闭合环叫作同步观测环，简称为同步环。同步环坐标增量闭合差理论应为零。在检核中应检查一切可能的环闭合差，其闭合差分量要求为

$$\begin{cases} m_x \leqslant \dfrac{\sqrt{n}}{5}\sigma \\ m_y \leqslant \dfrac{\sqrt{n}}{5}\sigma \\ m_z \leqslant \dfrac{\sqrt{n}}{5}\sigma \end{cases} \tag{7-12}$$

环闭合差限差

$$m=\sqrt{m_x^2+m_y^2+m_z^2} \leqslant \frac{\sqrt{3n}}{5}\sigma \tag{7-13}$$

式中　n——同步环的基线边数。

3）异步环检验由不同时段的观测基线向量构成的闭合环叫作异步观测环，简称为异步环。异步环检验应选择一组完全独立的基线构成环进行，其闭合差要求为

$$\begin{cases} m_x \leqslant 2\sqrt{n}\,\sigma \\ m_y \leqslant 2\sqrt{n}\,\sigma \\ m_z \leqslant 2\sqrt{n}\,\sigma \\ m \leqslant 2\sqrt{3n}\,\sigma \end{cases} \tag{7-14}$$

（2）平差计算　平差计算在基线解算的各项检查通过之后进行。平差计算包括GNSS网无约束平差和约束平差。

GNSS网无约束平差是利用基线处理结果，以网中一个点的GNSS三维地心坐标为起算值，在GNSS提供的坐标系中进行。无约束平差基线向量改正数绝对值应满足式（7-15）的

要求。平差结果是各控制点在GNSS坐标系中的三维坐标、基线向量及相应信息。此时得到的地心坐标值绝对定位误差较大，但相对定位精度很高。

$$\begin{cases} V_{\Delta x} \leqslant 3\sigma \\ V_{\Delta y} \leqslant 3\sigma \\ V_{\Delta z} \leqslant 3\sigma \end{cases} \tag{7-15}$$

式中 $V_{\Delta x}$、$V_{\Delta y}$、$V_{\Delta z}$——基线向量 Δx、Δy、Δz 的改正数（mm）；

σ——基线长度中误差（mm）。

通常是在GNSS网中联测原有地面控制网，进行三维约束平差或二维约束平差，将GNSS坐标转换为国家坐标系或地方地标系中的三维或二维坐标。约束平差后的基线向量改正数与该基线无约束平差改正数的较差应符合式（7-16）要求。

$$\begin{cases} dV_{\Delta x} \leqslant 2\sigma \\ dV_{\Delta y} \leqslant 2\sigma \\ dV_{\Delta z} \leqslant 2\sigma \end{cases} \tag{7-16}$$

式中 $dV_{\Delta x}$、$dV_{\Delta y}$、$dV_{\Delta z}$——基线向量分量 Δx、Δy、Δz 的约束平差后的改正数与无约束平差改正数的较差（mm）。

习 题

1. GNSS接收机按用途分为哪几种？它们有什么不同？
2. 简述GNSS定位的基本原理。
3. GNSS接收机基本观测值有哪些？载波相位测量的观测值是什么？
4. 什么称为伪距单点定位？什么称为载波相位相对定位？
5. 什么是RTK？什么是网络RTK？
6. GNSS基线解算质量应做哪几项检验？
7. GNSS内业数据处理应做哪几项工作？

第 8 章　大比例尺地形图测绘

【学习目标】

1. 了解地形图图式中符号分类，手工展绘控制点，地形图的拼接整饰与检查内容，地形图测绘的新技术等。

2. 熟悉大、中、小比例尺的分类和选择地形图比例尺的方法，大比例尺地形图的内容及常用符号的使用、测绘方法。

3. 掌握地形图及先关主要概念，测定点位基本方法，经纬仪测绘法测图在一个测站上的工作，草图法地面数字测图外业工作内容与方法。

8.1　地形图基本知识

8.1.1　地形图概述

地形图概述

地球表面上的物体概括起来可分为地物和地貌两大类，从广义上讲，地形是地物和地貌的总称。

从整体到局部、先控制后碎部是测量工作的一般原则，碎部测量就是以控制点为基准，测定地物、地貌的平面位置和高程，并将其绘制成地形图的工作。

地形图是指按一定的比例尺，通过综合取舍，用规定的符号表示地物、地貌平面位置和高程的正射投影图，如图 8-1 所示。小区域的地形图是在水平面上的投影；当测区范围较大时，则应考虑地球曲率的影响，投影面是地球椭球。如果图上只有地物，不表示地面起伏的图称为平面图。

地形图上所表示的内容可分为三个部分：数学要素、地理要素、图廓外要素。数学要素是指地面上的实际点位或物体形态在地图上表示时，所必须遵循的映射函数关系，包括地图投影、坐标系统、高程系统、比例尺、分幅、图廓线、坐标网线、地图定向、经线和纬线等内容。地理要素是指统一规范的地物、地貌符号以及属性注记，主要包括测量控制点、水系、居民地及设施、交通、管线及附属设施、境界与政区、地貌、植被与土质、注记等，它是地形图的主题内容。图廓外要素是指为阅读和使用地图时提供的具有一定参考意义的说明性内容或工具性内容，有图名、图号、接图表、图例、图解比例尺、成图单位及时间、三北方向图等。

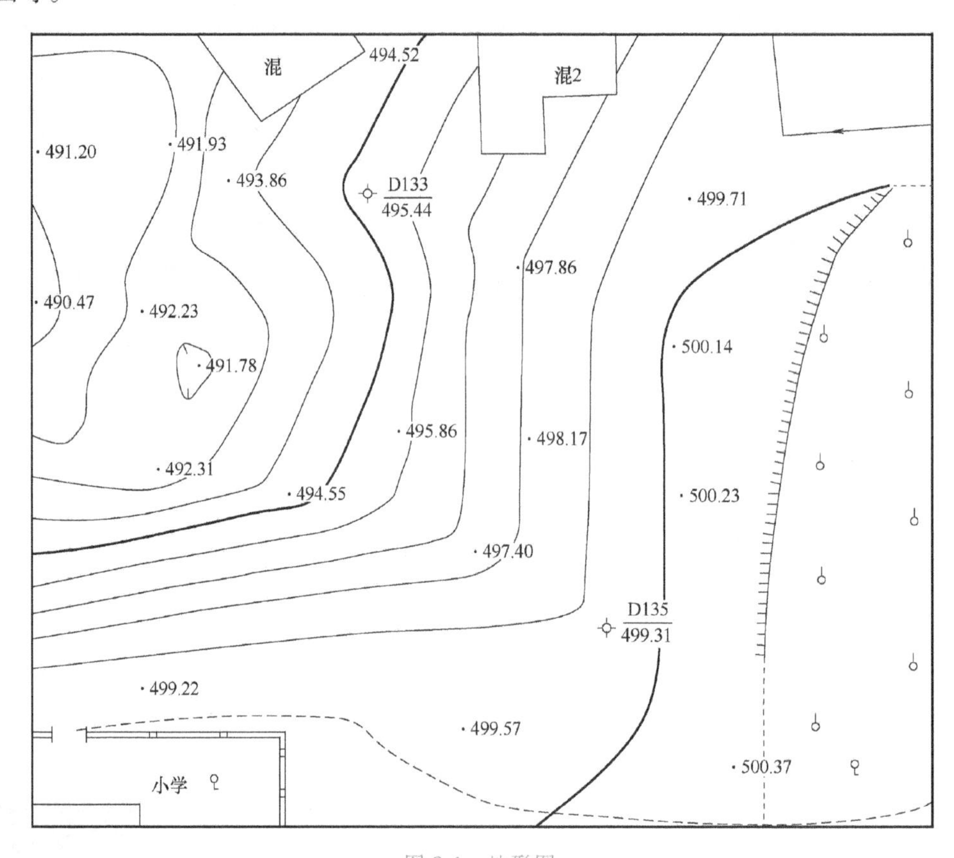

图 8-1　地形图

8.1.2　地形图的比例尺

地形图的比例尺

1. 比例尺的种类

地形图上任意一线段的长度与地面上相应线段的实际水平长度之比，称为地形图的比例尺。有数字比例尺和图示比例尺两种形式。

（1）数字比例尺　数字比例尺一般用分子为 1 的分数形式表示。设图上某直线的长度为 d，地面上相应的水平距离为 D，则其比例尺为

$$\frac{d}{D}=\frac{1}{M} \tag{8-1}$$

式中　M——比例尺分母。

显然，M 就是将地球表面缩绘成图的倍数。例如：当图上 1cm 代表地面上水平长度 10m 时，该图的比例尺为 1/1000，一般写成 1∶1000。在地形图上，数字比例尺通常书写于图幅下方正中处。

（2）图示比例尺　图示比例尺是在地图上以一条线段为基准注明地图上 1cm 长所代表的实地距离数的图解比例尺，是以图形的方式来表示图上距离与实地距离关系的一种比例尺形式。如图 8-2 所示，它是 1∶10000 的图示比例尺，其基本单位为 2cm，所表示的实地长度应为 200m，再分成 10 等份后，每等份（2mm）所表示的实地长度即 20m。

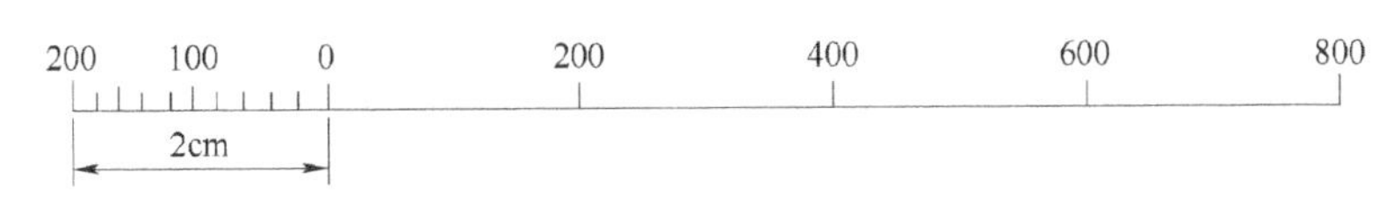

图 8-2　图示比例尺

在绘制地形图时，通常在地形图上数字比例尺的下方同时绘制图示比例尺。

比例尺的大小是以比例尺的比值来衡量的，分数值越大（分母 M 越小），比例尺越大。国家基本比例尺地图的比例尺系列包括 1：500、1：1000、1：2000、1：5000、1：10000、1：2.5 万、1：5 万、1：10 万、1：25 万、1：50 万、1：100 万。通常称 1：500、1：1000、1：2000、1：5000、1：10000 比例尺的地形图为大比例尺地形图，各种土木工程建设通常使用大比例尺地形图。采用高斯-克吕格投影，按经差 3°分带；1：2.5 万、1：5 万、1：10 万比例尺的地形图为中比例尺地形图；1：25 万、1：50 万、1：100 万比例尺的地形图为小比例尺地形图。1：500～1：5000 比例尺地形图可采用全站仪、RTK 等设备野外实地测绘，通常说的大比例尺测图指的就是这一系列比例尺的地形图测绘。1：10000～1：5 万比例尺测图多采用航测法成图，1：10 万及更小比例尺图则是根据较大比例尺地图及各种资料编绘而成。随着无人机航测技术的进步，大范围的大比例尺地形图测绘已经越来越多地采用无人机低空摄影测量方法。

2. 比例尺精度

在纸质地图上，人们用肉眼能分辨的图上最小距离为 0.1mm。因此，把地形图上 0.1mm 所表示的实地水平长度称为地形图的比例尺精度。几种常用的大比例尺地形图的比例尺精度见表 8-1。

表 8-1　几种常用的大比例尺地形图的比例尺精度

比例尺	1：500	1：1000	1：2000	1：5000
比例尺精度/m	0.05	0.1	0.2	0.5

地形图的比例尺精度的作用具体如下：

1）根据用图的精度要求，确定测图的比例尺。例如，某项工程建设要求在图上能反映地面上 10cm 的精度（即测图的精度为±10cm），则选用的比例尺不应小于 1：1000。

2）根据测图的比例尺确定实地距离测量的精度。例如，在 1：500 地形图上测绘地物，距离测量的精度只需取到±5cm 即可，因为测得再精细，在图上也无法表示出来。

数字地形图用坐标数字表示地形要素，其精度是测量坐标的精度，且可在计算机屏幕上放大或缩小显示，因此地形图的比例尺精度与点位在图上的分辨程度已经没有必然关系，但比例尺精度在根据测图比例尺确定实地距离测量精度方面仍具有实际意义。

3. 地形图比例尺的选择

不同比例尺地形图上所表示的地物、地貌的精确与详尽程度不同，大比例尺地形图虽然表示的情况更详细、精度更高，但比小比例尺测图更费工费时。因此，采用多大的比例尺测图，应从实际的精度需要出发。一般可从以下几点考虑：

1）图面所显示地物、地貌的详尽程度和明晰程度能否满足工程设计要求。

2）图上平面点位和高程的精度是否能满足设计要求。

3）图幅的大小应便于总图设计布局的需要。

4）在满足以上要求的前提下，尽可能选用较小的比例尺测图。

《工程测量标准》规定，根据工程的设计阶段、规模大小和运营管理需要，可按表 8-2 选用地形图测图的比例尺。

表 8-2 不同地形图测图的比例尺

比 例 尺	用 途
1∶5000	可行性研究、总体规划、厂址选择、初步设计等
1∶2000	可行性研究、初步设计、矿山总图管理、城镇详细规划等
1∶1000	初步设计、施工图设计；城镇、工矿总图管理；竣工验收等
1∶500	

8.1.3 大比例尺地形图的分幅、编号和图外注记

1. 分幅

图幅是指图的幅面大小，即一幅图所测绘地貌、地物的范围。地形图的分幅可分为两大类：一种是经纬度分幅法，按规定的经差和纬差划分图幅，适用于所有国家基本比例尺地形图分幅；另一种为正方形（分幅）和矩形分幅法，1∶500、1∶1000、1∶2000 等国家基本比例尺地形图亦可根据需要采取这种方法，在工程测量中通常采用这种方法。

正方形和矩形分幅以 1∶5000 比例尺为基础，图幅一般为 50cm×50cm 正方形或 40cm×50cm 矩形，以纵横坐标的整公里数或整百米数作为图幅的分界线，按四种规格逐级扩展。各种大比例尺地形图的图幅大小见表 8-3（以正方形分幅为例）。

表 8-3 正方形和矩形分幅及面积

比 例 尺	图幅大小/(cm×cm)	实地面积/km^2	一幅 1∶5000 图幅包含相应比例尺图幅数目
1∶5000	40×40	4	1
1∶2000	50×50	1	4
1∶1000	50×50	0.25	16
1∶500	50×50	0.0625	64

2. 正方形和矩形分幅的图幅编号

正方形和矩形分幅的图幅编号一般采用坐标编号法，也可选用流水编号法或行列编号法等。对于已施测过地形图的测区，也可沿用原有的分幅和编号。

1）坐标编号法。采用该图幅图廓西南角坐标公里数编号。编号时，x 坐标公里数在前，y 坐标公里数在后，以 km 为单位，加连字符“-”，即“x-y”来表示。1∶5000 地形图取至 1km；1∶2000、1∶1000 地形图取至 0.1km，如 10.0-21.0；1∶500 地形图取至 0.01km，如 10.40-27.75。

2）流水编号法。带状测区或小面积测区可按测区同一顺序编号，一般从左到右，从上到下用阿拉伯数字（如 1、2、3、4……）编定。如图 8-3 所示，灰色区域所示的图幅编号为××-8（××为测区代号）。对于在铁路、公路等线形工程中应用的带状地形图，图的分幅编

号可采用沿线路方向进行。

3）行列编号法。一般采用以字母（如 A、B、C、D、……）为代号的横行从上到下排列，以阿拉伯数字为代号的纵列从左到右排列来编定，先行后列。如图 8-4 所示，灰色区域所示的图幅编号为 A-4。

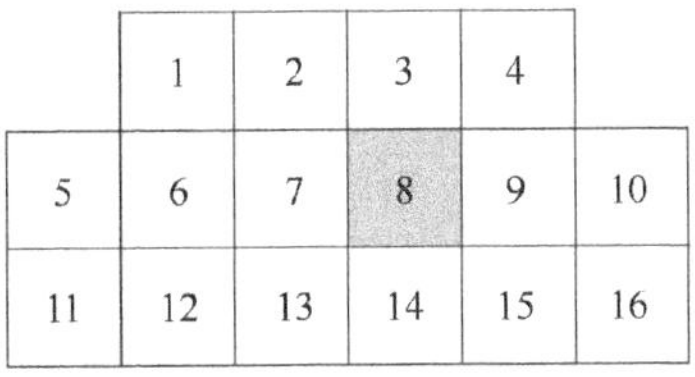

	1	2	3	4	
5	6	7	8	9	10
11	12	13	14	15	16

图 8-3　流水编号法

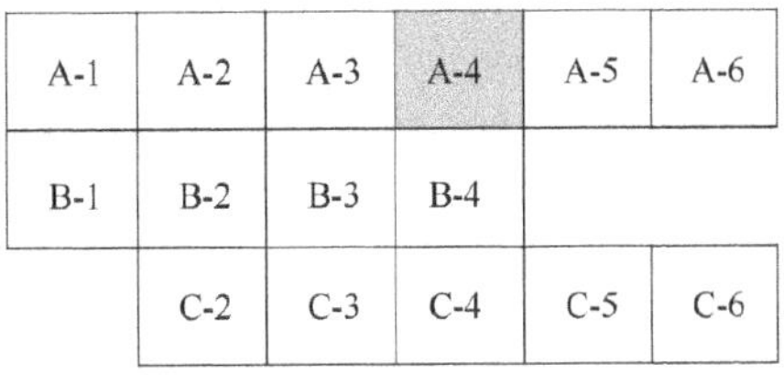

A-1	A-2	A-3	A-4	A-5	A-6
B-1	B-2	B-3	B-4		
	C-2	C-3	C-4	C-5	C-6

图 8-4　行列编号法

3. 图外注记

（1）图廓和坐标格网　图廓是图幅四周的范围线，它有内、外图廓之分。内图廓线是地形图分幅时的测量边界线。外图廓线是距内图廓以外一定距离绘制的加粗平行线，仅起装饰作用。在内图廓外四角处注有坐标值，并在图内每隔 10cm 展绘一个 10mm×10mm 互相垂直的坐标网交叉短线，坐标格网线在图廓内侧绘 5mm 的短线，如图 8-5 所示。在内、外图廓线间还注记坐标格网线的坐标值。

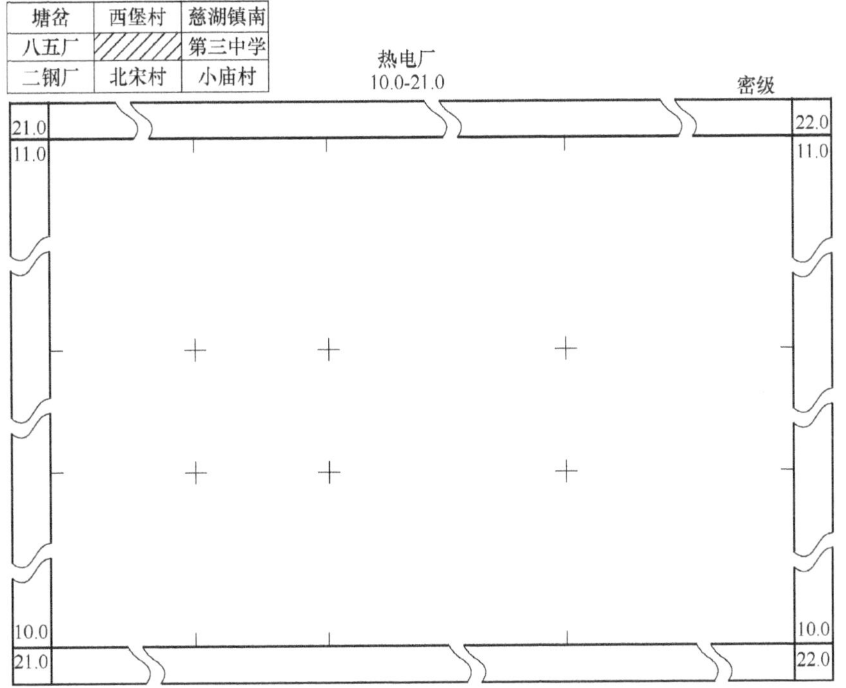

图 8-5　图外注记

在地形图的图廓外有许多注记，如图名、图号、接图表等。

（2）图名和图号　图名就是本幅图的名称，常用本幅图内最著名的城镇、村庄、厂矿企业、名胜古迹或突出的地物、地貌的名字来表示。图号即图的编号。图名和图号标在图幅上方中央。

（3）接图表　接图表是指本幅图与相邻图幅之间位置关系的示意图，供查找相邻图幅之用。接图表位置是在图幅左上方，标出本幅与相邻八幅图的图名或图号。

在外图廓线外，除了上述内容，尚应注明测量所使用的平面坐标系、高程系、比例尺、成图方法、成图日期及测绘单位等，供用图时参考。

8.1.4　大比例尺地形图图式

地形图图式是地形图符号样式和描绘规则的规范，由国家质量监督检验检疫总局、标准化管理委员会统一制定颁发，是一种国家标准，是测绘、编制、出版地形图的重要依据，和识图、用图的重要工具。《国家基本比例尺地图图式 第 1 部分：1∶500　1∶1000　1∶2000 地形图图式》，样式见表 8-4，适用于 1∶500、1∶1000、1∶2000 地形图的测绘，规定了图上表示的各种地物、地貌要素的符号、注记和图廓整饰，以及使用这些符号的方法和基本要求。

表 8-4　1∶500、1∶1000、1∶2000 地形图图式符号样式

编号	符号名称	符号样式			符号细部图	多色图色值
		1∶500	1∶1000	1∶2000		
1	导线点 a. 土堆上的 I16、I23—等级、点号 84.46、94.40—高程 2.4—比高	2.0 ⊙ I16/84.46 a 2.4 ⊙ I23/94.40				K100
2	水准点 II—等级 京石 5—点名点号 32.805—高程	2.0 ⊗ II京石5/32.805				K100
3	卫星定位等级点 B—等级 14—点号 495.263—高程	3.0 B14/495.263				K100
4	亭 a. 依比例尺的 b. 不依比例尺的	a 2.0 1.0　b 2.4			2.4 2.4 1.3 1.3	K100

（续）

编号	符号名称	符号样式			符号细部图	多色图色值
		1：500	1：1000	1：2000		
5	旗杆	1.6 1.0 4.0 1.0				K100
6	塑像、雕像 a. 依比例尺的 b. 不依比例尺的	a　b 3.1 2.7 1.9			0.4 1.1 1.4 0.6 1.1	K100
7	围墙 a. 依比例尺的 b. 不依比例尺的	a 10.0 b 10.0 0.5 0.3				K100
8	栅栏、栏杆	10.0 1.0				K100
9	村界	1.0 2.0 4.0 0.2				K100
10	地面河流 a. 岸线（常水位岸线、实测岸线） b. 高水位岸线（高水界） 清江—河流名称	0.15 清 0.5 江 1.0 3.0 a b				a. C100 面色 C10 b. M40Y100K30
11	单幢房屋 a. 一般房屋 b. 裙楼 b1. 楼层分割线 c. 有地下室的房屋 d. 简易房屋 混、钢—房屋结构 2、3、8—房屋层数 -1—地下房屋层数	a 混3　b 混3 混8 b1 0.1 0.2 c 混3-1　d 简2			a c d 3 b 3 8 0.1 0.2	
12	建筑中房屋	建 2.0 1.0				K100
13	成林	1.6 松6				C100Y100

（续）

编号	符号名称	符号样式 1:500	符号样式 1:1000	符号样式 1:2000	符号细部图	多色图色值
14	等高线及其注记 a. 首曲线 b. 计曲线 c. 间曲线 d. 助曲线 e. 草绘等高线 25—高程	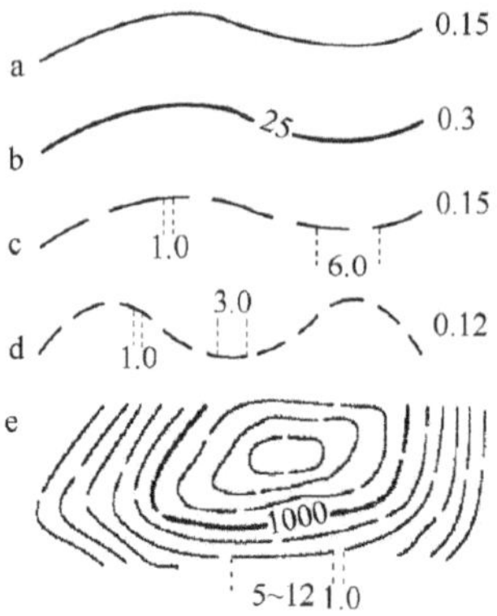 a 0.15 b 25 0.3 c 1.0 6.0 0.15 d 1.0 3.0 0.12 e 1000 5~12 1.0				M40Y100K30
15	地类界	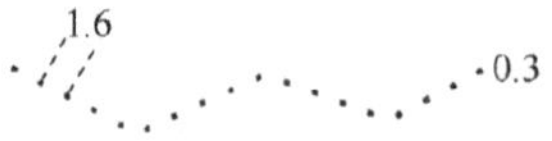 1.6 0.3				与表示的地物一致
16	高程点及其注记 1520.3、-15.3—高程	0.5 · 1520.3　· -15.3				K100
17	陡崖、陡坎 a. 土质的 b. 石质的 18.6、22.5—比高	a 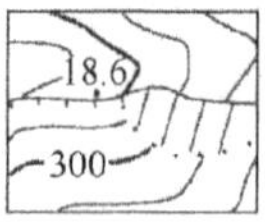 18.6 300　b 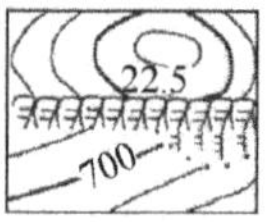 22.5 700			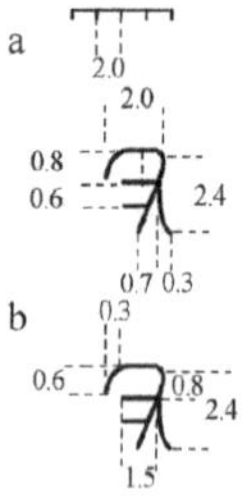 a 2.0 2.0 0.8 0.6 2.4 0.7 0.3 b 0.3 0.6 0.8 2.4 1.5	

地形图图式中的符号可分为地物符号、地貌符号、注记三类。

1. 地物符号

地物符号按其与实际地物的比例关系分为依比例尺符号、半依比例尺符号、不依比例尺符号三种类型。

（1）依比例尺符号　地物依比例尺缩小后，其长度和宽度能依比例尺表示的地物符号，称为依比例尺符号，也被称为面状符号。这类符号用于表示轮廓大的地物，如房屋、宽阔的道路、农田、花圃、湖泊等。表 8-4 中编号 4a、7a、11、12、13 是依比例尺符号。

（2）半依比例尺符号　地物依比例尺缩小后，其长度能依比例尺而宽度不能依比例尺表示的地物符号，称为半依比例尺符号，也被称为线状符号。此类符号用于表示线状地物，如道路、电力线、城墙、境界线等。表 8-4 中编号 7b、8、9 是半依比例尺符号。

（3）不依比例尺符号　地物依比例尺缩小后，其长度和宽度不能依比例尺表示，称为不依比例尺符号，也被称为点状符号，又称为记号符号。如各种测量控制点、独立树、路灯、检修井等。表 8-4 中编号 1、2、3、4b、5、6b 等是不依比例尺符号。

2. 地貌符号

地貌符号包括等高线、高程注记点、示坡线、水域等值线、水下注记点、特殊的自然地

貌及人工地貌符号等。

等高线、高程注记点等（表8-4中编号为14、16的符号）是大、中比例尺地形图表示地貌的主要符号。示坡线是指示斜坡降落的方向线，它与等高线垂直相交，一般应表示在谷底、山头、鞍部、图廓边及斜坡方向不易判读的地方。凹地的最高、最低一条等高线上应表示示坡线。对于特殊地貌，应采用特殊符号表示，如陡坎、陡崖（表8-4中编号为17的符号）、独立石、冲沟等。

3. 注记

注记配合其他符号说明被绘制地形的名称、数量、质量等特征，包括名称注记、说明注记两大类。

1）名称注记是表示各种地理事物专有名称的注记，可分为居民地名称注记、地理名称注记。乡、镇级以上居民地以行政名称作为正名注出；有总名的居民地，其总名、分名一般均应注出。地理名称注记包括海、海湾、海港、江、河、湖、沟渠、水库水系等名称，山、山梁、高地、干河床、沙滩等地貌地质名称，铁路、公路、道路等交通和其他地理名称（表8-4编号10中的“清江”）。

2）说明注记说明事物的数量或质量特征，包括文字说明注记、数字注记两种。文字说明注记包括企事业单位、突出的高层建筑物、居住小区、公共设施的名称，钢、混合等建筑结构性质，桃、油茶等各种园地的品种等地物属性注记。见表8-4编号11中的“混”、“简”等。数字注记包括房屋层数、控制点点名及高程、界碑的数字编号、公路技术等级及编号、河流流速、高程点的高程、比高、坑穴深度等（表8-4编号1中的“I16”“84.46”、编号11d中的“2”、编号16中的“1520.3”等）。

注记也常被看成一种符号，它依附于被说明的地形符号，可以在一定范围内选择最合适的位置。

8.2　地物地貌的表示方法

地形图测绘是以相似形理论为依据，按比例尺的缩小要求，将地面点测绘到平面图纸上而成图的技术过程。它分为两步骤：一是位置和属性的信息采集，二是利用规定的符号将各种地物、地貌绘制在地形图上。

8.2.1　地物的表示方法

各种地物测绘必须依据规定的比例尺，遵照规范和图式的要求，进行综合取舍，表示在地形图上。

1）对于依比例尺缩小后，长度和宽度能依比例尺表示的地物，将它们水平投影位置的几何形状按照比例尺缩绘在地形图上，或将其边界按比例尺缩小后表示在图上，按照图式的规定绘上相应的依比例尺符号。

2）对于长度能依比例尺表示，而宽度不能依比例尺表示的地物，将其长度按比例尺描绘，宽度以相应半依比例尺符号表示。可见，半依比例尺符号用于表示一些呈线状延伸地物，符号以定位线表示实地物体真实位置。成轴对称的线状符号，定位线在符号的中轴线，如铁路、公路、电力线等；非轴对称的线状符号，定位线在符号的底线，如城墙、境界线等。

3）对于不能依比例尺表示的地物，将其在地形图上用相应的不依比例尺符号表示在其中心位置。符号的定位位置与该地物实地的中心位置关系随符号形状的不同而异，具体如下：

① 符号图形中有一个点的，该点为地物的实地中心位置。

② 圆形、正方形、长方形等符号，定位点在其几何图形中心。

③ 宽底符号定位点在其底线中心。

④ 底部为直角的符号定位点在其直角的顶点。

⑤ 下方没有底线的符号定位点在其下方两端点连线的中心点。

⑥ 几种图形组成的符号定位点在其下方图形的中心点或交叉点。

依比例尺符号与半依比例尺符号、不依比例尺符号的使用界限是相对的。测图比例尺越大，用依比例尺符号描绘的地物越多；测图比例尺越小，用不依比例尺符号或半依比例尺符号描绘的地物越多。例如，某道路宽度为6m，在小于1∶1万地形图上用半依比例尺符号表示，在1∶1000比例尺图上则用依比例尺符号表示。

8.2.2 地貌的表示方法

地貌形态多种多样，按照地面坡度分为平（坦）地、丘陵地、山地、高山地四种地形类型，见表8-5。地势起伏小，地面倾斜角一般在2°以下，称为平地；地面高低变化大，倾斜角一般在2°~6°，称为丘陵地；高低变化悬殊，倾斜角一般在10°~25°，称为山地；绝大多数倾斜角大于等于25°的，称为高山地。

表8-5 地形类别

地形类别	坡度 θ/(°)
平地	$\theta<2$
丘陵地	$2\leq\theta<6$
山地	$6\leq\theta<25$
高山地	$\theta\geq25$

1. 等高线概念

等高线是地面上高程相等的各相邻点所连成的闭合曲线。例如，静止的池塘水面边缘线就是一条等高线。如图8-6所示，有一座山，假想从山底到山顶，按相等的高差间隔把它一层层地水平切开后，呈现各种形状的截口线。然后再将各条截口线垂直投影到平面图纸上，并按测图比例缩小，就得出用等高线表示的该地貌图形。

2. 等高距和等高线平距

1）相邻等高线之间的高差称为等高距，用 h 表示，即图8-6中所示的水平截面间的垂直距离。同一幅地形图中等高距是相同的。《工程测量标准》对等高距做了统一的规定，见表8-6。这些规定的等高距称为基本等高距。

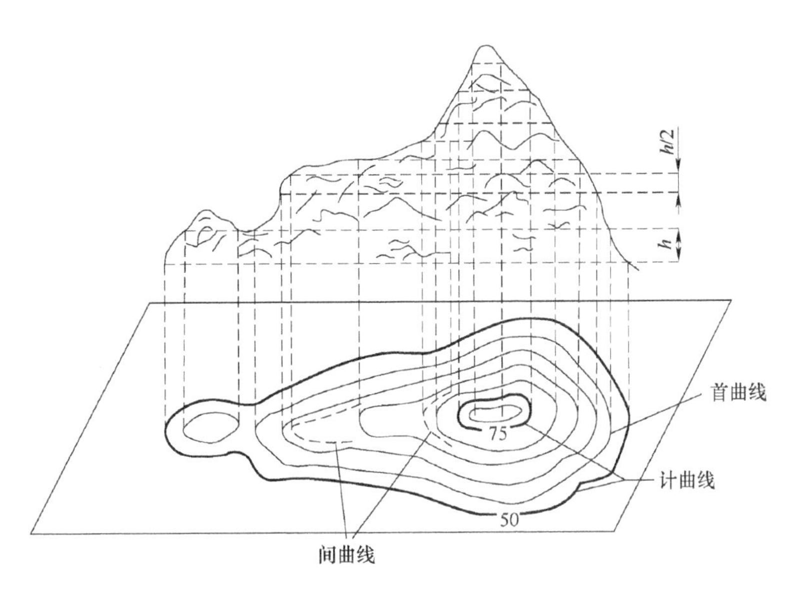

图 8-6　等高线

表 8-6　地形图的基本等高距　（单位：m）

地形类别	比例尺			
	1 : 500	1 : 1000	1 : 2000	1 : 5000
平地	0.5	0.5	1.0	2.0
丘陵地	0.5	1.0	2.0	5.0
山地	1.0	1.0	2.0	5.0
高山地	1.0	2.0	2.0	5.0

2）相邻等高线之间的水平距离称为等高线平距，用 d 表示，它随地面的起伏情况而改变。

3）等高距 h 与等高线平距 d 的比值，称为地面坡度，用 i 表示。

因为同一幅地形图上等高距是相同的，故图上等高线越密集，地面坡度越陡；等高线越稀疏，地面坡度越缓；等高线疏密均匀，则地面坡度均匀。由此可见，可以根据地形图上等高线的疏、密判定地面坡度的缓、陡。

等高距越小，表示的地貌细部越详尽；等高距越大，地貌细部表示就越粗略。但等高距太小会使图上的等高线过于密集，从而影响图面的清晰度。因此，在测绘地形图时，应根据用途、测图比例尺、测区地面的坡度情况，结合规范的要求选择合适的基本等高距。

3. 等高线种类

1）从高程基准面起算，按基本等高距测绘的等高线称为首曲线，又称为基本等高线（图 8-6）。

2）从高程基准面起算，每隔四条首曲线加粗一条的等高线称为计曲线，又称为加粗等高线（图 8-6）。计曲线上注有高程值，是辨认图上高程的依据。

3）按二分之一基本等高距测绘的等高线称为间曲线，又称为半距等高线。间曲线表示时可不闭合，但应表示至基本等高线间隔较小、地貌倾斜相同的地方。

4）按四分之一基本等高距测绘的等高线，称为助曲线，又称为辅助等高线，表示时可不闭合。间曲线和助曲线用于首曲线难以表示的重要而较小的地貌形态。

5）当地貌测绘的精度不合规范要求时，用草绘等高线。草绘等高线用实部长5~12mm，间隔1mm的长虚线表示。

4. 典型地貌及其等高线表示法

将地面起伏和形态特征分解观察，不难发现它是由一些典型地貌组合而成的。

（1）山头与洼地　凡是凸出而且高于四周的单独高地叫作山，大的称为山岭，小的称为山丘，山岭和山丘最高部位称为山头。比周围地面低，且经常无水地势较低的地方称为凹地，大范围低地称为盆地，小范围低地称洼地。

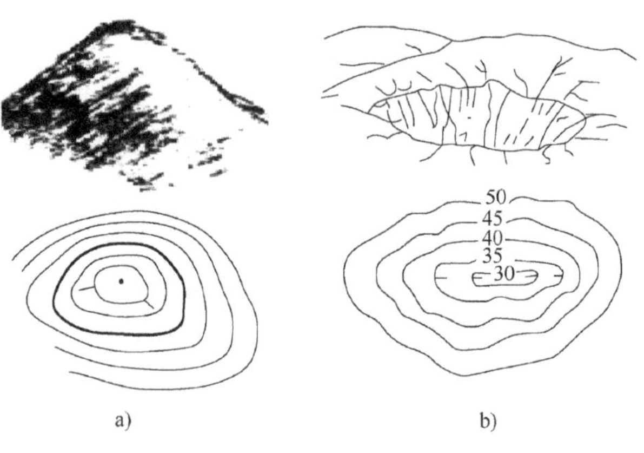

图 8-7　山头和洼地

a）山头　b）洼地

如图8-7所示，山头（图8-7a）与洼地（图8-7b）的等高线都是一组闭合曲线，但它们的高程注记不同。内圈等高线的高程注记大于外圈者为山头；反之，小于外圈者为洼地。

区别山头与洼地，也可使用示坡线。示坡线一端与等高线连接并垂直于等高线，指示地面斜坡下降的方向。

（2）山脊与山谷　山的最高部位为山顶，有尖顶、圆顶、平顶等形态。山顶向一个方向延伸的凸棱部分，称为山脊。山脊最高点连线称为山脊线。山脊等高线表现为一组凸向低处的曲线。相邻山脊之间的低凹部分称为山谷。山谷最低点连线称为山谷线。山谷等高线表现为一组凸向高处的曲线，如图8-8所示（图8-8a为山脊，图8-8b为山谷）。

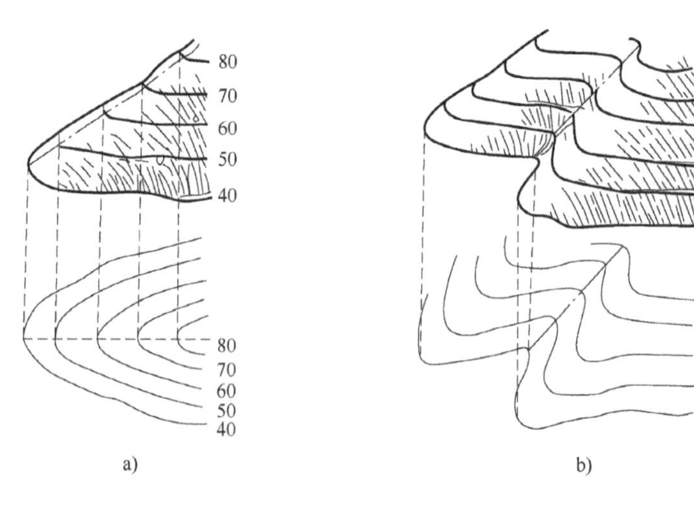

图 8-8　山脊与山谷

a）山脊及山脊线　b）山谷及山谷线

在山脊上，雨水会以山脊线为分界线流向两侧坡面，故山脊线又称为分水线。在山谷中，雨水由两侧山坡汇集到谷底，然后沿山谷线流出，故山谷线又称为集水线。山脊线和山谷线合称为地性线（或地形特征线）。

（3）鞍部　鞍部是相邻两山头之间呈马鞍形的凹地，如图8-9所示。鞍部，既处于两山顶的山脊线连接处，又是两条集水线的顶端。其等高线的特点是在一圈大的闭合曲线内，套有两组小的闭合曲线。

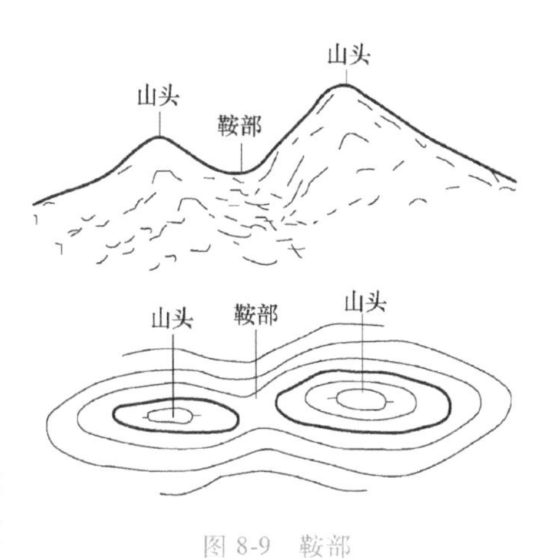

图8-9　鞍部

（4）陡崖与悬崖　陡崖是地面坡度大于70°的陡坡，甚至为90°的峭壁，等高线在此处非常密集或重合为一条线，因此采用陡崖符号来表示，如图8-10a所示。悬崖是上部突出，下部凹进的陡崖。其等高线投影在平面上呈交叉状，如图8-10b所示。

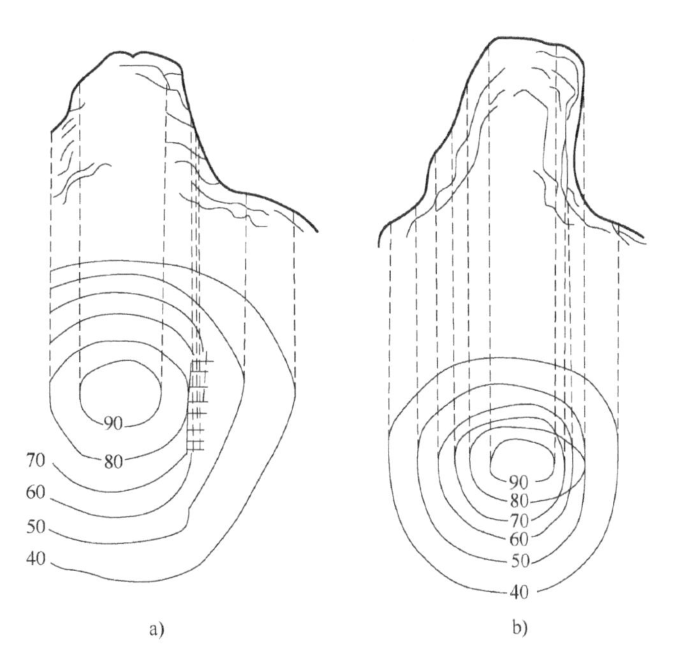

图8-10　陡崖与悬崖

认识了上述典型地貌的等高线，就能够识别出地形图上用等高线表示的复杂地貌，或者把复杂地貌表示成等高线图。图8-11为某地区的地势景观图和地形图。

5. 等高线的特性

1）同一条等高线上的各点高程相等。

2）等高线为连续闭合曲线，如果不能在本图幅内闭合，必定在相邻或其他图幅内闭合。等高线只能在内图廓线、悬崖及陡坡处中断；另外，遇道路、房屋等地物符号和文字注记时可局部中断，其余情况不得在图幅内任意处中断。间曲线、助曲线在表示完局部地貌后，可在图幅内任意处中断。

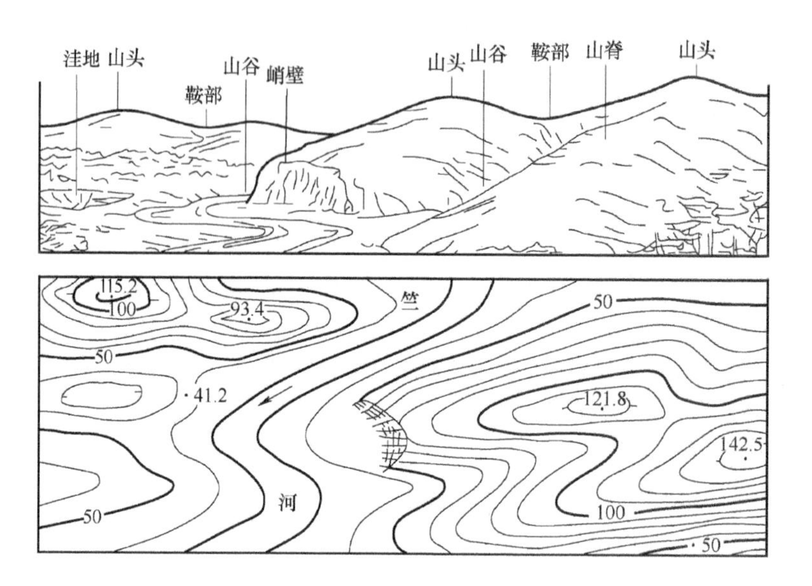

图 8-11　地势景观图和地形图

3）等高线不能相交。不同高程的等高线除悬崖、陡崖处不得相交也不能重合。

4）同一幅图内，等高线平距越小表示地面坡度越陡，等高线平距越大则地面坡度越缓，等高线平距相等则地面坡度相等。

5）等高线的切线方向与地性线方向垂直。

8.3　测定碎部点位置的基本方法

地物平面位置的测量就是能够代表地物平面位置，反映地物形状、性质的特殊点位的测定，如：地物轮廓线的转折、交叉和弯曲等变化处的点，地物的形象中心，路线中心的交叉点，电力线的走向中心，独立地物的中心点等。这些点被称为地物特征点，简称为地物点。

地貌尽管形态复杂，但可将其归结为许多不同方向、不同坡度的平面交合而成的几何体，只要确定这些方向变化线和坡度变化线上的方向、坡度变换点的平面位置和高程，地貌的基本形态就反映出来了，这些点被称为地貌特征点，简称为地貌点，如山顶、鞍部、山脊、山脚、谷底、谷口、沟底、沟口、凹地、台地、河（川、湖）岸旁、水涯线上以及其他地面倾斜变换处的点。

因此，无论地物还是地貌，其形态都是由一些特征点（又称为碎部特征点、碎部点）的位置决定的。

8.3.1　测定碎部点平面位置的基本方法

一般情况下，使用经纬仪、全站仪等仪器测定点的平面位置时，水平距离和水平角是两种基本量，因此可以认为，测定碎部点平面位置实际上就是测量碎部点与已知点间的水平距离以及与已知方向间组成的水平角这两种量。由两个量的不同组合方式形成极坐标法（一角一距）、角度交会法（二角）、距离交会法（二距）、直角坐标法（二互垂距）等基本方法。

如图 8-12 所示，设 A、B 为已知控制点，P 为待测碎部点。

1. 极坐标法

在已知点 A 安置仪器，测定从测站到碎部点连线方向与已知方向 AB 间的水平角（β_1）及测站到碎部点的水平距离（d_{AP}），确定碎部点的位置。该点的坐标可按下式计算

$$\begin{cases} x_P = x_A + d_{AP}\cos(\alpha_{AB}+\beta_1) \\ y_P = y_A + d_{AP}\sin(\alpha_{AB}+\beta_1) \end{cases} \tag{8-2}$$

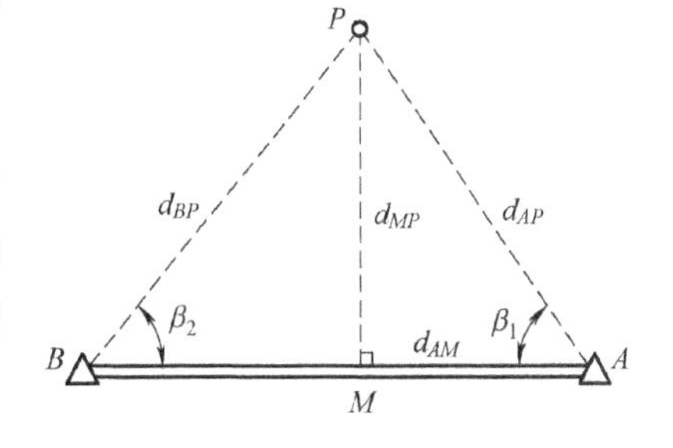

图 8-12　确定碎部点的平面位置

极坐标法是碎部测量最常用的方法。

2. 角度交会法

从两个已知测站点 A、B，分别测出到碎部点 P 方向与已知方向 AB 间的水平角 β_1、β_2，进而确定 P 点。该点坐标为

$$\begin{cases} x_P = x_A + d_{AP}\cos(\alpha_{AB}+\beta_1) \\ y_P = y_A + d_{AP}\sin(\alpha_{AB}+\beta_1) \end{cases} \tag{8-3}$$

式中　$d_{AP} = d_{AB}\dfrac{\sin\beta_2}{\sin(\beta_1+\beta_2)}$。

此法适用于碎部点不易到达的情况。

3. 距离交会法

从两已知点 A、B 分别量出到碎部点 P 的距离 d_{AP}、d_{BP}。按比例尺在图上用圆规即可交出碎部点 P 的位置。该点坐标为

$$\begin{cases} x_P = x_A + d_{AP}\cos(\alpha_{AB}+\beta_1) \\ y_P = y_A + d_{AP}\sin(\alpha_{AB}+\beta_1) \end{cases} \tag{8-4}$$

式中　$\beta_1 = \cos^{-1}\left(\dfrac{d_{AB}^2+d_{AP}^2-d_{BP}^2}{2d_{AB}d_{AP}}\right)$。

部分碎部点受到通视条件的限制不能使用全站仪直接观测计算坐标时，可通过丈量碎部点到附近已知坐标点位的距离进而确定碎部点的位置。

4. 直角坐标法

如图 8-12 所示，在已知点 A、B 确定的方向线一侧有一碎部点 P，由 P 向 A 做垂线 PM，量取距离 d_{AM}、d_{MP}，即可确定其位置。该点坐标为

$$\begin{cases} x_M = x_A + d_{AM}\cos\alpha_{AB} \\ y_M = y_A + d_{AM}\sin\alpha_{AB} \\ x_P = x_M + d_{MP}\cos(\alpha_{AB}\pm 90°) \\ y_P = y_M + d_{MP}\sin(\alpha_{AB}\pm 90°) \end{cases} \tag{8-5}$$

式中　x_P、y_P——P 位于 AB 右侧时取“+”，位于 AB 左侧时取“-”。

此法适用于地物靠近控制点，周围有相互垂直的两方向且垂距较短的情况。垂直方向可用简单工具定出。

8.3.2 碎部点高程的测量

测量碎部点高程可用水准测量和三角高程测量等方法。当采用全站仪测量时，碎部点高程为

$$H = H_0 + D\sin\alpha + i - v \tag{8-6}$$

式中 H_0——测站点高程（m）；

D——斜距（m）；

α——竖直角（° ′ ″）；

i——仪器高（m）；

v——目标高（m）。

8.3.3 RTK 测量碎部点的平面坐标和高程

利用 RTK 技术测量碎部点的平面坐标和高程，GNSS 接收机的具体操作方法可参见有关仪器的使用说明书。单基准站 RTK 操作的基本流程大致如下：

1）将一台 GNSS 接收机及配套的电台等设备安置在一个基准站上（已知点/未知点），并对仪器进行相应的参数设置。

2）对一个或几个作为流动站的 GNSS 接收机进行附属设备安装和参数设置、调试。

3）在测区范围内选取三个已知点，由测量员持流动站接收机观测这些点上的 WGS-84 坐标，然后利用 WGS-84 坐标和已知的当地坐标求取坐标转换参数。

4）测量员持流动站接收机放置在待测地形点上，接收卫星信号和通过无线电台接收基准站发来的信号，并进行差分处理，实时得到流动站的固定解坐标，并自动存储。

对于已建立 CORS 系统的区域，宜优先采用网络 RTK 测量。这样不但效率提高，还可以直接获得点的 CGCS2000 坐标。随着 BDS 的日趋成熟，这种模式将逐渐成为主流。

8.4 平板测图

根据碎部点测量原理、图形存储形式等不同，通常将大比例尺地形图测绘方法分为平板测图方法、地面数字测图方法、航空摄影测量方法等。

不论是哪种方法，都需要在测图前搜集测区已有图形、图件及各种测量成果资料，如已有地形图、影像图，控制点的点数、等级、坐标、测绘日期、坐标系统及点之记等。现场踏勘，了解测区位置、地物地貌情况、通视、通行及人文、气象、居民地分布等情况，确定控制点的可靠性和可利用性。制定测图技术方案，根据地形特点及测量规范要求，确定控制点的等级、数目、位置和控制形式及其观测方法等，测图精度估算、测图中特殊地段的处理方法及作业方式，人员、仪器准备、工序、时间等。

平板测图也常常被称为白纸测图，其实质是图解法测图，在测图过程中，将测得的观测值按图解法转化为静态的线划地形图。

8.4.1 图纸准备

进行平板测图前，除做好仪器、工具及相关数据、资料的准备工作外，还应准备图纸。

图纸准备包括图纸选择、绘制坐标格网及展绘控制点等工作。

1. 图纸选择

地形原图的图纸，宜选用厚度为0.07~0.10mm，伸缩率小于0.2‰，一面打毛的聚酯薄膜。聚酯薄膜透明度好、伸缩性小、坚韧耐湿，沾污后可水洗，便于野外作业；图纸着墨后，可直接晒蓝图。但它有易燃、易折和易老化等不足。进行小地区大比例尺测图时，也可采用绘图纸作为图纸。

2. 绘制坐标格网

将各种控制点根据其平面直角坐标值 x、y 展绘在图纸上，需在图纸上先绘出10cm×10cm正方形格网，作为坐标格网（又称为方格网）。测绘专用聚酯薄膜通常印制有规范精确的方格网；若无，可使用坐标展点仪或格网尺等专用仪器、工具绘制方格网，也可使用下述两种方法绘制。

（1）对角线法　以绘制50cm×50cm方格网为例，如图8-13所示，连接图纸两对角线交于 O 点。以其交点 O 为圆心，取适当长度（不小于35cm）为半径画弧，分别交于对角线，得点 A、B、C、D，并连线得矩形 $ABCD$。在矩形的四条边上分别自下向上、自左向右，每10cm量取一分点，定出5个分点。连接对边分点，形成互相垂直的正方形内图廓线、坐标格网线。

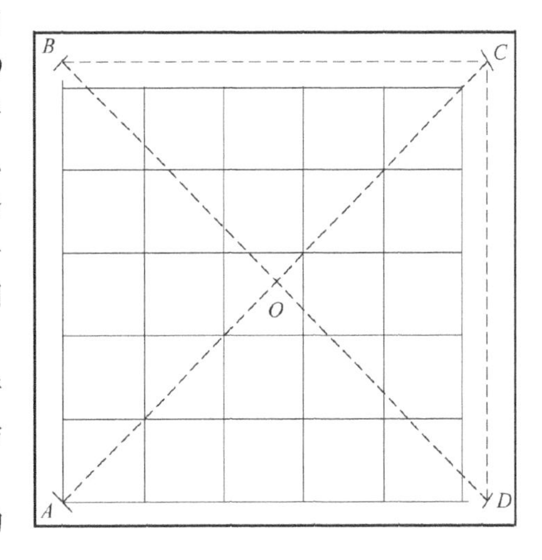

图8-13　对角线法绘制方格网

（2）绘图仪法 在计算机中用AutoCAD软件编辑好坐标格网图形，然后把图形通过绘图仪绘制在图纸上。

绘出坐标格网后，应进行检查。坐标格网的纵、横格线应互相垂直，边长误差不超过0.2mm；内图廓对角线、方格对角线的长度误差不超过0.3mm。若超过允许偏差值，应改正或重绘。

3. 展绘控制点

展点前，根据图幅在测区内位置，确定坐标格网左下角坐标值，将坐标值注记在内、外图廓之间所对应的坐标格网处，如图8-14所示。下面介绍人工展点方法。

首先要确定控制点所在的方格。如控制点 A 坐标为 $x_A=764.30$m，$y_A=566.15$m，所在方格位置为 $klmn$；然后，自 k 点和 n 点向上用比例尺量64.30m，得出 a、b 两点，再自 k 点和 l 点向右用比例尺量66.15m，得出 c、d 两点；连接 a、b 和 c、d，其交点为 A 点在图上位置。同样方法将图幅内所有控制点展绘在图上。控制点的展点误差不应大于0.2mm，相邻控制点间的

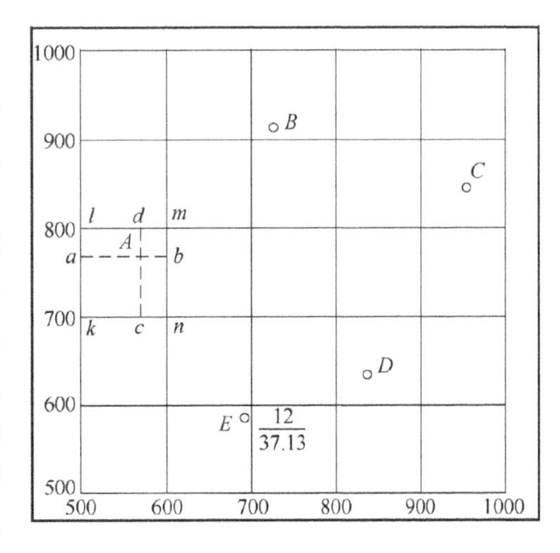

图8-14　控制点展绘

长度误差在图上不应超过 0.3mm。

检查合格无误后，擦去图幅内多余线划，坐标格网仅保留从内图廓边向内的 5mm 短线、方格网交叉点处 5mm 长的相互垂直的“+”字线即可。按图式规定绘出控制点的符号和相应注记。

8.4.2 经纬仪测绘法

平板测图可选用经纬仪测绘法、大平板仪测图法等方法。现阶段，平板仪测图已极少用于生产作业。下面仅介绍经纬仪测绘法，此法也可用全站仪观测。

如图 8-15 所示，将经纬仪安置在测站（已知点）A 上，用另一已知点 B 作为定向方向。将固定好图纸的平板安置在经纬仪附近。然后依次瞄准待测碎部点，测出水平夹角和距离。用半圆仪在图板上标定地面点位，并注记高程。对照实地勾绘地形。

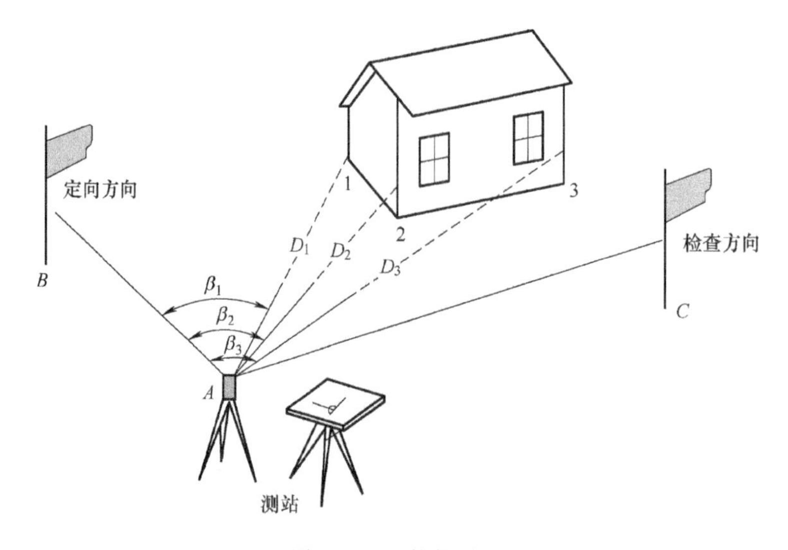

图 8-15 经纬仪测量

为了能真实地反映实地情况，平板测图的最大视距长度不应超过表 8-7 的规定。

表 8-7 平板测图的最大视距长度

比 例 尺	最大视距长度/m			
	一般地区		城镇建筑区	
	地物	地形	地物	地形
1∶500	60	100	—	70
1∶1000	100	150	80	120
1∶2000	180	250	150	200
1∶5000	300	350	—	—

具体工作步骤如下：

1）安置仪器。将经纬仪安置于测站 A，量出仪器高 i，记于手簿。

2）定向。瞄准定向点 B，度盘归零。照准检查点 C，做定向检查。

3）测算。照准碎部点上的视距尺（或反光镜），测算夹角、距离和高差。

4）展绘碎部点。在经纬仪近处的平板上，用半圆仪以极坐标原理确定地面点位。并根据需要在右侧注记高程，勾绘地形。

5）迁站检查。完成一个测站的测量后，检查碎部点是否正确，有无遗漏，定向是否正确。

6）根据需要，采用极坐标法、交会法、支导线法等增设测站。

8.4.3 地形图的绘制

地形图的绘制是一项技术性很强的工作，要求注意地物点、地貌点的取舍和概括。为突出地物、地貌的基本特征和典型特征，化简某些次要碎部而进行的制图概括称为地物、地貌概括。

1. 地物描绘

规范中规定图上凸凹小于 0.4mm 的地物形状可以不表示其凸凹形状。

注意不同地物描绘和符号应用方法：对依比例符号表示的规则地物，保持轮廓位置的精度，连点成线、画线成形，而道路、河流弯曲部分则逐点连成光滑曲线；对不依比例符号表示的地物，保持其主点位置的几何精度，符号为准，单点成形；对半依比例符号表示的地物，保持其主线位置的几何精度，沿点连线，近似成形。

2. 地貌勾绘

由于等高线的高程必须是等高距的整倍数，而地貌特征点的高程一般不是整数，因此常采用图解法或目估法勾绘等高线。

图 8-16 所示为等高线的勾绘。图中的点为一批测绘在图纸上的地貌特征点，下面说明等高线的勾绘过程：

（1）连接地性线　依据地貌特征点，参照实际地貌，绘出地性线。通常两条山脊线夹一条山谷线，两条山谷线夹一条山脊线。如图 8-16 所示，虚线表示山脊线，实线表示山谷线。

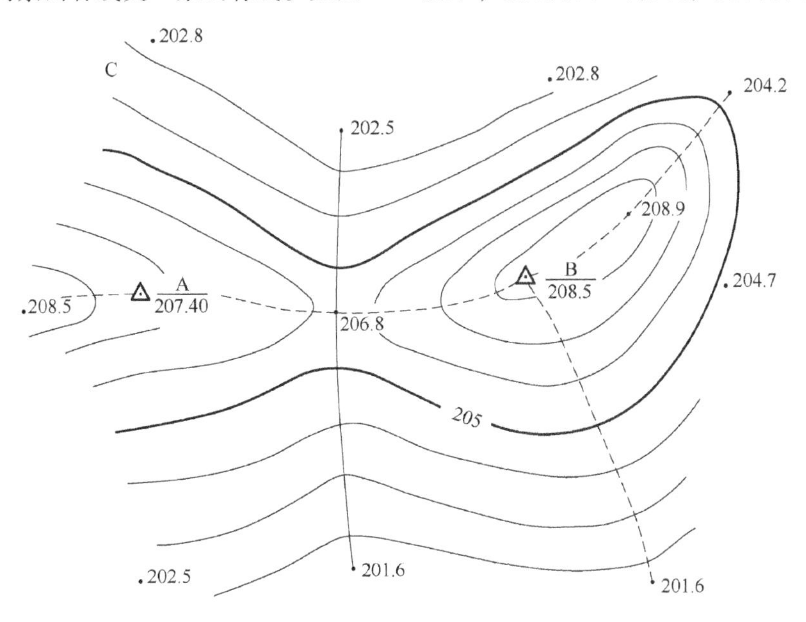

图 8-16　等高线的勾绘

（2）内插等高线通过位置　在所有相邻两碎部点之间按比例内插出各条等高线通过的位置。注意：内插一定要在坡度均匀的两点间进行，宜在现场对照实际情况进行。

（3）勾绘等高线　以地性线为基础，根据实际地形，运用概括原则，把高程相同的点用平滑的曲线连接起来，绘出等高线。按规定加粗计曲线，注记高程。

不能用等高线表示的地貌，例如峭壁、土堆、冲沟、雨裂等，按图式中规定的符号表示。必要之处加绘示坡线。

8.5　地面数字测图

数字测图是对利用各种手段采集到的数字地面信息，运用计算机成图软件进行数据处理、建库、成图，以数字形式存储在介质上的地形图测绘方法。数字化测图的数据成果便于使用和管理，易于实现“一测多用”。

根据采集数据的手段不同，数字测图大致分为地面数字测图、数字摄影测量两类方法，广义上还包括纸质地形图的数字化。本节主要介绍地面数字测图。

地面数字测图过程大致包括野外数据采集（包括数据编码）、计算机图形处理、成果输出。数据采集工作主要在外业完成。内业进行数据、图形处理，在人机交互方式下进行图形编辑，生成绘图文件。最终由绘图仪绘制出大比例尺地图。

数字测图按点的坐标绘制地形符号，要绘制地物轮廓就必须获得轮廓特征点的全部坐标，因此直接测量的地形点数目比平板测图有所增加。

8.5.1　数字测图中点的信息表示方法

在数字测图中，必须赋予测点三类信息：

1）点的位置信息：三维坐标（x、y、H）。

2）点的属性信息：即该点是何种地物、地貌点。属性用国标地形编码来表示。

3）点的连接信息：包括该点是独立地物，还是与其他测点相连共同表示一个地物，连接线型（直线、曲线、圆弧），处于连接线的（起、中、止）位置；连接线是否闭合等信息。

8.5.2　野外信息采集

地面数字测图的主要野外数据采集设备是全站仪和GNSSRTK，作业模式有全站仪野外测记法、内外业一体化法（电子平板法）、GNSSRTK测记法等，可按图幅施测，也可分区施测。按图幅施测时，为了便于拼接，每幅图或每个分区应测出界线外图上5mm。

1. 全站仪野外测记法模式

全站仪野外测记法分为草图法和编码法两种，是用全站仪在野外测量和记录碎部点的点位信息（x、y、H），用手工草图或编码记录属性信息，将这些信息输入计算机，经人机交互编辑成图。

碎部点测定以极坐标法为主，还可根据实测条件和测区具体情况灵活采用直角坐标法、距离交会法、角度交会法等。全站仪测图的最大视距长度不应超过表8-8的规定，应选择较远的图根点作为测站定向点，并施测另一图根点的坐标和高程，作为测站检核。检核点的平

面位置较差不应大于图上 0.2mm，高程较差不应大于基本等高距的 1/5。

表 8-8　全站仪测图的最大视距长度

比例尺	最大视距长度/m	
	地物点	地形点
1∶500	160	300
1∶1000	300	500
1∶2000	450	700
1∶5000	700	1000

（1）草图法　草图法采用全站仪观测并记录每一个碎部点的点号和坐标（x、y、H），属性和相互关系等信息在现场由手工记录和绘制草图描述记录，数据采集草图如图 8-17 所示，内业输入计算机后编辑成图。外业作业步骤大致如下：

1）全站仪安置于测站，建立作业，量取仪器高。将测站、后视点名、坐标、高程、仪器高以及反射镜高度输入全站仪。

2）照准后视点进行定向、检查。

3）司镜者、绘草图者配合选点，观测员及时观测并记录点位信息。

4）随时绘制草图。草图要反映、记录碎部点的地形要素位置、地貌的地性线、点号、丈量的距离、地理属性信息和连接关系，且要与仪器的信息一致，特别是点号信息。地理名称及其他各种注记也需要在草图上注明。

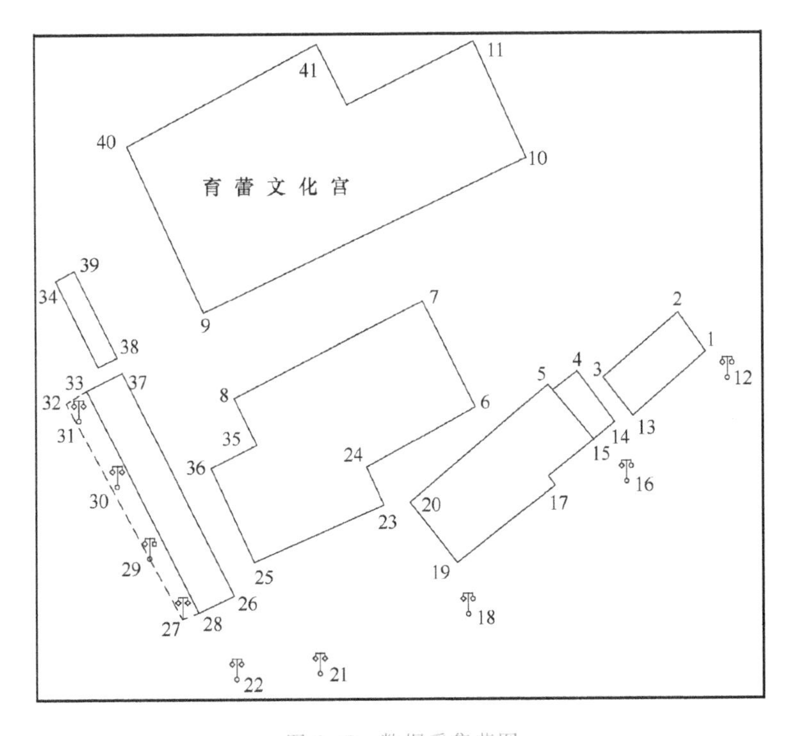

图 8-17　数据采集草图

草图的绘制要遵循清晰、易读、相对位置准确、比例基本一致的原则。可按地物相互关系分块绘制，也可按测站绘制，地物密集处可绘制局部放大图。

（2）编码法测图 编码法测图是在外业数据采集时依照所采用测图系统的规则，给点位属性编码，形成带简编码格式的坐标数据文件，在内业数据处理中由计算机自动成图的方法。

编码法的工作步骤与草图法基本一致。采用全站仪测量每一碎部点后随即输入该点的信息码。每一个碎部点的记录通常有点号、坐标以及编码、连接点和连接线型等信息码。地图上的地理名称及其他各种注记，除一部分根据信息码由计算机自动处理外，不能自动注记的需要在草图上注明。另外，遇有复杂地形时，也还需绘制草图以表示真实地形。

2. 电子平板法

电子平板法是内外业一体化的实时成图法，它采用全站仪野外采集数据，使用笔记本计算机或掌上计算机与之连接，将全站仪测得的碎部点点位信息实时输入计算机，并显示在计算机屏幕上。这种方法实时确立测点的属性、连接关系和逻辑关系等，边测边绘，无须绘制草图，不必记编码，实现数据采集和成图一体化。这种方法直观性强、修改方便，不足之处是复杂野外环境中计算机易受损，供电不方便。

3. GNSSRTK 测记法

GNSSRTK 测记法通常采用与全站仪草图法相似的作业模式，略有不同的是将观测员与司镜员合二为一，野外数据采集过程中通常将地物点的简单编码输入与绘制草图相配合。

GNSSRTK 测图作业前，应搜集测区的坐标系统和高程基准的参数、GNSS 坐标系与测区坐标系的转换参数、GNSS 坐标系的大地高基准与测区高程基准的转换参数等资料。

参考站地势应相对较高，周围无高度角超过 15°的障碍物和强烈干扰接收卫星信号或反射卫星信号的物体。参考站的有效作业半径不应超过 10km。流动站作业时，单一导航卫星系统的 15°以上的有效卫星数不宜少于 5 个，PDOP 值应小于 6，并应采用固定解成果。坐标转换参数和高程转换参数宜分别进行确定。

流动站作业前，宜检测 2 个以上不低于图根精度的已知点；不同参考站作业时，流动站应检测一定数量的地物重合点。

已建立 CORS 系统的区域，宜优先采用网络 RTK 测量。

8.5.3 数据处理和图形文件生成

数据处理分数据预处理、图形处理。

数据预处理是对原始记录数据作检查，删除已作废除标记的记录和与图形生成无关的记录，补充碎部点的坐标计算，修改有错误的信息码。数据预处理后生成点文件，点文件以点为记录单元，记录内容是点号、编码、点之间的连接关系码和点的坐标，具体与采用的测图模式有关。

图形处理是指根据点文件，将与地物有关的点记录生成地物图块文件，将与等高线有关的点记录生成等高线图块文件。地物图块文件的每一条记录以绘制地物符号为单元，其记录内容是地物编码，按连接顺序排列的地物点点号或点的 x、y 坐标值，以及点之间的连接线

型码。等高线处理是将表示地貌的离散点在考虑地性线、断裂线的条件下自动连接成三角形网络（TIN），建立起数字高程模型（DEM）。在三角形边上用内插法计算等高线通过点的平面位置 x、y，然后搜索同一条等高线上的点，依次连接排列起来，形成每一条等高线的图块记录。图形处理都是基于数字测图软件完成的。国内有多种较成熟的数字测图软件，影响力最大的是南方测绘公司的 CASS。数字测图软件的具体操作流程和方法需参见相关软件的使用说明书。

8.5.4　数字地形图的编辑检查

数字地形图的编辑检查包括下列内容：

1）图形的连接关系是否正确，是否与草图一致、有无错漏等。

2）各种注记的位置是否适当，是否避开地物符号等。

3）各种线段的连接、相交或重叠是否恰当、准确。

4）等高线的绘制是否与地性线协调、注记是否适宜、断开部分是否合理。

5）对间距小于图上 0.2mm 的不同属性线段，处理是否恰当。

6）地形、地物的相关属性信息赋值是否正确。

8.5.5　地形图和测量成果的输出

计算机数据处理的成果可分三路输出：第一路到打印机，按需要打印出各种数据（原始数据、清样数据、控制点成果等）；第二路到绘图仪，绘制地形图；第三路可接数据库系统，将数据存储到数据库，并能根据需要随时取出数据，绘制任何比例尺的地形图。

8.6　地形图的拼接、整饰和检查

8.6.1　地形图的拼接

分幅测绘地形图，由于测量和绘图误差，使相邻图幅连接处的地物轮廓线及等高线不能完全吻合，则需要进行拼接工作。为了进行图幅拼接，每幅图四边均应测出图廓外 5mm，自由图边在测绘过程中应加强检查，确保无误。

相邻两幅图的地物及等高线偏差不超过规范规定的地物点点位中误差、等高线高程中误差的 $2\sqrt{2}$ 倍。不超限差时可平均配赋，但应保持地物、地貌相互位置和走向的正确性；若偏差超过规定限差，则应分析原因，到实地检查，改正错误。

8.6.2　地形图的整饰

地形原图是用铅笔绘制，又称为铅笔底图。在地形图拼接后，还应清绘和整饰，使图面清晰、美观。整饰顺序是先图内、后图外，先地物、后地貌，先注记、后符号。整饰的内容如下：

1）擦掉多余的、不必要的点线。

2）重绘内图廓线、坐标格网线并注记坐标。

3）所有地物、地貌应按图式规定的线划、符号、注记进行清绘。

4）各种文字注记应注在适当的位置，一般要求字头朝北，字体端正。

5）等高线应描绘光滑圆顺，计曲线的高程注记应成列。

6）按规定图式整饰图廓及图廓外各项注记。

8.6.3 地形图的检查

1. 室内检查

地形图图廓、方格网、控制点展绘精度应符合要求；测站点的密度和精度应符合规定；地物、地貌各要素测绘应正确、齐全，取舍恰当，等高线无矛盾、可疑之处；各种图式符号注记运用正确；接边精度应符合要求；图历表填写应完整、清楚，各项资料齐全。如果发现错误或疑问，应到野外进行实地检查。

2. 野外检查

（1）巡视检查　沿选定的路线将原图与实地进行对照检查，查看所绘内容与实地是否相符，有否遗漏，等高线是否逼真、合理，名称注记与实地是否一致等。将发现的问题和修改意见记录下来，以便修正或补测时参考。

（2）仪器检查　使用仪器到野外设站检查。把仪器重新安置在图根控制点上，对一些主要地物和地貌进行重测，实测检查量不应少于测图工作量的10%。检查统计得到的中误差应满足表8-9和表8-10的规定。

表8-9　图上地物点相对于邻近图根点的点位中误差

区域类型	点位中误差/mm
一般地区	0.8
城镇建筑区、工矿区	0.6
水域	1.5

表8-10　工矿区细部坐标点的点位和高程中误差

地物类别	点位中误差/cm	高程中误差/cm
主要建（构）筑物	5	2
一般建（构）筑物	7	3

8.7 大比例尺地形图测绘新技术简介

随着测绘技术向高科技化转变，低空摄影测量、机载激光雷达、三维激光扫描等新技术纷纷运用于地形测量生产中，提供了丰富的产品，大大降低了测绘工作人员的外业劳动强度。地形测量已经逐渐从后处理向实时处理转变，从离线向在线发展。

1. 无人机低空摄影测量技术

无人机低空摄影测量一般分为垂直摄影测量和倾斜摄影测量两种方式。其进行大比例尺地形图测绘的作业方法与数字航空摄影测量作业方法基本相同，但具有方便、机动、快速、

经济等优势，能够在云层下飞行航拍，获取高分辨率影像，在阴天、轻雾天也可获得合格的彩色影像，配合采用全数字摄影测量系统进行作业，能获得数字线划地图（DLG）、数字正射影像地图（DOM）、数字高程模型（DEM）、数字地表模型（DSM）、三维实景等测绘产品。无人机低空摄影测量现在虽然存在飞行姿态不稳定，影像像幅较小，后期数据处理技术与质量控制不太成熟等一些不足，但越来越广泛地应用在快速监测、震后重建、高危地区的地图数据获取、高精度大比例测图、地理数据局部快速更新，以及小区域三维模型的快速建立等诸多领域。

2. 机载激光雷达

机载激光雷达（Light Detection and Ranging，LiDAR）是激光测距技术、计算机技术、高动态载体姿态测定技术和高精度动态 GNSS 差分定位技术迅速发展的集中体现，核心部件可形象理解为高精度惯性导航系统（INS）、GNSS、激光扫描仪的合成体。它的传感器通过激光回波获取信息，属于主动遥感传感器，不受日照条件影响；发射的激光脉冲有一定的穿透性，能部分地穿透树林遮挡，直接获取高精度三维地表地形数据，然后可以快速生成高精度的数字高程模型（DEM）、等高线图及正射影像图。

利用 LiDAR，一般能显著提高 DEM 成果精度。将 LiDAR 与摄影测量方法有效结合，是这一技术应用的研究热点。

3. 地面移动测绘系统

地面移动测绘系统基于三维激光扫描技术，集成了多种先进的传感器设备，主要由移动平台、导航定位传感器、测绘传感器、控制系统、电源供应系统构成。可以使用汽车、轮船、人力等作为移动平台，使用惯性导航系统、GNSS、车轮传感器作为导航定位传感器，使用 CCD 相机、激光扫描仪、雷达传感器等测绘传感器进行目标测量。在用于大比例尺测图时，车载移动测量系统（MMS）最为常用。车载移动测量系统由三维激光扫描仪（LS）、惯性测量单元（IMU）、GNSS 等多传感器集成，有的还搭载有全景影像采集单元，进行外业数据采集时，须根据不同传感器的操作规程制定合适的作业流程。

车载移动测量技术能够快速获取直接反映测量目标实时和真实形态特性的空间点云数据和全景影像数据，系统平面精度完全能够达到 1：1000 地形图的平面精度要求，是一种新兴的快速、高效、无地面控制的测绘技术。但现阶段车载移动测量系统在大比例尺测图方面还处在不断成熟的阶段，存在着点状地物识别困难，对计算机要求高，数据编辑需要依据一定的经验判别，需要返回现场增加地物地貌属性信息，使用区域受限等很多需要改进的地方。

随着 3S 技术的飞速发展，各行业对不同比例尺条件的地图产品需求与日俱增，规模空前，如以数字制图综合为基础的无级比例尺信息处理技术的提出等。这是数字测图工作面临的挑战，也是发展的一大机遇。

习　题

1. 地形图上所表示的内容可分为哪三个部分？请至少列举一例。
2. 何谓比例尺精度？比例尺精度有什么用途？
3. 地物符号有哪些？

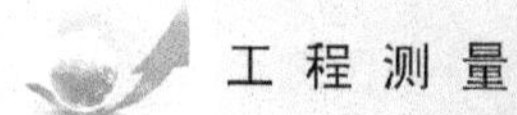

4. 等高线是如何定义的？等高线有哪些特性？

5. 等高距、等高线平距是如何定义的？它们与地面坡度有什么关系？地形图的等高距如何选定？

6. 测绘地形图前，如何选择地形图的比例尺？

7. 测绘碎部点平面位置的基本方法有哪几种？各在什么情况下使用？

8. 简述在一个测站上用经纬仪测绘法测图的工作步骤。

第 9 章　地形图的应用

【学习目标】

1. 熟悉地形图在工程建设中的应用，如绘制断面图、在图上设计等坡线、确定汇水面积、确定填挖边界和计算土方量等。

2. 掌握地形图应用的基本内容，包括在图上量取点的平面坐标和高程、两点间水平距离及方位角、两点间坡度、多边形面积等。

9.1　概述

地形图比较全面、客观地反映了地面的基本情况，它所包含的丰富的自然、人文和社会经济信息是进行各种工程建设规划、设计和施工的重要依据。工程人员通过识读地形图，可以充分利用地形条件，优化设计和施工方案，有效地节省工程建设费用，提高建设效率。

在地形图上，可以确定点位、两点之间的距离；可以确定直线的方位，进行实地定向；可以确定点的高程和两点间的高差；可以根据地形图计算出地表物体的面积和体积，从而能确定土地和房屋面积、土石方量、蓄水量、矿产量等；可以了解到各种地物、地类、地貌等的分布情况；可以确定各设计对象的施工数据；可以截取断面，绘制断面图；还可以利用地形图作底图，编绘出一系列专题地图，如土地利用规划图、道路交通规划图、建筑物总平面图等。

9.2　地形图应用的基本内容

地形图的基本应用

9.2.1　点位的坐标量测

欲在地形图上确定点的坐标，首先根据图廓坐标注记和点的图上位置，绘出坐标方格，再按比例尺量取长度。

如图 9-1 所示，地形图的比例尺为 1∶1000，欲求 A 点的坐标，先过 A 点作格网的平行线，交格网边于 m、n 点。再按测图比例尺量出 $am=44\text{m}$，$an=51\text{m}$，则 A 点坐标为

$$\begin{cases} x_A = x_a + am = (200+44)\,\text{m} = 244\text{m} \\ y_A = y_a + an = (200+51)\,\text{m} = 251\text{m} \end{cases}$$

但是，由于图纸会产生伸缩，使方格边长往往不等于理论长度。为了求得精确的 A 点坐标值（x_A，y_A），可采用乘伸缩系数按式 9-1 进行计算。

$$\begin{cases} x_A = x_a + \dfrac{100}{ab} amM \\ y_A = y_a + \dfrac{100}{ac} anM \end{cases} \tag{9-1}$$

式中　ab、ac、am、an——图上量取的长度；

M——比例尺分母；

x_a、y_a——a 点坐标。

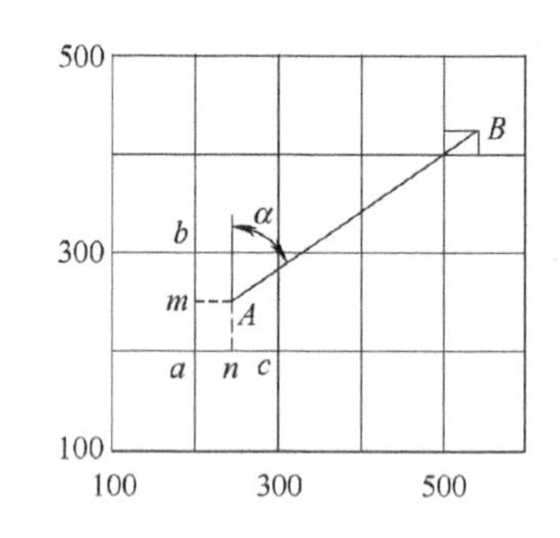

图 9-1　地形图上量算点的坐标

9.2.2　两点间的水平距离量测

1. 直接量测

用卡规在图上直接卡出线段长度，再与图示比例尺比量，即可得其水平距离。也可以用毫米尺量取图上的长度并按比例尺换算为水平距离，但后者受图纸伸缩的影响。

2. 根据两点的坐标计算水平距离

当距离较长时，为了消除图纸变形的影响以提高精度，可用两点的坐标计算距离。如果需要确定图上 A、B 两点间的水平距离 D_{AB} 时，可以根据已求得的 A、B 两点坐标值按下式计算

$$D_{AB} = \sqrt{(x_B - x_A)^2 + (y_B - y_A)^2} \tag{9-2}$$

9.2.3　直线的方位角量测

欲求直线 AB 的方位角，先求出 A、B 两点的坐标，然后再按坐标反算公式［见第 4 章式（4-9）］计算 AB 的坐标方位角。

9.2.4　点位的高程及两点间的坡度量测

图上点的高程可通过等高线求得。如果所求的点恰好位于某等高线上，那么该点高程就等于此等高线的高程。如图 9-2 所示，点 A 的高程为 50.0m。如果所求点在两等高线之间，如图中 B 点，可通过 B 作一条大致垂直两相邻等高线的线段 mn，在图上量出 mn 和 mB 的长度，则 B 点的高程 H_B 为

$$H_B = H_m + \frac{mB}{mn} h \tag{9-3}$$

式中　H_m——m 点的高程；

h——等高距。

在图上求某点的高程时，通常可以根据相邻两等高线的高程目估确定。

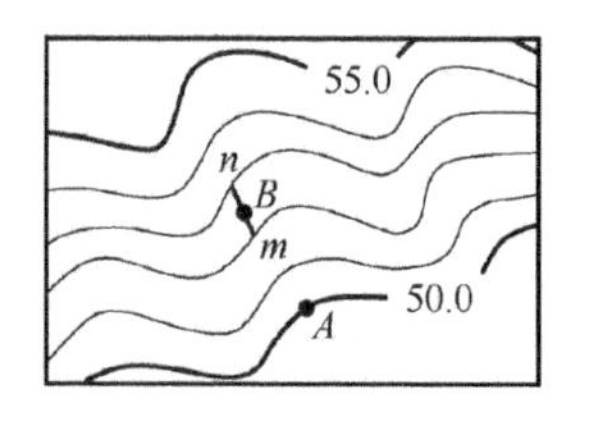

图 9-2　地形图上求点的高程

设地面两点间的水平距离为 D，高差为 h，高差与水平距

离之比称为坡度，常以百分率或千分率表示，坡度 i 为

$$i=\frac{h}{D}=\frac{h}{dM} \tag{9-4}$$

式中　h——高差；

d——图上量测的距离；

M——比例尺分母。

如果两点间的距离较长，中间通过疏密不等的等高线，则所求地面坡度为两点间的平均坡度。

9.2.5　图形面积的量算

在地形图上量算面积的方法有很多种，应根据具体情况选择适宜的方法。

1. 几何图形法

该方法适合于形状较规则（或可划分为规则）的图形面积的量算。可将多边形划分为若干个几何图形来计算。如图 9-3 所示，所求多边形 12345 分解为 a、b、c 三个三角形，求出各三角形的面积，其面积总和即为整个多边形的面积。

各三角形的面积可直接用比例尺量出 a、b、c 每个三角形底边长 d 及其高 h，按公式 $A=dh/2$ 计算得到。也可用边长和坐标方位角来计算每个三角形面积。在图 9-3 中，先求出多边形各顶点 1、2、3、4、5 的坐标，按式（9-2）和式（4-9）分别求出 12、13、14、15 的距离 D_1、D_2、D_3、D_4 和坐标方位角 α_{12}、α_{13}、α_{14}、α_{15}。则各三角形的面积为

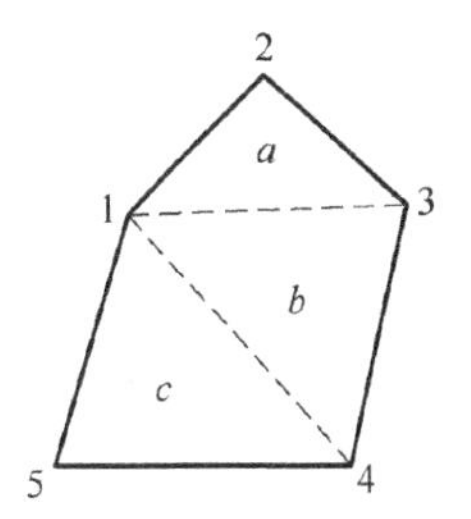

图 9-3　几何图形法

$$S_1=\frac{1}{2}D_1D_2\sin(\alpha_{13}-\alpha_{12})$$

$$S_2=\frac{1}{2}D_2D_3\sin(\alpha_{14}-\alpha_{13})$$

$$S_3=\frac{1}{2}D_3D_4\sin(\alpha_{15}-\alpha_{14}) \tag{9-5a}$$

则图形总面积为

$$A=S_1+S_2+S_3 \tag{9-5b}$$

2. 坐标计算法

若在地形图上能方便得到多边形各顶点坐标（或实地用全站仪测得），可直接用坐标计算面积。

如图 9-4 所示，将任意四边形各顶点按顺时针编号为 1、2、3、4，各点坐标分别为 (x_1,y_1)、(x_2,y_2)、(x_3,y_3)、(x_4,y_4)。由图 9-4 可知，四边形 1234 的面积等于梯形 3′34 4′加梯形 4′411′的面积再减去梯形 3′322′与梯形 2′211′的面积，即

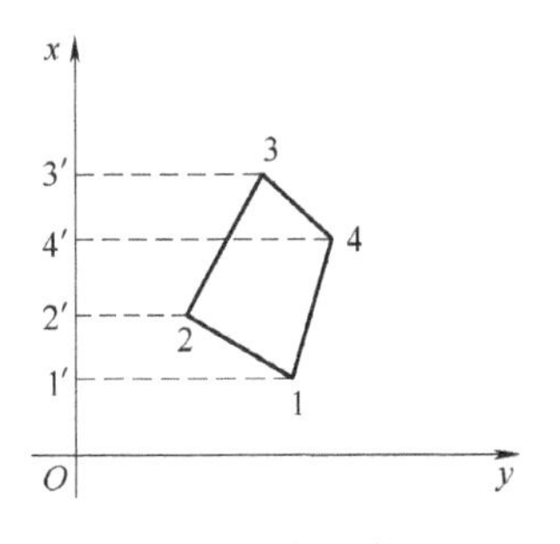

图 9-4　坐标计算法

$$A=\frac{1}{2}[(y_3+y_4)(x_3-x_4)+(y_4+y_1)(x_4-x_1)-(y_3+y_2)(x_3-x_2)-(y_2+y_1)(x_2-x_1)]$$

整理后得

$$A=\frac{1}{2}[x_1(y_2-y_4)+x_2(y_3-y_1)+x_3(y_4-y_2)+x_4(y_1-y_3)]$$

若四边形各顶点投影于 y 轴，则为

$$A=\frac{1}{2}[y_1(x_4-x_2)+y_2(x_1-x_3)+y_3(x_2-x_4)+y_4(x_3-x_1)]$$

若图形为 n 边形，则一般形式为

$$A=\frac{1}{2}\sum_{i=1}^{n}x_i(y_{i+1}-y_{i-1}) \tag{9-6a}$$

或

$$A=\frac{1}{2}\sum_{i=1}^{n}y_i(x_{i-1}-x_{i+1}) \tag{9-6b}$$

式中　n——多边形边数。

当 $i-1=0$ 时，y_{i-1} 和 x_{i-1} 分别用 y_n 和 x_n 代入，当 $i+1=n+1$ 时，y_{i+1} 和 x_{i+1} 分别用 y_1 和 x_1 代入。

以上两式算出的结果可相互作为检核。

3. 求积仪法

求积仪是一种以地图为对象测算面积的仪器，适合量取地图上范围较大、形状不规则区域的面积。最早使用的求积仪是机械式的，随着科技进步，研制出多种数字式求积仪。下面以国产数字求积仪 KP-90N 为例（图 9-5）介绍其使用方法。

图 9-5　KP-90N 数字求积仪

（1）测量前准备工作　把主机电源插头插入电源插座上，把仪器摆放在所测图形近似中心线上，在被测面积轮廓上确定起始点，并做标记。移动描点镜，如果显示器数字不变化，仪器处于锁定状态，按下〈HOLD〉（锁定）键，仪器处于计数状态。

（2）测量　把描点镜中心点对准所测图形的起始点，按下〈CLEAR〉（清零）键，移动描迹器，使描迹器的中心点顺时针沿被测面积的轮廓线一直描到原来的标记处，结束测量。若要保持显示器测量结果，按下〈HOLD〉键，使其不受计数装置的意外移动所影响。当再一次按〈HOLD〉键时，计数方式被恢复，仪器可继续测量，并能累加测量。

（3）实际面积的数值和不同比例的换算　测量结束，仪器所显示的数值并不是真实的面积值，要根据不同比例的面积系数换算成实际面积值，即所测图形的实际面积＝仪器显示数值×相应比例的面积系数。每台仪器都配备面积系数表供用户查用。

按设计坡度选线

9.2.6　在图上按设计坡线选线

对管线、渠道、交通线路等工程进行初步设计时，需要先在地形图上选线。按照技术要求，通常选定的线路坡度不能超过规定的限制坡度，并且线路最短。

如图 9-6 所示，地形图的比例尺为 1∶1000，等高距为 1m，要求在该地形图上选出一条由 A 至 B 的最短线路，并且在该线路任何处的坡度都不超过 2%。

常见的做法是将两脚规在坡度尺上截取坡度为2%时相邻两等高线间的平距；也可以按下式计算相邻等高线间的最小平距（地形图上距离）：$d=\frac{h}{Mi}=\frac{1\text{m}}{1000\times2\%}=0.05\text{m}$，即50mm。

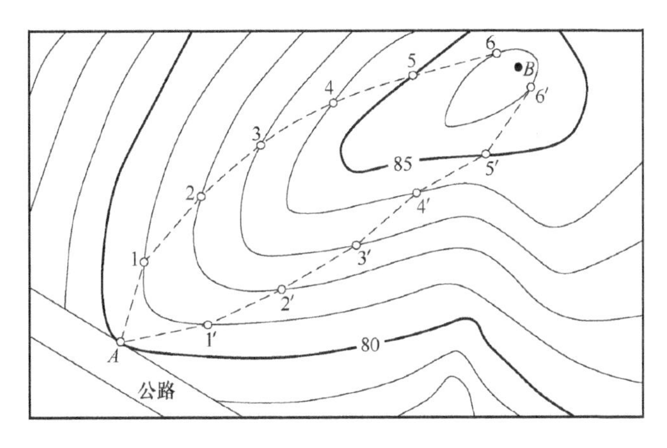

图9-6　在地形图上设计等坡路线

然后，将两脚规的脚尖设置为50mm，把一脚尖立在以点A为圆心上作弧，交另一等高线的1点，再以1点为圆心，另一脚尖交相邻等高线的2点。如此继续直到B点。这样，由A、1、2、3、4、5、6至B连接的AB线路，就是所选定的坡度不超过2%的最短线路。

从图9-6中看出，如果平距d小于图上等高线间的平距，则说明该处地面最大坡度小于设计坡度，这时可以在两等高线间用垂线连接。此外，从A到B的线路可采用上述方法选择多条，例如，由A、1′、2′、3′、4′、5′、6′至B所确定的线路。最后选用哪条，再根据占用耕地、撤迁民房、施工难度及工程费用等因素决定。

9.3　工程建设中的应用

9.3.1　绘制地形断面图

在各种线路工程设计中，为了进行填挖方量的概算，以及合理地确定线路的纵坡，需要了解沿线路方向的地面起伏情况。为此，常需利用地形图绘制沿指定方向的纵断面图。

如图9-7a所示，欲沿MN方向绘制纵断面图，方法如下：

1）首先在图纸上绘制直角坐标系。以横轴表示水平距离，以纵轴表示高程。水平距离比例尺又称为水平比例尺，一般与地形图比例尺相同。为了明显地表示地面的起伏状况，高程比例尺一般是水平比例尺的10~20倍。

2）在纵轴上注明高程，并按基本等高距作与横轴平行的高程线。高程起始值要选择恰当，使绘出的断面图位置适中。

3）在地形图上沿MN方向线量取断面与等高线的交点1、2、…、13至M点的距离

（图 9-7 中点 3、5、8、10 是缓和曲线的起点和终点），按各点的距离数值，自 *M* 点起依次在直线 *M′N′*上截取，得 1、2、……各点在直线 *M′N′*上的位置。

4）在地形图上读取 1、2、……各点的高程。将各点的高程按高程比例尺画垂线，就得到各点在断面图上的位置。

5）将各相邻点用平滑曲线连接起来，即 *MN* 方向的断面图，如图 9-7b 所示。

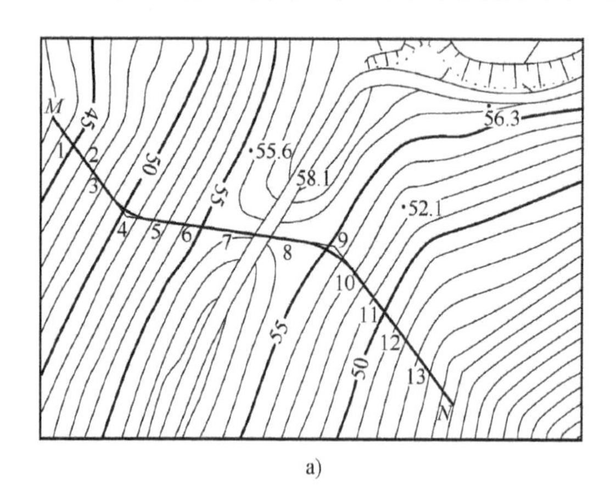

a)

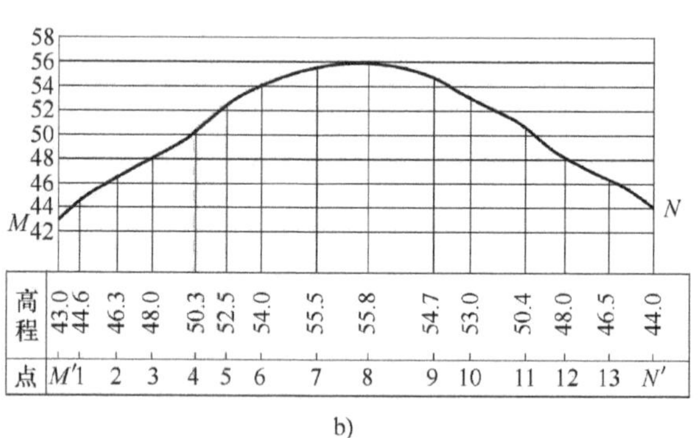

b)

图 9-7 绘制地形纵断面图

9.3.2 确定汇水面积

修筑道路时，有时要跨越河流或山谷，这时就必须建桥梁或涵洞；兴修水库必须筑坝拦水。而桥梁、涵洞孔径的大小，水坝的设计位置与坝高，水库的蓄水量等，都要根据汇集于这个地区的水流量来确定。汇集水流量的面积称为汇水面积。

由于雨水是沿山脊线（分水线）向两侧山坡分流，所以汇水面积的边界线是由一系列的山脊线连接而成的。如图 9-8 所示，一条公路 *SE* 经过山谷，拟在 *M* 点处架桥或修涵洞，其孔径大小与汇水面积有关。量测该面积的大小，再结合气象水文资料，便可进一步确定流经公路 *M* 处的水量，从而对桥梁或涵洞的孔径设计提供依据。

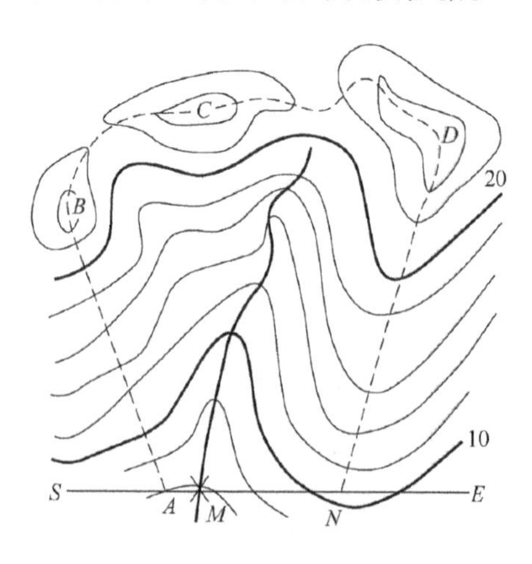

图 9-8 确定汇水面积

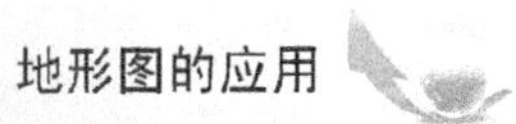

确定汇水面积的边界线时，应注意以下几点：

1）边界线（除公路段外）应与山脊线一致，且与等高线垂直。

2）边界线是经过一系列的山脊线、山头和鞍部的曲线，并与河谷的指定断面（公路或水坝的中心线）闭合。

9.3.3 场地平整时的填挖边界确定和土方量计算

在有些工程建设中，除要对建筑物进行合理的平面布置外，还要对原地貌进行必要的改造，以便适用于布置各类建筑物，排除地面水以及满足交通运输和敷设地下管线等。这种地貌改造称为平整土地或场地平整。

在平整土地工作中，常需预算土（石）方工程量，即利用地形图进行填挖土（石）方量的概算。计算方法有多种，其中方格网法和等高线法是应用较广泛的方法。下面分别介绍这两种方法。

1. 方格网法

假设要求将原地貌按挖填土方量平衡的原则改造成平面，其步骤如下：

（1）在地形图上绘制方格网　在地形图上拟建场地内绘制方格网。方格网的大小取决于地形复杂程度、地形图比例尺大小，以及土方概算的精度要求。例如，在设计阶段采用1：500的地形图时，根据地形复杂情况，方格网边长一般为10m或20m。绘制方格网后，根据地形图上的等高线，用内插法求出每一方格顶点的地面高程，并注记在相应方格顶点的右上方。

（2）计算设计高程　先将每一方格顶点的高程加起来除以4，得到各方格的平均高程，再把每个方格的平均高程相加除以方格总数，就得到设计高程 $H_{设}$。设计高程的计算公式为

$$H_{设}=\frac{\sum H_{角}+2\sum H_{边}+3\sum H_{拐}+4\sum H_{中}}{4n} \tag{9-7}$$

式中　　n——方格总数；

$H_{角}$、$H_{边}$、$H_{拐}$、$H_{中}$——角点、边点、拐点和中点的高程。

从计算设计高程的过程可以看出，图9-9中，角点 $A1$、$D1$、$D4$、$C6$、$A6$ 的高程只参加一次计算，边点 $B1$、$C1$、$D2$、$D3$、$C5$、……高程参加两次计算，拐点的 $C4$ 的高程参加三次计算，中点 $B2$、$C2$、$C3$、……高程参加四次计算。

将图9-9中各点高程代入式（9-7），求出设计高程为54.4m。在地形图中内插绘出54.4m等高线（图中虚线），即填挖边界线，也称为零线。

（3）计算挖、填高度　根据设计高程和方格顶点的高程，可以计算出每一方格顶点的挖、填高度，即

$$挖、填高度=地面高程-设计高程 \tag{9-8}$$

将图中各方格顶点的挖、填高度写于相应方格顶点的左上方。正号为挖深，负号为填高。

（4）计算挖、填土方量　挖、填土方量可按角点、边点、拐点和中点分别按下式列表计算

$$\begin{cases}角点=挖、填土方量=挖(填)方高度\times\dfrac{1}{4}方格面积\\[2ex]边点=挖、填土方量=挖(填)方高度\times\dfrac{2}{4}方格面积\\[2ex]拐点=挖、填土方量=挖(填)方高度\times\dfrac{3}{4}方格面积\\[2ex]中点=挖、填土方量=挖(填)方高度\times1\ 方格面积\end{cases}\tag{9-9}$$

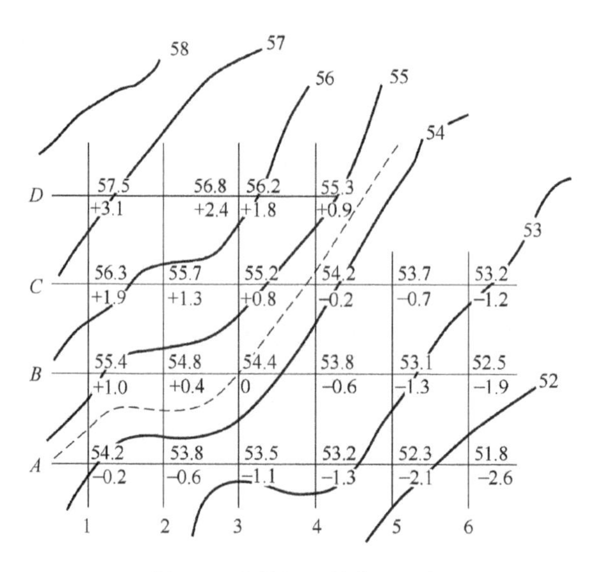

图 9-9　方格网法估算土石方

计算时，按方格线依次计算挖、填方量，然后再计算挖方量和填方量总和。图 9-9 中土石方量计算如下（假设方格边长为 15m×15m）：

$A\qquad V_T=\left[\dfrac{1}{4}\times225\times(-2.6)+\dfrac{2}{4}\times225\times(-0.6-1.1-1.3-2.0)+\dfrac{1}{4}\times225\times(-0.2)\right]\mathrm{m}^3=-720.00\mathrm{m}^3$

$B\qquad V_W=\left(\dfrac{2}{4}\times225\times1.0+225\times0.4\right)\mathrm{m}^3=+202.5\mathrm{m}^3$

$\qquad V_T=\left[225\times(0-0.6-1.3)+\dfrac{2}{4}\times225\times(-1.9)\right]\mathrm{m}^3=-641.25\mathrm{m}^3$

$C\qquad V_W=\left[\dfrac{2}{4}\times225\times1.9+225\times(1.3+0.8)\right]\mathrm{m}^3=+686.25\mathrm{m}^3$

$\qquad V_T=\left[\dfrac{3}{4}\times225\times(-0.2)+\dfrac{2}{4}\times225\times(-0.7)+\dfrac{1}{4}\times225\times(-1.2)\right]\mathrm{m}^3=-180\mathrm{m}^3$

$D\qquad V_W=\left[\dfrac{1}{4}\times225\times(3.1+0.9)+\dfrac{2}{4}\times225\times(2.4+1.8)\right]\mathrm{m}^3=+697.5\mathrm{m}^3$

最后得到总挖方量 $\sum V_W=+1586.25\mathrm{m}^3$；总填方量 $\sum V_T=-1541.25\mathrm{m}^3$。

从计算结果可以看出，挖方量和填方量基本相等，满足“挖、填平衡”的要求。

2. 等高线法

当地面起伏较大，且仅计算挖方时，可采用等高线法。这种方法是从场地设计高程的等高线开始，算出其上各等高线所包围的面积，分别将相邻两条等高线所围面积的平均值乘以等高距，就是此两等高线平面间的土方量，再求和即得总挖方量。

如图 9-10 所示，地形图等高距为 1m，要求平整场地后的设计高程为 33.5m。先在图中内插设计高程为 33.5m 的等高线（图中虚线），在分别求出 33.5m、34m、35m、36m、37m 五条等高线所围成的面积 $A_{33.5}$、A_{34}、A_{35}、A_{36}、A_{37}，即可算出每层土石方量，计算过程为

$$V_1=\frac{1}{2}(A_{33.5}+A_{34})\times 0.5$$

$$V_2=\frac{1}{2}(A_{34}+A_{35})\times 1$$

……

$$V_5=\frac{1}{3}A_{37}\times 0.1$$

则总挖方量为：
$$\sum V_W=V_1+V_2+V_3+V_4+V_5$$

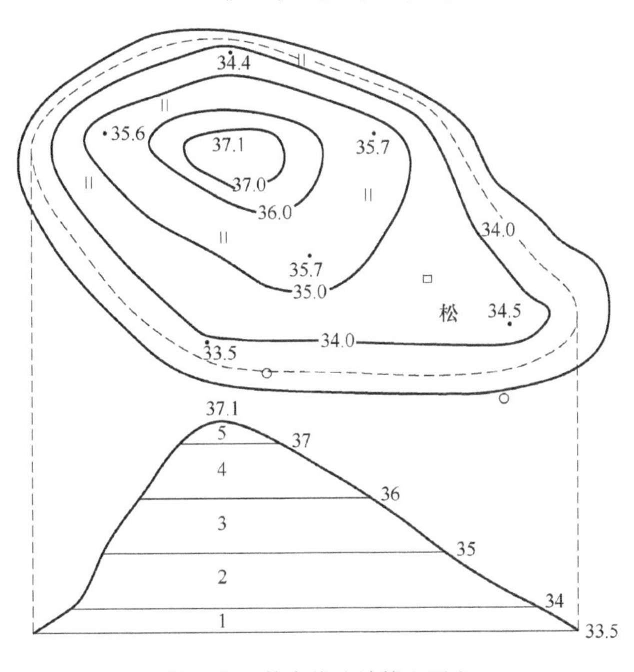

图 9-10　等高线法计算土石方

习　题

1. 地形图的基本要素包括哪些？为什么在应用地形图之前必须了解这些要素？
2. 地形图的应用有哪些基本内容？
3. 在如图 9-11 所示的 1∶2000 比例尺地形图上完成以下工作：

（1）确定 C、D 两点的坐标。

（2）计算 *AB* 线的长度和方位角，用图上实量距离和方位角进行校核，问长度误差和方向误差各为多少？

（3）求 *A*、*C* 两点高程及其连线的坡度。

（4）由 *A* 点到 *B* 点定出一条坡度为 5%的路线。

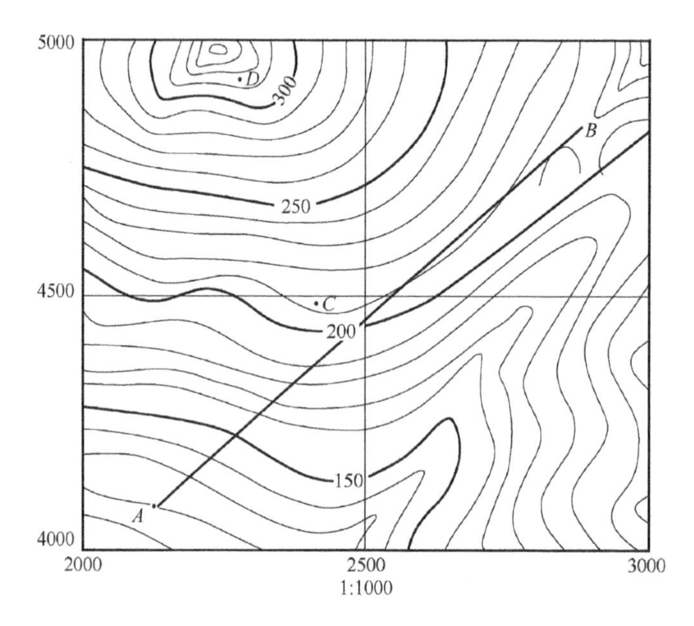

图 9-11　第 3 题图

4. 怎样按已知方向线在地形图上绘制断面图？图 9-12 为 1∶2000 比例尺地形图，请沿 *AB* 方向绘制断面图（可设高程比例尺为水平比例尺的 10 倍）。

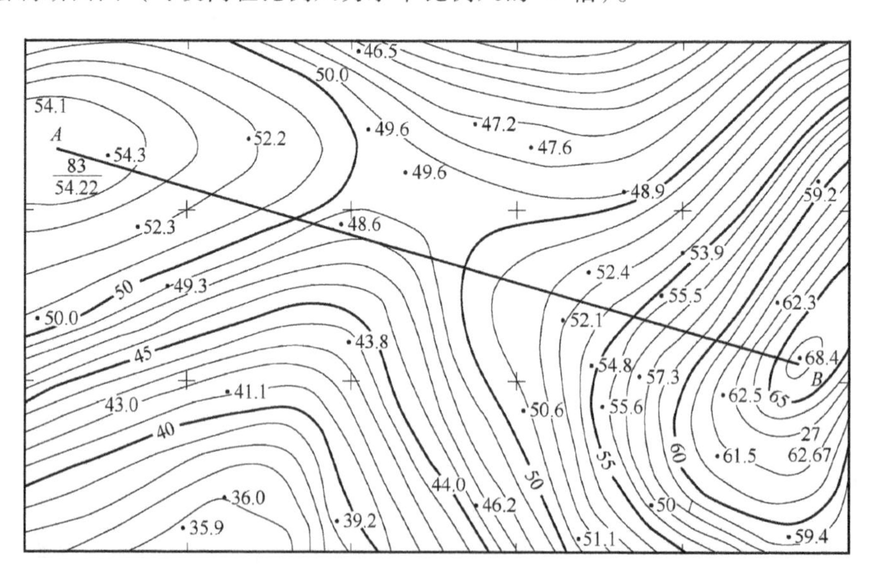

图 9-12　第 4 题图

5. 常用求算面积的图解法有哪几种？如何进行求算？各在什么情况下使用？

6. 怎样用解析法求面积？它的精度如何？

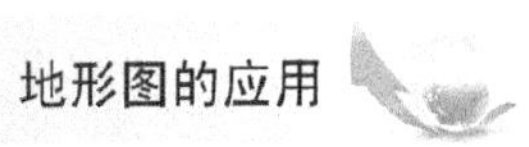

7. 如何定义汇水面积？欲在如图 9-13 所示的 1：5000 比例尺地形图上的 A 点处修建一座涵洞，请在图上确定其汇水面积。

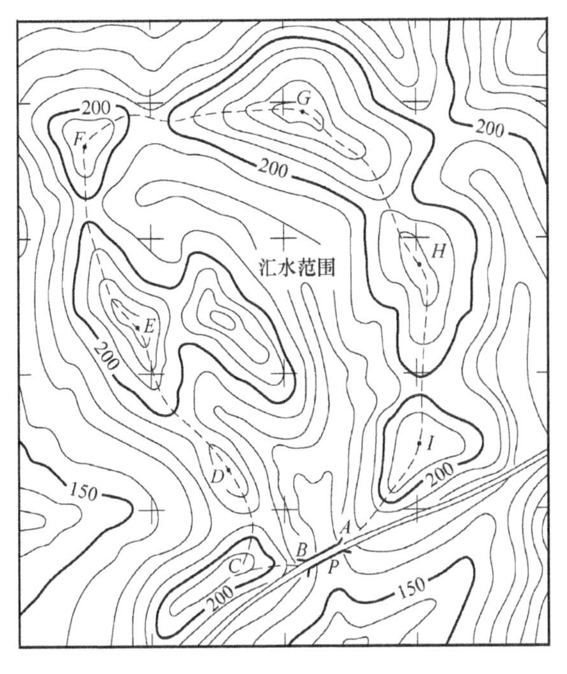

图 9-13　第 7 题图

8. 平整土地的基本原则是什么？在地形图上怎样确定填挖边界线？

第 10 章　施工测量的基本工作

【学习目标】

1. 掌握距离放样、角度放样、高程放样的方法。
2. 掌握点位平面位置放样的方法。
3. 掌握坡度放样的方法。

施工测量是指把图样上设计好的建（构）筑物位置（包括平面和高程位置）在实地标定出来的工作，即按设计的要求将建（构）筑物各轴线的交点、道路中线、桥墩等点位标定在相应的地面上。这项工作又称为测设或放样。这些待测设的点位是根据控制点或已有建筑物特征点与待测设点之间的角度、距离和高差等几何关系，应用测绘仪器和工具标定出来的。因此，测设已知水平距离、水平角、高程是施工测量的基本工作。

10.1　水平距离、水平角、高程的测设

10.1.1　测设已知水平距离

测设已知水平距离是从地面一已知点开始，沿已知方向测设出给定的水平距离以定出第二个端点的工作。根据测设的精度要求不同，可分为一般测设方法和精确测设方法。

1. 一般测设方法

在地面上，由已知点 A 开始，沿给定方向，用钢尺量出已知水平距离 D 定出 B 点。为了校核与提高测设精度，在起点 A 处改变读数，按同法量已知距离 D 定出 B'点。由于量距有误差，B 与 B'两点一般不重合，其相对误差在允许范围内时，则取两点的中点作为最终位置。

2. 精确测设方法

当水平距离的测设精度要求较高时，按照上面一般测设方法在地面测设出的水平距离，还应加上尺长、温度和高差 3 项改正，但改正数的符号与精确量距时的符号相反，即

$$S=D-\Delta_{l_d}-\Delta_t-\Delta_h \tag{10-1}$$

式中　S——实地测设的距离；

D——待测设的水平距离；

Δ_{l_d}——尺长改正数，$\Delta_{l_d}=\frac{\Delta_l}{l_0}D$，$l_0$ 和 Δ_l 分别是所用钢尺的名义长度和尺长改正数；

Δ_t——温度改正数，$\Delta_t=\alpha D(t-t_0)$，$\alpha=1.25\times10^{-5}$，为钢尺的线膨胀系数，t 为测设时的温度，t_0 为钢尺的标准温度，一般为20℃；

Δ_h——倾斜改正数，$\Delta_h=-\frac{h^2}{2D}$，h 为线段两端点的高差。

【例 10-1】　如图 10-1 所示，欲测设水平距离 AB，所使用钢尺的尺长方程式为

$$l_t=30.000\text{m}+0.003\text{m}+1.2\times10^{-5}\times30(t-20℃)\text{m}$$

测设时的温度为5℃，AB 两点之间的高差为 1.2m，试计算测设时在实地应量出的长度是多少？

解：根据精确量距公式算出 3 项改正：

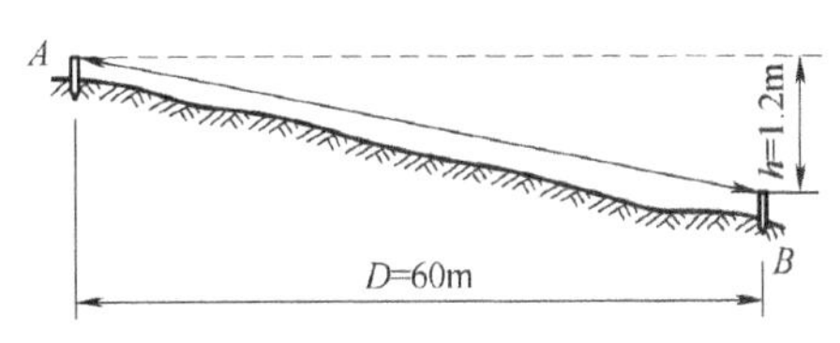

图 10-1　已知水平距离测设

尺长改正：$\Delta_{l_d}=\frac{\Delta_l}{l_0}D=0.006\text{m}$

温度改正：$\Delta_t=\alpha D(t-t_0)=-0.011\text{m}$

倾斜改正：$\Delta_h=-\frac{h^2}{2D}=-0.012\text{m}$

则实地测设水平距离为：$S=D-\Delta_{l_d}-\Delta_t-\Delta_h=(60-0.006+0.011+0.012)\text{m}=60.017\text{m}$

测设时，自线段的起点 A 沿给定的 AB 方向量出 S，定出终点 B，即得设计的水平距离 D。为了检核，通常再放样一次，若两次放样之差在允许范围内，则取平均位置作为终点 B 的最后位置。

3. 光电测距仪测设已知水平距离

用光电测距仪测设已知水平距离与用钢尺测设方法大致相同。如图 10-2 所示，光电测距仪安置于 A 点，反光镜沿已知方向 AB 移动，使仪器显示的距离大致等于待测设距离 D，定出 B'点，测出 B'点反光镜的竖直角及斜距，计算出水平距离 D'。再计算出 D'与需要测设的水平距离 D 之间的改正数 $\Delta D=D-D'$。根据 ΔD 的符号在实地沿已知方向用钢尺由 B'点量 ΔD 定出 B 点，AB 即测设的水平距离 D。

全站仪瞄准位于 B 点附近的棱镜后，能够直接显示出全站仪与棱镜之间的水平距离 D'，因此可以通过前后移动棱镜使其水平距离 D'等于待测设的已知水平距离 D 时，即可定出 B 点。

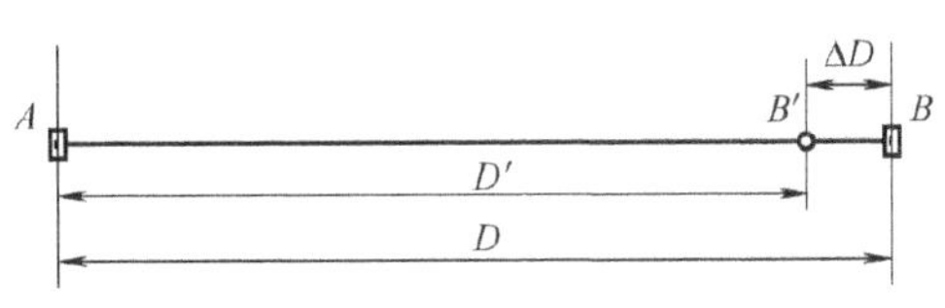

图 10-2　光电测距仪放样距离

为了检核，将反光镜安置在 B 点，测量 AB 的水平距离，若不符合要求，则再次改正，直至在允许范围之内为止。

10.1.2　测设已知水平角

测设已知水平角就是根据一已知方向测设出另一方向，使它们的夹角等于给定的设计角值。按测设精度要求不同分为一般方法和精确方法。

1. 一般方法

当测设水平角精度要求不高时，可采用此法，即用盘左、盘右取平均值的方法。如

图 10-3所示，设 OA 为地面上已有方向，欲测设水平角 β，在 O 点安置经纬仪，以盘左位置瞄准 A 点，配置水平度盘读数为 0。转动照准部使水平度盘读数恰好为 β 值，在视线方向定出 B_1 点。然后用盘右位置，重复上述步骤定出 B_2 点，取 B_1 和 B_2 中点 B，则 $\angle AOB$ 即为测设的 β 角。

该方法也称为盘左盘右分中法。

2. 精确方法

当测设精度要求较高时，可采用精确方法测设已知水平角。如图 10-4 所示，安置经纬仪于 O 点，按照上述一般方法测设出已知水平角 $\angle AOB'$，定出 B'点。然后较精确地测量 $\angle AOB'$的角值，一般采用多个测回取平均值的方法，设平均角值为 β'，测量出 OB'的距离。按式（10-2）计算 B'点处 OB'线段的垂距 $B'B$

$$B'B=\frac{\Delta\beta}{\rho''}OB'=\frac{\beta'-\beta}{\rho''}OB' \tag{10-2}$$

然后，从 B'点沿 OB'的垂直方向调整垂距 $B'B$，$\angle AOB$ 即为 β 角。如图 10-3 所示，若 $\Delta\beta>0$ 时，则从 B'点往内调整 $B'B$ 至 B 点；若 $\Delta\beta<0$ 时，则从 B'点往外调整 $B'B$ 至 B 点。

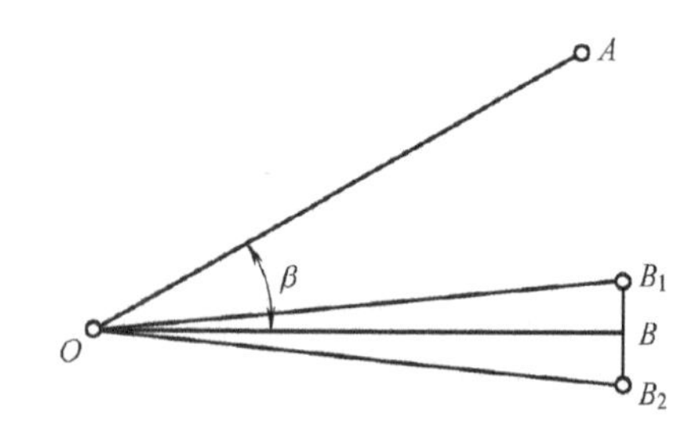

图 10-3　一般方法测设水平角

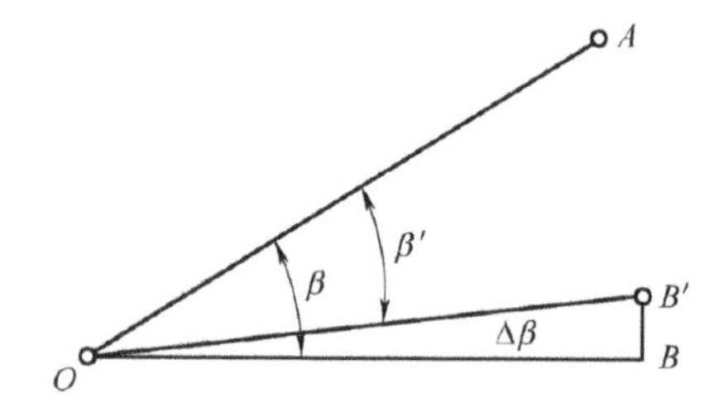

图 10-4　精确方法测设水平角

高程测设

10.1.3　测设已知高程

测设已知高程就是根据已知点的高程，通过引测，把设计高程标定在固定的位置上。如图 10-5 所示，已知高程点 A，其高程为 H_A，需要在 B 点标定出已知高程为 H_B 的位置。方法是：在 A 点和 B 点中间安置水准仪，精平后读取 A 点的标尺读数为 a，则仪器的视线高程为 $H_I=H_A+a$，由图可知测设已知高程为 H_B 的 B 点标尺读数应为：$b=H_I-H_B$。

将水准尺紧靠 B 点木桩的侧面上下移动，直到尺上读数为 b 时，沿尺底画一横线，此线即设计高程 H_B 的位置。测设时，应始终保持水准管气泡居中。

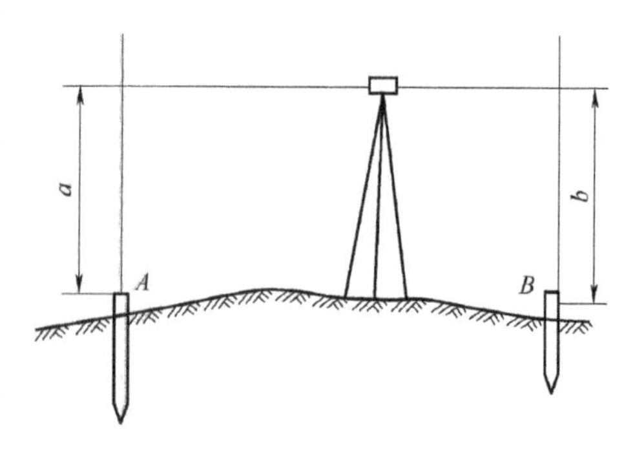

图 10-5　已知高程测设

在地下坑道施工中，高程点位通常设置在坑道顶部。通常规定当高程点位于坑道顶部时，在进行水准测量时水准尺均应倒立在高程点上。如图 10-6 所示，A 为已知高程 H_A 的水准点，B 为待

测设高程为 H_B 的位置，由于 $H_B=H_A+a+b$，则在 B 点应有的标尺读数 $b=H_B-(H_A+a)$。因此，将水准尺倒立并紧靠 B 点木桩上下移动，直到尺上读数为 b 时，在尺底画出设计高程 H_B 的位置。

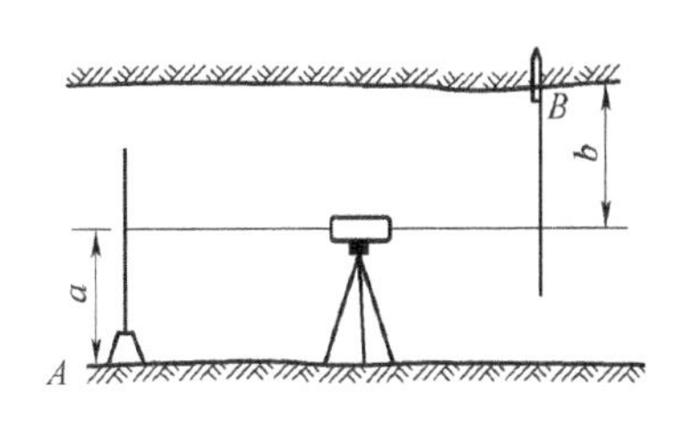

图 10-6 高程点在顶部的测设

同样，对于多个测站的情况，也可以采用类似分析和解决方法。如图 10-7 所示，A 为已知高程 H_A 的水准点，C 为待测设高程为 H_C 的点位，由于 $H_C=H_A-a-b_1+b_2+c$，则在 C 点应有的标尺读数 $c=H_C-(H_A-a-b_1+b_2)$。

当待测设点于已知水准点的高差较大时，则可以采用悬挂钢尺的方法进行测设。如图 10-8 所示，钢尺悬挂在支架上，零端向下并挂一重物，A 为已知高程为 H_A 的水准点，B 为待测设高程为 H_B 的点位。在地面和待测设点位附近安置水准仪，分别在标尺和钢尺上读数 a_1、b_1 和 a_2。由于 $H_B=H_A+a_1-(b_1-a_2)-b_2$，则可以计算出 B 点处标尺的读数 $b_2=H_A+a_1-(b_1-a_2)-H_B$。

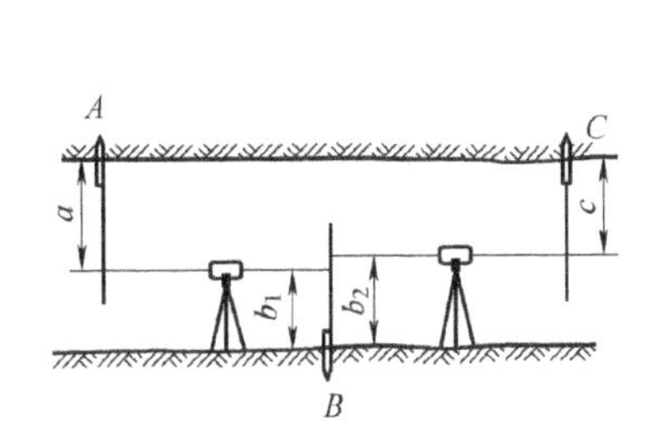

图 10-7 多个站高程点测设

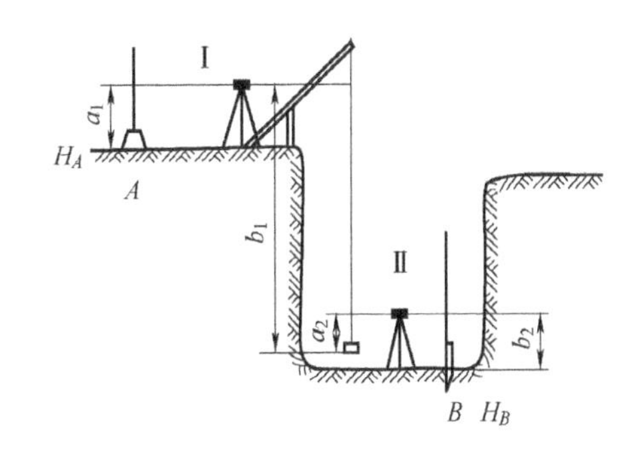

图 10-8 测设建筑基底高程

10.2 测设点的平面位置

点的平面位置测设是根据已布设好的控制点的坐标和待测设点的坐标，反算出测设数据，即控制点和待测设点之间的水平距离和水平角，再利用上述测设方法标定出设计点位。根据所用的仪器设备、控制点的分布情况、测设场地地形条件及测设点精度要求等条件，可以采用以下几种方法进行测设工作。

10.2.1 直角坐标法

直角坐标法是建立在直角坐标原理基础上测设点位的一种方法。当建筑场地已建立有相互垂直的主轴线或建筑方格网时，一般采用此法。

如图 10-9 所示，A、B、C、D 为建筑方格网或建筑基线控制点，P_1、P_2、P_3、P_4 点为待测设建筑物轴线的交点，建筑方格网或建筑基线分别平行或垂直待测设建筑物的轴线。根据控制点的坐标和待测设点的坐标可以计算出两者之间的坐标增量。下面以测设 P_1、P_2 点为例，说明测设方法。

首先计算出 A 点与 P_1、P_2、P_3、P_4 点之间的坐标增量，即

$$\Delta x=x_{P1}-x_A,\ \Delta x_{12}=\Delta x_{43}=x_{P2}-x_{P1},\ \Delta y_1=y_{P1}-y_A,\ \Delta y_2=y_{P2}-y_A$$

测设 P_1、P_2 点平面位置时，在 A 点安置经纬仪，照准 C 点，沿此视线方向从 A 沿 C 方向测设水平距离 Δy_1 定出 E_1 点，测设距离 Δy_2 定出 E_2 点。再安置经纬仪于 E_1 点，盘左照准 C 点（或 A 点），转 90°给出视线方向，沿此方向分别测设出垂直距离 Δx 和 Δx_{12} 定 P_1、P_2 两点。同法以盘右位置定出再定出 P_1、P_2 两点，取 P_1、P_2 两点盘左和盘右的中点即为所求点位置。

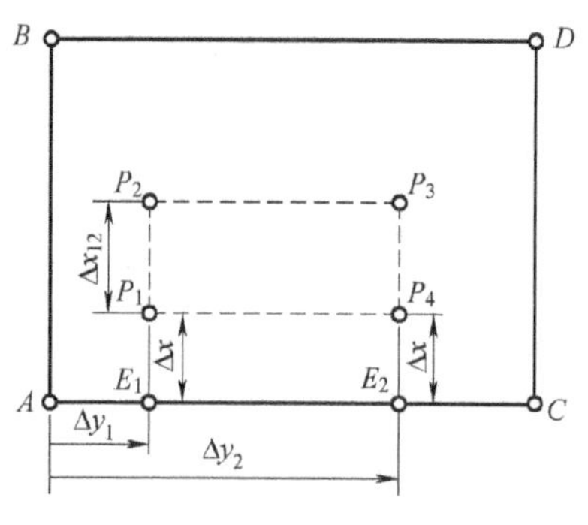

图 10-9 直角坐标法

采用同样的方在 E_2 置镜，可以测设 P_4、P_3 点的位置。检查时，可以在已测设的点上架设经纬仪，检测各个角度是否符合设计要求，并丈量各条边长。

如果待测设点位的精度要求较高，可以利用精确方法测设水平距离和水平角。

10.2.2 极坐标法

极坐标法是根据控制点、水平角和水平距离测设点平面位置的方法。如图 10-10 所示，$A(x_A,y_A)$、$B(x_B,y_B)$为已知控制点，$1(x_1,y_1)$、$2(x_2,y_2)$ 点为待测设点。根据已知点坐标和测设点坐标，按坐标反算方法求出测设数据，即 D_1，D_2，$\beta_1=\alpha_{A1}-\alpha_{AB}$，$\beta_2=\alpha_{A2}-\alpha_{AB}$。

测设时，经纬仪安置在 A 点，后视 B 点，置度盘为零，按盘左盘右分中法测设水平角 β_1、β_2，定出 1、2 点方向，沿此方向测设水平距离 D_1、D_2，则可以在地面标定出设计点位 1、2 两点。

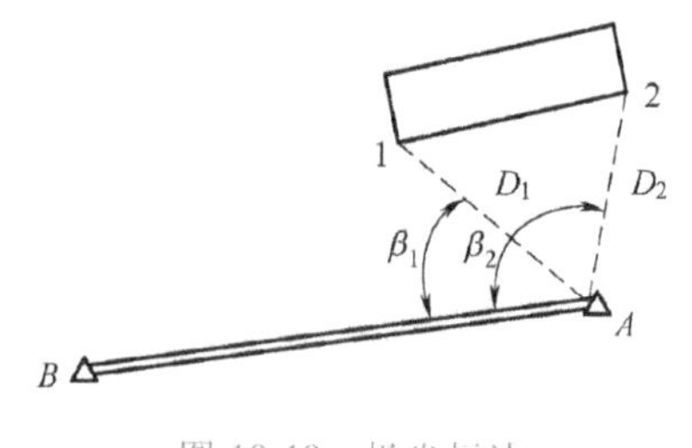

图 10-10 极坐标法

检核时，可以采用丈量实地 1、2 两点之间的水平边长，并与 1、2 两点设计坐标反算出的水平边长进行比较。

如果待测设点 1、2 的精度要求较高，可以利用前述的精确方法测设水平角和水平距离。

10.2.3 角度交会法

角度交会法是指在两个控制点上分别安置经纬仪，根据相应的水平角测设出相应的方向，根据两个方向交会定出点位的一种方法。此法适用于测设点离控制点较远或量距有困难的情况。

如图 10-11 所示，根据控制点 A、B 和测设点 1、2 的坐标，反算测设数据 β_{A1}、β_{A2}、β_{B1} 和 β_{B2} 角值。将经纬仪安置在 A 点，瞄准 B 点，利用 β_{A1}、β_{A2} 角值按照盘左盘右分中法，定出 $A1$、$A2$ 方向线，并在其方向线上的 1、2 两点附近分别打上两个木桩（俗称骑马桩），桩上钉小钉以表示此方向，并用细线拉紧。然后，在 B 点安置经纬仪，同法定出 $B1$、$B2$ 方向线。根据 $A1$ 和 $B1$、$A2$ 和 $B2$ 方向线可以分别找出 1、2 两点，即所求待测设点的位置。

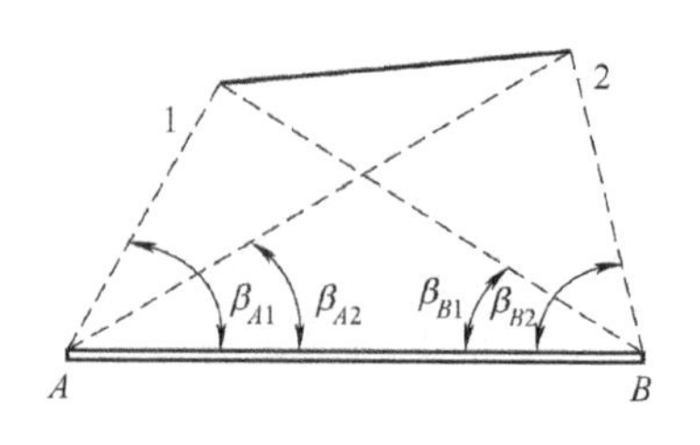

图 10-11 角度交会法

当然，也可以利用两台经纬仪分别在 A、B 两个控制点同时设站，测设出方向线后标定出 1、2 两点。

检核时，可以采用丈量实地1、2两点之间的水平边长，并与1、2两点设计坐标反算出的水平边长进行比较。

10.2.4　距离交会法

距离交会法是从两个控制点利用两段已知距离进行交会定点的方法。当建筑场地平坦且便于量距时，用此法较为方便。

如图10-12所示，A、B为控制点，1点为待测设点。首先，根据控制点和待测设点的坐标反算出测设数据D_A和D_B，然后用钢尺从A、B两点分别测设两段水平距离D_A和D_B，其交点即为所求1点的位置。

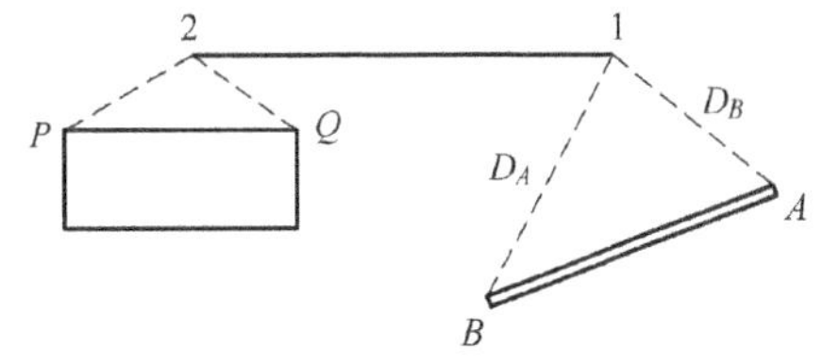

图10-12　距离交会法

同样，2点的位置可以由附近的P、Q交会定出。检核时，可以实地丈量1、2两点之间的水平距离，并与1、2两点设计坐标反算出的水平距离进行比较。

10.2.5　全站仪坐标测设法

全站仪坐标测设法是指根据控制点和待测设点的坐标定出点位的一种方法。首先将仪器安置在控制点上，使仪器置于测设模式，然后输入控制点和测设点的坐标，一人持反光棱镜立在待测设点附近，用望远镜照准棱镜，按坐标测设功能键，全站仪显示出棱镜位置与测设点的坐标差。根据坐标差值，移动棱镜位置，直到坐标差值等于零。此时，棱镜位置即测设点的点位。为了能够发现错误，每个测设点位置确定后，可以再测定其坐标作为检核。

如需点的高程放样，可将棱镜立于桩顶上同时测距，仪器会显示出棱镜当前高度和目标高度的高差，将该高差用记号笔标注于木桩侧面，即该点的填挖高度。

利用全站仪测设点位，具有精度高、速度快、受地形条件影响较小等特点，在生产实践中广泛应用。

10.2.6　GNSS RTK坐标测设法

用RTK接收机提供高精度定位结果，结合设计坐标，也可进行坐标测设，方法如下：

1）安置仪器，包括基准站和流动站部分。

2）求解参数。由GNSS RTK测得的坐标需要转化到施工测量坐标，需要软件进行坐标转换参数的计算和设置。

3）点位放样。事先往RTK手簿上传需要放样的设计坐标数据文件，或现场编辑放样数据。选择RTK手簿中的“点位放样”功能，现场输入或从预先上传的文件中选择待放样点的坐标，仪器会计算出RTK流动站当前位置和目标位置的坐标差值（ΔX、ΔY），并提示方向，按提示方向前进，即将达到目标点处时，屏幕会有一个圆圈出现，指示放样点和目标点的接近程度。精准移动流动站，使得ΔX和ΔY小于放样精度要求时，钉木桩，标定点位。

10.3 已知坡度线的测设

已知坡度线的测设就是在地面上定出一条直线，其坡度值等于已给定的设计坡度。在交通线路工程、排水管道施工和敷设地下管线等项工作中经常涉及该问题。

如图 10-13 所示，设地面上 A 点的高程为 H_A，AB 两点之间的水平距离为 D，要求从 A 点沿 AB 方向测设一条设计坡度为 i 的直线 AB，即在 AB 方向上定出 1、2、3、4、B 各桩点，使其各个桩顶面连线的坡度等于设计坡度 i。

具体测设时，先根据设计坡度 i 和水平距离 D 计算出 B 点的高程：$H_B=H_A-i\mathrm{D}$。计算 B 点高程时，注意坡度 i 的正、负，在图 10-13 中 i 应取负值。

然后，按照前面 10.1.3 节所述测设已知高程的方法，把 B 点的设计高程测设到木桩上，则 AB 两点的连线的坡度等于已知设计坡度 i。

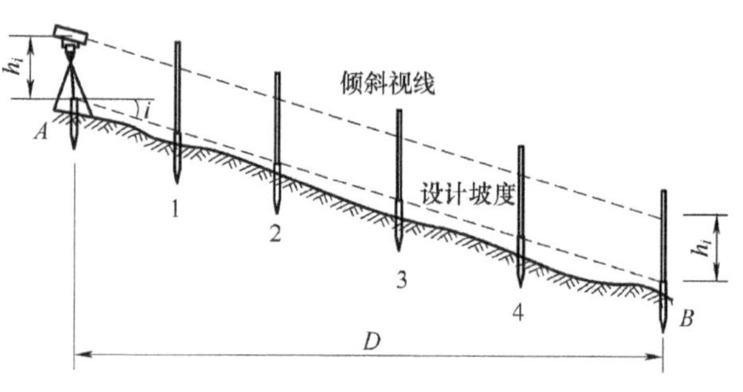

图 10-13 已知坡度线测设

为了在 AB 间加密 1、2、3、4 等点，在 A 点安置水准仪时，使一个脚螺旋在 AB 方向线上，另两个脚螺旋的连线大致与 AB 线垂直，量取仪器高 h_i，用望远镜照准 B 点水准尺，旋转在 AB 方向上的脚螺旋，使 B 点桩上水准尺上的读数等于 h_i，此时仪器的视线即为设计坡度线。在 AB 中间各点打上木桩，并在桩上立尺使读数皆为 h_i，这样的各桩桩顶的连线就是测设坡度线。当设计坡度较大时，可利用经纬仪定出中间各点。

习 题

1. 施工测量遵循的基本原则是什么？

2. 测设的基本工作有哪些？

3. 测设点的平面位置有哪些方法？各自适用于什么范围？

4. 简述精密测设水平角的方法和步骤。

5. 叙述测设已知坡度直线的倾斜视线法的操作步骤。

6. B 点的设计高差 $h=13.6\text{m}$（相对于 A 点），如图 10-14所示，按 2 个测站进行高程放样，中间悬挂一把钢尺，$a_1=1.530\text{m}$，$b_1=0.380\text{m}$，$a_2=13.480\text{m}$。计算 b_2。

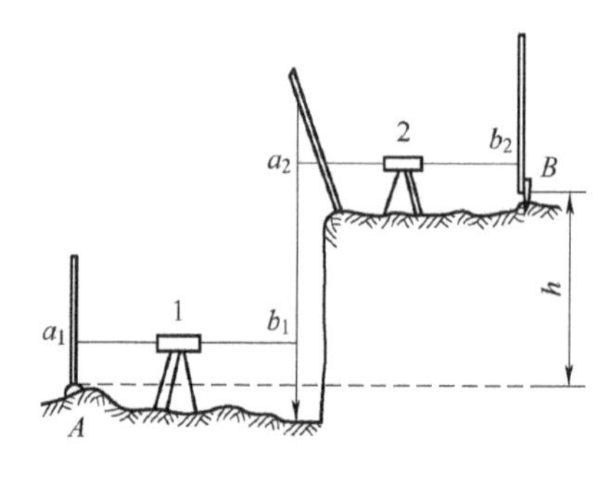

图 10-14 第 6 题图

第11章　建筑施工测量

【学习目标】

1. 了解建筑物的变形观测和竣工测量。

2. 熟悉施工坐标系和测量坐标系的换算。

3. 掌握建筑物定位放线方法，建筑基线和建筑方格网的布测方法，掌握建筑物基础施工测量方法。

在建筑施工的整个过程中，从场地平整、建筑物定位、基础施工，到建筑物构件的安装等，都需要进行施工测量，以便使建（构）筑物各部分的尺寸、位置符合设计要求。有些工程竣工后，为了便于维修和扩建，还必须编绘竣工图。有些高大或特殊的建（构）筑物建成后，还要定期进行变形观测，以便积累资料，掌握变形的规律，为今后建（构）筑物的设计、维护和使用提供资料。

11.1　建筑场地施工控制测量

在勘测阶段建立的控制网，主要是为满足测图的需要，未考虑建筑物的分布和测设的要求。另外，在场地平整时大多控制点会遭受破坏，即使被保留下来，也往往不能通视，无法满足施工测量的要求。为了便于建筑物施工测设以及进行竣工测量，必须在施工之前建立专门的施工控制网。

施工控制网包括平面控制网和高程控制网。

11.1.1　施工平面控制网的建立

施工平面控制网的布设

在面积不大又不太复杂的建筑场地上，常布置一条或几条基线，作为施工测量的平面控制，称为建筑基线。对于地势平坦的大中型建筑场地，施工控制网多由正方形格网或矩形格网组成，称为建筑方格网。下面分别介绍这两种布设形式。

1. 建筑基线

(1) 建筑基线的布设形式　建筑基线的布设形式是根据建筑设计总平面图上建筑物的分布，现场的地形条件和原有控制点的状况而选定的。建筑基线应靠近主要建筑物，并与其轴线平行，以便采用直角坐标法进行测设。通常建筑基线可布设成如图 11-1 所示的几种形式。

为了便于检查建筑基线点有无变动，基线点数一般不应少于三个。

（2）建筑基线的测设　根据建筑物的设计坐标和附近已有的测量控制点，在图上选定建筑基线的位置，求算测设数据，并在地面上测设出来。如图 11-2 所示，根据测量控制点 1、2，用极坐标法或角度交会法分别测设出 A、O、B 三个建筑基线点。然后把经纬仪安置在 O 点，观测 $\angle AOB$ 是否等于 90°，其限差一般为±20″。丈量 OA、OB 两段距离，分别与设计距离比较，其相对误差一般不超过 1/10000。

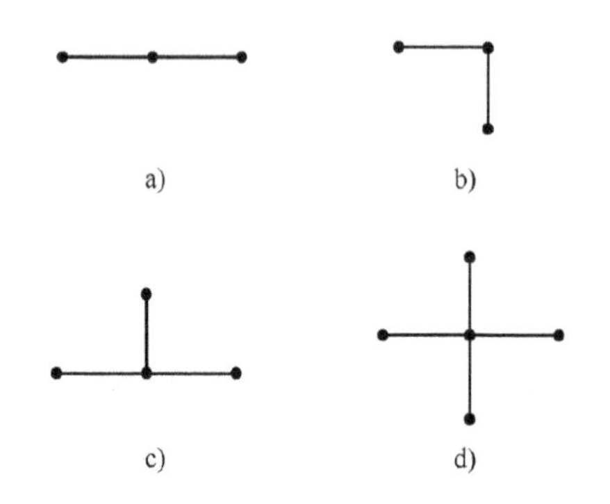

图 11-1　建筑基线的布设形式

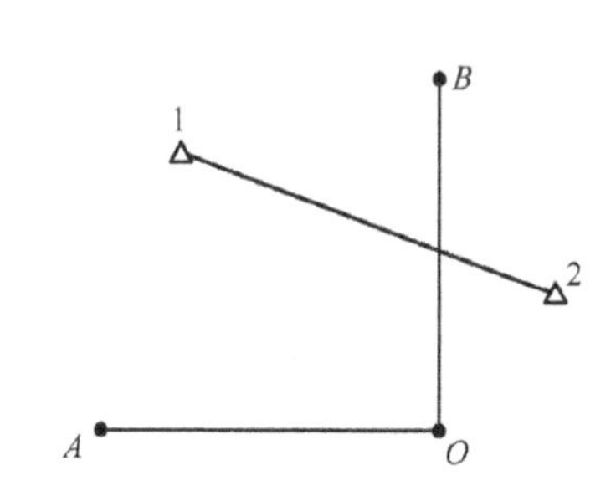

图 11-2　建筑基线的测设

2. 建筑方格网

（1）建筑方格网的布设

1）建筑方格网的布置和主轴线的选择。建筑方格网的布置应根据建筑设计总平面图上各建筑物、道路及各种管线的布设情况，结合现场的地形情况拟定。如图 11-3 所示，布置时应先选定建筑方格网的主轴线 MN 和 CD，再布置方格网。方格网的形式可布置成正方形或矩形，大型建筑场地的建筑方格网可分为Ⅰ、Ⅱ两级布设。Ⅰ级可采用“十”字形、“口”字形或“田”字形，然后根据施工的需要，在Ⅰ级方格网的基础上分期加密Ⅱ级方格网。对于规模较小的建筑场地，则尽量布置成全面方格网。

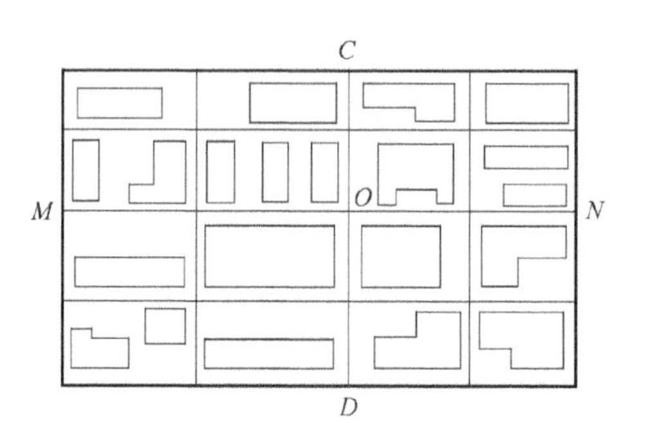

图 11-3　建筑方格网

建筑方格网的主轴线是扩展整个方格网的基础。布网时，如图 11-3 所示，方格网的主轴线应尽量设在建筑场地的中央，并与主要建筑物的基本轴线平行，其长度应能控制整个建筑场地。方格网的折角应严格成 90°。正方形格网的边长一般为 100～200m；矩形方格网的边长视建筑物的大小和分布而定，为了便于使用，边长尽可能为 50m 或 50m 的整倍数。方格网的边应保证通视且便于测角和量距，点位应能长期保存。

2）确定主点的施工坐标并将其换算成测量坐标。当场地较大、主轴线很长时，一般只测设其中的一段，如图 11-4 中的 AOB 段，该段上 A、O、B 点是主轴线的定位点，称为主

点。主点间的距离不宜过短，以便使主轴线的定向有足够的精度。

（2）建筑方格网的测设

1）主轴线的测设。图 11-4 中的 1、2、3 点是测量控制点，A、O、B 为主轴线的主点。首先将 A、O、B 三点的施工坐标转换成测量坐标，再根据它们的坐标反算出测设数据 D_1、D_2、D_3 和 β_1、β_2、β_3，然后按极坐标法分别测设出 A、O、B 三个主点的概略位置（以 A'、O'、B'表示），并用混凝土桩把主点固定下来。混凝土桩顶部常设置一块 10cm×10cm 的铁板，供调整点位使用。

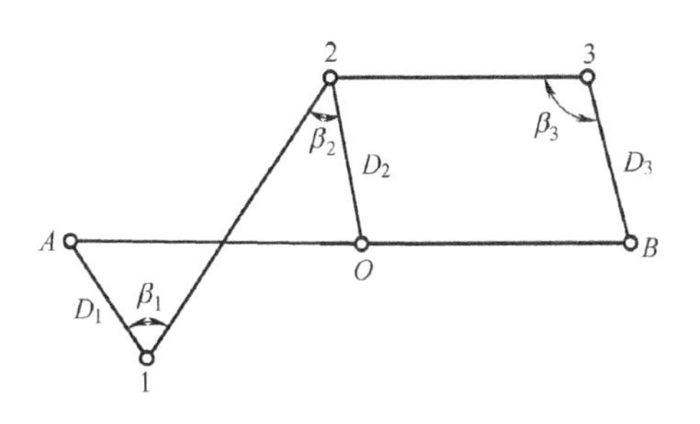

图 11-4　主点的概略定位图

由于主点测设误差的影响，致使三个主点一般不在一条直线上，如图 11-5 所示，因此需在 O'点上安置经纬仪，精确测量$\angle A'O'B'$的角值β，β 与 180°之差超过限差时应进行调整。调整时，各主点应沿 AOB 的垂线方向移动同一改正值 δ，使三主点成一直线。设 OA 距离为 a，OB 距离为 b，δ 值可按式（11-1）计算。如图 11-5 所示，u 和 r 角均很小，故

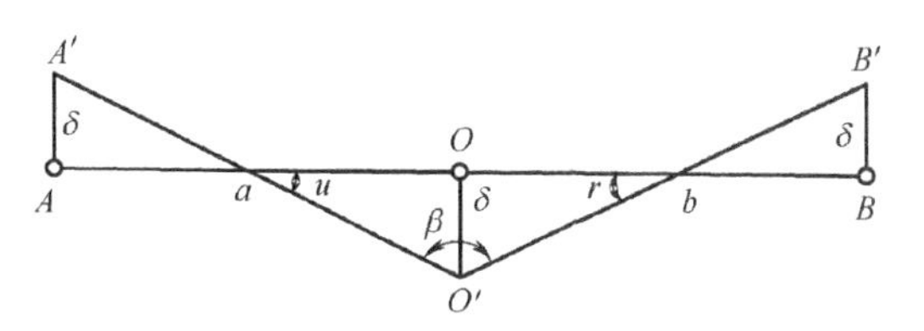

图 11-5　主点位置调整

$$\begin{cases} u=\dfrac{2\delta}{a}\rho \\ r=\dfrac{2\delta}{b}\rho \end{cases} \tag{11-1a}$$

$$180°-\beta=u+r=\left(\frac{2\delta}{a}+\frac{2\delta}{b}\right)\rho=2\delta\left(\frac{a+b}{ab}\right)\rho \tag{11-1b}$$

$$\delta=\frac{ab}{2(a+b)}\frac{1}{\rho}(180°-\beta) \tag{11-1c}$$

式中　ρ——系数，$\rho=206265''$。

移动 A'、O'、B'三个主点之后再测量$\angle AOB$，如果测得的结果与 180°之差仍超限，应再进行调整，直到误差在允许范围之内为止。

A、O、B 三个主点测设好后，如图 11-6 所示，将经纬仪安置在 O 点，瞄准 A 点，分别向左、向右转 90°，测设出另一主轴线 COD，同样用混凝土桩定出其概略位置 C'和 D'，再精确测量出$\angle AOC'$和$\angle AOD'$，并按垂线改正法进行改正。

2）方格网点的测设。主轴线测好后，分别在主轴线端点 A、B、C、D 安置经纬仪，均以 O 点为起始方向，分别向左、向右测设出 90°角，这样就交会出“田”字形方格网点。为了进行校核，还要安置经纬仪于方格网点上，测量其角值是否为 90°角，并测量各相邻点间的距离，看它是否与设计边长相等，误差均应在允许范围之

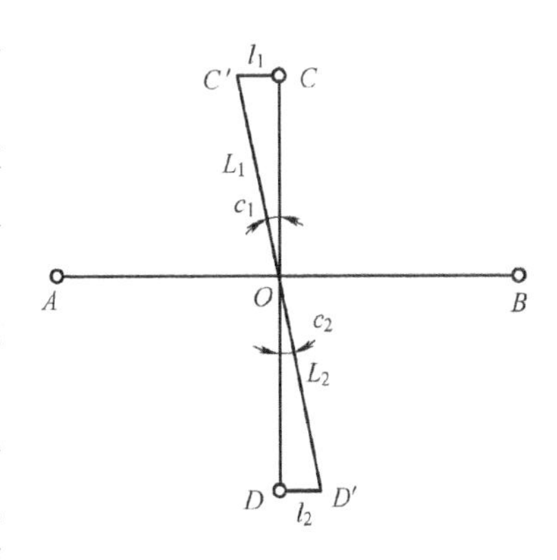

图 11-6　另一主轴线测设

内。此后再以“田”字形方格网点为基础，加密方格网中其余各点。

11.1.2 施工坐标系与测量坐标系的换算

在设计和施工部门，为了工作上的方便，常采用一种独立坐标系统，称为施工坐标系或建筑坐标系。如图 11-7 所示，施工坐标系纵轴通常用 A 表示，横轴用 B 表示。主点 M、O、N、C、D 的施工坐标一般由设计单位给出，也可在总平面图上用图解法求得一点的施工坐标后，再按主轴线的长度推算其他主点的施工坐标。当施工坐标系与测量坐标系不一致时，还应进行坐标换算，将主点的施工坐标换算为测量坐标，以便求算测设数据。

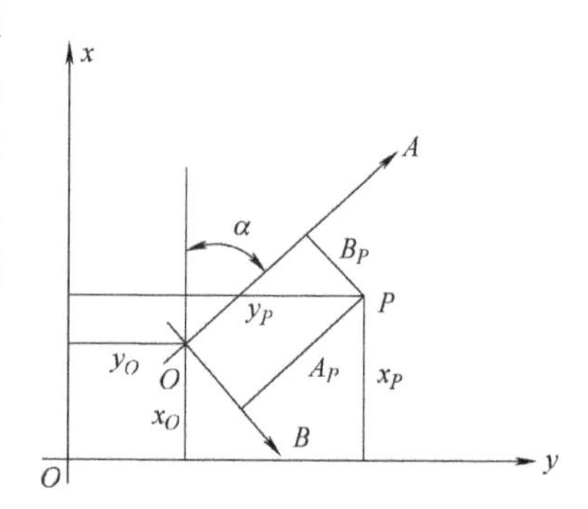

图 11-7 施工坐标系与测量坐标系的转换

如图 11-7 所示，设已知 P 点的施工坐标为 (A_P, B_P)，换算为测量坐标 (x_P, y_P) 时，计算公式为

$$\begin{cases} x_P = x_O + A_P\cos\alpha - B_P\sin\alpha \\ y_P = y_O + A_P\sin\alpha + B_P\cos\alpha \end{cases} \tag{11-2}$$

式中 x_O，y_O——施工坐标系原点 O 在测量坐标系中的坐标；

α——OA 方向在测量坐标系中的坐标方位角。

11.1.3 施工高程控制网的建立

在建筑场地上，水准点的密度应尽可能满足安置一次仪器即可测设出所需的高程点。而测绘地形图时敷设的水准点往往是不够的，因此还需增设一些水准点。在一般情况下，建筑方格网点也可兼作高程控制点。只要在方格网点桩面上中心点旁边设置一个突出的半球状标志即可。此外，在施工场地，由于各种因素的影响，水准点的位置可能会变动，故需要在施工场地不受振动的地方埋设一些供检核用的水准点。在一般情况下，采用四等水准测量方法测定各水准点的高程，而对连续生产的车间或下水管道等，则需采用三等水准测量的方法测定各水准点的高程。

此外，为测设方便和减少误差，在每幢建筑物的内部或附近还应专门设置±0.000 水准点（其高程为每幢建筑物的室内地坪高程）。±0.000 水准点的位置多选在比较稳定的建筑物的墙、柱侧面，以红漆绘成倒三角形。

11.2 民用建筑物施工测量

11.2.1 施工测设前的准备

1）熟悉图样。设计图是施工测量的依据，在测设前，应熟悉建筑物设计图，了解施工建筑物与相邻地物的相互关系，以及建筑物的尺寸和施工的要求等。测设时必须具备下列图纸资料。

总平面图是施工测设的总体依据，建筑物就是根据总平面图上所给的尺寸关系进行定位的。

建筑平面图（图 11-8）给出建筑物各定位轴线间的尺寸关系及室内地坪标高等，它是放样的基础资料。

基础平面图给出基础轴线间的尺寸关系和编号，是基础轴线测设的主要依据。

基础详图（即基础大样图）给出基础设计宽度、形式及基础边线与轴线的尺寸关系。

立面图和剖面图给出基础、地坪、门窗、楼板、屋架和屋面等设计高程，是高程测设的主要依据。

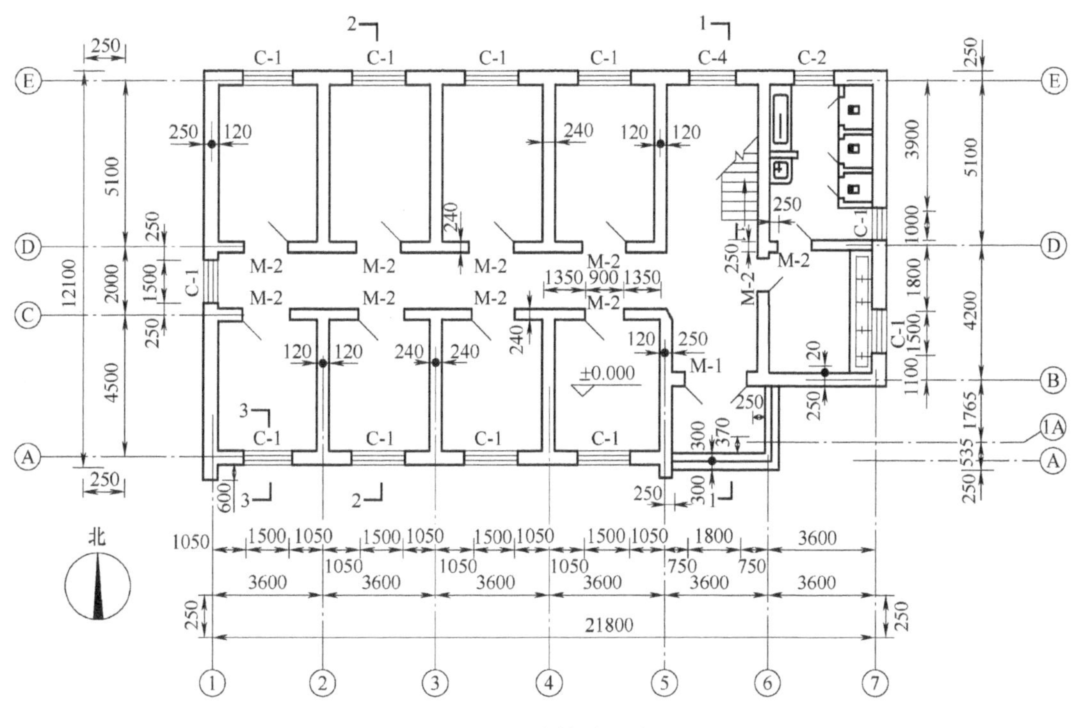

图 11-8　建筑平面图

2）现场踏勘。目的是了解现场的地物、地貌和原有测量控制点的分布情况，并调查与施工测量有关的问题。

3）平整和清理施工现场。以便进行测设工作。

4）拟定测设计划和绘制测设草图。对各设计图的有关尺寸及测设数据应仔细核对，以免出现差错。

11.2.2　建筑物的定位与放线

1. 民用建筑物的定位

建筑物的轴线是指墙基础或柱基础沿纵横方向的定位线。它们一般是相互平行或垂直的，有时也呈一定角度（如 30°、45°等）。通常将控制建筑物整体形状的纵、横轴线称为建筑物的主轴线。建筑物的定位就是把建筑物的主轴线按设计要求测设于地面。

如图 11-9 所示，首先用钢尺沿着宿舍楼的东、西墙延长出一小段距离 l（通常为 1～2m）得 a、b 两点，用小木桩标定之。将经纬仪安置在 a 点上，瞄准 b 点，并从 b 沿 ab 方向量出 14. 120m 得 c 点（因教学楼的外墙厚 24cm，轴线居中，距离外墙皮 12cm），再继续沿

ab 方向从 c 点起量 25.800m 得 d 点。然后将经纬仪分别安置在 c、d 两点上，后视 a 点并转 90°沿视线方向量出距离 l+0.120m，得 M、Q 两点，再继续量出 15.000m 得 N、P 两点。M、N、P、Q 四点即为教学楼主轴线的交点。最后，检查 NP 的距离是否等于 25.800m，∠MNP 和∠NPQ 是否等于 90°。距离相对误差和角度误差分别在 1/5000 和±1′之内即可。

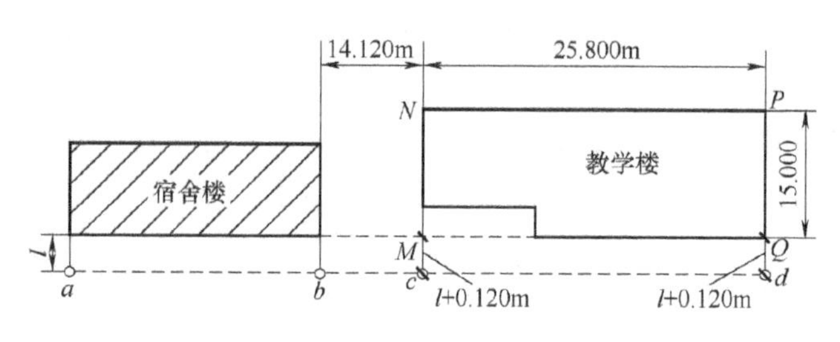

图 11-9　民用建筑的定位图

2. 民用建筑物的放线

建筑物的放线是根据已定位出的建筑物主轴线（即角桩）详细测设建筑物其他各轴线交点桩（桩顶钉小钉，简称为中心桩）。再根据角桩、中心桩的位置，撒白灰标识基槽边界线。

基槽开挖后，角桩和中心桩将被破坏，施工时为了能方便地恢复各轴线的位置，一般把轴线延长到安全地点，并做好标志。延长轴线的方法有两种：龙门板法和轴线控制桩法。

龙门板法适用于一般小型的民用建筑物，为了方便施工，在建筑物四角与隔墙两端基槽开挖边线以外约 1.5~2m 处钉设龙门桩（图 11-10）。桩要钉得竖直、牢固，桩的外侧面与基槽平行。根据建筑场地的水准点，用水准仪在龙门桩上测设建筑物±0.000 标高线。根据±0.000 标高线把龙门板钉在龙门桩上，使龙门板的顶面在一个水平面上，且与±0.000 标高线一致。安置仪器于各角桩、中心桩上，将各轴线引测到龙门板顶面上，并以小钉表示，称为轴线钉。

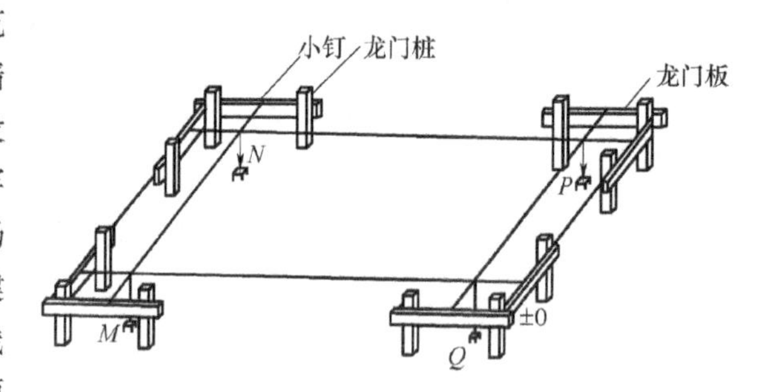

图 11-10　建筑物的放线

轴线控制桩（也称为引桩）设置在基槽外基础轴线的延长线上，作为开槽后各施工阶段确定轴线位置的依据（图 11-11）。轴线控制桩一般设在基槽开挖边线以外 2~4m 处。如果附近有已建的建筑物，也可将轴线投测在建筑物的墙上。

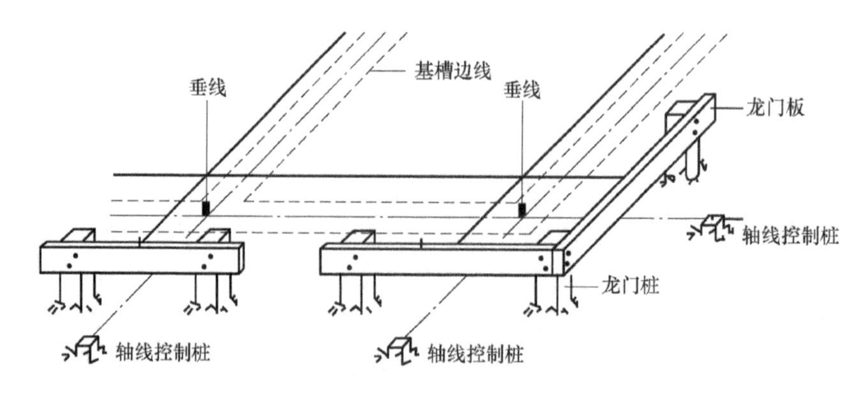

图 11-11　轴线控制桩

11.2.3　建筑物基础施工测量

开挖边线标定之后，就可进行基槽开挖。在开挖过程中，不得超挖基底，要随时注意挖土的深度，当基槽挖到离槽底0.3~0.5m时，用水准仪在槽壁上每隔2~3m和拐角处钉一个水平桩，如图11-12所示，用以控制挖槽深度，作为清理槽底和铺设垫层的依据。

垫层打好后，利用控制桩或龙门板上的轴线钉，用经纬仪或用拉绳挂垂球的方法把轴线投测到垫层上，如图11-13所示，并用墨线弹出墙中心线和基础边线作为砌筑基础的依据。由于整个墙身砌筑均以此线为准，所以要严格校核，然后立好基础皮数杆，即可开始砌筑基础。当墙身砌筑到±0.000高程的下一层砖时，可做防潮层，再向上砌筑。

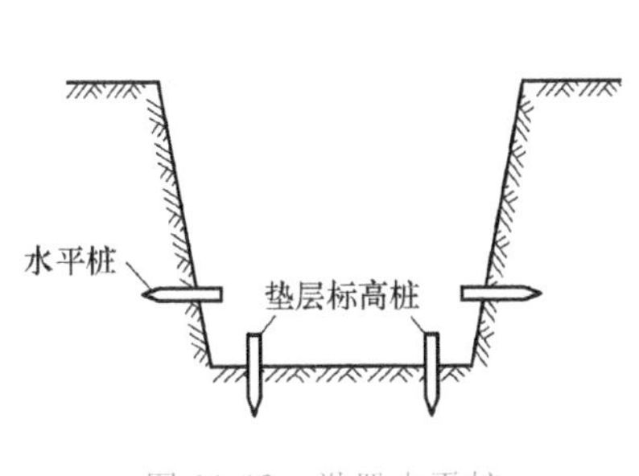

图11-12　设置水平桩

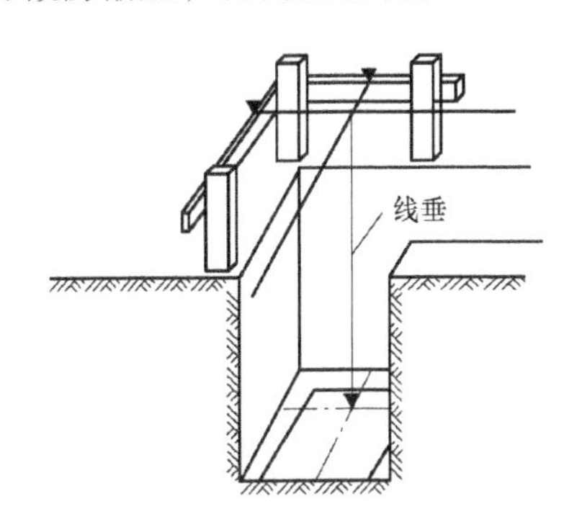

图11-13　垫层轴线的投测

11.2.4　墙体施工测量

1. 墙体定位测量

首先利用轴线控制桩或龙门板上的轴线和墙边线标志，用经纬仪或拉细绳挂垂球的方法将轴线投测到基础面上或防潮层上，然后用墨线弹出墙中线和墙边线，检查外墙轴线交角是否等于90°，再把墙轴线延伸并画在外墙基础上（图11-14），作为向上投测轴线的依据。最后把门、窗和其他洞口的边线在外墙基础上标定出来。

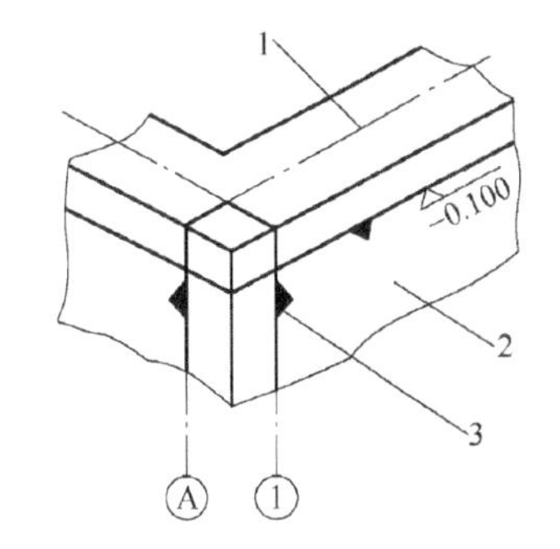

图11-14　墙体轴线及标高控制
1—墙中线　2—外墙基础　3—轴线

2. 墙体各部位标高控制

在墙体施工中，通常也用皮数杆控制墙身各细部高程，皮数杆可以准确控制墙身各部位构件的位置。

1）如图11-15所示，在皮数杆上面根据设计尺寸，按砖、灰缝的厚度画出线条，并标明“±0.000”，门、窗、楼板等的标高位置，保证每皮砖、灰缝厚度均匀。

2）墙身皮数杆的设立与基础皮数杆相同，使皮数杆上的“0.000”标高与房屋的室内地坪标高吻合。在墙的转角处，每隔10~15m设置一根皮数杆。

3）在墙身砌起1m以后，就在室内墙身上定出+0.500m的标高线，作为该层地面施工和室内装修用。

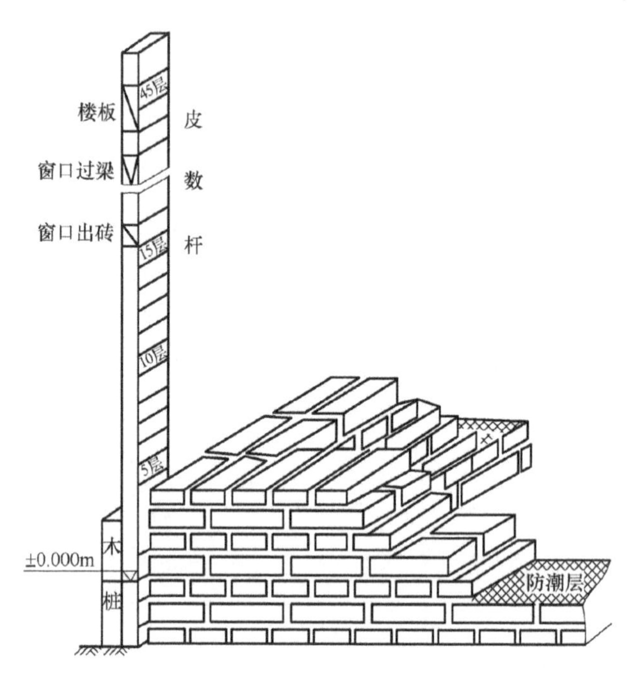

图 11-15 墙体皮数杆的设置

4）第二层以上墙体施工中，为了各使皮数杆立在同一水平面上，要用水准仪测出楼板四角的标高，取平均值作为地坪标高，并以此作为立皮数杆的标志。

对于框架结构的民用建筑，墙体砌筑是在框架施工后进行的，故可在柱面上画线，代替皮数杆。

11.2.5 高层建筑施工测量

高层建筑物的特点是建筑物层数多、高度大、建筑结构复杂、设备和装修标准较高。因此，在施工过程中对建筑物各部位的水平位置、垂直度及轴线尺寸、标高等的精度要求都十分严格。

高层建筑轴线投测

1. 高层建筑物的轴线投测

高层建筑物施工测量的主要问题是控制竖向偏差，也就是各层轴线如何精确地向上引测的问题。高层建筑物轴线的投测，一般分为经纬仪引桩投测法和激光铅垂仪投测法两种。

（1）经纬仪引桩投测法　当施工场地比较宽阔时，如图 11-16 所示先在离建筑物较远处（一般为建筑物高度的 1.5 倍以上）建立中心轴线控制桩 A_1、A_1'、B_1、B_1'，并在这些控制桩安置经纬仪，严格整平仪器，望远镜照准墙脚上已弹出的轴线标志 a_1、a_1'、b_1、b_1' 点，用盘左和盘右两个竖盘位置向上投测到第二层楼板上，并取其中点，a_2、a_2'、b_2、b_2' 作为该层中心的投影点，依据 a_2、a_2'、b_2、b_2' 精确定出 a_2a_2' 和 b_2b_2' 两线的交点 O_2，然后再以 $a_2O_2a_2'$ 和 $b_2O_2b_2'$ 为准在楼面上测设其他轴线。同法依次逐层向上投测。

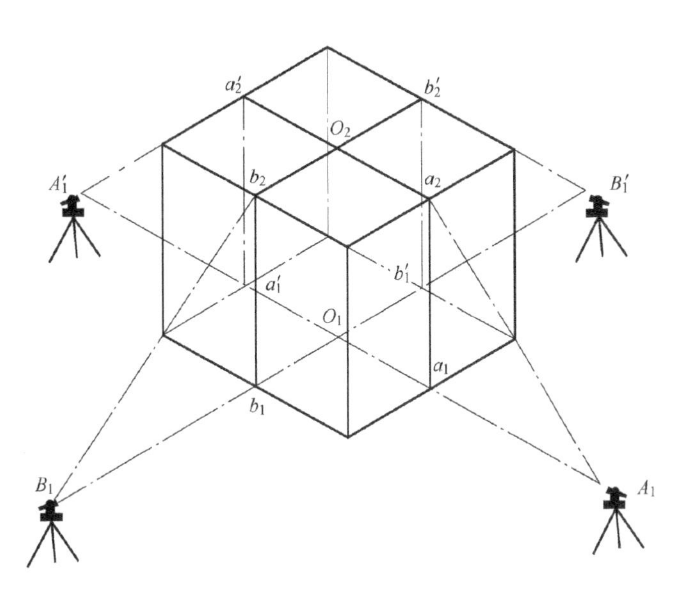

图 11-16　高层建筑物轴线投测

当楼房增高，而轴线控制桩距建筑物又较近时，望远镜的仰角较大，操作不便，投测精度将随仰角的增大而降低。为此，要将原中心轴线控制桩引测到更远的安全位置，比如附近大楼的屋顶上，然后按上述方法继续进行投测。

（2）激光垂准仪投测法　激光垂准仪是一种专用的铅直定位仪器，主要由氦氖激光管、精密竖轴、发射望远镜、水准器、基座、激光电源及接收屏等部分组成。它适用于高层建筑物、烟囱及高塔架的铅直定位测量，如图 11-17 所示。

用激光垂准仪进行轴线投测，如图 11-18 所示，投测方法如下：

1）在首层轴线控制点上安置激光垂准仪，接通激光电源，利用底部所发射的激光束进行对中，通过调节基座整平螺旋使管水准器气泡严格居中。

2）在上层施工楼面预留孔处，放置接收靶。

3）启动上端激光器发射向上垂直激光束，通过发射望远镜调焦，使激光束会聚成红色耀目光斑，投射到半透明材质接收靶上。

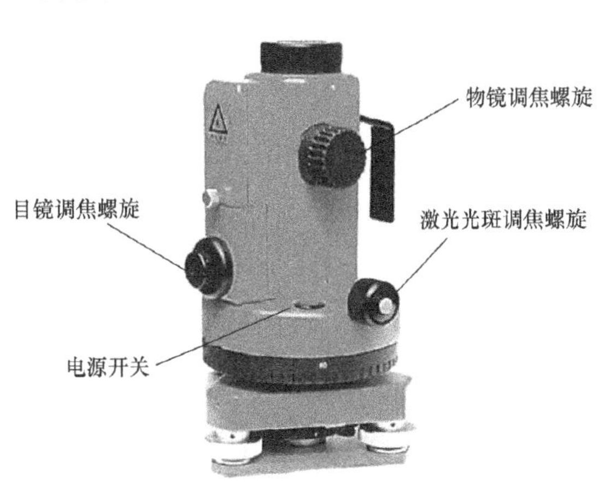

图 11-17　激光垂准仪

4）移动接收靶，使靶心与红色光斑重合，固定接收靶，并在预留孔四周做出标记，此时靶心位置即轴线控制点在该楼面上的投测点。

5）同样的方法，投测同轴线的另一端在施工楼面上。

6）在施工楼面一个接收靶心位置上安置经纬仪，照准另一接收靶心，投测轴线，轴线投测完成后，需要进行校核。

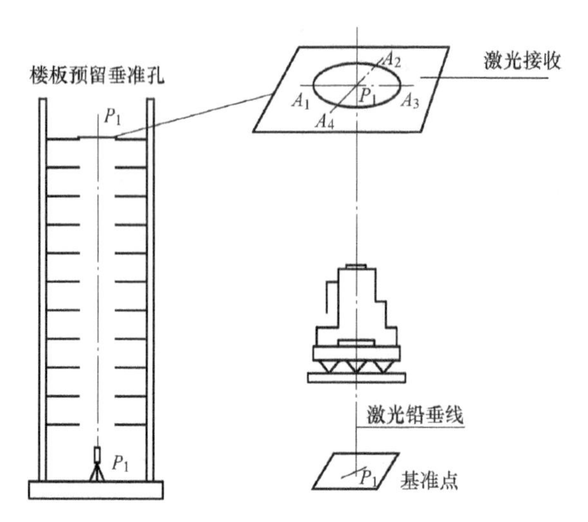

图 11-18　激光垂准仪轴线投测

2. 高层建筑物的高程传递

首层墙体砌筑到 1.5m 后，用水准仪在内墙面上测设一条“+50cm”的水平线，作为首层地面施工及室内装修的标高依据。以后每砌高一层，就从楼梯间沿外墙柱用钢尺从下层的“+50cm”标高线向上量出层高，测出上一楼层的“+50cm”标高线，每层需由三处向上传递，符合限差后取平均值。根据情况也可用吊钢尺法、全站仪天顶测距法向上传递高程。

11.3　工业建筑施工测量

11.3.1　厂房矩形控制网和柱列轴线的放样

厂房一般采用预制构件在现场装配的方法施工。厂房的预制构件主要有柱子（有时也可现场浇筑）、吊车梁、吊车车轨和屋架等。因此，厂房施工测量的主要工作是保证这些预制构件安装到位。其主要工作包括：厂房控制网测设、厂房柱列轴线测设、柱基测设、厂房预制构件安装测量等。

1. 厂房控制网测设

厂房一般都应建立厂房矩形控制网，作为厂房施工测设的依据。可根据建筑方格网，采用直角坐标法放样厂房矩形控制网和柱列轴线。

如图 11-19 所示，H、I、J、K 四点是厂房车间的房角点，从厂房设计图中已知 H、J 两点的坐标。S、P、Q、R 为布置在基础开挖边线以外的厂房矩形控制网的四个角点，称为厂房控制桩。厂房矩形控制网的边线到厂房轴线的距离为 4m，厂房控制桩 S、P、Q、R 的坐标可按厂房房角点 H、J 的设计坐标，加减 4m 算得。放样方法如下：

（1）计算放样数据　根据厂房控制桩 S、P、Q、R 的坐标，计算利用直角坐标法进行放样时所需放样数据，计算结果标注在图 11-19 中。

（2）厂房控制点的放样

1）从 F 点起沿 FE 方向量取 36m，定出 a 点；沿 FG 方向量取 29m，定出 b 点。

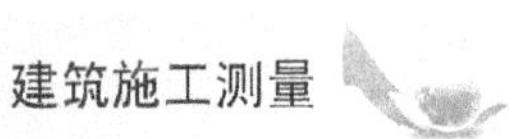

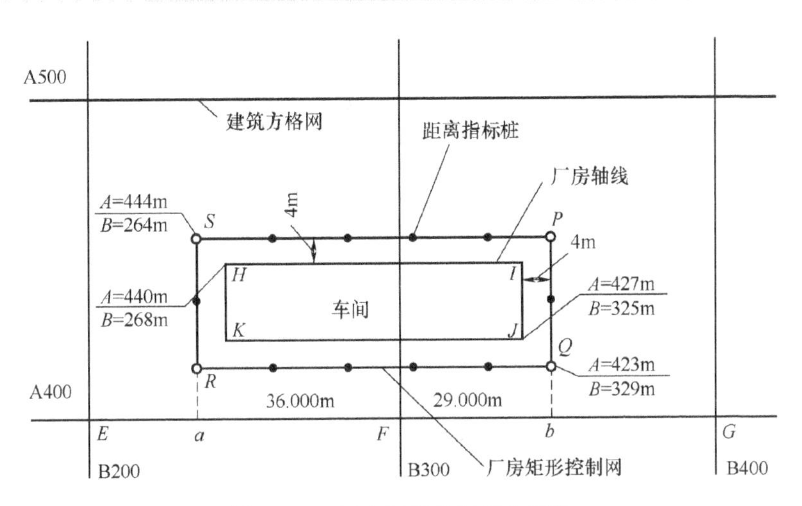

图 11-19　厂房矩形控制网的测设

2）在 a 与 b 上分别安置经纬仪，分别瞄准 E 与 F 点，顺时针方向测设 90°，得两条视线方向，沿视线方向量取 23m，定出 R、Q 点。再向前量取 21m，定出 S、P 点。

3）为了便于进行细部放样，在放样厂房矩形控制网的同时，应沿控制网测设距离指标桩，如图 11-19 所示。距离指标桩即沿厂房控制网各边每隔若干柱间距埋设一个控制桩，故间距一般为厂房柱子间距的整倍数，但不应超过所用钢尺整尺长。

（3）检查

1）检查∠RSP，∠SPQ 是否等于 90°，误差不得超过±10″。

2）检查 SP 是否等于设计长度，其误差不得超过 1/10000。

2. 厂房柱列轴线测设

检查精度符合要求后，根据厂房平面图上所注的柱间距和跨距尺寸，用钢尺沿矩形控制网各边量出各柱列轴线控制桩的位置，如图 11-20 中的 1′、2′、……并打入大木桩，桩顶用小钉标出点位，作为柱基测设和施工安装的依据。丈量时应以相邻的两个距离指标桩为起点分别进行，以便检核。

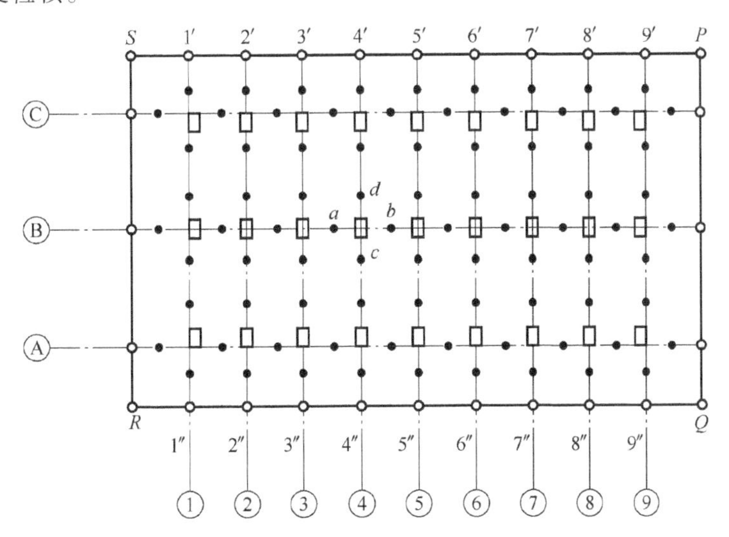

图 11-20　厂房柱列轴线测设

以上这种方法适用于中小型厂房，对于大型工业厂房或设备复杂、机械化程度较高的工业厂房，应建立的较为复杂的矩形控制网，先放样厂房控制网的主轴线，再根据主轴线放样厂房矩形控制网。为了便于厂房细部施工放样，在测定矩形控制网各边后，仍按放样略图测设距离指标桩。

11.3.2 厂房基础施工测量

1. 柱基定位和基础放线

柱列轴线确定之后，在两条互相垂直的柱列轴线控制桩上分别安置经纬仪，沿轴线方向交会出各柱基的位置（即柱列轴线的交点），此项工作称为柱基定位。

在柱基的四周轴线上，打入四个定位小木桩 a、b、c、d，如图 11-20 所示，其桩位应在基础开挖边线 2m 以外，比基础深度大 1.5 倍的地方，作为修坑和立模的依据。

按照基础详图所注尺寸和基坑放坡宽度，用特制角尺放出基坑开挖边界线，并撒出白灰线以便开挖，此项工作称为基础放线。

在进行柱基测设时，应注意柱列轴线不一定都是柱基的中心线，而立模、吊装等通常用中心线，此时应将柱列轴线平移，定出柱基中心线。

2. 柱基施工测量

（1）基坑的高程测设　当基坑挖到一定深度时，应在坑壁四周与坑底高程距离 0.300～0.500m 处设置几个水平桩，作为基坑修坡和清底的高程依据。此外，应在基坑内测设出垫层的高程，即在坑底设置小木桩，使桩顶面恰好等于垫层的设计高程。

（2）杯形基础立模测量　杯形基础立模测量有以下三项工作：

1）基础垫层打好后，根据基坑周边定位小木桩，用拉线吊垂球的方法，把柱基定位线投测到垫层上，用墨斗弹出墨线，用红漆画出标记，作为柱基立模板和布置基础钢筋的依据。

2）立模时，将模板底线对准垫层上的定位线，并用垂球检查模板是否竖直。同时注意使杯内底部标高低于其设计标高 2～5cm，作为抄平调整的余量。

3）将柱基顶面设计标高测设在模板内壁，作为灌注混凝土的高度依据。

11.3.3 厂房构件的安装测量

装配式单层工业厂房主要由柱子、吊车梁、屋架、天窗架和屋面板等主要构件组成。一般工业厂房都采用预制构件在现场安装的办法施工。在吊装每个构件时，有绑扎、起吊、就位、临时固定、校正和最后固定等几道操作工序。下面着重介绍柱子、吊车梁及屋架等构件在安装时的校正工作。

1. 柱子安装测量

（1）柱子安装的精度要求　柱脚中心线应对准柱列轴线，允许误差为±5mm。牛腿顶面和柱顶面的实际标高应与设计标高一致，其允许误差不应超过：柱高>5m 时为±8mm，柱高≤5m 时为±5mm。柱的全高竖向允许误差值为柱高的 1/1000，但不得大于 20mm。

（2）柱子安装前的准备　柱子吊装前，应根据轴线控制桩把定位轴线投测到杯形基础的顶面上，并用红油漆画上“▼”标明（图 11-21），如果柱列轴线不通过柱子的中心线，应在杯形基础顶面上弹出柱中心线。

同时要在杯口内壁，用水准仪测出一条高程线，从高程线起向下量取一整分米数（如-0.600m）并画出“▼”标志，作为杯底找平的依据。

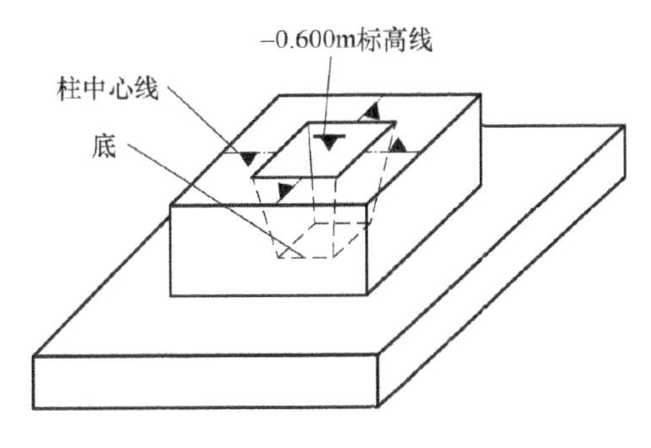

图 11-21　杯形基础

柱子安装前，应将每根柱子按轴线位置进行编号。在每根柱子的三个侧面弹出柱中心线，并在每条线的上端和下端近杯口处画出红色油漆“▼”标志，以便安装校正（图 11-22）。

最后，应进行杯底找平。先量出柱子的-0.600m标高线至柱子底面的长度，再在相应的柱基杯口内，量出-0.600m 标高线至杯底的高度，并进行比较，以确定杯底找平厚度，用水泥砂浆根据找平厚度，在杯底进行找平，使牛腿面符合设计高程。

（3）柱子安装中的测量　柱子安装中的测量的是为了保证柱子平面和高程符合设计要求，柱身铅直。预制的柱子插入杯口后，应使柱子三面的中心线与杯口中心线对齐（图 11-23a），用木楔或钢楔临时固定。柱子立稳后，立即用水准仪检测柱身上的±0.000m 标高线，其允许误差为±3mm。

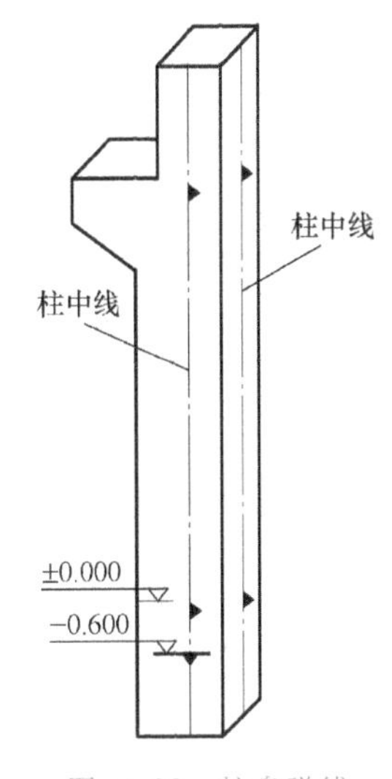

图 11-22　柱身弹线

分别安置两台经纬仪在柱基纵、横轴线上，离柱子的距离不小于柱高的 1.5 倍，先用望远镜瞄准柱底的中心线标志，固定照准部后，再缓慢抬高望远镜观察柱子偏离十字丝竖丝的方向，指挥用钢丝绳拉直柱子，直至从两台经纬仪中观测到的柱子中心线都与十字丝竖丝重合为止。然后，在杯口与柱子的缝隙中浇入混凝土，以固定柱子的位置。

在实际安装时，一般是一次把许多柱子都竖起来，然后进行垂直校正。这时，可把两台经纬仪分别安置在纵横轴线的一侧，一次可校正多根柱子，如图 11-23b 所示，但仪器偏离轴线的角度应控制在 15°以内。

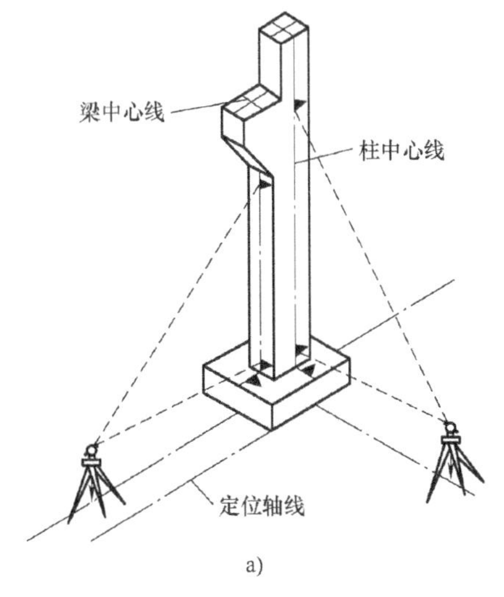

a)

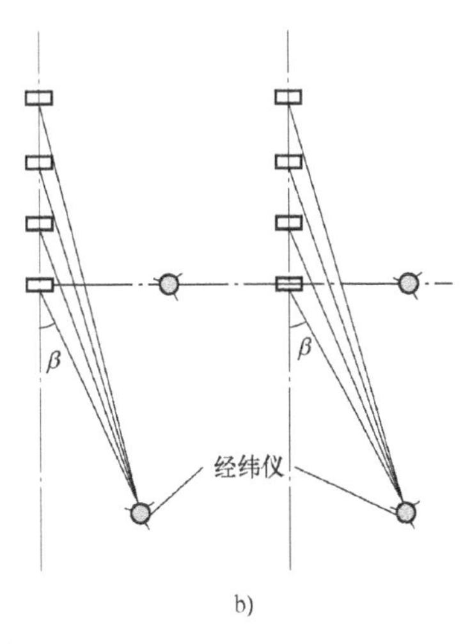

b)

图 11-23　柱身的铅直校正

(4) 注意事项　所使用的经纬仪必须经严格校正，操作时，应使照准部水准管气泡严格居中。校正时，除注意柱子垂直外，还应随时检查柱子中心线是否对准杯口柱列轴线标志，以防柱子安装就位后产生水平位移。在校正变截面的柱子时，经纬仪必须安置在柱列轴线上，以免产生差错。在日照下校正柱子的垂直度时，应考虑日照使柱顶向阴面弯曲的影响，为避免此种影响，宜在早晨或阴天进行校正。

2. 吊车梁安装测量

吊车梁安装测量主要是保证吊车梁中线位置和吊车梁的标高满足设计要求。

(1) 吊车梁安装前的准备　首先，要在柱面上量出吊车梁顶面标高。根据柱子上的“±0.000”标高线，用钢尺沿柱面向上量出吊车梁顶面设计标高线，作为调整吊车梁面标高的依据。

然后，在吊车梁上弹出梁的中心线。如图 11-24 所示，在吊车梁的顶面和两端面上，用墨线弹出梁的中心线，作为安装定位的依据。

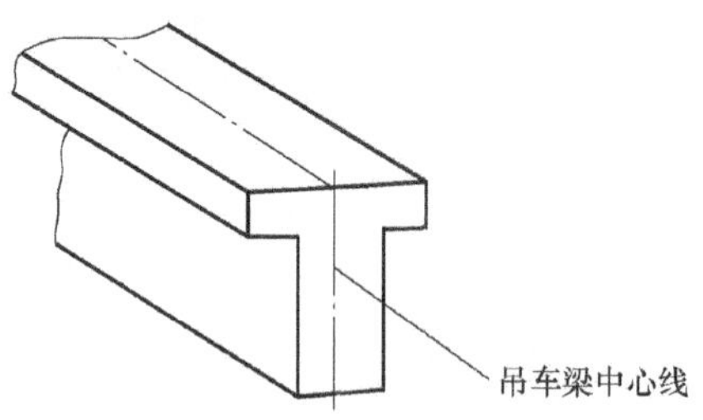

图 11-24　吊车梁上弹出中心线

此外，还应在牛腿面上弹出梁的中心线。根据厂房中心线，在牛腿面上投测出吊车梁的中心线。如图 11-25a所示，利用厂房中心线 A_1A_1，根据设计轨道间距，在地面上测设出吊车梁中心线 $A'A'$和 $B'B'$。

在吊车梁中心线的一个端点 A'（或 B'）上安置经纬仪，瞄准另一个端点 A'（或 B'），固定照准部，抬高望远镜，即可将吊车梁中心线投测到每根柱子的牛腿面上，并用墨线弹出梁的中心线。

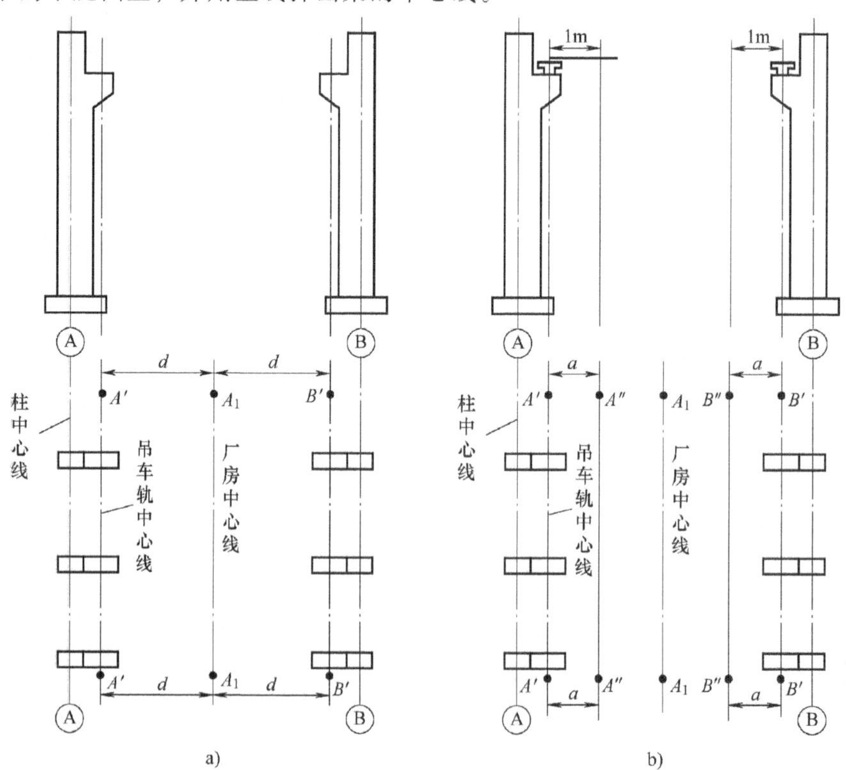

图 11-25　吊车梁的安装测量

（2）吊车梁安装测量 安装时，使吊车梁两端的梁中心线与牛腿面梁中心线重合，是吊车梁初步定位。采用平行线法，对吊车梁的中心线进行检测。

如图 11-25b 所示，在地面上，从吊车梁中心线向厂房中心线方向量出长度 a（1m），得到平行线 $A''A''$和 $B''B''$。在平行线一端点 A''（或 B''）上安置经纬仪，瞄准另一端点 A''（或 B''），固定照准部，抬高望远镜进行测量。

此时，另外一人在梁上移动横放的木尺，当视线正对准尺上 1m 刻画线时，尺的零点应与梁面上的中心线重合。如果不重合，可用撬杠移动吊车梁，使吊车梁中心线到 $A''A''$（或 $B''B''$）的间距等于 1m 为止。

吊车梁安装就位后，先按柱面上定出的吊车梁设计标高线对吊车梁面进行调整，然后将水准仪安置在吊车梁上，每隔 3m 测一点高程，并与设计高程比较，允许误差为±3mm 以内。

3. 屋架安装测量

（1）屋架安装前的准备 屋架吊装前，用经纬仪或其他方法在柱顶面上测设出屋架定位轴线。在屋架两端弹出屋架中心线，以便进行定位。

（2）屋架的安装测量 屋架吊装就位时，应使屋架的中心线与柱顶面上的定位轴线对准，允许误差为±5mm。屋架的垂直度可用垂球或经纬仪进行检查。

如图 11-26 所示，在屋架上安装三把卡尺，一把卡尺安装在屋架上弦中点附近，另外两把分别安装在屋架的两端。自屋架几何中心沿卡尺向外量出一定距离，一般 500mm，做出标志。在地面上，与屋架中线同样距离处安置经纬仪，观测三把卡尺的标志是否在同一竖直面内，如果屋架竖向偏差较大，则用机具校正，最后将屋架固定。一般垂直度允许误差：薄腹梁为±5mm，桁架为屋架高的 1/250。

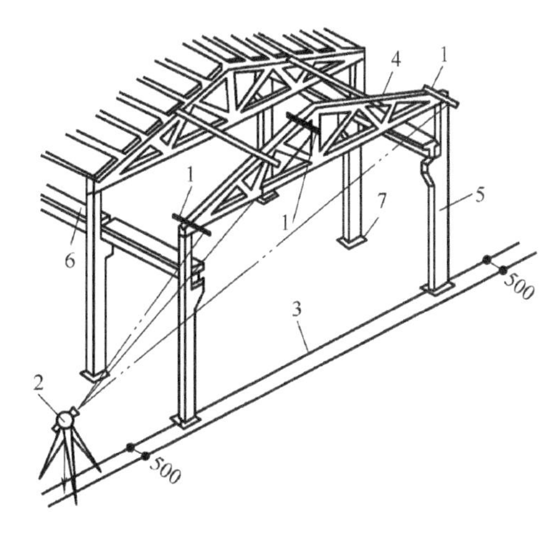

图 11-26 屋架的安装轴线

1—卡尺 2—经纬仪 3—定位轴线 4—屋架 5—柱子 6—吊车梁 7—柱基

11.4 建筑物的变形观测

为保证建筑物在施工、使用和运行中的安全，以及为建筑物的设计、施工、管理及科学研究提供可靠的资料，在建筑物施工和运行期间，需要对建筑物的稳定性进行观测，这种观测称为建筑物的变形观测。

建筑物变形观测的主要内容有建筑物沉降观测、建筑物倾斜观测、建筑物裂缝观测和位移观测等。

《建筑变形测量规范》（JGJ 8—2016）规定，建筑变形测量的级别、精度指标及其适用范围应符合表 11-1 的规定。

表 11-1 建筑变形测量的级别、精度指标及其使用范围

变形测量等级	沉降观测	位移观测	适用范围
	观测点测站高差中误差/mm	观测点坐标中误差/mm	
特级	≤0.05	≤0.3	特高精度要求的变形测量
一级	0.05~0.15	0.3~1.0	地基基础设计为甲级的建筑的变形测量；重要的古建筑、历史建筑的变形测量；重要的城市基础设施的变形测量等
二级	0.15~0.50	1.0~3.0	地基基础设计为甲、乙级的建筑的变形测量；重要场地的边坡监测；重要的基坑监测；重要管线的变形测量；地下工程施工及运营中的变形测量；重要的城市基础设施的变形测量等
三级	0.50~1.50	3.0~10.0	地基基础设计为乙、丙级的建筑的变形测量；一般场地的边坡监测；一般的基坑监测；地表、道路及一般管线的变形测量；一般的城市基础设施的变形测量；日照变形测量；风振变形测量等
四级	1.50~3.0	10.0~20.0	精度要求低的变形测量

注：1. 沉降监测点测站高差中误差是指对水准测量，为其测站高差中误差；对静力水准测量、三角高程测量，为相邻沉降监测点间等价的高差中误差。

2. 位移监测点坐标中误差是指监测点相对于基准点或工作基点的坐标中误差、监测点相对于基准线的偏差中误差、建筑上某点相对于其底部对应点的水平位移分量中误差等。坐标中误差为其点位中误差的 $1/\sqrt{2}$ 倍。

11.4.1 沉降观测

建筑物沉降观测是采用水准测量的方法，周期性地观测设置在建筑物上的沉降观测点与周围水准基点之间的高差变化值，来确定建筑物在垂直方向上的位移量的工作。在工业与民用建筑中，为了掌握建筑物的沉降情况，及时发现对建筑物不利的下沉现象，以便采取措施，保证建筑物安全使用，同时为今后合理地设计提供资料，在建筑施工过程中和投入使用后，必须进行沉降观测。

1. 水准基点的布设

水准基点是沉降观测的基准，因此水准基点的布设应满足以下要求：

（1）要有足够的稳定性　水准基点必须设置在沉降影响范围以外，离开地下管道至少 5m，底部埋置深度至少在冰冻线及地下水位变化范围以下 0.5m。

（2）要具备检核条件　为了保证水准基点高程的正确性，水准基点最少应布设 3 个，且确认点位稳固可靠。小测区水准基点数不得少于 2 个，工作基点不少于 1 个，以便相互检核。

（3）要满足一定的观测精度　水准基点和观测点之间的距离应适中，相距太远会影响

观测精度，一般应在100m范围内。

水准基点的形式一般可选用混凝土普通标石。水准基点埋设后，一般15d达到稳固后可开始观测。

2. 沉降观测点的布设

进行沉降观测的建筑物，应埋设沉降观测点。沉降观测点的布设应满足以下要求：

（1）沉降观测点的位置　沉降观测点应布设在能全面反映建筑物沉降情况的部位，如建筑物四角，纵横墙连接处，沉降缝两侧，荷载有变化的部位，大型设备基础、柱子基础和地质条件变化处。

（2）沉降观测点的数量　一般沉降观测点是均匀布置的，可设在建筑物四角或沿外墙间隔10~15m布设。在柱上布点时，每隔2~3根柱设一点。烟囱、水塔、电视塔、工业高炉、大型储藏罐等高耸构筑物可在基础轴线对称部位设点，每一构筑物不得少于4个点。

（3）沉降观测点的设置形式　观测点的标志形式应根据工程性质和施工条件确定。观测点的种类有墙上观测点、钢筋混凝土柱上观测点和基础上的观测点。观测点一般布设在基础上0.3~0.5m高度处。为了使观测点位牢固稳定，观测点的埋入部分应大于10cm；观测点的上部须为半球形状或有明显的突出之处；观测点外端须与墙身、柱身保持至少4cm的距离，以便标尺可对任意方向垂直置尺。沉降观测点的布置形式如图11-27所示。

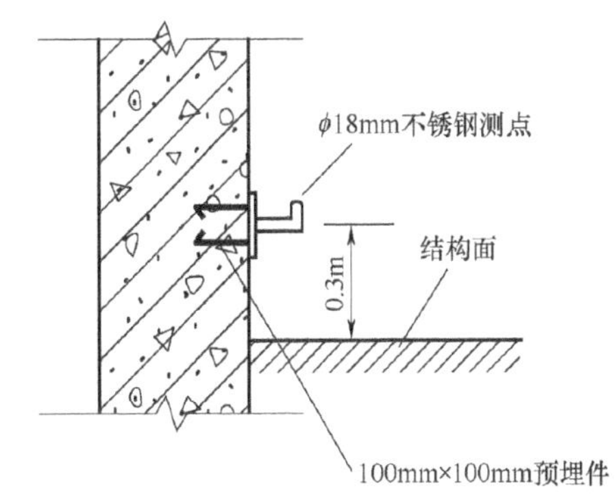

图11-27　沉降观测点的布置形式

3. 沉降观测

（1）观测周期　观测的时间和次数，应根据工程的性质、施工进度、地基地质情况及基础荷载的变化等情况而定。

1）当埋设的沉降观测点稳固后，在建筑物主体开工前，进行第一次观测。

2）在建（构）筑物主体施工过程中，一般每盖1~2层观测一次。如果中途停工时间较长，应在停工时和复工时进行观测。

3）当发生大量沉降或严重裂缝时，应立即或每几天一次连续观测。

4）建筑物封顶或竣工后，一般每月观测一次，如果沉降速度减缓，可改为2~3个月观测一次，直至沉降稳定为止。

（2）观测方法　观测时先观测后视水准基点，接着依次观测前视各沉降观测点，最后再次观测后视水准基点，两次后视读数之差不应超过±1mm。另外，沉降观测的水准路线（从一个水准基点到另一个水准基点）应为闭合水准路线。

（3）精度要求　沉降观测的精度应根据建筑物的性质而定。多层建筑物的沉降观测，可采用 DS_3 水准仪，用普通水准测量方法进行，其水准路线的闭合差不应超过 $\pm 2.0\sqrt{n}$ mm（n 为测站数）。高层建筑物的沉降观测，则应采用 DS_1 精密水准仪，用二等水准测量的方法进行，其水准路线的闭合差不应超过 $\pm 1.0\sqrt{n}$ mm（n 为测站数）。

（4）工作要求　沉降观测是一项长期、连续的工作，为了保证观测成果的正确性，应尽可能做到“四固定”原则，即固定观测人员，使用固定的水准仪和水准尺，使用固定的水准基点，按固定的施测路线和测站进行测量。

4. 沉降观测的成果整理

（1）整理原始记录　每次观测结束后，应检查记录的数据和计算是否正确，精度是否合格，然后调整高差闭合差，推算出各沉降观测点的高程，并填入沉降观测记录中，见表 11-2。

表 11-2　沉降观测记录

观测次数	观测日期	各观测点的沉降情况							施工进展情况	荷载情况/(t/m²)
		1			2			…		
		高程/m	本次沉降/mm	累积沉降/mm	高程/m	本次沉降/mm	累积沉降/mm	…		
1	1985 年 1 月 10 日	50.454	0	0	50.473	0	0	…	一层平口	—
2	1985 年 2 月 23 日	50.448	-6	-6	50.467	-6	-6	…	三层平口	40
3	1985 年 3 月 16 日	50.443	-5	-11	50.462	-5	-11	…	五层平口	60
4	1985 年 4 月 14 日	50.440	-3	-14	50.459	-3	-14	…	七层平口	70
5	1985 年 5 月 14 日	50.438	-2	-16	50.456	-3	-17	…	九层平口	80
6	1985 年 6 月 4 日	50.434	-4	-20	50.452	-4	-21	…	主体完	110
7	1985 年 8 月 30 日	50.429	-5	-25	50.447	-5	-26	…	竣工	—

（2）计算沉降量　计算内容和方法如下：

1）计算各沉降观测点的本次沉降量。计算公式为

$$\text{沉降观测点的本次沉降量}=\text{本次观测所得的高程}-\text{上次观测所得的高程} \quad (11\text{-}3a)$$

2）计算累积沉降量。计算公式为

$$\text{累积沉降量}=\text{本次沉降量}+\text{上次累积沉降量} \quad (11\text{-}3b)$$

将计算出的沉降观测点观测日期、本次沉降量、累积沉降量、荷载情况等记入沉降观测记录中（表 11-2）。

（3）绘制沉降曲线　沉降曲线包含两部分，即时间-沉降量关系曲线和时间-荷载关系曲线（图 11-28）。

1）绘制时间-沉降量关系曲线。以沉降量 S 为纵轴，以时间 t 为横轴，组成直角坐标系。以每次累积沉降量为纵坐标，以每次观测日期为横坐标，根据每次观测日期和每次沉降量按比例标出沉降观测点的位置。最后用曲线将标出的各点连接起来，并在曲线的一端注明沉降观测点号码，形成时间-沉降量关系，如图 11-28 所示。

2）绘制时间-荷载关系曲线。以荷载 P 为纵轴，以时间 t 为横轴，组成直角坐标系。根据每次观测日期和相应的荷载标出各点位置，然后将各点连接起来，便可绘制出荷载-时间

关系曲线，如图 11-28 所示。

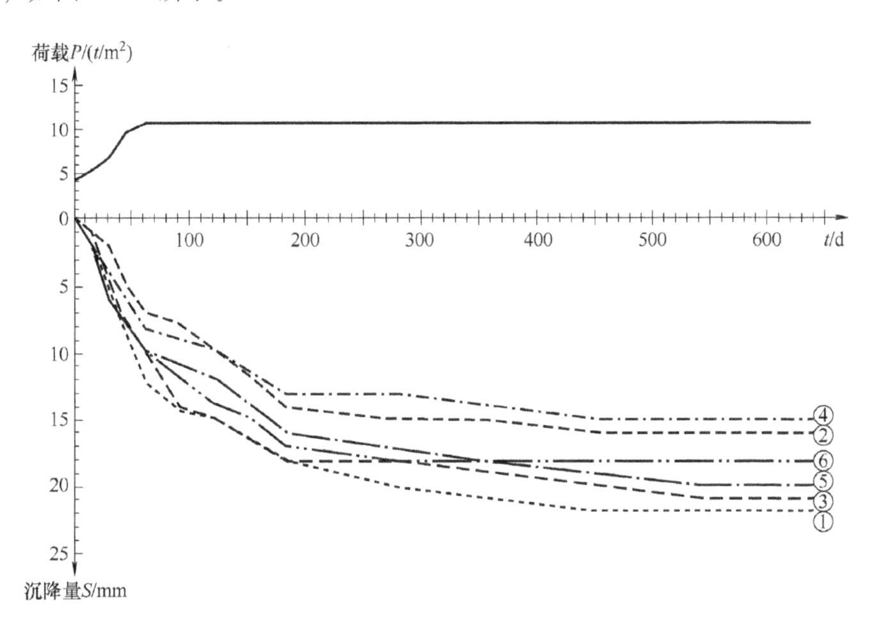

图 11-28　沉降曲线

11.4.2　倾斜观测

用测量仪器测定建筑物的基础和主体结构倾斜变化的工作，称为倾斜观测。

1. 一般建筑物主体的倾斜观测

建筑物主体的倾斜观测，应测定建筑物顶部观测点相对于底部观测点的偏移值，再根据建筑物的高度计算建筑物主体的倾斜度，即

$$i=\tan\alpha\ \frac{\Delta D}{H} \tag{11-4}$$

式中　i——建筑物主体的倾斜度；

ΔD——建筑物顶部观测点相对于底部观测点的偏移值（m）；

H——建筑物的高度（m）；

α——倾斜角（°）。

由式（11-4）可知，倾斜测量主要是测定建筑物主体的偏移值 ΔD。偏移值 ΔD 的测定一般采用经纬仪投影法。如图 11-29 所示，将经纬仪安置在固定测站上，该测站到建筑物的距离为建筑物高度的 1.5 倍以上。瞄准建筑物 X 墙面上部的观测点 M，用盘左、盘右分中投点法，定出下部的观测点 N。用同样的方法，在与 X 墙面垂直的 Y 墙面上定出上观测点 P 和下观测点 Q。M、N 和 P、Q 即所设观测标志。

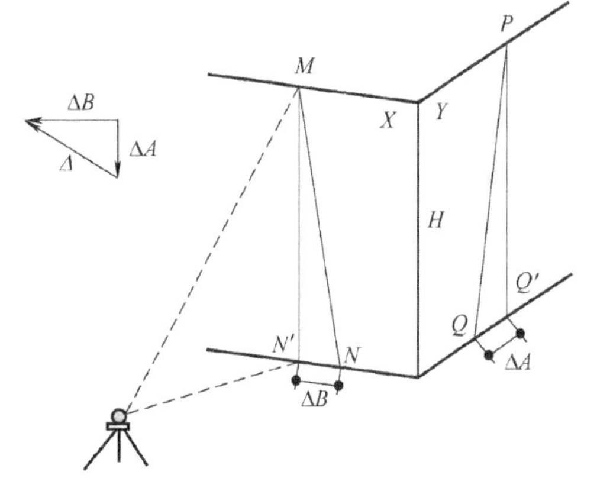

图 11-29　一般建筑物倾斜观测

相隔一段时间后，在原固定测站上，安置经纬仪，分别瞄准上观测点 M 和 P，用盘左、盘右分中投点法，得到 N'和 Q'。如果，N 与 N'、Q 与 Q'不重合，说明建筑物发生了倾斜。

用尺子量出在 X、Y 墙面的偏移值 ΔA、ΔB，然后用矢量相加的方法，计算出该建筑物的总偏移值 ΔD，即

$$\Delta D=\sqrt{\Delta A^2+\Delta B^2} \tag{11-5}$$

根据总偏移值 ΔD 和建筑物的高度 H，用式（11-4）即可计算出其倾斜度 i。

2. 圆形建（构）筑物主体的倾斜观测

对圆形建（构）筑物的倾斜观测是在互相垂直的两个方向上测定其顶部中心对底部中心的偏移值。如图 11-30 所示，在烟囱底部横放一根标尺，在标尺中垂线方向上安置经纬仪，经纬仪到烟囱的距离为烟囱高度的 1.5 倍。

用望远镜将烟囱顶部边缘两点 A、A' 及底部边缘两点 B、B'分别投到标尺上，得读数为 y_1、y_1' 及 y_2、y_2'，如图 11-30 所示。烟囱顶部中心 O 对底部中心 O'在 y 方向上的偏移值 Δy 为

$$\Delta y=\frac{y_1+y_1'}{2}-\frac{y_2+y_2'}{2} \tag{11-6a}$$

用同样的方法，可测得在 x 方向上，顶部中心 O 的偏移值 Δx 为

$$\Delta x=\frac{x_1+x_1'}{2}-\frac{x_2+x_2'}{2} \tag{11-6b}$$

再用矢量相加的方法，计算出顶部中心 O 对底部中心 O'的总偏移值 ΔD，即

$$\Delta D=\sqrt{\Delta x^2+\Delta y^2} \tag{11-6c}$$

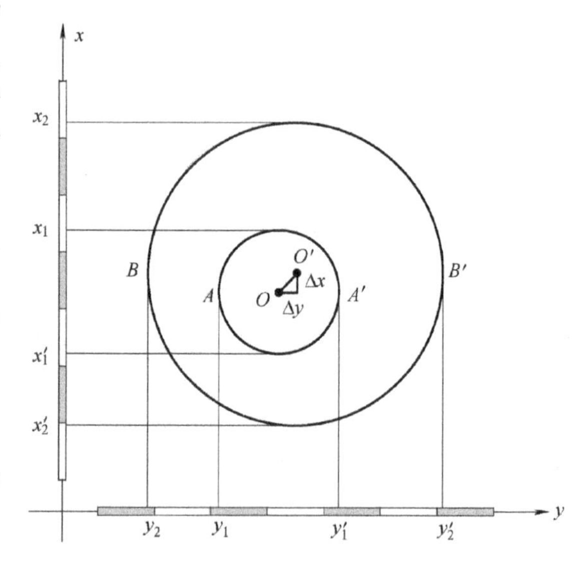

图 11-30　圆形建（构）筑物倾斜观测

根据总偏移值 ΔD 和圆形建（构）筑物的高度 H 用式（11-4）即可计算出其倾斜度 i。另外，亦可采用激光垂准仪或悬吊垂球的方法，直接测定建（构）筑物的倾斜量。

3. 建筑物基础倾斜观测

建筑物的基础倾斜观测一般采用精密水准测量的方法，定期测出基础两端点的沉降量差值 Δh，如图 11-31 所示，再根据两点间的距离 L，即可计算出基础的倾斜度 i 为

$$i=\frac{\Delta h}{L} \tag{11-7}$$

对整体刚度较好的建筑物的倾斜观测，也可采用基础沉降量差值推算主体偏移值。如图 11-32所示，用精密水准测量测定建筑物基础两端点的沉降量差值 Δh，根据建筑物的宽度 L 和高度 H，推算出该建筑物主体的偏移值 ΔD 为

$$\Delta D=\frac{\Delta h}{L}H \tag{11-8}$$

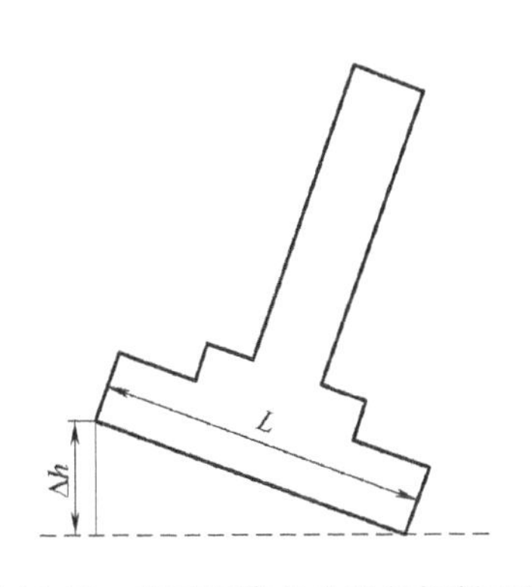

图 11-31　基础沉降差法进行倾斜观测

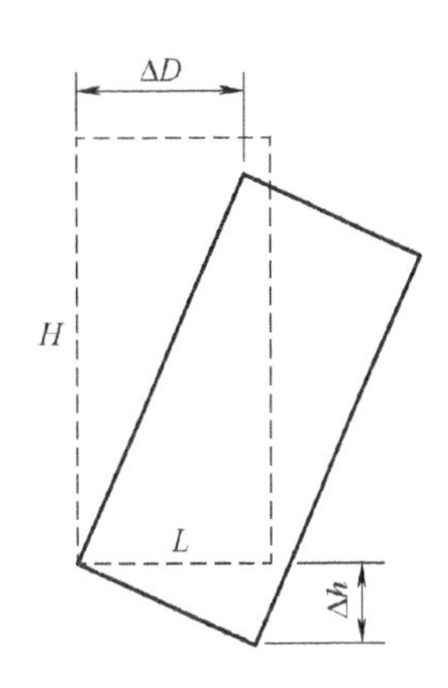

图 11-32　基础倾斜观测测定建筑物的偏移值

11.4.3　裂缝观测

建筑物出现裂缝之后，应及时进行裂缝观测。常用的裂缝观测方法有以下两种：

1. 石膏板标志法

用厚 10mm，宽 50~80mm 的石膏板（长度视裂缝大小而定），固定在裂缝的两侧。当裂缝继续发展时，石膏板也随之开裂，从而观察裂缝继续发展的情况。

2. 镀锌薄钢板标志法

如图 11-33 所示，用两块镀锌薄钢板，一块为 100mm×300mm 的短形板，固定在裂缝的一侧，另一块为 50mm×200mm 的矩形板，固定在裂缝的另一侧，使两块白铁皮的边缘相互平行，并使其中的一部分重叠。在两块镀锌薄钢板的表面涂上红色油漆。如果裂缝继续发展，两块镀锌薄钢板将逐渐拉开，露出长方形上原被覆盖没有油漆的部分，其宽度即裂缝加大的宽度，可用尺子量出。以此来判断裂缝的扩展情况。

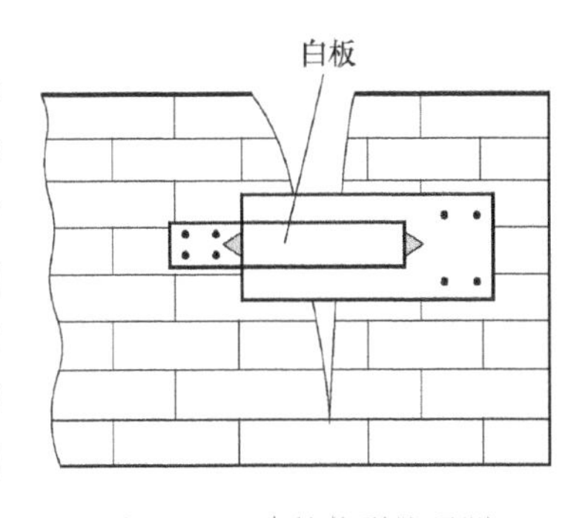

图 11-33　建筑物裂缝观测

11.4.4　位移观测

根据平面控制点测定建筑物的平面位置随时间移动的大小及方向，称为位移观测。位移观测首先要在建筑物附近埋设测量控制点，再在建筑物上设置位移观测点。位移观测的方法有以下两种：

1. 角度前方交会法

利用角度前方交会法对观测点进行角度观测，计算观测点的坐标，利用两个不同时期得到的观测值的坐标差值计算该点的水平位移量。

2. 基准线法

某些建筑物只要求测定某特定方向上的位移量，如大坝在水压力方向上的位移量，这种情况可采用基准线法进行水平位移观测。

观测时，在位移方向的垂直方向上建立一条基准线，如图 11-34 所示，A、B 为控制点，

P 为观测点。只要定期测量观测点 P 与基准线 AB 的角度变化值 $\Delta\beta$，即可测定水平位移量，$\Delta\beta$ 测量方法如下：在 A 点安置经纬仪，第一次观测水平角 $\angle BAP=\beta_1$，第二次观测水平角 $\angle BAP'=\beta_2$，两次观测水平角的角值之差 $\Delta\beta=\beta_2-\beta_1$，则其位移量为

$$\delta=D_{AP}\frac{\Delta\beta}{\rho''} \tag{11-9}$$

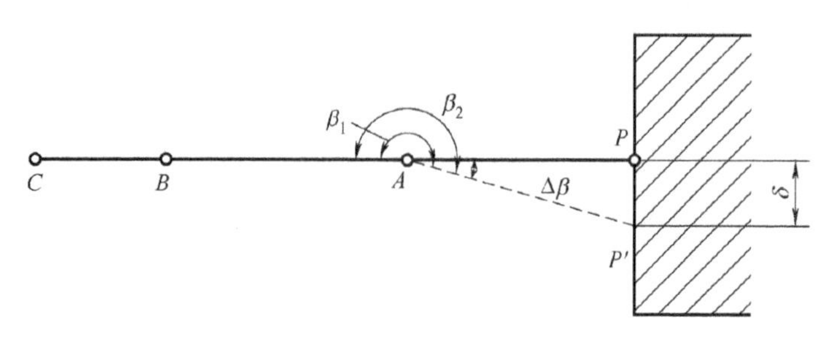

图 11-34　建筑物位移观测

11.5　竣工测量和竣工图编绘

建筑竣工测量是指建筑物和构筑物竣工、验收时所进行的测绘工作。建筑竣工测量是验收和评价建筑工程是否按图施工的基本依据，更是建筑工程交付使用后进行管理、维修、改建及扩建的依据。

建筑竣工测量的最终成果就是建筑竣工图，它包括反映建筑工程竣工时的地形现状、地上与地下各种建（构）筑物及管线平面位置与高程的总现状地形图、各类专业图等。建筑竣工图的编绘包括竣工测量（室外实测）和资料编绘两方面内容。

11.5.1　竣工测量

竣工测量的坐标和高程系统宜与设计图上的施工坐标与高程系统一致，其控制网应利用原有场区控制网点成果资料。

竣工测量与全野外地形图测量方法大致相似。主要区别在于测绘内容的选择和精度要求不同。对于工业厂房及一般建筑物，测绘内容包括各房角坐标，几何尺寸，管线进出口的位置和高程，室外地坪及房角标高，并附注房屋结构层、面积和竣工时间；对于交通线路，应测定线路起终点、转折点和交叉点的坐标，路面、人行道、绿化带界线等；对于特种构筑物，应测定沉淀池的外形和四角坐标、圆形构筑物的中心坐标，基础面标高，构筑物的高度或深度等。

11.5.2　竣工图编绘

竣工图编绘应在收集汇总、整理图纸资料和外业实测数据的基础上进行，真实反映竣工区域内的地上、地下建筑物和管线的平面位置与高程以及其他地物、周围地形，并加上相应的文字说明。

竣工图上应包括建筑方格网点，水准点、厂房、辅助设施、生活福利设施、架空及地下管线、铁路等建筑物或构筑物的坐标和高程，以及厂区内空地和未建区的地形。竣工总平面

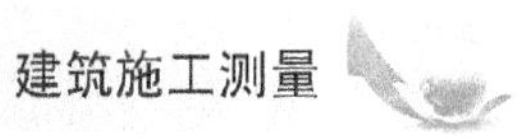

图的种类、内容、图幅大小、图例符号和编绘范围应与施工总图一致，其比例尺宜选用1∶500或根据竣工验收项目确定。

习　题

1. 施工控制网有哪些特点?
2. 试述施工矩形控制网（方格网）主轴线测设方法。
3. 简述厂房矩形控制网的测设方法。
4. 试述柱基的放样方法。
5. 柱子安装过程中如何进行柱子的竖直校正？校正时应注意哪些问题?
6. 高层建筑轴线投测和高程传递的方法有哪些?
7. 已知某工厂机加工车间两对角的坐标为：x_1 = 8551. 00m，y_1 = 4332. 00m；x_2 = 8486. 00m，y_2 = 4440. 00m。放样时顾及基坑开挖范围，拟将矩形控制网设置在厂房角点以外 6m 处，如图 11-35 所示，计算厂房控制网四角点 T 、U 、R 、S 的坐标值。

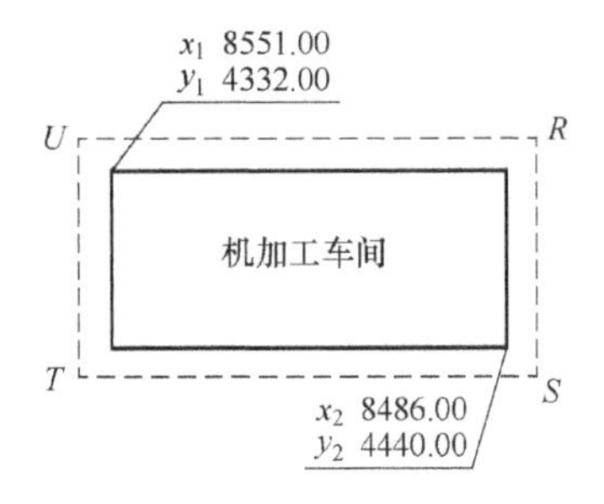

图 11-35　第 7 题图

第 12 章　线路工程测量

【学习目标】

1. 了解勘测平面和高程控制网的选点要求和主要测量技术要求，施工测量的内容，纵断面图的内容。

2. 熟悉线路勘测阶段的测量工作内容，平面圆曲线加缓和曲线的坐标计算，线路纵、横断面测量，轨道控制网（CPⅢ）布设方式和测量方法。

3. 掌握平面曲线要素、主点里程计算方法，平面单圆曲线中桩及边桩坐标、竖曲线中桩设计高程计算，铁路工程控制网“三网合一”的概念和分级布设方法。

12.1　线路测量基本知识

12.1.1　线路测量的内容

线路测量是指铁路、公路、河渠、输电线路及管道等线形工程在勘测设计、施工和运行阶段所进行的各种测量工作的总称。线路测量目的是确定线路的空间位置，包括在勘测设计阶段为选择和设计线路中心线的位置所进行的各种测绘工作，在施工阶段将线路中线及各细部按设计的位置进行实地测设的各种测量工作。工程竣工后，测量竣工断面和绘制竣工图，作为竣工验收的基本资料。在运营阶段，监测工程运营情况、评价工程的安全性。

各种线路的测量工作内容和方法基本相同，其中铁路线路测量具有典型性，故本章以铁路为例介绍线路测量工作。

新建铁路勘测一般分为初测和定测两个阶段。初测是为初步设计提供资料而进行的勘测工作，是初步设计的基础工作和依据，主要任务是沿线建立平面控制网和高程控制网，测绘带状地形图。初步设计的一项任务是纸上定线，即在带状地形图上选定线路中心线的位置。定测是为施工技术设计而做的勘测工作，主要任务是把初步设计中所选定的线路中线测设到实地上，并进行线路的纵断面测绘和横断面测绘；对个别工程还要测绘大比例尺的工点地形图。

施工阶段测量的内容有复测，线路中线放样，路基、轨道、站场的施工放样以及竣工测绘等，施工测量的主要任务是保证各种构筑物能按照设计位置准确地建立起来。

在运营阶段，为了及时更新资料，对线路现状和沿线地形每隔一定年份要进行全线的测量。当对既有线路进行改建、修建复线时，也需要进行一系列的测量。

12.1.2　线路平面组成和平面位置的标志

1. 线路平面组成

在设计图上分别按路线平面和纵向（竖曲线）给出路线的三维空间位置。铁路与公路线路的平面形状通常由直线和曲线组成（图 12-1）。当路线由一个方向转向另一个方向时，相邻两直线间用曲线连接，这种曲线称为平面曲线，主要有圆曲线和缓和曲线。圆曲线是具有固定曲率半径的圆弧；缓和曲线是连接直线与圆曲线的过渡曲线，其曲率半径由无穷大（直线的半径）逐渐变化为圆曲线半径。国家铁路局发布的《铁路线路设计规范》（TB 10098—2017）规定，直线与圆曲线应采用缓和曲线连接，缓和曲线长度在 20~680m，圆曲线半径不应大于 12000m、不小于 300m（城际铁路）。

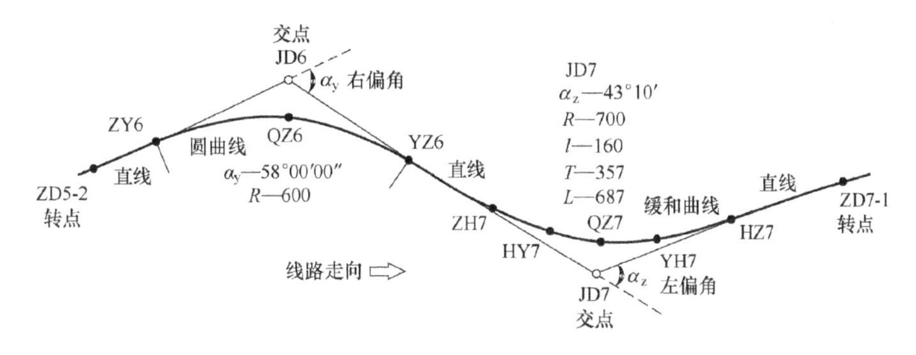

图 12-1　线路平面组成

2. 铁路测量符号

为了统一铁路工程制图标准，提高识图效率，便于技术交流，国家铁路局发布了《铁路工程制图标准》（TB 10058—2015），其中，线路测量常用符号见表 12-1。

表 12-1　铁路工程线路测量常用符号

名　称	符　号	说　明
交点	JD	JD32：第 32 个交点
转点	ZD	ZD32-1：JD32 后的第 1 个转点
直圆点	ZY	ZY+845：该 ZY 里程为整公里+845
圆直点	YZ	—
曲中点	QZ	—
直缓点	HY	—
缓圆点	HY	—
圆缓点	YH	—

（续）

名　　称	符　　号	说　　明
缓直点	HZ	—
圆曲线半径	R	R_n：内侧线圆曲线半径 R_w：外侧线圆曲线半径
缓和曲线长	l	l_n：内侧线缓和曲线长 l_w：外侧线缓和曲线长
切线长	T	—
曲线长	L	—
平面曲线偏角	α	α_z：左偏角 α_y：右偏角

3. 铁路测量平面位置标志

在地面上标定线路的平面位置时，常用木桩打入地下标识，并写明桩的名称及桩号（用里程描述）。里程是指路线中线上某点沿线路距起点的水平长度，通常以线路起点为K0+000.0。例如：ZD_{31}的里程为3402.31m，则记作K3+402.31，K3表示整公里数（初测里程使用CK表示，定测里程使用DK表示），+402.31表示公里以下的米数。

常用的线路平面木桩标志有方桩、板桩两种，如图12-2所示。方桩用作线路中心的控制桩（起终点桩、JD桩、ZD桩、曲线控制桩、断链桩及其他构造物控制桩等），打入地下，顶部与地面平齐，并在桩面上钉一小钉表示点位。板桩露出地面约10cm，用作标志桩和里程桩，里程桩包括整桩、加桩。标志桩主要用作线路控制桩的指示桩，应钉设在控制桩左侧0.3m处，用红油漆写明控制桩的名称及里程。

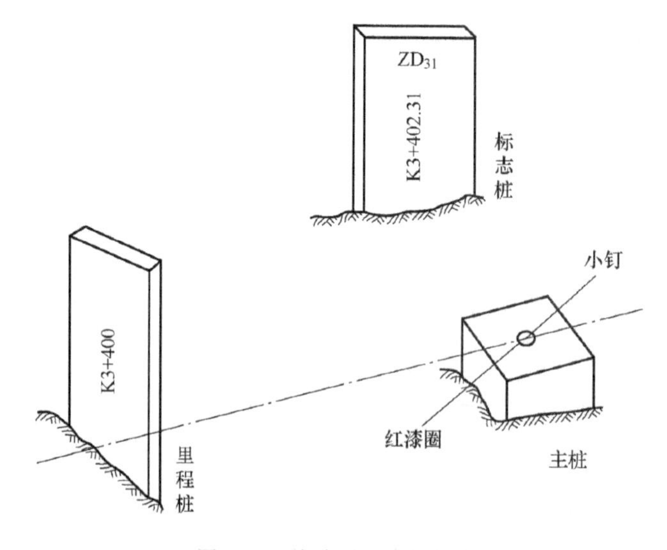

图12-2　线路平面木桩标志

12.1.3 平面曲线的基本性质

圆曲线性质

1. 圆曲线

圆曲线的主点（图 12-3）包括直圆点 ZY（直线与圆曲线的分界点）、曲中点 QZ（圆曲线的中点）、圆直点 YZ（圆曲线与直线的分界点）。

圆曲线要素（图 12-3）包括圆曲线的半径 R、平面曲线偏角（或线路转向角，是路线由一个方向偏转至另一个方向时，偏转后的方向与原方向的水平夹角）α、切曲差 q、切线长 T（交点至直圆点或圆直点的直线长度）、曲线长 L（圆曲线的长度、外矢距 E_0（交点至曲中点的距离。

R 及 α 均为已知数据，与其他要素的几何关系为

$$\begin{cases} T=R\tan\dfrac{\alpha}{2} \\ L=R\alpha\dfrac{\pi}{180^\circ} \\ E_0=R\sec\dfrac{\alpha}{2}-R=R\left(\sec\dfrac{\alpha}{2}-1\right) \\ q=2T-L \end{cases} \tag{12-1}$$

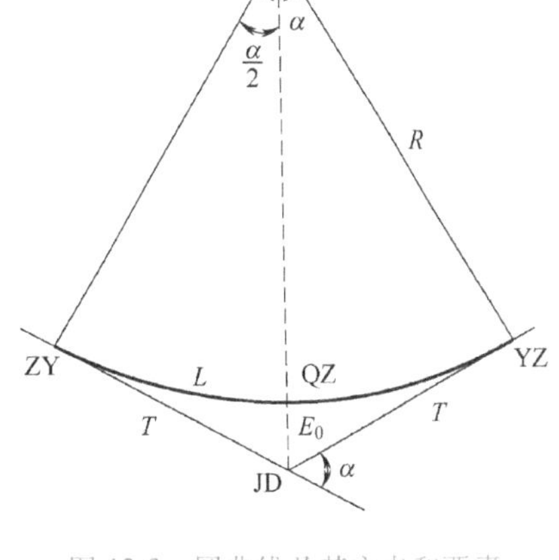

图 12-3 圆曲线及其主点和要素

【例 12-1】 已知 $\alpha=55°43'24''$，$R=500\text{m}$，求圆曲线各要素 T、L、E_0、q。

解：由式（12-1）可得：$T=264.31\text{m}$，$L=486.28\text{m}$，$E_0=65.56\text{m}$，$q=42.34\text{m}$。

圆曲线的主点必须标记里程，里程增加的方向为 ZY→QZ→YZ。第 n 个交点处各主点里程为

$$\begin{cases} Z_{JD}=\sum\limits_{i=1}^{n}d_i-\sum\limits_{i=1}^{n-1}q_i \\ Z_{ZY}=Z_{JD}-T \\ Z_{QZ}=Z_{ZY}+\dfrac{L}{2} \\ Z_{YZ}=Z_{QZ}+\dfrac{L}{2}=Z_{JD}+T-q \end{cases} \tag{12-2}$$

式中 $Z_{\times\times}$——××点的里程（本章后文均采用这种表示方式）；

d_i——线路上 JD_{i-1}-JD_i 间的直线段长（m）；

q_i——线路上 JD_i 处的切曲差（m）。

在例 12-1 中，若已知 JD 里程为 K37+817.55，则 ZY、QZ、YZ 的里程可由（12-2）计算得到：$Z_{ZY}=\text{K}37+553.24$，$Z_{QZ}=\text{K}37+796.38$，$Z_{YZ}=\text{K}38+039.52$。

2. 缓和曲线

缓和曲线（或过渡曲线）是为了适应曲线段轨道的外轨超高、内轨加宽，在直线与圆曲线之间加设的一段平面曲线，其几何意义为曲线上任意点的曲率半径 ρ 与该点至曲线起点

的曲线长 l 成反比 $\left(\rho \propto \frac{A^2}{l}\right)$，可表达为

$$\rho l = C \tag{12-3}$$

式中 C——曲线半径变化率，是常数。

在缓和曲线的起点，ρ 等于直线的曲率半径∞（无穷大）。在缓和曲线的终点，$\rho = R$，此时 l 等于所采用的缓和曲线长度 l_0，即

$$C = \rho l = R l_0 \tag{12-4}$$

式（12-4）是缓和曲线必要的前提条件。

缓和曲线除了用以连接直线和圆曲线外，还用于连接不同曲率半径的圆曲线，当两相邻圆曲线的曲率半径差超过一定值时，这两个圆曲线必须通过缓和曲线来连接。此时，缓和曲线半径变化率 C 为

$$C = \frac{l_{0_{12}} R_1 R_2}{R_1 - R_2} \tag{12-5}$$

式中 R_1、R_2——两相邻圆曲线的半径（m），设 $R_1 > R_2$；

$l_{0_{12}}$——连接两圆曲线的缓和曲线长度（m）。

如图 12-4 所示，缓和曲线 l_0 是在交点处偏角 α 不变的条件下，插入直线段和圆曲线之间的，需要将原来的圆曲线在垂直于其切线的方向移动一段距离 p。一般采用内移圆心的方法，即圆心由 O 移到 O_1，而原来的半径 R 保持不变（也可以采用缩短半径的办法实现）。可以看出：原圆曲线及直线的一部分被缓和曲线 l_0 代替，原来圆曲线的两端圆心角 β_0 相对应的那部分圆弧由缓和曲线代替，因而圆曲线只剩下 HY 到 YH 这段长度即 L_0。

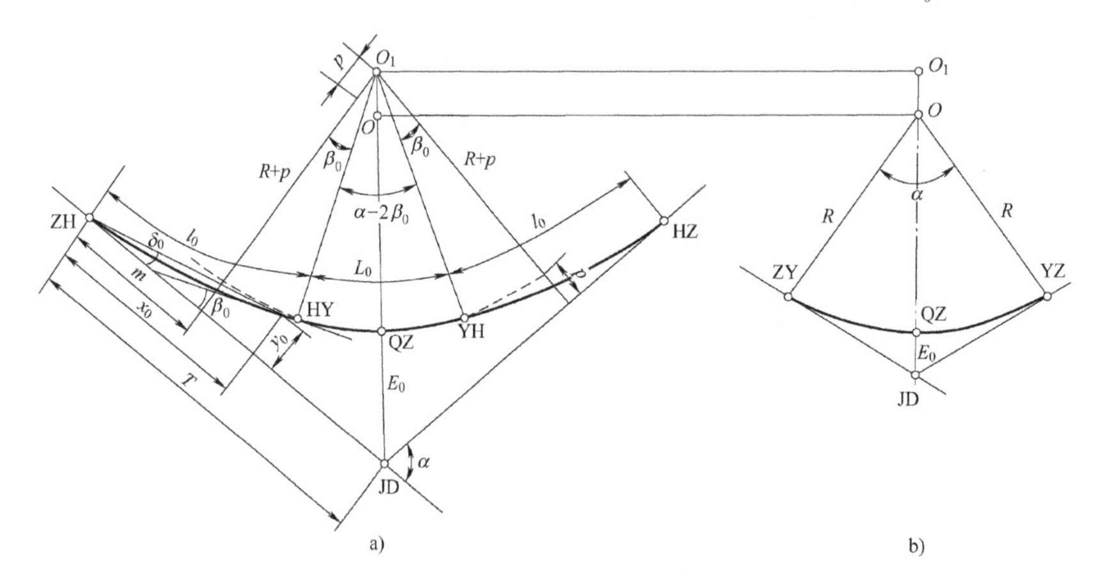

图 12-4　单圆曲线两端插入缓和曲线

a）采用内移圆心的方法插入缓和曲线　b）单圆曲线线路转向

由于在圆曲线两端加设了等长的缓和曲线 l_0 后，曲线的主点包括：直缓点 ZH（直线与缓和曲线的连接点）、缓圆点 HY（缓和曲线和圆曲线的连接点）、曲中点 QZ（曲线的中

点）、圆缓点 YH（圆曲线和缓和曲线的连接点）、缓直点 HZ（缓和曲线与直线的连接点）。

β_0 为缓和曲线的切线角，即在 HY（或 YH）处的切线与 ZH（或 HZ）的切线交角，或缓和曲线 ZH→HY（或 YH→HZ）YH 所对应的线路转向角。

δ_0 为缓和曲线总偏角，即 ZH—HY 或 HZ—YH 的偏角。

m 为切垂距，自圆心 O_1 向 ZH 点或 HZ 点的切线作垂线，其垂足与 ZH（或 HZ）的距离为切垂距。

p 为圆曲线移动量，即垂线长与圆曲线半径 R 之差。

β_0、p、m、δ_0 是缓和曲线常数，计算公式为

$$\begin{cases} \beta_0=\dfrac{l_0}{2R}\dfrac{180^\circ}{\pi} \\ p=\dfrac{l_0^2}{24R} \\ m=\dfrac{l_0}{2}-\dfrac{l_0^3}{240R^2} \\ \delta_0=\dfrac{\beta_0}{3}=\dfrac{l_0}{6R}\dfrac{180^\circ}{\pi} \end{cases} \tag{12-6}$$

圆曲线加缓和曲线的综合要素如图 12-4a 所示，从图中的几何关系可得，加入缓和曲线后，综合要素 T、L、E_0、q 计算公式为

$$\begin{cases} T=(R+p)\tan\dfrac{\alpha}{2}+m \\ L=L_0+2l_0=R(\alpha-2\beta_0)\dfrac{\pi}{180^\circ}+2l_0=R\alpha\dfrac{\pi}{180^\circ}+l_0 \\ E_0=(R+p)\sec\dfrac{\alpha}{2}-R=\sqrt{(R+p)^2+(T-m)^2}-R \\ q=2T-L \end{cases} \tag{12-7}$$

【例 12-2】　已知 $R=500\text{m}$，$l_0=60\text{m}$，$\alpha=28°36'20''$，计算圆曲线加缓和曲线综合要素。

解：根据式（12-6）和式（12-7），计算可得 $T=157.56\text{m}$，$L=309.64\text{m}$，$E_0=16.31\text{m}$，$q=5.47\text{m}$。

圆曲线加缓和曲线上里程增加的方向为 ZH→QZ→HZ。在第 n 个交点处，各主点里程为

$$\begin{cases} Z_{ZH}=Z_{JD}-T \\ Z_{HY}=Z_{ZH}+l_0 \\ Z_{QZ}=Z_{HY}+\left(\dfrac{L}{2}-l_0\right) \\ Z_{YH}=Z_{QZ}+\left(\dfrac{L}{2}-l_0\right) \\ Z_{HZ}=Z_{YH}+l_0=Z_{JD}+T-q \end{cases} \tag{12-8}$$

例 12-2 中，若已知 JD 里程为 DK33+582.23，则 ZH 、HY、QZ、YH、HZ 各点的里程可由式（12-8）计算，分别为：DK33+424.67，DK33+484.67，DK33+579.49，DK33+674.31，DK33+734.31。

12.2 初测

线路初测是初步设计阶段的测量工作。初测前，应根据线路方案研究阶段在已有地形图上规划的线路位置，结合实地情况，采用地形图或图像实地判读、GNSS单点定位等方法，实地标定线路转折点的位置，确定初测路线地形测量范围和测量方案。初测主要包括平面控制测量、高程控制测量、带状地形图测绘等。

12.2.1 平面控制测量

铁路工程测量的平面、高程控制网，按施测阶段、施测目的及功能不同可分为勘测控制网、施工控制网、运营维护控制网，简称为“三网”。为了适应铁路工程建设和运营管理的需要，“三网”必须采用统一的基准（统一的坐标高程系统和起算基准），即“三网”平面测量以基础平面控制网（CPⅠ）为平面控制基准，高程测量以线路水准基点为高程控制测量基准；各阶段均采用坐标定位控制，简称“三网合一”。

铁路工程平面控制网分级

铁路工程平面控制测量按分级布设的原则建网，一般在框架控制网（CP0）下分为三级，如图12-5所示，第一级基础平面控制网（CPⅠ）、第二级线路平面控制网（CPⅡ）、第三级轨道控制网（CPⅢ）。初测阶段一般是先布设基础平面控制网（CPⅠ），然后在此基础上进行初测平面控制测量。某一级控制网的精度等级根据铁路类型、轨道结构、列车设计行车速度的不同而设计选择。

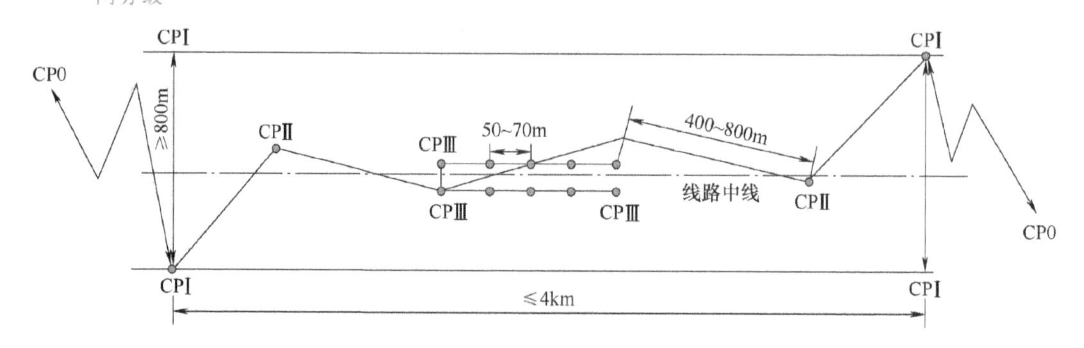

图12-5 铁路工程平面控制网分级布设示意图

框架控制网（CP0）在线路初测前采用GNSS测量方法建立，作为铁路平面控制网的坐标框架起算基准，能有效保障整个工程坐标框架基准的稳固、点位数量和高精度。CP0控制点应沿线路走向每50km左右布设一个点，在线路起点、终点或与其他线路衔接地段至少布设1个CP0控制点。CP0控制网应与IGS参考站或国家A、B级GNSS点进行联测，全线联测的已知站点数不应少于2个，且在网中均匀分布；每个CP0点应与不少于3个相邻的CP0连接，IGS参考站或国家A、B级GNSS点与其相邻的CP0连接数不得小于2个。CP0控制网全线一次性布网、统一测量，使用标称精度不低于$5mm+1\times10^{-6}D$的双频GNSS接收机，同步观测的接收机不应少于3台（高速铁路工程测量不少于4台）。数据处理应采用高精度的GNSS数据处理专用软件，以2000国家大地坐标系作为坐标基准，以IGS参考站或国家

A、B 级 GNSS 控制点作为约束点，进行控制网整体三维约束平差。

1. 基础平面控制网（CPⅠ）测量

CPⅠ控制网主要为线路控制网（CPⅡ）提供起算基准，通常在初测阶段建立，采用 GNSS 测量方法。不同类型、不同轨道结构和不同速度目标值的铁路，CPⅠ网的等级及基本技术指标要求不同。各级平面控制网设计的主要技术要求见表 12-2，GNSS 控制网的主要技术要求见表 12-3。CPⅠ控制网应采用边连式构网，形成三角形或四边形组成的带状网，起闭于且每 50km 联测于一个国家高等级平面控制点或框架控制网（CP0）点。

表 12-2　各级平面控制网设计的主要技术要求

<table>
<tr><th colspan="2" rowspan="3">铁路类型</th><th colspan="8">网 级 别</th></tr>
<tr><th colspan="3">CPⅠ</th><th colspan="3">CPⅡ</th><th colspan="2">CPⅢ</th></tr>
<tr><th>等级</th><th>测量方法</th><th>点间距</th><th>等级</th><th>测量方法</th><th>点间距</th><th>测量方法</th><th>点间距</th></tr>
<tr><td colspan="2">高速铁路</td><td>二等</td><td rowspan="7">GNSS</td><td>≤4km 一对，点间距≥800m</td><td>三等</td><td>GNSS/导线</td><td>GNSS：600~800m
导线：400~800m</td><td>自由测站边角交会</td><td>50~70m 一对点</td></tr>
<tr><td rowspan="6">一般铁路</td><td>无砟 v>120km</td><td>二等</td><td rowspan="6">2km 一个点或 4km 一对且间距≥800m</td><td>三等</td><td>GNSS/导线</td><td rowspan="6">400~800m</td><td>自由测站边角交会</td><td>50~70m 一对点</td></tr>
<tr><td>无砟 v≤120km
有砟 v>160km</td><td rowspan="2">三等</td><td rowspan="2">四等</td><td rowspan="2">GNSS/导线</td><td rowspan="2">自由测站边角交会</td><td>50~70m 一对点</td></tr>
<tr><td>有砟
120<v≤160km</td><td>≤120m 一对点（双线）
50~70m 一个点（单线）</td></tr>
<tr><td rowspan="2">有砟 v≤120km</td><td rowspan="2">四等</td><td>五等</td><td>GNSS</td><td>自由测站边角交会</td><td>≤120m 一对点（双线）
50~70m 一个点（单线）</td></tr>
<tr><td>一级</td><td>导线</td><td>导线测量</td><td>120~150m 一个点</td></tr>
</table>

表 12-3　GNSS 控制网的主要技术要求

<table>
<tr><th rowspan="2">等级</th><th colspan="2">固定误差 a/mm</th><th colspan="2">比例误差系数 b/(mm/km)</th><th rowspan="2">基线边方位角中误差(″)</th><th colspan="2">约束点精度</th><th rowspan="2">约束平差后最弱边边长相对中误差</th></tr>
<tr><th colspan="2">高铁</th><th colspan="2">一般</th><th>方位角精度(″)</th><th>边长相对精度</th></tr>
<tr><td>二等</td><td>≤5</td><td>≤5</td><td>≤1</td><td>≤2</td><td>1.3</td><td>1.0</td><td>1/250000</td><td>1/180000</td></tr>
<tr><td>三等</td><td>≤5</td><td>≤5</td><td>≤1</td><td>≤3</td><td>1.7</td><td>1.3</td><td>1/180000</td><td>1/100000</td></tr>
<tr><td>四等</td><td>≤5</td><td>≤6</td><td>≤2</td><td>≤4</td><td>2.0</td><td>1.7</td><td>1/100000</td><td>1/70000</td></tr>
<tr><td>五等</td><td>≤10</td><td>≤10</td><td>≤3</td><td>≤5</td><td>3.0</td><td>2.0</td><td>1/70000</td><td>1/40000</td></tr>
</table>

CPⅠ控制网点的位置应满足以下几项要求：

1）满足 GNSS 点的一般要求。

2）沿线路走向设在距线路中心 50~1000m 范围内。为满足维护以及与线路水准基点共桩的需要，点间距应符合表 12-2 的要求。

3）通常兼顾沿线桥梁、隧道及其他大型构（建）筑物布设施工控制网的要求。

CPI 控制网外业观测应按照第 7 章表 7-2 中相应等级测量作业的基本技术要求实施。

CPI 控制网平差计算应满足以下要求：

① 全线（段）一次布网，整体平差，以保证控制网的完整性，避免分段平差连接处出现坐标连接差。

② 基线向量解算的同一时段观测值的数据剔除率、复测基线较差、异步环或附合路线闭合差，无约束平差中基线向量各分量的改正数绝对值，三维约束平差后的约束点间的相对精度、约束平差后最弱边边长相对中误差、基线边方位角中误差等指标满足应符合规定。

③ 无约束平差后应提供 WGS-84 坐标系下的空间直角坐标和相关精度信息，三维约束平差后应提供相应坐标系下的空间直角坐标和相关精度信息。

④ 为了达到转换严密，避免利用已知点的平面坐标作为固定点进行 CPI 控制网的二维约束平差造成的边长变形，首先利用高等级已知点的三维坐标对 CPI 控制网进行三维约束平差。然后根据工程独立坐标系投影带的划分，将 CPI 控制网的空间直角坐标分别投影到相应的平面坐标投影带中，计算 CPI 控制点的工程独立坐标。

铁路工程测量平面坐标系统应采用基于 2000 国家大地坐标系（CGCS 2000）基准的工程独立坐标系，线路设计高程面上的投影长度变形值对于高速铁路不应大于 10mm/km，其他铁路不宜大于 25mm/km。

为了将铁路工程独立坐标系统引入国家坐标系统或城市平面坐标系统，应联测国家三角点或城市平面控制点，并将其作为固定点进行 CPI 控制网的二维约束平差。

2. 初测平面控制测量

初测控制网是测绘线路带状地形图的基础。初测控制点可凿刻于坚硬的岩石、混凝土面上或钉设木质方桩。初测平面控制网起闭于 CPI 平面控制网点，可采用 GNSS 测量或全站仪导线测量的方法。采用 GNSS 测量时，按五等 GNSS 网（主要技术要求见表 12-3）技术要求施测；采用全站仪导线测量时，附合导线长度不应超过 10km，导线相邻边长不应相差过大，相邻边长之比不应超过 1∶3。导线测量的主要技术要求见表 12-4。

表 12-4　导线测量的主要技术要求

等级	测角中误差/(″)	测距相对中误差	方位角闭合差/(″)	导线全长相对闭合差	使用不同仪器时对应的测回数			
					0.5″级	1″级	2″级	6″级
三等	1.8	1/150000	$\pm3.6\sqrt{n}$	1/55000	4	6	10	—
四等	2.5	1/100000	$\pm5\sqrt{n}$	1/40000	3	4	6	—
一级	4	1/50000	$\pm8\sqrt{n}$	1/20000	—	2	2	—
二级	7.5	1/25000	$\pm15\sqrt{n}$	1/10000	—	—	1	3

当初测阶段布设 CPI 控制网困难时，可沿线路每 8km 左右布设一对（点对间距 500~

800m）或每4km左右布设一个GNSS点作为初测首级控制，按四等GNSS网技术要求施测。当测区在国家或地方连续运行参考站（CORS）覆盖范围内时，参考站可作为初测控制点使用。

12.2.2 高程控制测量

铁路工程测量的高程系统是1985国家高程基准。当个别地段无1985国家高程基准的水准点时，可引用其他高程系统或以独立高程起算。但在全线高程测量贯通后，应消除断高，换算成1985国家高程基准。铁路工程测量的高程控制网分二级布设，第一级线路水准基点控制网是铁路工程勘测设计、施工、运营维护的高程基准；第二级CPⅢ高程网，是铁路轨道施工、维护的高程基准。

初测阶段高程测量的内容是沿线路设置水准基点，建立线路水准基点控制网，或者根据勘测设计的需要设置初测高程控制点。水准基点的布设要求如下：

1）应选在土质坚实、安全僻静、观测方便和利于长期保存的地方。

2）严寒地区普通水准点标石应埋设至冻土线0.3m以下，以保证线路水准基点的稳定。

3）水准基点可与平面控制点共用。共桩点的埋设标石规格应符合水准点埋设的标石规格要求。

线路水准基点测量等级要求见表12-5。

表12-5 线路水准基点测量等级要求

<table>
<tr><th colspan="2">铁路类型</th><th>等级</th><th>测量方法</th></tr>
<tr><td colspan="2">高速铁路</td><td>二等</td><td>水准测量/精密光电测距三角高程测量</td></tr>
<tr><td rowspan="4">一般铁路</td><td>无砟 v>120km</td><td>二等</td><td>水准测量/精密光电测距三角高程测量</td></tr>
<tr><td>城际无砟 v=120km
城际有砟 v>160km</td><td>精密</td><td rowspan="3">水准测量/光电测距三角高程测量</td></tr>
<tr><td>客货、重载无砟 v≤120km
客货、重载有砟 v>120km
城际有砟 v=120km</td><td>三等</td></tr>
<tr><td>客货、重载有砟 v≤120km</td><td>四等</td></tr>
</table>

线路水准基点控制网全线（段）一次布网，统一测量，以测段返测高差不符值计算每千米高差偶然中误差，采用严密平差方法整体平差。

初测水准点应布设成附合路线或环形网，常采用水准测量、光电测距三角高程测量的方法。在特别地区，水准测量有困难时，二等高程控制测量可采用精密光电测距三角高程测量，三等及以下高程控制测量可采用光电测距三角高程测量。

1）精密光电测距三角高程测量的观测距离一般不大于500m，最长不超过1000m，采用具有自动目标搜索、自动照准、自动观测功能的高精度全站仪（标称精度不低于0.5″、1mm+1×$10^{-6}D$）观测，主要技术要求应符合表12-6的规定。

两台全站仪同时往返、对向观测。不量取仪器高和目标高；观测中气温读至0.5℃，气压读至1.0hPa，并在斜距中加入气象和仪器加、乘常数改正。

表 12-6 精密光电测距三角高程测量观测的主要技术要求

边长/m	测回数	指标差较差/(″)	测回间垂直角较差/(″)	测回间测距较差/mm	测回间高差较差
≤100	2	5	5	3	精密水准：$\pm8\sqrt{S}$ 二等水准：$\pm4\sqrt{S}$
100~500	4				
500~800	6				
800~1000	8				

2）光电测距三角高程测量，通常布设成三角高程网或高程导线，高程导线的闭合长度不应超过相应等级水准线路的最大长度，视线高度和与障碍物的距离不得小于 1.2m。光电测距三角高程测量主要技术要求应符合表 12-7 的规定。

光电测距三角高程测量可按双程对向方法或单程双对向方法进行两组对向观测。双程对向方法是指采用两台全站仪分别进行往返观测或一台全站仪重复进行往返观测。单程双对向方法是指采用一台全站仪在同一测站上变换仪器和反射镜高度分别进行两次往测和两次返测，然后组成两组对向观测高差，取两组对向观测高差平均值的中数作为高差测量值。

表 12-7 光电测距三角高程测量主要技术要求

等级	仪器等级/(″)	边长/m	观测方式	测距边测回数	垂直角测回数	指标差较差/(″)	测回间垂直角较差/(″)	对向观测高差较差/mm	附合或环线高差闭合差/mm	检测已测测段的高差之差/mm
三等	1	≤600	2 组对向	2	4	5	5	$\pm25\sqrt{D}$	$\pm12\sqrt{\sum D}$	$\pm20\sqrt{L_i}$
四等	2	≤800	对向	2	3	7	7	$\pm40\sqrt{D}$	$\pm20\sqrt{\sum D}$	$\pm30\sqrt{L_i}$
五等	2	≤1000	对向	1	2	10	10	$\pm60\sqrt{D}$	$\pm30\sqrt{\sum D}$	$\pm40\sqrt{L_i}$

光电测距三角高程测量应注意以下几点：

1）光电测距三角高程测量可结合平面导线同时进行。

2）对向观测应在同一气象条件下完成。

3）仪器高和反射镜高量测应在测前、测后各测一次，两次互差不得超过 2mm。进行三、四等测量时，通常采用专用测尺或测杆量测。

4）垂直角采用中丝法测量，对向观测应符合相关规范规定。

5）进行距离观测时，应测定气温和气压。气温读至 0.5℃，气压读至 1.0hPa，并加入气象改正。

6）光电测距三角高程测量应选择成像稳定清晰时观测。在日出、日落时，大气垂直折光系数变化较大，不宜进行长边观测。

在初测阶段，由于比较方案多等原因，不具备线路水准基点控制网测量条件时，可先按五等水准测量精度要求布设初测水准点，满足初测高程测量需要。定测前，再沿线路建立线路水准基点控制网，以满足定测和施工需要，从而提高勘测效率，降低勘测成本。

在高程异常变化平缓地区也可以采用GNSS高程测量方法，且通常与GNSS平面控制测量一起进行。采用五等GNSS高程测量方法应注意以下几点：

1）采用静态相对定位方法进行数据采集，时间大于相应等级的平面测量所需的时间。

2）GNSS高程转换可采用几何拟合法、基于似大地水准面模型精化的高程异常拟合法和高程异常差拟合法等。

3）当采用拟合方法求解高程值时，应在测区周围和测区内联测四等及以上水准点，联测的水准点均匀分布于网中，外围水准点连成的多边形应包含整个测区。联测点数应大于选用计算模型中未知参数的个数，平原地区联测的水准点通常不少于6个点，丘陵或山地通常不少于10个点。根据路线大致走向、水准点的分布划分拟合区域，分段求取高程拟合参数。每个拟合区的路线长度通常控制在50km以内。测区明显分为几种地形时，在地形变化部位联测几何水准。

4）应选择多种拟合模型进行高程拟合，并用未参与建模的水准点检验拟合的效果，检核点高程较差不应大于10cm，并选择最佳拟合结果作为最终成果。

12.2.3　地形测量

在初测控制网完成的基础上，按勘测设计的要求，测绘带状地形图，测图比例尺一般在1∶1000、1∶2000、1∶5000之间选择。铁路长大干线的地形测量全部采用摄影测量成图方法，但对局部摄影范围以外的区域或支线、专用线的地形测量还要采用全站仪数字化测图法、GNSS RTK数字化测图方法测图。使用航测地形图时，在现场要对地形图内容进行核对、修正，补测工作也要用到这些方法，有时也采用激光扫描法等方法。

地形图图例符号应符合现行国家地形图图式和《铁路工程图形符号标准》（TBT 10059—2015）的规定。地形点的分布及密度应能反映地形、地貌的真实情况，满足正确插入等高线的需要。1∶2000、1∶5000、1∶10000地形图高程点的注记至0.1m；1∶500、1∶1000地形图高程点的注记至0.01m。

12.3　定测

定测阶段的主要测量工作是定测平面和高程控制测量、线路中线测量、线路纵断面测量及线路横断面测量。

12.3.1　定测平面控制测量

线路控制网CPⅡ是线路定测放线和线路工程施工测量的基准和基础，通常在线路方案稳定后的定测阶段施测。当CPⅠ、CPⅡ平面控制点密度和位置不能满足定测需要时，还要在CPⅠ或CPⅡ基础上按五等GNSS或一级导线测量精度要求加密控制点。

线路控制网CPⅡ的精度等级根据铁路的类型、轨道结构和速度目标值的不同，参照表12-2选择，结合实际情况选用GNSS测量方法或导线测量方法施测。

CPⅡ控制网必须附合到CPⅠ控制网中，与CPⅠ控制点构成附合网。即CPⅡ控制点应起闭于CPⅠ控制点，以保证平面测量基准的统一，实现“三网合一”。

为了确定线路与其他铁路平面控制网的相互关系，保证与相邻铁路的平顺衔接，CPⅡ网应在与其他铁路相交地段，与其2个以上控制点联测。数据处理时，求出两套坐标系统的转换参数，用于接头处的坐标转换。

CPⅡ控制点沿线路布设，每400~800m布设一个点。控制点设在距线路中心50~200m范围内不易被破坏、稳定可靠、便于测量的地方。采用GNSS测量方法时，点的位置应满足GNSS点的一般要求，如点附近不应有强烈干扰接收卫星信号的干扰源等；采用导线测量方法时，点的位置应满足导线点的一般要求，如便于测角测距、相邻边长之比不超过1∶3等。

1）采用GNSS测量方法施测CPⅡ控制网，CPⅡ控制网一般10km左右联测一个水准点，以求得控制点的正常高。如果控制网的等级为三等、四等，应布设成三角形网或四边形组成的带状网，同步图形间采用边连式构网；如果控制网的等级为五等，可采用闭合环、附合路线或者包括这些布网形式的混合网。点位之间相互通视，困难地区至少有一个通视点，以便于定测和施工时采用常规测量方法进行勘测和施工放线。GNSS测量作业的基本技术要求应参照第7章表7-2中对应等级的指标执行。

基线观测数据的质量应进行同一时段观测值的数据剔除率、同步环闭合差、独立环闭合差、重复观测基线长度较差等项目的检核（详见第7章内容）。

基线向量质量符合要求后，先以一个点的WGS-84的三维坐标为起算数据，进行三维无约束平差，平差后基线向量各分量的改正数绝对值等指标应满足要求规定。

最后以联测的CPⅠ控制点为约束进行约束平差，计算CPⅡ点的工程独立坐标。约束平差后最弱边边长相对中误差、基线方位角中误差应符合表12-2的规定。

2）采用导线测量方法施测CPⅡ控制网，导线的两端附合在CPⅠ点对上，附合长度不应大于5km，平均边长400~600m。当附合导线长度超过规定时，需要布设成结点网形。结点与结点、结点与高级控制点之间的导线长度不应大于规定长度的0.7倍。对于高速铁路，当导线附合长度在2km以上时，布设成导线网方式，网的边数以4~6条为宜。一级及以上的导线采用严密平差法平差，二级导线可采用近似平差法平差。

导线测量的水平角观测采用方向观测法，边长测量采用全站仪，安全规范操作，按不同等级的要求量取气象参数，作业的基本技术要求应参照表12-4中对应等级的指标执行。

观测结束后，首先要进行方位角闭合差的检查，具备条件时进行测角中误差的计算，气象改正和仪器常数改正、水平距离计算、导线全长相对闭合差检查。平差前还要按照式（12-9）对测距边长进行归算到测区工程独立坐标系投影高程面、高斯投影的改正计算。

$$\begin{cases} D_1 = D_0\left(1+\dfrac{H_0-H_m}{R_A}\right) \\ D_2 = D_1\left(1+\dfrac{Y_m^2}{2R_m^2}+\dfrac{\Delta y^2}{24R_m^2}\right) \end{cases} \tag{12-9}$$

式中 D_1——测距边归算到工程独立坐标系投影高程面上的长度（m）；

D_0——测距边在两端平均高程面上的平距（m）；

H_0——工程独立坐标系投影面高程（m）；

H_m——测距边两端点的平均高程（m）；

R_A——测距边方向上法截弧曲率半径（m）；

D_2——测距边在高斯投影面上的长度（m）；

Y_m——测距边两端点的横坐标平均值（m）；

Δy——测距边两端点的横坐标增量（m）；

R_m——测距边处参考椭球的平均曲率半径（m）。

12.3.2 定测高程控制测量

定测高程控制测量通常直接利用线路水准基点控制网。当线路水准基点控制网尚未建立或不能满足定测需要时，采用水准测量、光电测距三角高程测量等方法实测或加密，这项工作也被称为基平测量，高速铁路工程为四等水准测量精度，一般铁路工程为五等水准测量精度。

12.3.3 中线测量

中线测量是结合现场具体条件，把带状地形图上设计好的线路中线测设于实地，并用木桩标定出来。它是定测阶段的主要工作。

中线测量有两种工作模式：一种是先放线再中桩测设。放线是把纸上定线所确定的交点间的直线测设于地面上，中桩测设是按规定的间隔钉设公里桩、加桩等细部中桩；另一种是将所有待放样桩位的测设数据准备好，依次测设于地面上。

1. 放线

纸上定线完成后，需将图上确定的路线交点位置标定到实地。当相邻两交点间由于遮挡或距离较远而互不通视时，需要在其连线上测设转点桩传递线路方向，一般每隔200~300m测设一个。

纸上定线通常在数字带状地形图上完成。用CASS等图形操作软件打开纸上定线的地形图，在图上绘制并编辑好转点的位置，执行相应的坐标查询或“指定点生成数据文件”等命令，将图上采集的转点坐标存入坐标文件。然后在实地使用全站仪等仪器，在线路控制点上按照该文件进行测设。

交点、转点测设完成后，有时候还需要在交点处测定线路的偏角（转向角），当偏转后的方向位于原方向右侧时，称为右偏；当偏转后的方向位于原方向左侧时，称为左偏。线路偏角如图12-6所示。

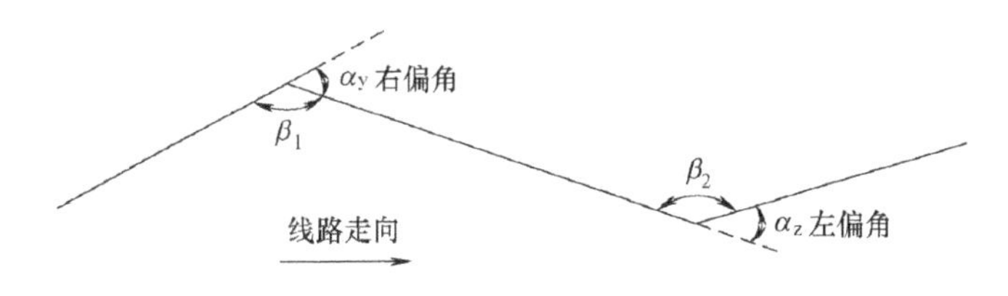

图12-6 线路偏角

2. 单圆曲线线路坐标计算

如图12-7所示，在JD_i处，JD_i的坐标值和桩号（桩号也可以采用式（12-2）计算）、圆曲线半径R、偏角α_0为设计已知，圆曲线要素T、L、E_0、q以及ZY、QZ、YZ等主点里程可采用式（12-1）和式（12-2）计算出来。P为圆曲线上任意一点，k、c分别是ZY与P

之间的圆弧长（ZY 至 P 的里程差）、弦长。B 是过 P 点的圆曲线法线上任意一点，l 是 B、P 两点间的水平距离。j、n 分别表示 JD_i 两侧线路直线段上任意一中桩点。测设需要的计算主要有两种，一种是已知圆曲线上任意中桩 P 的桩号（里程），计算 P 点坐标及其边桩坐标；另一种是已知路线附近任意点 B 的坐标值，计算其对应的线路中桩 P 的桩号（里程）及坐标。

1）偏角、弦长计算，如图 12-7 所示，把曲线端点（ZY 或 YZ）与圆曲线上任意点 P 的弦线方向和曲线端点（ZY 或 YZ）的切线方向间的夹角 δ 称为 P 的偏角。按几何关系可知，偏角 δ 等于弦所对应的圆心角 φ 的 1/2，即

$$\delta=\frac{\varphi}{2}=\frac{k}{2R}\frac{180°}{\pi} \tag{12-10}$$

【例 12-3】 已知 ZY 的里程为 K37+553.24，$R=500$m，P 点里程为 K37+780.00。求 P 点的偏角。

解：根据 ZY 点和 P 点里程，可知 P 点的偏角对应的曲线长（ZY-P 里程差）$k=226.76$m，则 P 点的偏角由式（12-10）计算可得 $\delta_P=12°59'32.6''$。

一般在圆曲线测设中：$R\geqslant150$m 时，曲线每隔 20m 测设一个细部点；$50\text{m}\leqslant R<150$m 时，曲线上每隔 10m 测设一个细部点；$R<50$m 时，曲线上每隔 5m 测设一个细部点。由于铁路曲线半径很大，20m 的弦长与其相对应的曲线长之差很小（如当 $R=450$m 时，弦弧之差为 2mm），在测量误差允许范围以内，可用弧长代替相应的弦长进行圆曲线测设。可根据偏角计算其对应的弦长，即

$$c=2R\sin\delta \tag{12-11a}$$

弦弧差为

$$\Delta c=c-k=-\frac{k^3}{24R^2} \tag{12-11b}$$

2）主点及直线段中桩坐标计算，如图 12-7 所示，相邻后交点 JD_{i-1} 至 JD_i 的坐标方位角 α_{i-1-i} 可由坐标反算计算得到。则 ZY 的坐标，以及 JD_i 至 JD_{i-1} 方向上线路直线段任意一中桩点 j 的坐标为

$$\begin{cases} d_j=Z_j-Z_{ZY_i} \\ x_j=x_{JD_i}-(T_i-d_j)\cos\alpha_{i-1-i} \\ y_j=y_{JD_i}-(T_i-d_j)\sin\alpha_{i-1-i} \end{cases} \tag{12-12}$$

式中 d_j——线路上 JD_{i-1} 与 JD_i 间直线段上任意中桩点 j 与 ZY 点的里程差（m）；

Z_j、Z_{ZY_i}——任意中桩点 j、ZY 点的里程；

T_i——JD_i 处的切线长（m）。

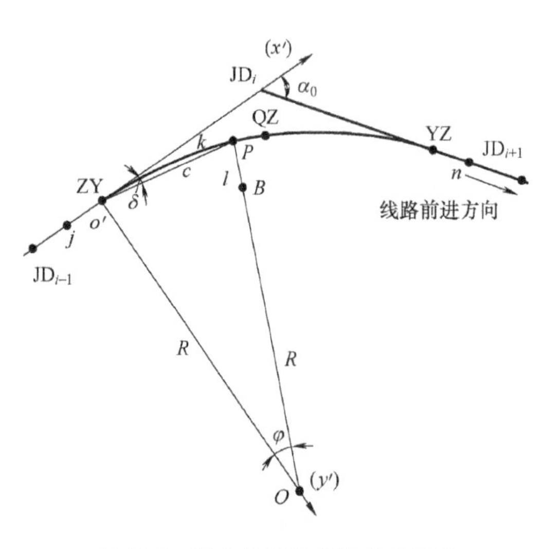

图 12-7 圆曲线偏角和切线坐标系

YZ 点坐标，以及 JD_i 至 JD_{i+1} 方向上线路直线段任意一中桩点 n 的坐标为

$$
\begin{cases}
d_n = Z_n - Z_{YZ_i} \\
x_n = x_{JD_i} + (T_i + d_n)\cos(\alpha_{i-1-i} \pm \alpha_0) \\
y_n = y_{JD_i} + (T_i + d_n)\sin(\alpha_{i-1-i} \pm \alpha_0)
\end{cases}
\tag{12-13}
$$

式中　d_n——线路上 JD_i 与 JD_{i+1} 间的直线段上任意中桩点 n 与 YZ 点的里程差（m）；

Z_n、Z_{YZ_i}——任意中桩点 n、YZ 点的里程；

α_0——JD_i 处的线路偏角，左偏时前面的符号取“-”，右偏时前面的符号取“+”。

3）圆曲线上任意点中桩及边桩坐标计算，如图 12-7 所示，结合式（12-10）和式（12-11a）可得，圆曲线上任意点中桩 P 点（包含 QZ）的坐标

$$
\begin{cases}
\delta_P = \dfrac{Z_P - Z_{ZY}}{2R}\dfrac{180°}{\pi} \\
c_P = 2R\sin\delta_P \\
x_P = x_{ZY_i} + c_P\cos(\alpha_{i-1-i} \pm \delta_P) \\
y_P = y_{ZY_i} + c_P\sin(\alpha_{i-1-i} \pm \delta_P)
\end{cases}
\tag{12-14}
$$

式中　Z_P、Z_{ZY}——分别为 P 点、ZY 点的里程（m）。

δ_P 前的“±”号，当线路为左偏时取“-”，右偏取“+”。

如图 12-8 所示，f 是桩号与中桩 P 相同的一个边桩点，设与 P 的距离为 l。按几何关系可知：f 位于过 P 点的曲线法线上，与过 P 的曲线切线相垂直；过 P 点的曲线切线与 JD_i 处的线路切线夹角为 2δ。因此，边桩点 f 的坐标

$$
\begin{cases}
\alpha_{Pf} = \alpha_{i-1-i} \pm 2\delta_P \pm 90° \\
x_f = x_P + l\cos\alpha_{Pf} \\
y_f = y_P + l\sin\alpha_{Pf}
\end{cases}
\tag{12-15}
$$

式中　α_{Pf}——过 P 点的曲线法线的坐标方位角。

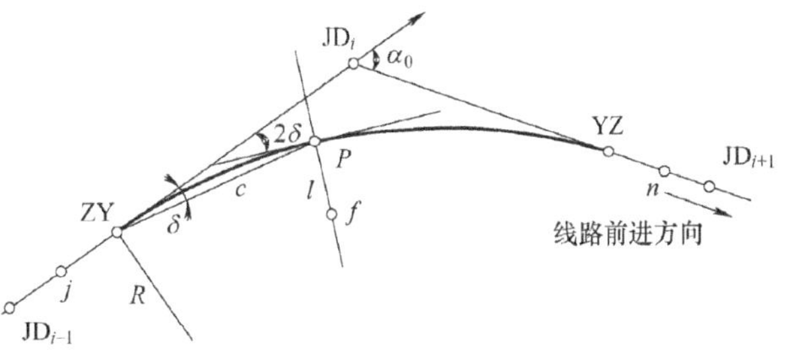

图 12-8　边桩计算示意图

式（12-15）中的坐标、距离的单位皆为 m；$2\delta_P$ 前的“±”号，当线路为左偏时取“-”，右偏取“+”。90°前的“±”号，当边桩 f 位于线路左侧时取“-”，位于线路右侧时取“+”。当需要计算与 P 点距离为 s、与线路方向夹角为 β 的任意点坐标时，只需将式中的 l、90°替换为 s、β 即可。

圆曲线上任意点中桩及边桩的坐标计算也可以采用首先计算圆心坐标，然后再根据 ZY 至 P 对应的圆心角计算等方法。

【例 12-4】　已知：某线路 JD_4 处的设计资料，JD_4 的坐标为（3166738.289，460008.909），里程 Z_{JD4} = K8+292.443，线路偏角 $\alpha_z = -8°33'44''$，圆曲线半径 R = 2600m。还知 JD_3 的坐标为（3165997.973，459733.202）。计算中桩 K7+930、K8+230 的中桩坐标。若左右边距均为 15m，计算桩号为 K8+230 的左右边桩坐标。

解：由式（12-1）计算得曲线要素 T = 194.633m，L = 388.541m；由式（12-2）计算得 ZY 点里程 Z_{ZY} = K8+097.81，YZ 点里程 Z_{YZ} = K8+486.351；由已知坐标反算得 JD_3 至 JD_4 的

坐标方位角 $\alpha_{3-4}=20°25'34.4''$。

可见，中桩 K7+930 位于 JD_3 至 JD_4 间直线段上，由式（12-12）计算 ZY 点、中桩 K7+930 的坐标分别为（3166555.894，459940.982），（3166398.636，459882.416）；中桩 K8+230 位于圆曲线上，由式（12-14）计算它的坐标（3166680.891，459983.948）。

将 $l=15$m，中桩 K8+230 的坐标，由式（12-14）计算得到的偏角 δ 带入式（12-15）中，得到中桩 K8+230 的左右边桩坐标为（3166685.405，459969.643）和（3166676.377，459998.253）。

4）圆曲线外一点对应的中桩坐标及里程计算，如图 12-7 所示，曲线圆心坐标（x_O，y_O）为

$$\begin{cases}\alpha_{ZY-O}=\alpha_{i-1-i}\pm90°\\ x_O=x_{ZY}+R\cos\alpha_{ZY-O}\\ y_O=y_{ZY}+R\sin\alpha_{ZY-O}\end{cases}\tag{12-16}$$

式（12-16）中 90°前的“±”号，当线路为左偏时取“-”，右偏取“+”。

圆心至线路外任意一点 B 的水平距离及坐标方位角 α_{OB} 可由坐标反算公式计算得到。则 B 点对应的线路中桩 P 点的坐标为

$$\begin{cases}x_P=x_O+R\cos\alpha_{OB}\\ y_P=y_O+R\sin\alpha_{OB}\end{cases}\tag{12-17}$$

中桩 P 的桩号（里程）为

$$\begin{cases}\varphi_P=180°\pm(\alpha_{OB}-\alpha_{ZY-O})\\ Z_P=Z_{ZY}+k_P=Z_{ZY}+\left|R\varphi_P\dfrac{\pi}{180°}\right|\end{cases}\tag{12-18}$$

式中　Z_P、Z_{ZY}——中桩点 P、ZY 点的里程。

上式中 180°后的“±”号，当线路为左偏时取“-”，右偏取“+”。

5）线路直线段外一点对应的中桩坐标及里程计算，如图 12-7 所示，建立圆曲线切线坐标系：以曲线起点 ZY 或曲线终点 YZ 为坐标原点 o'，切线为直角坐标系的 x'轴，切线的垂线为直角坐标系的 y'轴。圆曲线上任意点的直角坐标（x',y'）可由式（12-19）表达和计算

$$\begin{cases}x'_P=\pm R\sin\varphi_P\\ y'_P=\pm(R-R\cos\varphi_P)=\pm R(1-\cos\varphi_P)\\ \varphi_P=\dfrac{k_P}{R}\dfrac{180°}{\pi}\end{cases}\tag{12-19}$$

式中，x'_P 计算式里的“±”号，以 ZY 为原点时取“+”，以 YZ 为原点时取“-”；y'_P 计算式里的“±”号，当线路为左偏时取“-”，右偏取“+”。

首先使用式（12-17）计算出中桩 P 的“探测坐标”，判断 P 是否落到了 JD_i 前后的直线段部分。由坐标反算分别计算出 P 的“探测坐标”到 JD_i、ZY_i、YZ_i 的距离 d_{JDP}、d_{ZYP}、d_{YZP}，如果 $d_{JDP}>T$（切线长），P 点就落在了直线段部分。

然后计算 P 点的真实位置。如果 P 点就落在了直线段部分，又符合 $d_{ZYP}<d_{YZP}$，则位于 JD_{i-1} 方向；否则，位于 JD_{i+1} 方向。当 P 点位于线路 JD_{i-1} 至 JD_i 直线段时，它的坐标（x_P,y_P）

及里程 Z_P 为

$$\left\{\begin{aligned} x'_P &= x'_B = -x_{ZY} + x_B\cos\alpha_{i-1-i} + y_B\sin\alpha_{i-1-i} \\ y'_B &= -y_{ZY} - x_B\sin\alpha_{i-1-i} + y_B\cos\alpha_{i-1-i} \\ Z_P &= Z_{ZY} + x'_P \\ x_P &= x_{ZY} + x'_P\cos\alpha_{i-1-i} \\ y_P &= y_{ZY} + x'_P\sin\alpha_{i-1-i} \end{aligned}\right. \tag{12-20}$$

式（12-20）中 y'_B 的绝对值即为 B 点离开线路的垂距。当 P 点位于线路 JD_i 至 JD_{i+1} 直线段时，将式中的 ZY 坐标更换为 YZ 坐标，ZY 里程更换为 YZ 里程，JD_{i-1} 至 JD_i 的坐标方位角更换为 JD_i 至 JD_{i+1} 的坐标方位角即可。

在例 12-4 中，线路外一点 B 的坐标为（3166751.246，460 021.792），由式（12-16）和式（12-17）计算对应中桩点坐标为（3166755.627，460006.304）。经判断是圆曲线上点；再由式（12-18）计算得该中桩里程为 K8+308.011。

3. 圆曲线加缓和曲线线路坐标计算

（1）缓和曲线切线支距坐标

1）缓和曲线参数方程，如图 12-9 所示，建立以直缓（ZH）点或缓直（HZ）点为原点，指向 JD 的切线方向为横轴 x'，与切线垂直为 y' 轴的直角坐标系。设缓和曲线上任意点 P 的曲率半径为 ρ，其偏离纵轴 y' 的角度为 β，$\mathrm{d}l$ 为点 P 处的微分弧长。

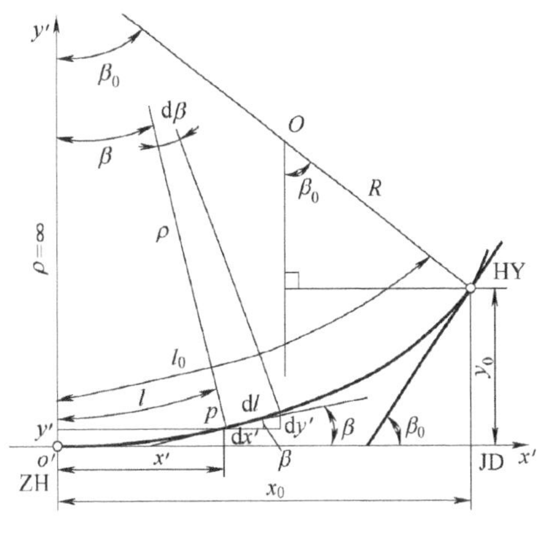

图 12-9　缓和曲线点的切线支距坐标计算

由图 12-9 可知

$$\mathrm{d}\beta = \frac{\mathrm{d}l}{\rho} \tag{12-21}$$

$$\mathrm{d}l = \rho d\beta \tag{12-22}$$

将 $\rho = \dfrac{Rl_0}{l}$ 带入式（12-21），可得

$$\beta = \int_0^l \mathrm{d}\beta = \int_0^l \frac{l\mathrm{d}l}{Rl_0} = \frac{1}{Rl_0}\int_0^l l\mathrm{d}l = \frac{l^2}{2Rl_0} \tag{12-23}$$

或

$$\beta = \frac{l^2}{2Rl_0}\frac{180°}{\pi} \tag{12-24}$$

当 $l = l_0$ 时，$\beta = \beta_0$

$$\beta_0 = \frac{l_0}{2R}\frac{180°}{\pi} \tag{12-25}$$

微分弧 $\mathrm{d}l$ 对应的坐标分量为

$$\left\{\begin{aligned} \mathrm{d}x' &= \mathrm{d}l\cos\beta \\ \mathrm{d}y' &= \mathrm{d}l\sin\beta \end{aligned}\right. \tag{12-26}$$

将式（12-23）带入式（12-26），并积分，得

$$\begin{cases} x'=\int_0^l \cos\frac{l^2}{2Rl_0}\mathrm{d}l \\ y'=\int_0^l \sin\frac{l^2}{2Rl_0}\mathrm{d}l \end{cases} \tag{12-27}$$

式（12-27）即缓和曲线切线支距坐标的积分公式。在具有积分函数功能的计算器上，可以利用它进行坐标计算。

将式（12-23）变换为 $l=\sqrt{2Rl_0}\sqrt{\beta}$，与式（12-22）一起代入式（12-26），再将其中的 $\cos\beta$、$\sin\beta$ 按级数展开，得到

$$\begin{cases} \cos\beta=1-\frac{\beta^2}{2!}+\frac{\beta^4}{4!}-\frac{\beta^6}{6!}+\cdots \\ \sin\beta=\beta-\frac{\beta^3}{3!}+\frac{\beta^5}{5!}-\frac{\beta^7}{7!}+\cdots \end{cases} \tag{12-28}$$

对变换后的式（12-26）积分，并顾及式（12-23），略去高次项，经整理后，得缓和曲线上任一点的坐标 x'、y'为

$$\begin{cases} x'=l-\frac{l^5}{40C^2}+\frac{l^9}{3456C^4}-\frac{l^{13}}{599040C^6}+\cdots \\ y'=\frac{l^3}{6C}-\frac{l^7}{336C^3}+\frac{l^{11}}{42240C^5}-\frac{l^{15}}{9676800C^7}+\cdots \end{cases} \tag{12-29}$$

式中　C——曲线半径变化率，$C=Rl_0$。

当 $l=l_0$ 时，(x_0,y_0) 即缓圆（HY）点或圆缓（YH）点的坐标

$$\begin{cases} x_0=l_0-\frac{l_0^3}{40R^2}+\frac{l_0^5}{3456R^4}-\frac{l_0^7}{599040R^6}+\cdots \\ y_0=\frac{l_0^2}{6R}-\frac{l_0^4}{336R^3}+\frac{l_0^6}{42240R^5}-\frac{l_0^8}{9676800R^7}+\cdots \end{cases} \tag{12-30}$$

β_0、p、m、δ_0 与 x_0、y_0 被统称为缓和曲线常数。

在实际工作中，应根据工程精度的要求合理选择使用式（12-27）和式（12-29）。本章中为了阐述便利，后续应用时，式（12-29）和式（12-30）中 x 取前两项，y 取前一项。

2）缓和曲线偏角，图 12-10 所示，δ 为从 ZH（或 HZ）点测设缓和曲线上任意 P 的偏角，β 为 P 的切线角；b 为从 P 点观测 ZH（或 HZ）点的反偏角；δ_0 为缓和曲线总偏角，即从 ZH（或 HZ）点观测 HY（或 YH）点的偏角；b_0 为从 HY（或 YH）点观测 ZH（或 HZ）点的反偏角。从图 12-10 中可知

$$\sin\delta=\frac{y'}{l} \tag{12-31a}$$

当 δ 很小时，$\delta\approx\sin\delta$。y'取式（12-29）中的第一项，可得到

$$\delta=\frac{l^2}{6Rl_0} \tag{12-31b}$$

或

$$\delta=\frac{l^2}{6Rl_0}\frac{180^\circ}{\pi}$$

已知：$\beta=\frac{l^2}{2Rl_0}\frac{180^\circ}{\pi}$，故

$$
\begin{cases}
\delta = \dfrac{\beta}{3} \\
b = \dfrac{2}{3}\beta = 2\delta
\end{cases}
\tag{12-32}
$$

当 $l=l_0$ 时，$\beta=\beta_0$，$\delta=\delta_0$，则

$$
\begin{cases}
\delta_0 = \dfrac{l_0}{6R}\dfrac{180°}{\pi} \\
b_0 = \dfrac{l_0}{3R}\dfrac{180°}{\pi}
\end{cases}
\tag{12-33}
$$

3）圆曲线部分切线支距坐标，如图 12-10所示，点 i 是线路圆曲线部分的任意中桩，φ_i 是 HY-i 段圆弧对的圆心角与 β_0 之和，由图 12-10 可知

$$
\begin{cases}
x_i' = R\sin\varphi_i + m \\
y_i' = R(1-\cos\varphi_i) + p \\
\varphi_i = \dfrac{l_i - l_0}{R}\dfrac{180°}{\pi} + \beta_0
\end{cases}
\tag{12-34}
$$

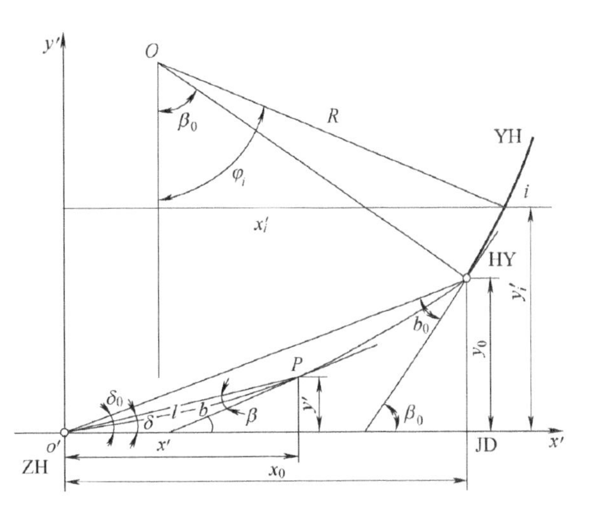

图 12-10　缓和曲线偏角

（2）ZH 点、HZ 点及直线段中桩坐标计算　由坐标反算公式计算出相邻后交点 JD_{i-1} 至 JD_i 的坐标方位角 $\alpha_{i-1—i}$。

则 ZH 点坐标，以及 JD_i 至 JD_{i-1} 方向上线路直线段任意一中桩点 j 坐标，可用式（12-12）计算，但要将式中的 ZY 点的里程 Z_{ZY_i} 替换为 ZH 点里程 Z_{ZH_i}；HZ 点坐标，以及 JD_i 至 JD_{i+1} 方向上线路直线段任意一中桩点 j 坐标，可用式（12-13）计算，但要将式中的 YZ 点的里程 Z_{YZ_i} 替换为 HZ 点里程 Z_{HZ_i}。

（3）ZH-HY 缓和曲线段（第一缓和曲线段）任意中桩坐标计算　设曲线上任意中桩 j 的里程为 Z_j，则 j 可能位于第一缓和曲线 ZH-HY 段、圆曲线 HY-YH 段、第二缓和曲线 YH-HZ段。当位于 ZH-HY 段时，以 ZH 点为已知点计算。

1）中桩 j 与 ZH 间的缓和曲线长 $l_j=Z_j-Z_{ZH}$，其中 Z_{ZH} 表示 ZH 的里程。

2）中桩 j 的切线支距坐标（x_j', y_j'）根据工程需求，合理选择使用式（12-27）或式（12-29）计算得出。

3）中桩 j（包含 HY）的坐标计算公式为

$$
\begin{cases}
\delta_j = \arctan\dfrac{y_j'}{x_j'} \\
c_j = \sqrt{x_j'^2 + y_j'^2} \\
x_j = x_{ZH} + c_j\cos(\alpha_{i-1—i} \pm \delta_j) \\
y_j = y_{ZH} + c_j\sin(\alpha_{i-1—i} \pm \delta_j)
\end{cases}
\tag{12-35}
$$

式中　c_j——j 点到 ZH 点的弦长（m）；

δ_j——j 点偏角，其前面的"±"号，当线路为左偏时取"-"，右偏时取"+"。

设 f 是桩号与中桩 j 相同的一个边桩点，设与中桩 j 的距离为 l。则边桩点 f 的坐标可由式（12-15）计算得到，公式中 P 代表 j，但要将式中的 $2\delta_P$ 替换为切线角 β_j。

（4）HY-HY 圆曲线段任意中桩坐标计算　此段中桩（包含 QZ、YH）的坐标计算以 HY 点为基准，计算公式为

$$\begin{cases} \delta_j = \dfrac{Z_j - Z_{HY}}{2R} \dfrac{180°}{\pi} \\ c_j = 2R\sin\delta_j \\ x_j = x_{HY} + c_j\cos(\alpha_{i-1-i} \pm \beta_0 \pm \delta_j) \\ y_j = y_{HY} + c_j\sin(\alpha_{i-1-i} \pm \beta_0 \pm \delta_j) \end{cases} \tag{12-36}$$

式中　Z_j、Z_{HY}——中桩 j 点、HY 点的里程（m）。

式（12-36）中，当线路为左偏时取"-"，右偏时取"+"。

此段任意点边桩坐标可按式（12-15）计算得到，注意将中桩至边桩的坐标方位角由（$\alpha_{i-1-i} \pm 2\delta_P \pm 90°$）变化为（$\alpha_{i-1-i} \pm \beta_0 \pm 2\delta_j \pm 90°$）。

（5）YH-HZ 缓和曲线段（第二缓和曲线段）任意中桩的坐标计算　以 HZ 点为基准，方法及计算公式与 ZH-HY 段相同。

圆曲线加缓和曲线上任意点中桩坐标计算，也可以采用首先计算各点以 ZH 为原点的切线支距坐标，再以 ZH 为基准，根据 ZH-JD 的坐标方位角进行坐标系的旋转变换的方法。

【例 12-5】　在某道路交点 JD_{13} 处，已知 JD_{13} 的坐标为（862562.220，494806.400），里程桩号为 K233+637.56，偏角 α_y 为 19°28′00″；设置圆曲线 R = 800m，在圆曲线两端的缓和曲线长度一样，l_0 = 60m；小里程方向相邻交点 JD_{12} 的坐标为（863429.349，495352.761）；左右边桩距为 13m。计算主点里程和坐标，K233+200、K233+500、K233+600、K233+780 的中桩坐标，K233+500 左右边桩坐标。

解：1）曲线要素：T = 167.256m　L = 331.806m　E_0 = 11.874m。

2）α_{12-13} = 212°12′51″。

ZH 点的里程和坐标分别为 K233+470.304，（862703.729，494895.562）。

HY 点的里程和坐标分别为 K233+530.304，（862653.372，494862.947）。

YH 点的里程和坐标分别为 K233+742.11，（862496.300，494721.778）。

HZ 点的里程和坐标分别为 K233+802.11，（862458.514，494675.176）。

3）K233+200、K233+500、K233+600、K233+780 的中桩坐标分别为（862932.422，495039.657），（862678.653，494879.655），（862597.625，494821.153），（862472.253，494692.500）；

K233+500 的左、右边桩坐标为（862671.622，494890.589），（862685.684，494868.720）。

4. 中线钉设

随着测绘技术的进步和发展，勘测和施工阶段普遍采用全站仪或 GNSS RTK 等设备，在 CPⅠ、CPⅡ或加密控制点上进行线路中桩测设、钉桩。新建双线铁路在左、右线并行时，桩橛钉设在左线；在绕行地段，两线分别钉桩。由于线路控制桩不再具有基准作用，因而一般不再埋石、固桩，以利于节约成本，提高勘测效率。

《铁路工程测量规范》规定：中线上应钉设公里桩和百米桩，直线上中桩间距不大于

50m，曲线上中桩间距一般不大于 20m，在地形变化处或在隧道进、出口和隧道顶等位置根据设计需要另设加桩（如隧道洞口中桩间距不大于 5m）。当地形平坦且曲线半径大于 800m 时，圆曲线内的中桩间距可为 40m；断链（线路由于各种原因产生里程不连续的现象）首选设在百米桩处，困难时可设在整 10m 桩上，但不设在车站、桥梁、隧道和曲线范围内。

采用全站仪中线测量，仪器标称精度应不低于 5″、$5\text{mm}+1\times10^{-6}D$，放样距离不宜大于 500m。测设限差为横向±0.1m，纵向$\left(\frac{s}{2000}+0.1\right)$m（式中 s 为转点至桩位的距离，单位为 m）。

采用 GNSS RTK 中线测量，参考站通常选择设于已知平面高程控制点上，基准转换参数求解的平面残差不大于 1.5cm，高程残差不大于 3cm；已知点检核平面坐标较差应小于 2cm，高程较差应小于 4cm。流动站至参考站的距离不超过 5km。中桩放样坐标与设计坐标较差应控制在 7cm 以内。

采用全站仪或 GNSS RTK 测设中桩的同时，可以测量出中桩高程，完成纵断面测量的外业工作，观测两次，互差不应大于 0.1m。

12.3.4　线路纵断面测量

1. 中桩高程测量

中桩高程测量是以线路水准点为基准，测定中线桩处的地面高程或既有线的轨顶高程，也称为中平测量或中桩水准或中桩抄平。中桩高程测量可采用光电测距三角高程测量、GNSS RTK、水准测量等方法。这项工作的成果用于绘制线路纵断面，为施工设计提供可靠的资料依据。

中桩高程测量可以单独实施，但当中线测量采用全站仪、GNSS RTK 或网络 RTK 等方法时，一般与中线测量同时进行。

采用水准测量方法进行中桩高程测量的方法可以概括为：在单程附和水准路线中，以中视法测量中桩高程。水准路线应起闭于水准点，限差为$\pm50\sqrt{L}$mm（L 为水准路线长度，以 km 计），闭合差在限差以内时可不进行平差。中桩高程测量如图 12-11 所示。

1）将水准仪安置于Ⅰ。首先读取水准基点 BM_0 上的后视读数，计算出本测站的水平视线高程；然后依次读取各中桩的中视读数，根据水平视线高程计算出中桩高程，这些中桩的读数独立，不传递高程；最后读取转点 TP_1 的前视读数，计算出转点 TP_1 高程。

2）将仪器迁置于Ⅱ，以转点 TP_1 作为本站的后视点，重复步骤 1）的过程，计算出转点 TP_2 高程。如此，直至附合到下一个水准基点 BM_1。中视读数观测两次，读数至 cm，成果互差不应大于 0.1m；转点读数读至 mm。中桩高程测量记录见表 12-8。

$$\text{每次设站的水平视线高程 } H_i=\text{后视点高程}+\text{后视读数} \tag{12-37a}$$

$$\text{中桩高程}=H_i-\text{中视读数} \tag{12-37b}$$

$$\text{前视转点(或附合水准点)高程}=H_i-\text{前视读数} \tag{12-37c}$$

在图 12-11 和表 12-8 中：

测站 I 的视线高 $H_i=(64.960+1.213)\text{m}=66.173\text{m}$。

中桩 K0+100 的高程$=H_i-1.61\text{m}=64.563\text{m}$，可采用 64.56m。

前视转点 TP_1 的高程$=H_i-1.589\text{m}=64.584\text{m}$。

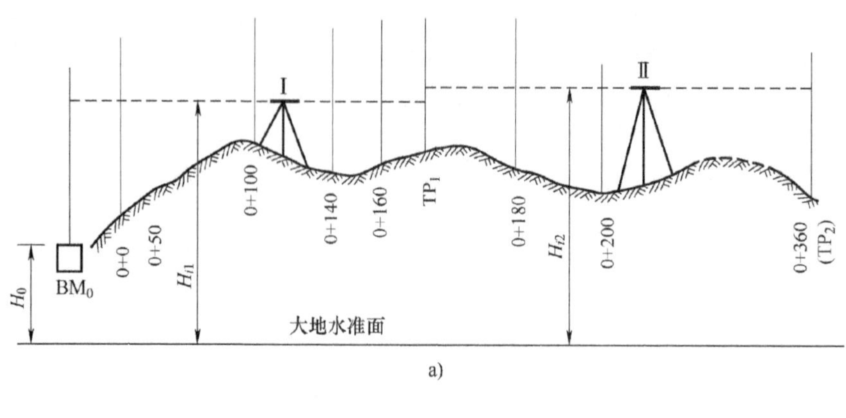

a)

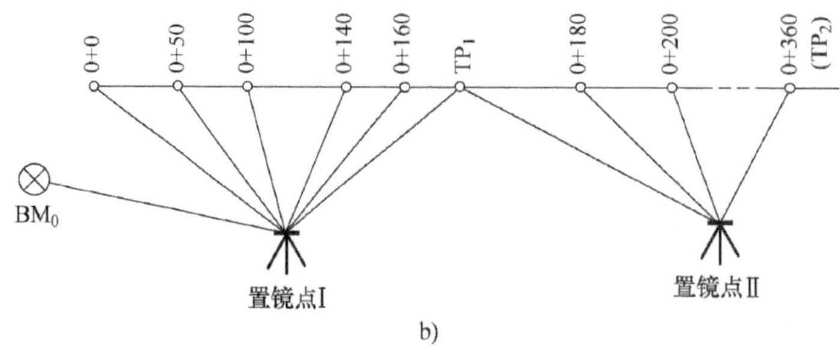

b)

图 12-11　中桩高程测量

表 12-8　中桩高程测量记录

测　　点	水准尺读数/m			视线高程/m	高程/m	备　　注
	后视	中视	前视			
BM_0	1.213			66.173	64.960	水准点高程： BM_0：64.960m BM_1：80.924m 实测闭合差：+17mm 允许闭合差：$\pm 30\sqrt{1.2}=\pm 33$mm 不超限值，合格
K0+0		1.36			64.813	
K0+50		1.42			64.753	
K0+100		1.61			64.563	
K0+140		1.49			64.683	
K0+160		1.42			64.753	
TP_1	1.352		1.589	65.936	64.584	
K0+180		1.44			64.496	
K0+200		1.49			64.446	
…	…	…	…	…	…	
K0+360（TP2）	2.372		0.658	67.650	65.278	
…	…	…	…	…	…	
K1+112.22（路岔心）		1.55			80.314	
BM_1			0.923		80.941	
Σ	26.774		10.793			
检核	26.774−10.793=15.981；80.941−64.960=15.981					

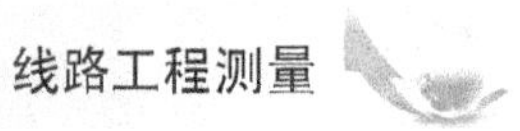

2. 绘制线路纵断面图

根据已测出的线路中线里程和中桩高程，即可绘制纵断面图。线路纵断面图通常绘在厘米方格纸上，采用直角坐标法绘制。以中桩里程为横坐标，中桩高程为纵坐标。横坐标的比例尺有 1∶10000、1∶5000、1∶2000、1∶1000 等多种，高程比例尺（纵坐标）一般是水平距离比例尺的 10 倍或 20 倍，以加大地面纵向的起伏量，从而突出表示出沿线地形的变化。定测后线路纵断面图如图 12-12 所示，图上表示的内容分上、下两部分。上部表示中线纵断面情况（中线处的自然地貌状况及设计纵断面）和各种桥隧、车站等建筑物以及水准点位置等。下半部分表示线路中线各项设计资料，如设计坡度、连续里程及加桩位置、地面标高、设计高程以及线路平面（线路平面是表示线路平面形状——直线和曲线的示意图。中央的实线表示线路中线，在曲线地段表示为中心线向上下凸出：向上凸出表示线路向右弯；向下凸出表示线路向左弯；斜线部分表示缓和曲线；连接两斜线的直线表示圆曲线。在曲线处注名曲线要素等。

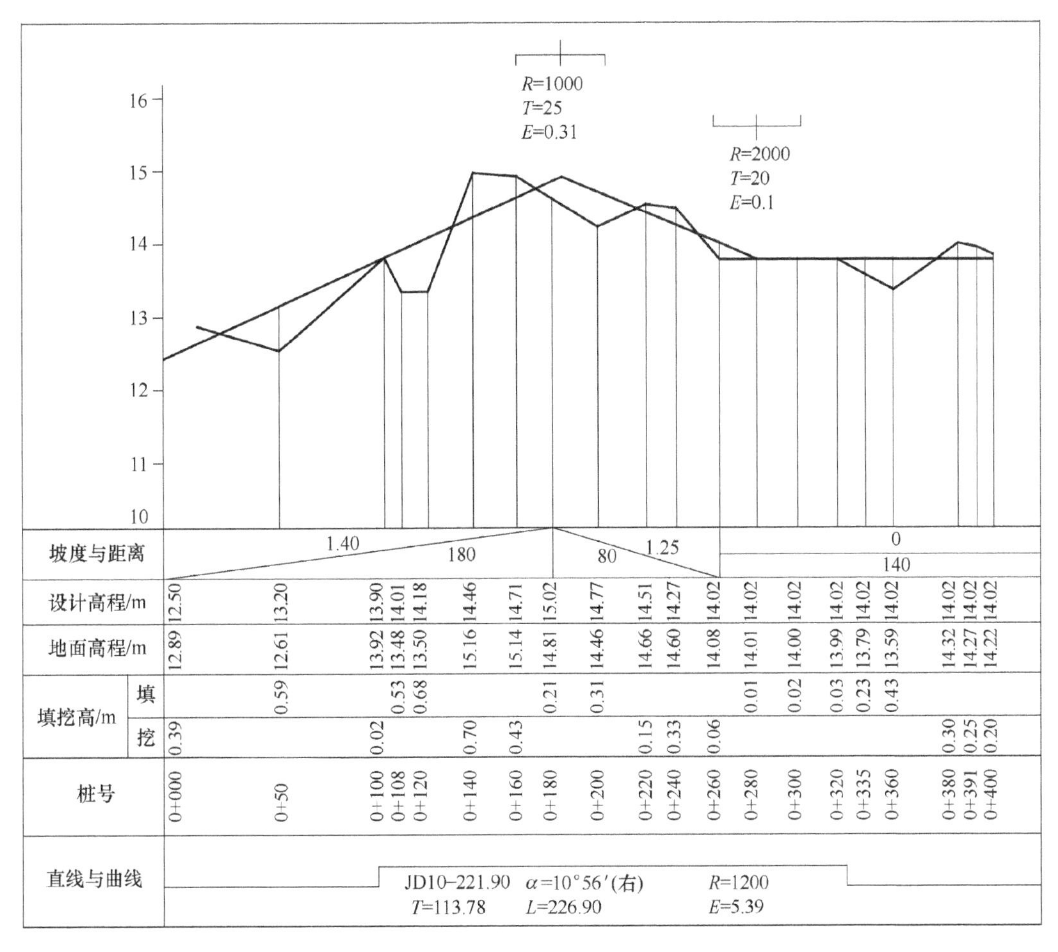

图 12-12　线路纵断面图

12.3.5　线路横断面测量

线路横断面测量是测量垂直于线路方向（直线地段在线路垂直方向，曲线地段在线路法线方向）的地面线，并绘制线路横断面图。横断面图主要用于路基断面设计、土石方数量计算、路基施工放样以及挡土墙设计等。

1. 横断面施测位置及宽度

铁路勘测中，在线路百米桩、曲线控制桩、线路纵横向地形明显变化处、大中桥头、隧道洞口、路基支挡及承载结构物起终点应测绘横断面，测绘宽度一般在中线两侧各测15~50m。具体的施测密度、宽度根据地形、地质情况和设计需要而定，应满足路基、取土坑、弃土堆及排水系统等设计的要求。例如：隧道洞口横断面一般5m左右测绘1个横断面，面向洞门施测，宽度一般测至边坡顶或坡脚外10~15m。公路勘测工作要求横断面测量应逐桩施测。

2. 横断面的测量方法

铁路横断面测量具有工作量大，但精度不高的特点，一般优先采用航测法。另外还有全站仪法、GNSS RTK（包括网络RTK）法、水准仪绳尺法、经纬仪绳尺法、经纬仪视距法等，应在实际工作中，根据仪器装备情况、地形等条件适当选择，但勘测设计单位和施工单位已经普遍使用全站仪或GNSS RTK，一般不再使用经纬仪、光电测距仪。

1）航测法利用航测法测绘横断面，测量精度主要与摄影测量精度有关，受摄影比例尺、地表植被和摄影质量（如阴影）影响较大，适用于树木稀少、地面可见的地段，且摄影比例尺不应小于1∶10000。横断面采集时，需将外业提供的中桩高程参与模型绝对定向，横断面范围位于控制点控制的范围内，一个断面在同一个立体像对上完成采集。应准确确定中桩里程对应的横断面位置，使各地形变化点位于断面方向线上，断面点高差限差为±0.35m，距离限差为±0.3m。当遇到因航测方法无法准确测量之处时，如阴影、遮挡、落水等，必须对横断面进行实地修正、补测。

2）地面实测法《铁路工程测量规范》规定，当线路横断面测量采用水准仪、全站仪等地面实测方法时，检测限差应按式（12-38）确定

$$\begin{cases} 高差:\pm\left(\dfrac{h}{100}+\dfrac{L}{1000}+0.2\right) \\ 距离:\pm\left(\dfrac{L}{100}+0.1\right) \end{cases} \tag{12-38}$$

式中　h——检查点至线路中桩的高差（m）；

L——检查点至线路中桩的水平距离（m）。

实地确定线路横断面方向的通常方法是：任意取横断面上一点，利用边桩计算公式计算其坐标，然后使用全站仪或GNSS RTK将其放样到地面，该点与中桩连线方向即所求。

当地势平坦、通视良好，或横断面精度要求较高时，可以使用水准仪绳尺法。横断面用直线段横断面方向定向（图12-13），将方向架立于中线测点上，用一个方向瞄准较远处的另一中桩定向，则方向架的另一个方向瞄准的就是横断面的方向；方向架确定曲线上横断面方向如图12-14所示，将方向架置在欲确定横断面方向的B点上，先瞄准分弦点A，测设弦线AB的垂直方向BD'，标出点位D'；再瞄准另一侧弦长与弦长AB相等的分弦点C。测设弦线BC的垂直方向D''，标出点位D''，使$BD''=BD'$；最后取$D'D''$的中点D，则BD方向就是横断面方向。由于中桩高程已知，采用水平视线高法测定横断面上各地形特征点相对于中桩的高差，用皮尺或钢尺量距。横断面测量记录格式见表12-9。

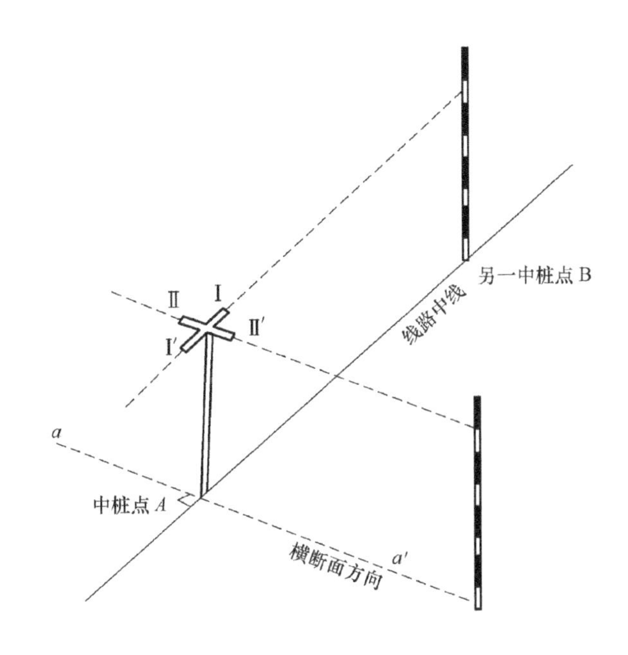

图 12-13　方向架确定直线段横断面方向

表 12-9　横断面测量记录格式

左侧 $\frac{尺读数}{距离}$				$\frac{中桩读数}{桩号}$	右侧 $\frac{尺读数}{距离}$			
$\frac{+2.63}{20.0}$	$\frac{+2.64}{18.5}$	$\frac{+1.23}{12.0}$	$\frac{+1.90}{8.7}$	$\frac{1.68}{DK4+111}$	$\frac{+1.83}{10.5}$	$\frac{+1.45}{14.5}$	$\frac{+1.49}{16.0}$	$\frac{+1.50}{20.0}$

3. 横断面图绘制

横断面图采用直角坐标法绘制，纵坐标（高程）、横坐标（与中桩水平距离）采用同一比例尺，一般为 1∶100～1∶500。横断面图通常绘在厘米格纸上，如图 12-15 所示。

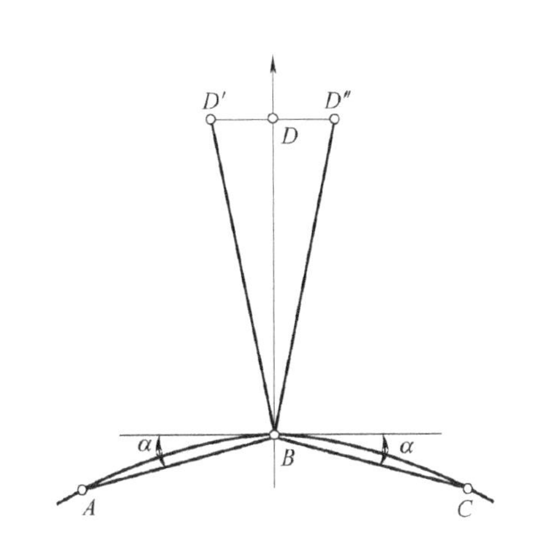

图 12-14　方向架确定曲线上横断面方向

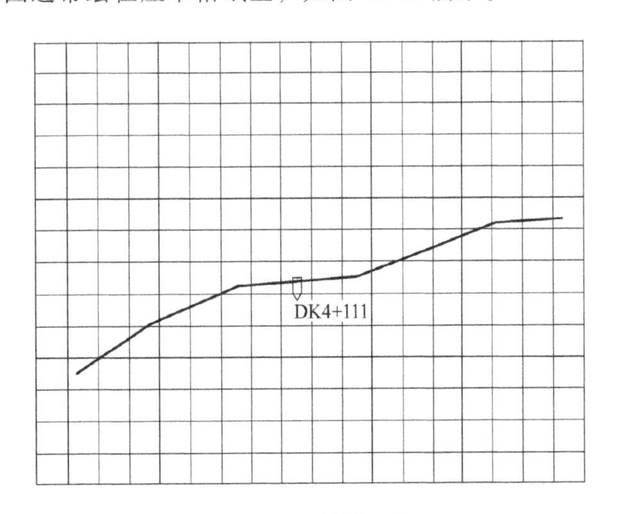

图 12-15　横断面图

采用传统测量方法时，横断面图一般在现场绘出。若采用全站仪法、GNSS RTK 等能自动存储的设备，通常回到室内通过计算机和绘图机绘图。实际测量时，比设计断面宽适度多测出一些，以满足 CAD 绘横断面的需要。

12.4 线路施工测量

线路施工测量的任务是随施工进度在地面上测设线路施工桩点（中桩边桩）的平面位置和高程，主要工作包括：恢复路线中线，测设施工控制桩、路基边桩和竖曲线。这些工作常常要反复进行多次，贯穿整个施工过程。

12.4.1 复测

线路施工开始之前，施工单位需要先进行现场桩橛交接，履行交桩手续。然后实测线路平面和高程控制网，恢复线路主要桩橛，测量线路横断面，以检查桩橛的稳定性及精度等指标，这项工作称为施工复测。由于近年来在勘测阶段的中线测量工作中已普遍采用全站仪、GNSS RTK 等，线路主桩（如直线转点、曲线主点）已不再具备控制线路中线的价值，因此施工前的复测工作主要是控制网复测。对于铁路工程，控制网复测有施工前复测和工程建设期间复测维护，控制网复测维护分为定期复测维护和不定期复测维护。复测内容包括 CPⅠ、CPⅡ及线路水准基点。

定期复测应在交接桩后、CPⅢ建网前、长钢轨精调前进行，不定期复测时间间隔不应大于 12 个月。采用的方法应与原控制测量相同，测量精度等级不低于原控制测量等级，精度和要求应符合相应等级规定。复测前要检查标石的完好性，对丢失和破坏的控制点按同精度内插方法恢复或增补。

GNSS 控制网主要的比较指标是相邻点间坐标差之差的相对精度限差，导线主要的比较指标是水平角较差和边长较差限差。线路水准基点复测高差与原测高差之较差应符合相应规范中对应等级检测已测测段高差之差的规定。为了保持勘测控制网、施工控制网的基准统一，确保复测的正确性和可靠性，当复测成果与原测成果较差满足限差要求时，应采用原测成果；当较差超限时，应进行二次复测，查明原因，并采用同精度内插方法更新成果。但是，CPⅢ建网前的复测较差超限时，CPⅡ控制点全部采用复测成果；长钢轨精调前复测较差超限时，CPⅢ控制点全部采用复测成果。

此外，由于在施工阶段对土石方的计算要求比设计阶段准确，所以横断面要求测得密些，一般在平坦地区为每 50m 一个，在土石方数量大的复杂地区，应不远于每 20m 一个。因而，在施工中线上的里程桩也要相应地加密为每 50m 或 20m 一个桩。

12.4.2 路基放样

路基放样的内容主要是钉设路基施工零点的测设、路基边坡放样和路基高程测设。

1. 路基施工零点的测设

路基横断面是根据线路中线桩的填挖高度在横断面图上设计的。在横断面中填方的称为路堤；挖方的称为路堑。当 $h=0$ 时，为不填不挖，是线路纵断面图上设计中线与地面线的交点，称为路基施工的零点。

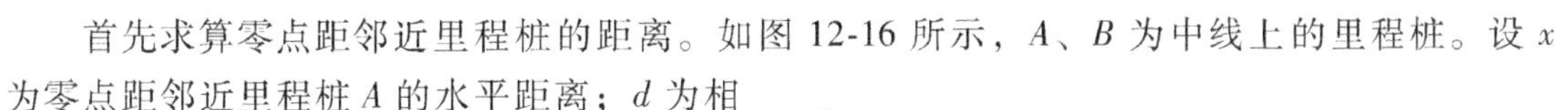

首先求算零点距邻近里程桩的距离。如图 12-16 所示，A、B 为中线上的里程桩。设 x 为零点距邻近里程桩 A 的水平距离；d 为相邻里程桩 A、B 之间的水平距离；a 为 A 点挖深；b 为 B 点填高。则

$$\frac{a}{x}=\frac{b}{d-x}$$

故
$$x=\frac{a}{a+b}d \tag{12-39}$$

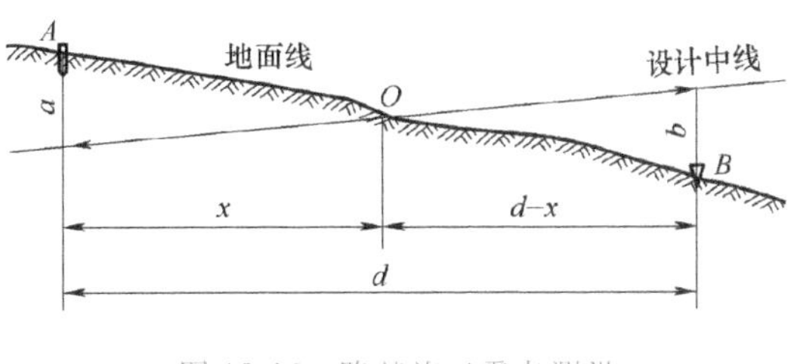

图 12-16 路基施工零点测设

然后沿中线方向，自桩 A 量水平距离 x，即可测出零点桩 O。

2. 路基边坡放样

路基施工前还要进行路基边坡桩的测设，这项工作称为路基边坡放样，沿线路中桩两侧用桩橛标出路堤边坡坡脚或路堑边坡坡顶（开口线）的位置，作为填土或挖土的边界。在边桩放样前，必须熟悉路基设计资料，才能正确测设边桩。边桩放样的方法很多，常用的有图解法和逐点接近法两种。

（1）图解法　当地形变化不大，在横断面测量和绘图比较准确的条件下才适用。在已有的横断面图地段，在图上量取边坡线与地面线交点至中桩的水平距离，进行边桩放样；在没有横断面图的地段，可以在现场进行补绘横断面图。

（2）逐点接近法　当地面平坦时（图 12-17），只需要经过一次计算，算出边桩到中线桩的水平距离 D，即中线一侧路基面宽与填（挖）高 H 乘以设计边坡的坡度之和（路堑还应加边沟顶宽及平台宽）。

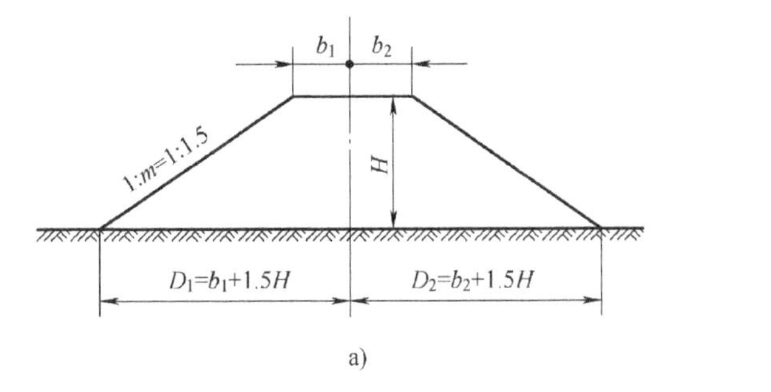

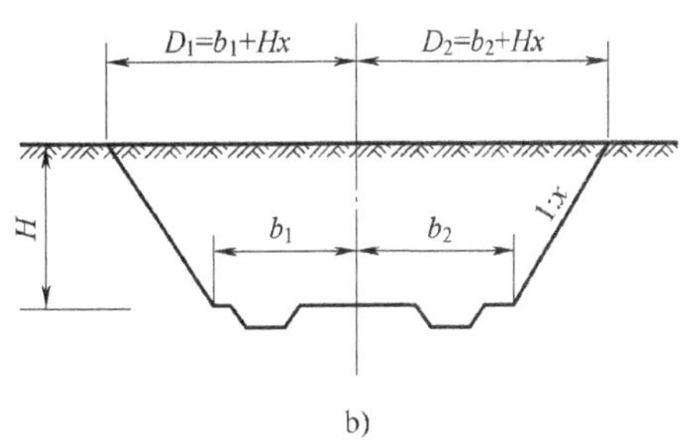

图 12-17 平坦地面路堑、路堤测设
a）路堤 b）路堑

在起伏不平的地面上，边桩到中线桩的距离随着地面的高低而发生变化，需用逐点接近法进行测设。如图 12-18 所示，先在断面方向上，根据在横断面图上量得的边桩大致位置 1 点处竖立水准尺，再用水准仪测出 1 点与中桩的高差 h_1，用尺量出 1 点至中桩的距离 D'。根据高差为 h_1 时，按式（12-40）计算边坡桩至中桩的距离 D

$$D=b+m(H\pm h_1) \tag{12-40}$$

式中　b——一侧路基面宽（m）；

m——设计边坡的坡度（m）；

H——路基中桩填挖高（m）；

h_1——1 点与中桩的高差（实测）（m）。

h_1 的“±”号规定如下：当测设路堤下坡一侧时，h_1 取“+”；测设路堤上坡一侧时，h_1 取“-”。当测设路堑下坡一侧时，h_1 取“-”；测设路堑上坡一侧时，h_1 取“+”。

如 $D>D'$，说明桩的位置应在1点的外边；$D<D'$时，则边桩应在1点里边。如图12-18a所示，$D>D'$，需要移动水准尺向外 $\Delta D(\Delta D=D-D')$，再次进行试测，当 $\Delta D<0.1$m 时，即可认为立尺点为边桩的位置。用接近法测设边桩，需要在现场边测边算。使用逐点接近法有了实际经验之后，一般试测一两次后即可达到要求。

此项工作中的高差测量也可以采用全站仪、GPS RTK 等仪器。

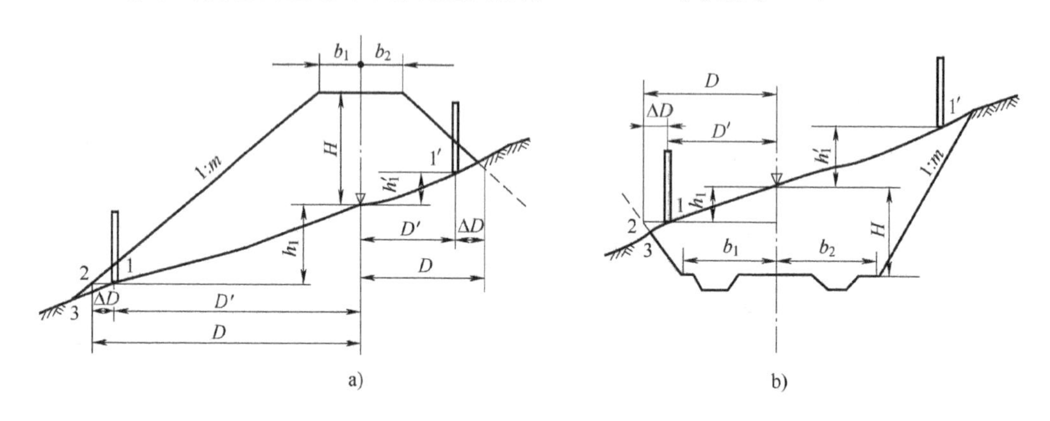

图 12-18 斜坡地面路堑、路堤测设

a）路堤 b）路堑

3. 路基高程测设

路基边坡桩标定后，要求放出路基的边坡以便施工。简易方法是：在路肩边竖立一根竹竿，将设计高程标于竹竿上，并由此向边坡桩拉一根细绳，连接起来。则细绳标识的斜线即路基边坡；如果路基填筑较高时，可分层拉线。有时做一边坡尺，其坡度为1∶m，在施工过程中，用此尺检查边坡是否符合施工要求，以指导路基施工。

当路基填筑接近设计高程时，使用仪器进行路基高程测设。在中桩和路肩边上竖立标杆，杆上标记出需要填挖的高度。当填挖高差较大时，可在桩上做一高程基准线标记，再注明路基设计标高与标记的填挖尺寸。待土方接近设计标高时，再用水准仪等仪器放样出确切的高程位置。

12.4.3 竖曲线放样

线路纵断面由不同坡度的坡段连接而成，相邻变坡点之间两坡度的代数差称为变坡点的坡度代数差。当变坡点的坡度代数差超过规定限值时，坡段间应以曲线连接，这种在道路纵坡变换处竖向设置的曲线称为竖曲线，竖曲线有凸形和凹形两种。铁道工程中，最大坡度通常不大于2%，困难地区不大于3%；设置竖曲线半径不大于30000m，不小于3000m；竖曲线不设在缓和曲线上且一般不与圆曲线重叠。

路线竖曲线是根据给定的桩号进行测设。如图12-19所示，变坡点两侧的坡度分别为 i_1、i_2；变坡点的坡度代数差为 Δi，对应的曲折角为 α。竖曲线的曲线要素及计算公式与平面圆曲线一样，T、L 计算公式为

$$\begin{cases} T=R\tan\dfrac{\alpha}{2} \\ L=R\dfrac{\alpha}{\rho} \end{cases} \tag{12-41}$$

因为 $\tan\dfrac{\alpha}{2}=\dfrac{\Delta i}{2}=\dfrac{i_1-i_2}{2}$，又知当竖曲线的转折角 α 很小时 $\tan\dfrac{\alpha}{2}\approx\dfrac{\alpha}{2\rho}$，因此有

$\tan\dfrac{\alpha}{2}\approx\dfrac{\alpha}{2\rho}=\dfrac{\Delta i}{2}=\dfrac{i_1-i_2}{2}$，将其代入式（12-41），得

$$\begin{cases} T=\dfrac{1}{2}R(i_1-i_2)=\dfrac{\Delta i}{2}R \\ L\approx R(i_1-i_2)=R\Delta i=2T \end{cases} \tag{12-42}$$

由于 α 很小，可以认为曲线上各点的 y 坐标方向与半径方向一致，因而由 $(R+y)^2=R^2+x^2$ 得：$2Ry=x^2-y^2\approx x^2$（y^2 值很小，可忽略不计），得

$$y=\frac{x^2}{2R} \tag{12-43}$$

$y_{max}\approx E$，为外矢距，故

$$E=\frac{T^2}{2R} \tag{12-44}$$

由于铁路的坡度一般很小，故在图 12-19 中，y 相当于高差改正值。凸形竖曲线 y 为负，竖曲线上各点的标高可自切线标高（即按设计坡度计算出来的坡度线上点的高程）减去 y 值；凹形竖曲线 y 为正，应加上 y 值。T、x 相当于水平距离，即放样点离开曲线起点或终点的横距。

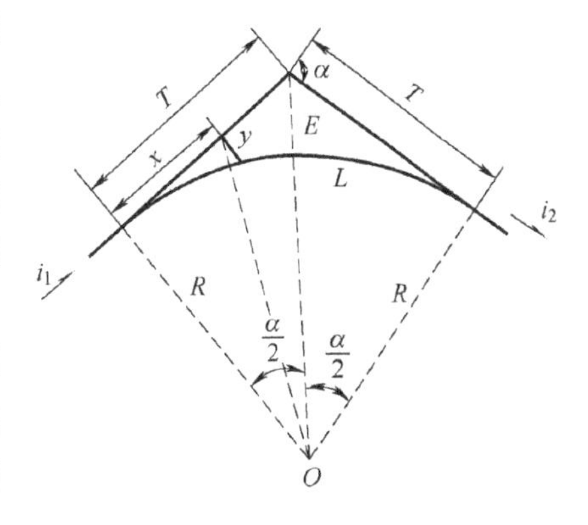

图 12-19　竖曲线

在纵断面图上和设计标高中均未计入竖曲线，但在施工时，在计算填挖高度时均应考虑竖曲线，即在竖曲线范围内，路肩的设计标高以竖曲线的标高为准。

【例 12-6】　某铁路工程某处相邻坡段的坡度分别为处 $i_1=+3‰$，$i_2=-2‰$；变坡点的高程为 814.960m，里程为 DK21+260。取 $R=10000$m，计算：DK21+240、DK21+260、DK21+270 中桩设计高程。

解：曲折角 $\alpha=\Delta i=i_1-i_2=0.005$。

切线长 $T=\dfrac{\Delta i}{2}R=10000\times0.005/2=25$m。

曲线长 $L=2T=50$m。

外矢距 $E=\dfrac{T^2}{2R}=0.031$m。

竖曲线起点里程=变坡点里程-切线长=DK21+235。

竖曲线终点里程=竖曲线起点里程+曲线长=DK21+285。

竖曲线上三个中桩点的坡度线上高程、高差改正值、设计高程计算见表 12-10。

表 12-10 竖曲线上三个中桩点的坡度线上高程、高差改正值、设计高程计算

点名	桩号	x/m	坡度线上高程/m	y/m	设计高程/m
起点	DK21+235	0	814.885	0	814.885
	DK21+240	5	814.900	0.001	814.899
变坡点	DK21+260	25	814.960	0.031	814.929
	DK21+270	15	814.940	0.011	814.929
终点	DK21+285	0	814.910	0	814.910

12.4.4 铺设铁路上部建筑物时的测量

在线下工程竣工后，可着手进行路基上部构筑物的施工。基于“三网合一”的要求，为了保证路基上部构筑物按设计的平面位置和高程位置的要求建造，要先进行轨道控制网（CPⅢ）的施测工作。

CPⅢ网测量采用 CPⅠ、CPⅡ、水准基点成果进行施测。对于无砟轨道及速度不低于 200km/h 有砟铁路，施测前先要通过沉降变形评估。

1. 轨道控制网（CPⅢ）平面测量

CPⅢ平面测量附合于线上加密 CPⅡ控制点，并按照表 12-2 的规定，采用自由测站边角交会法或导线法施测，数据处理采用通过铁路主管部门评审的专用软件。

（1）网点的样式与位置　采用自由测站边角交会法测量的 CPⅢ点与一般的控制点完全不同，仅用于被观测，埋设特殊的强制对中元器件，由预埋件（图 12-20）分别与平面、高程连接件组成。一般埋设于接触网支柱基础、桥梁固定支座端的防护墙、隧道边墙或排水沟上，要求相邻 CPⅢ控制点大致等高，其位置宜高于设计轨道面 0.3m（图 12-21）。连接件的加工误差不大于 0.05mm，平面安装分量误差不大于 0.4mm，高程安装分量误差不大于 0.2mm。采用导线测量方法的 CPⅢ点一般布置在路基段接触网支柱拉线基础内侧、桥梁上固定支座端上方防护墙顶、隧道内电缆槽顶等方便架设全站仪的地方，也可在路肩处单独埋设。其与线路中线距离宜为 2.5～4m，间距宜为 120～150m，相邻点应相互通视，点位宜按左右侧交替埋设，也可在铁路同侧埋设。

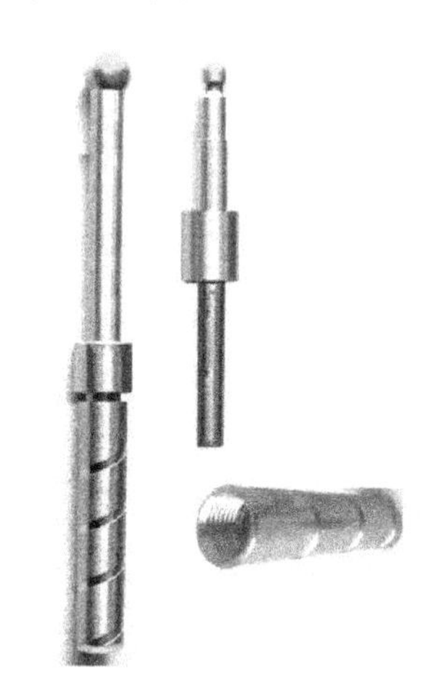

图 12-20 CPⅢ预埋件

CPⅢ控制点按照公里数递增进行编号，其编号反映里程数。位于线路里程增大方向左侧的 CPⅢ点编号为奇数，位于线路里程增大方向右侧的 CPⅢ点编号为偶数。如“0356301”：第 1～4 位的“0356”表示线路里程 DK356 范围内，第 5 位的“3”代表 CPⅢ，第 6～7 位的“01”表示这个点是线路里程增大方向左侧的 CPⅢ第 1 号点。

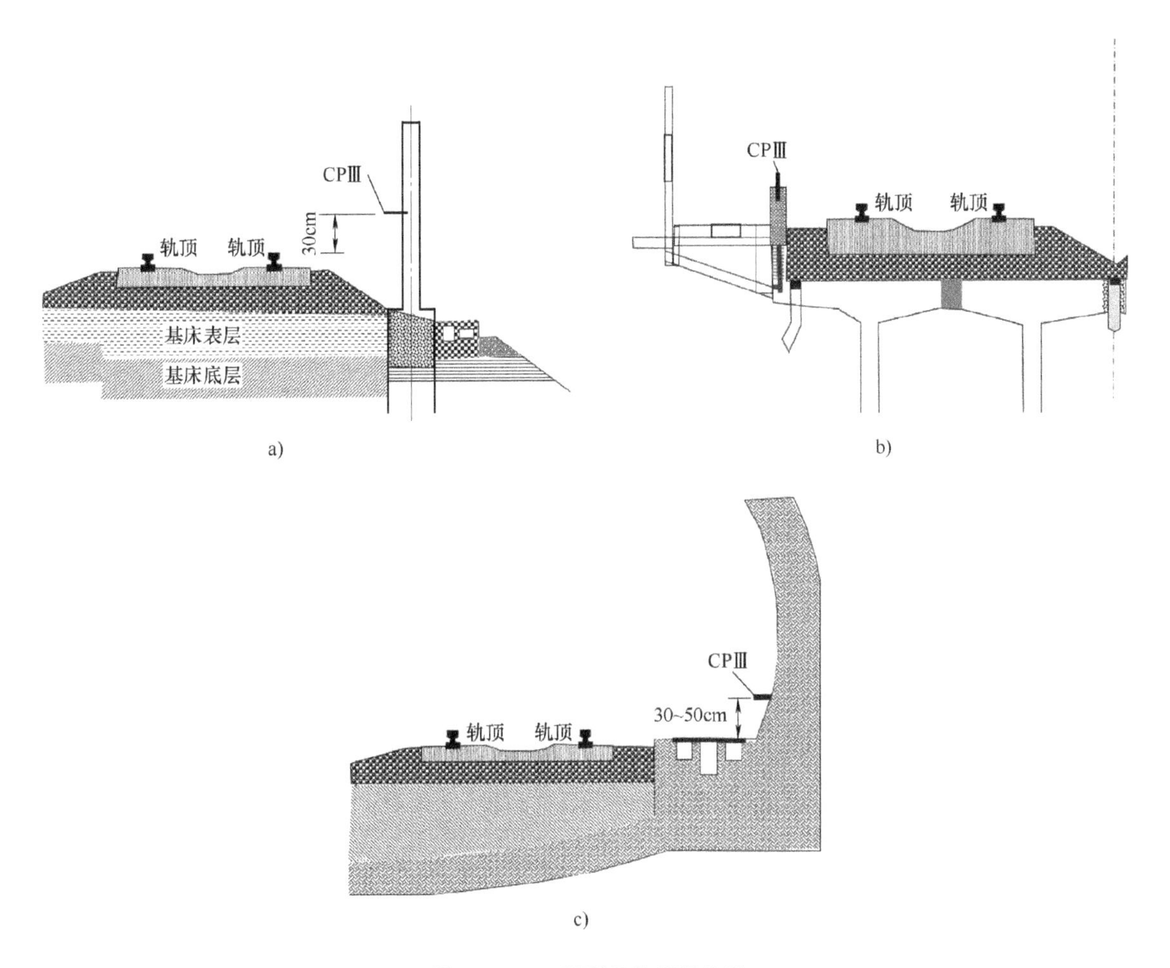

图 12-21 CPⅢ预埋件埋设位置

a）接触网支柱基础 b）桥梁防护墙 c）隧道边墙

（2）构网与观测 自由测站边角交会法观测形成的CPⅢ平面控制网，有点对布设形式、单点布设形式两种。点对布设形式的CPⅢ平面控制网宜采用如图12-22所示的观测网形，每个CPⅢ控制点至少应有三个方向交会（自由测站的方向和距离观测量）；遇施工干扰或观测条件稍差时，可采用图12-23所示的观测网形，每个CPⅢ控制点应有至少四个方向交会。单点布设形式的CPⅢ平面控制网一般采用图12-22中去掉观测方向左测或右侧CPⅢ点后的观测网形，测站间距应为120m左右；遇施工干扰或观测条件稍差时，可采用图12-23中去掉观测方向左测或右侧CPⅢ点后的观测网形。

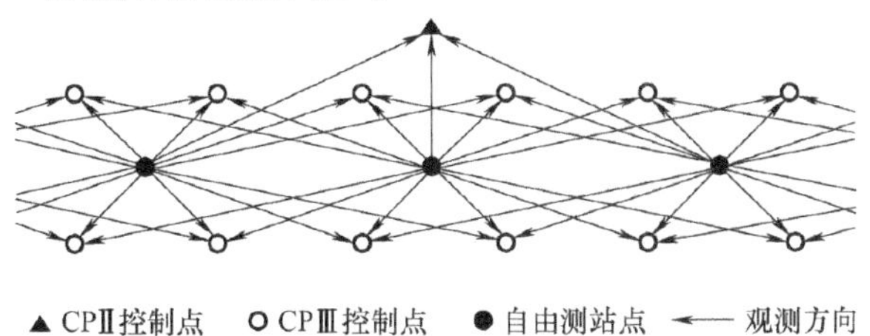

图 12-22 间隔2对点设站的CPⅢ平面网观测网形示意图

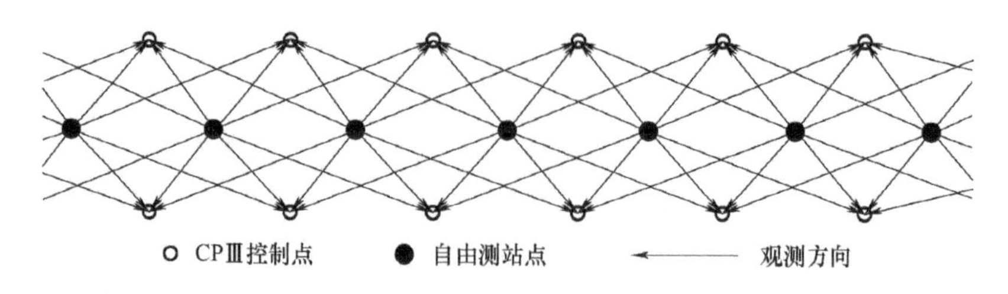

图 12-23 间隔 1 对点设站的 CPⅢ平面网观测网形示意图

CPⅢ平面网与加密 CPⅡ控制点联测，联测的 CPⅡ控制点间距不应大于 800m。可以在自由测站点设站观测 CPⅡ控制点，也可以在 CPⅡ控制点设站观测 CPⅢ点。自由测站与联测的 CPⅡ控制点间的距离不宜大于 300m。当采用在自由测站设站观测 CPⅡ控制点时，应在 2 个及以上连续的自由测站上设站观测同一个 CPⅡ控制点，其观测图形如图 12-22 所示；当采用在 CPⅡ控制点上设站观测 CPⅢ时，CPⅢ的数量应不少于 3 个。

CPⅢ平面网水平方向采用全圆方向观测法进行观测，观测技术要符合表 12-11 的规定，使用的全站仪应具有自动目标搜索、自动照准、自动观测功能，其标称精度应符合表 12-11 的要求。

表 12-11 CPⅢ平面网自由测站边角交会观测技术要求

轨道结构	列车设计速度 v /(km/h)	水平方向观测要求			测距要求		
		仪器等级 /(″)	测回数	自由网平差后方向改正数 /(″)	测回数	半测回、测回间距离较差 /mm	自由网平差后距离改正数 /mm
无砟	v>120	0.5、1	2	≤3	2	≤1	≤2
无砟	v≤120	0.5、1	2	≤4.5	2	≤2	≤3
有砟	v>160	0.5、1	2	≤4.5	2	≤2	≤3
有砟	120<v≤160	0.5、1	2	≤6	2	≤3	≤4.5
有砟	v≤120	2	2	≤6	2	≤4	≤6

注：有关轨道控制网（CPⅢ）采用导线测量方法的观测技术要求参见《铁路工程测量规范》。

与常规导线网测量比较，CPⅢ自由测站边角交会测量具有以下优点：

1）点位分布均匀，有利于轨道施工精调和运营养护维修作业精度的控制。

2）网形均匀对称，图形强度高，每个控制点至少有三个方向交会，多余观测量多，可靠性强，测量精度高。

3）相邻点间相对精度高，兼容性好，能有效控制轨道的平顺性。

4）控制点采用强制对中标志，自由测站没有对中误差，消除了点位对中误差对控制网精度的影响。

5）有利于使用轨道几何状态测量仪进行轨道施工和精调。进行轨道精调测量时，相邻测站间有两对 CPⅢ自由测站边角交会测量点共用，能有效减少相邻测站间的搭接误差，提高轨道测量的平顺性。

2. 轨道控制网（CPⅢ）高程测量

CPⅢ控制网高程测量前，需要先进行线上水准基点加密。为了提高 CPⅢ高程复测效率，通常将CPⅢ联测所需的水准基点加密到线上。加密水准基点间距为2km，但在隧道内的间距为1km，水准基点可埋设在接触网杆拉线基础、涵洞帽石及桥梁固定支座端的防撞墙或挡碎墙顶上等稳定地点，可与线上加密CPⅡ共桩。加密水准基点测量方法和主要技术指标参照表12-5~表12-7。桥面线上水准基点与线下水准基点联测可采用不量仪器高、棱镜高的中间设站光电测距三角高程测量法，如图12-24所示。欲测量A、B高差h_{ab}，在两点中间安置仪器，A、B分别设置棱镜，且棱镜高都是v；向A点观测竖直角为α_a，斜距为S_a；向B点观测竖直角为α_b，斜距为S_b，则$h_{ab}=h_b-h_a=S_b\sin\alpha_b-S_a\sin\alpha_a$。仪器与棱镜的距离一般不大于100m，最大不得超过150m，前、后视距差不应超过5m。进行两组独立观测，两组高差较差符合要求，取两组高差平均值作为传递高差。

CPⅢ控制点高程测量可采用水准测量方法或自由测站三角高程测量方法，附合于线上水准基点上，附合路线长度不大于3km。采用严密平差方法进行整体平差，计算出各点的高程中误差。对于导线形式布设的CPⅢ控制点，其三角高程测量应按四等光电测距三角高程的要求施测。

1）采用水准测量方法进行CPⅢ控制网高程测量，点对布设的CPⅢ高程水准测量可采用往返观测的形式，也可以应采用如图12-25所示的单程观测路线形式。采用这种单程观测形式时，第一个闭合环的四个高差应由两个独立测站观测完成，其他闭合环的三个高差可由一个测站按照后-前-前-后或前-后-后-前的顺序进行单程观测。这样一个单程观测就形成了相邻两对CPⅢ点所构成的闭合环为基本图形的网。

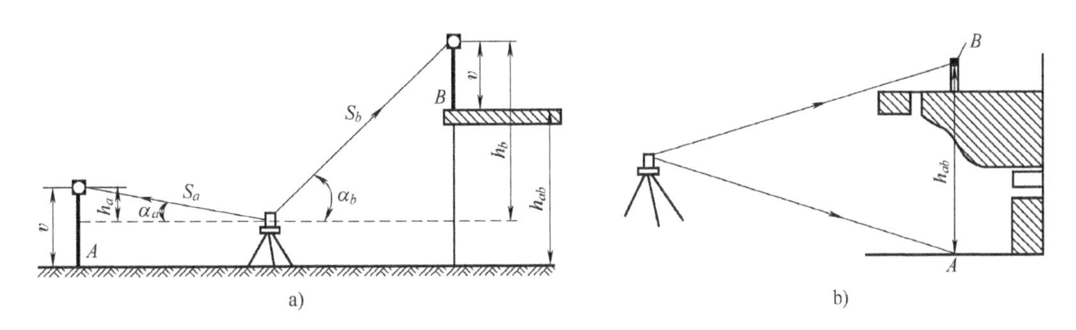

图12-24　不量仪器高和棱镜高的中间设站光电测距三角高程测量法示意图
a）异侧设点　b）同侧设点

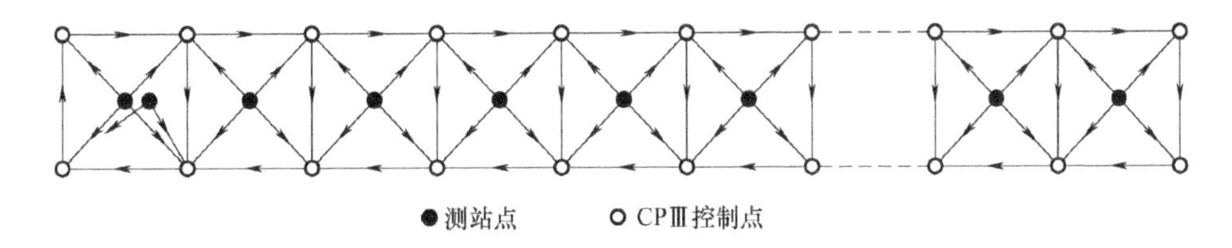

图12-25　矩形环单程CPⅢ水准网测量观测路线示意图

2）自由测站三角高程测量进行CPⅢ控制网高程测量，与CPⅢ平面控制测量合并进行，同步获取边长和垂直角观测值。采用点对布设的CPⅢ控制网，多个测站三角高程测量所形成的相邻CPⅢ点间高差（图12-26），构网平差时高差值采用距离加权平均值，数据处理采用通过铁路主管部门评审的专用软件。

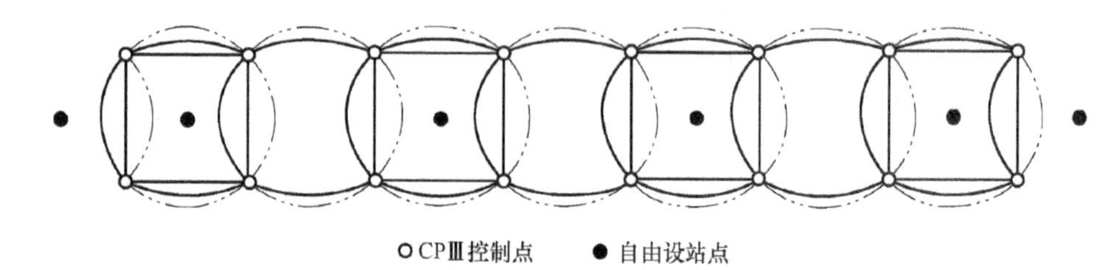

图 12-26 点对布设 CPⅢ控制网自由测站三角高程测量示意图

CPⅢ控制网高程测量分段施测时，区段划分与平面控制测量一致，并应充分重视前后区段衔接时重叠点数量要求。

轨道控制网 CPⅢ是轨道施工的基准，其精度与质量直接影响轨道铺设的精度。轨道控制网 CPⅢ建网完成后，应由第三方进行评估或由建设单位组织专家进行评审验收，经验收合格后才能开展轨道施工。

进行轨道施工前还要对线下工程施工完后的线路状态复核与确认，核实线路中线和高程贯通情况，检查路基宽度、桥梁、隧道和车站等建筑物是否满足限界要求。测设中线桩位时应将中心线上的里程桩全部钉出，并对曲线的放样进行细致的检核；进行纵断面水准测量时，计算出每个标桩处路基面的高程，并与设计高程进行比较。

3. 无砟轨道铺设

常用的无砟轨道类型有 CRTS Ⅰ、CRTS Ⅱ、CRTS Ⅲ型板式无砟轨道和 CRTS Ⅰ、CRTS Ⅱ型双块式无砟轨道，上部构筑物主要包括底座或支撑层、轨道板和铁轨。不同类型的轨道板在施工工艺和工序、使用的测量设备上有所差别。

混凝土底座及支承层利用线路两侧 CPⅢ控制点进行立模放样，平面放样采用全站仪自由设站坐标法，高程放样采用全站仪自由设站三角高程或几何水准测量法。使用全站仪放样时，采用盘左半测回测量方式，观测的 CPⅢ控制点不少于 3 对，放样距离不大于 100m。

轨道板或道床板施工测量以 CPⅢ控制网为依据，并采用具备自动目标搜索、自动照准、自动观测功能的高精度全站仪自由设站施测，前后测站间的搭接精度及控制点位置和数量应符合规范要求。

轨道精调是根据轨道测量数据对轨道进行的精确调整，使轨道平顺度达到设计标准，满足验收标准要求。轨道精调测量应包括线路中线位置、轨面高程、测点里程、轨距、轨距变化率、水平、轨向、高低、扭曲等内容。无砟轨道的长钢轨精调采用轨道几何状态测量仪进行。

轨道精调前应进行模拟调整。模拟调整应遵循“先整体，后局部”“先轨向，后轨距”“先高低，后水平”的原则，并根据模拟调整结果实施轨道精调。“先整体，后局部”主要是针对长波不平顺区段，根据采集数据的整体趋势图生成的波形，大致标出期望的线路走向和起伏状态，再分析局部线形，以“削峰填谷”的方式细化调整方案，确定轨道调整量；“先轨向，后轨距”是指先调整基准轨轨向，后通过轨距调整来确定非基准轨轨向，使左右轨的轨向和轨道轨距均满足要求；“先高低，后水平”是指先调整基准轨高低，后通过水平调整来确定非基准轨高低，使左右轨的高低和轨道水平均满足要求。高低调整以低轨（内

轨）为基准轨，轨向调整以高轨（外轨）为基准轨。

首次轨道精调测量宜对轨道进行逐轨枕测量，采用单向后退测量方式，每一测站最大测量距离不宜超过 70m。换站后，应对不少于 10 根轨枕进行搭接测量，两次测量的同一轨枕横向和竖向相对偏差均不应超过±2mm。后续轨道精调测量亦可采用相对（惯导）轨道检查仪。

在轨道精调过程中要采用新工艺、新技术，做好施工组织安排，提高精调质量和作业效率。

4. 有砟轨道铺设

有砟铁路路基上部构筑物包括道砟、轨枕和铁轨。铺设期的主要测量工作内容有铺轨基桩测设，轨道铺设测量，直至使轨道初期整道结束，满足长钢轨精调作业条件。

铺轨基桩（轨道施工控制桩）一般预埋混凝土桩，设在线路中线或路基两侧，左、右线分别设置。除道岔桩（岔前、岔后、岔心）、平曲线控制桩、变坡点、竖曲线起点和终点外，其余地段按一般固定间距设置（直线上不大于 50m，圆曲线上 20m，缓和曲线上 10m），并对每个控制桩进行编号。以 CPⅢ 为依据，采用全站仪坐标法测量每个铺轨基桩的平面坐标和高程，利用软件分析得出每个控制桩与对应位置轨道的横向和竖向偏差，以此作为铺砟、铺轨及整道作业的施工资料和检查依据。曲线地段一般以低轨作为基准轨计算铺轨基桩对应里程的相对横向距离和相对高差。

为满足有砟轨道线路达到初期稳定状态，在轨道铺设及粗调阶段宜采用轨道几何状态测量仪等设备进行轨道状态检测。特别是时速 160km 及以上的有作轨道线路，精调应采用轨道几何状态测量仪。

12.5　公路线路测量概述

公路测量工作和程序与铁路的测量工作和程序大体相同，许多内容和方法可以参考前述铁路线路测量的相关部分进行。

12.5.1　公路线路控制测量

控制测量包括平面控制测量和高程控制测量。二级及二级以上公路技术标准较高，必须有较精确的定位精度，必须进行平面及高程控制测量。四级以下公路的平面测量控制点可以交点桩、转点桩等桩位代替，因此可不专门进行平面控制测量，但需要埋设高程控制点，进行高程控制测量。

路线平面控制网和高程控制网在初测阶段施测。定测时应对平面、高程控制测量进行全面检查，包括对点位分布情况的全面检查和对成果的全面检测。当检测成果与初测成果的较差符合限差要求，并且控制点分布可以满足设计要求时，应采用原成果，否则应对整个控制网进行复测或重测，并应重新进行平差计算。高程控制点的损、漏可采用同级控制加密，平面控制测量连续补点不大于 3 个时可进行同级加密。

1. 路线平面控制测量

首先布设首级控制网，然后加密路线平面控制网。路线平面控制测量宜采用 GNSS 测量方法或导线测量形式。路线控制测量等级及基本技术要求根据公路等级不同参照表 12-12 选用。构造物平面控制网可与路线平面控制网同时布设，亦可在路线平面控制网的基础上进行；当分步布设时，在布设路线平面控制网的同时，应考虑沿线桥梁、隧道等构造物测设的需要。

表 12-12　公路路线控制测量等级及基本技术要求

公路等级	平面控制测量等级及技术要求					高程控制测量等级及技术要求			
	测量等级	平均边长	最弱边长相对中误差	最弱点位中误差	最弱相邻点相对点位中误差	测量等级	附合或环线水准路线长度	每公里高差中数偶然中误差	往返较差、附合或环线闭合差/mm
高速、一级公路	一级	500m	1/20000	≤5cm	≤3cm	四等	25km	±5mm	平原微丘：$\leqslant 20\sqrt{l}$ 重丘山岭：$\leqslant 25\sqrt{l}$ 或$\leqslant 6\sqrt{n}$
二、三、四级公路	二级	300m	1/10000	≤5cm	≤3cm	五等	10km	±8mm	平原微丘：$\leqslant 30\sqrt{l}$ 重丘山岭：$\leqslant 45\sqrt{l}$

路线平面控制点的位置选择应满足一般控制点的要求，还要求沿路线前进方向布设，路线平面控制点到路线中心线的距离应大于 50m 且小于 300m，每一点至少应有一相邻点通视。特大型构造物每一端应埋设 2 个以上平面控制点。导线测量的主要技术要求见表 12-13，其与铁路测量略有不同。

表 12-13　导线测量的主要技术要求

等级	附（闭）合导线长度/km	边数	测距/mm			测角中误差/(″)	方位角闭合差/(″)	导线全长相对闭合差	使用不同仪器对应的测回数		
			测回内读数较差	单程各测回较差	中误差				1″	2″	6″
三等	18	9	5	7	14	1.8	$\pm 3.6\sqrt{n}$	1/52000	6	10	—
四等	12	12	7	10	10	2.5	$\pm 5\sqrt{n}$	1/35000	4	6	—
一级	6	12	7	10	14	5	$\pm 10\sqrt{n}$	1/17000	—	2	4
二级	3.6	12	12	7	11	8	$\pm 16\sqrt{n}$	1/11000	—	1	3

应结合测区所处地理位置、平均高程等因素合理选择坐标系，路线平面控制测量坐标系引起的投影长度变形值小于 2.5cm/km，大型构造物平面控制测量坐标系引起的投影长度变形值应小于 1cm/km。

2. 路线高程控制测量

网的等级与公路等级有关，不得低于表 12-12 的规定。高程系统宜采用 1985 年国家高程基准，独立工程或三级以下公路联测有困难时，可采用假定高程。高程控制点应沿公路路线布设，距路线中心线的距离应大于 50m，小于 300m，一般相邻控制点之间的间距以 1～1.5km 为宜，特殊地段（如桥、隧等大型构造物）两端应增设或加密。

高程控制测量宜采用水准测量形式，也可以采用三角高程测量的方法进行，高程异常变化平缓的地区可使用 GNSS 测量的方法进行，但应对作业成果进行充分的检核。路线高程控制网应全线贯通、统一平差，各等级路线高程控制网最弱点高程中误差不得大于±25mm。

12.5.2 初测地形测量

地形测量的测图比例尺一般应采用 1∶2000 或 1∶1000，工点地形图可采用 1∶500~1∶2000。二级及二级以上公路中线每侧测绘宽度不宜小于 300m。采用现场定线法时，中线每侧不宜小于 150m。

12.5.3 路线中线铺设

定测工作中，路线中线铺设可采用极坐标法、GNSS RTK 法、链距法、偏角法、支距法等方法，高速、一级、二级公路宜采用极坐标法、GNSS RTK 法，直线段 200m 内可采用链距法。公路路线中桩平面桩位精度应符合表 12-14 的规定。

表 12-14 公路路线中桩平面桩位精度 （单位：cm）

公路等级	中桩位置中误差		桩位检测之差	
	平原、微丘	重丘、山岭	平原、微丘	重丘、山岭
高速公路，一、二级公路	5	10	10	20
三级及三级以下公路	10	15	20	30

公路线路中桩间距是指相邻中桩之间的最大距离，应符合表 12-15 的要求。桩距太大会影响纵坡设计质量和工程数量计算，因此重丘、山岭区以 20m 为宜，平原、微丘区可采用 25m，50m 整桩桩距应一般少用或不用。中线的标桩除必须钉出起点桩、终点桩、百米桩、公里桩、平曲线主点桩、断链桩及设计间距的中桩桩外，还应在线路的纵横向坡度明显变化处，与其他道路或线状物交叉处，拆迁建筑物处，桥梁、涵洞、隧道等构造物处，土质明显变化、不良地质地段的起终点，县级及以上行政区划分界处等特殊地点应设加桩。当曲线桩或加桩距整桩较近时，整桩可省略不设。

表 12-15 公路路线中桩间距 （单位：m）

直线		曲线			
平原、微丘	重丘、山岭	不设超高的曲线	$R>60$	$30<R<60$	$R<30$
50	25	5	10	10	20

公路测量标志分为控制测量桩、路线控制桩和标志桩三种。控制测量桩主要用于控制测量的 GNSS 点、三角点、导线点、水准点，以及特大型桥隧控制桩等，不同的控制测量桩可以共用，各级控制测量桩必须设有中心标志。路线控制桩是指路线起终点桩、公里桩、曲线要素桩、交点桩、转点桩、断链桩等，桩橛顶面宜与地面齐平，可以是木质方桩、柔性路面钢钉、岩石或建筑物上的油漆标记，应标注中心位置，并加设指示桩书写桩号。标志桩是指路线中线桩和控制桩的指示桩，中线桩的背面按 0~9 循环编号。

中桩高程测量（中平水准测量）起闭于路线高程控制点，三级及三级以下公路允许闭合差按 $50\sqrt{L}$ 执行；高速公路，一、二级公路附和于四等水准控制点，闭合差按四等水准测量闭合差的 $\sqrt{2}$ 倍，取值为 $30\sqrt{L}$；沿线需要特殊控制的建筑物、管线、铁路轨顶等，对高度的精度要求较高，两次测量之差不应超过 2cm。

12.5.4 公路横断面测量

公路横断面的宽度应满足路基及排水设计、附属物设置等需要，测量方法和测量精度要求与公路等级有关：高速、一级、二级公路测量应采用水准仪绳尺法、GNSS RTK 方法、全站仪法、经纬仪视距法、架置式无棱镜激光测距仪法，无构造物及防护工程路段可采用数字地面模型方法、手持式无棱镜激光测距仪法；特殊困难地区和三级及三级以下公路，可采用水准仪法、数字地面模型方法、手持式无棱镜激光测距仪法、抬杆法。检测互差限差应符合表 12-16 的规定。在实际作业中，应顾及经济补偿及指标估算等工作所要求的精度，选择适当的横断面测量方法，避免采用有累积误差的方法。

表 12-16 公路测量横断面检测互差限差 （单位：m）

公路等级	距离	高差	距离、高差读数取位
高速公路，一、二级公路	$L/100+0.1$	$h/100+L/200+0.1$	0.1
三级及三级以下公路	$L/50+0.1$	$h/50+L/100+0.1$	0.1

习 题

1. 线路初测的工作内容主要是什么？

2. 铁路工程平面控制网是如何分级的？各级控制网的作用是什么？

3. 线路定测的工作内容、目的是什么？

4. 在某交点处，设计有 $R=600$m 的左偏单圆曲线。在圆曲线，置全站仪于 DK13+140 中桩上，后视 DK13+100，测设 DK13+140 处的横断面方向，请问应怎样计算测设要素，怎样操作实施？

5. 已知：圆曲线半径 $R=500$m，偏角 $\alpha_z=16°17'32''$，JD 点的里程为 $K37+785.27$。计算圆曲线要素、各主点的里程。

6. 已知：某线路交点处，$R=1000$m，$\alpha_y=26°38'00''$，$l_0=120$m，交点（JD）里程为 K28+529.47。计算曲线要素和主点里程。

7. 在某道路交点 JD_5 处，已知 JD_5 的坐标为（402884.507，494553.269），里程桩号为 K9+048.53，偏角 $\alpha_y=15°30'00''$；设置单圆曲线 $R=1200$m；小里程方向相邻交点 JD_4 的坐标为（400750.335，495168.571）；左右边桩距 15m。试计算：

1）曲线要素。

2）ZY、YZ 里程和坐标。

3）K9+000 中桩及左右边桩坐标，K9+200 中桩坐标。

8. 在某道路交点 JD_5 处，已知 JD_5 的坐标为（402884.507，494553.269），里程桩号为 K9+048.53，$\alpha_y=15°30'00''$；设圆曲线 $R=1200$m，圆曲线两侧加入相等长度的缓和曲线 $l_0=80$m；小里程方向相邻交点 JD_4 的坐标为（400750.335，495168.571）；左右边桩距 15m。试计算：

1）曲线要素。

2）计算 ZH、HY、YH、HZ 的里程和坐标。

3）计算 K9+000 中桩，K9+200 中桩及左右边桩坐标。

9. 在某线路上进行中桩高程测量，测量记录见表 12-17。试按表计算各点的高程，并计算闭合差。

表 12-17　中桩高程测量记录表

测　点	水准尺读数/m			仪器高程/m	高程/m	备　注
	后视	中视	前视			
BM_1	3.769				52.460	
0+00		2.21				水准点高程：
0+60		0.58				BM_1：52.460m
0+100		1.52				BM_2：53.850m
0+145		2.45				实测闭合差：____ mm
0+158.24（T_1）	0.659		0.415			允许闭合差：$\pm 50\sqrt{\quad}=$____ mm
0+200		1.37				成果判定：
0+252		2.79				合格□
0+300		1.80				不合格□
BM_2			2.610			
Σ						
检核						

第 13 章 桥梁施工测量

【学习目标】

1. 了解桥梁变形监测的内容与方法。
2. 熟悉桥梁控制网的布网与观测方法。
3. 掌握桥梁基础的测设，桥梁墩、台中心定位和纵横轴线的测设。

桥梁施工测量概述

公路、铁路在通过河流或跨越山谷时需架设桥梁。桥梁按其轴线长度 L 不同通常可分为特大型（$L>500$m）、大型（$100<L\leqslant500$m）、中型（$30<L\leqslant100$m）、小型（$8<L\leqslant30$m）四类，不同类型的桥梁其施工测量的方法及精度要求不同。桥梁施工测量的主要内容包括平面控制测量、高程控制测量、墩台定位、墩台基础及其顶部放样等。在施工及运行期间，需要定期观测墩台及其上部结构的垂直位移、水平位移和倾斜位移，掌握随时间推移而发生的变形规律，保障桥梁安全。

13.1 桥梁控制测量

桥梁施工开始前，需在桥址区域建立专用的施工控制网，为墩台放线、竣工验收、变形监测等工作提供依据。施工控制网的坐标系统应充分考虑桥梁的形式、跨度及施工精度，一般情况下，考虑到与道路的衔接，选用国家或线路统一坐标系和高程系统。对于大型和特大型桥梁，如果线路控制网不满足其施工精度要求，宜建立独立的桥梁施工控制网。

13.1.1 桥梁施工平面控制网的建立

1. 布设要求

1）施工平面控制网的布设要充分考虑桥梁的设计方案、施工方法、施工区及周边地形及环境等要素，首先在桥址地形图上拟定布网方案，再现场踏勘选点，点位应选在施工范围以外，地质条件稳定、视野开阔的区域。

2）图形应尽量简单且具有足够的强度。当主网控制点数量不能满足施工需要时，可加设一定数量的插点或插网。

3）需要在选定的桥梁中线上，于桥头两端埋设两个控制点，其连线称为桥轴线。为使

控制网与桥轴线连接，桥梁控制网需纳入桥轴线控制点。

4）控制网边长的设计参考跨越河宽，一般在0.5~1.5倍河宽的范围内变动。

2. 布设形式

桥梁平面控制网的图形一般为包含桥轴线的双三角形、具有对角线的四边形或双四边形（图13-1）。图中A、B两点为桥梁轴线点。在图13-1a、b适用于桥长较短而需要交会的水中墩、台数量不多的一般桥梁的施工放样；图13-1c、d图形的控制点数量多、图形强度高，适用于大型、特大型桥梁。特大型桥通常有较长的引桥，可将桥梁施工平面控制网向两侧延伸，增加几个点，构成多个大地四边形网，或者从桥轴线点引测一条光电测距精密导线。

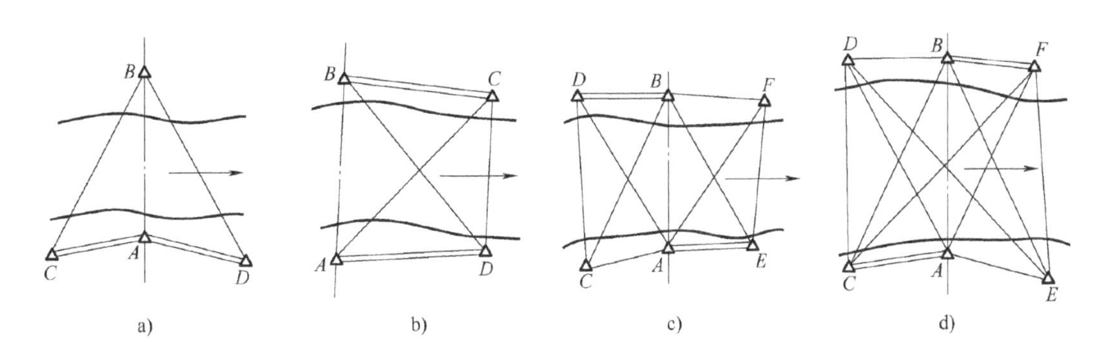

图13-1　施工平面控制网网形示意图
a）双三角形　b）大地四边形　c）双大地四边形　d）加强双大地四边形

3. 施测方法及精度要求

桥梁平面控制网的施测可以采用常规三角形网、导线网，计算各平面控制点的坐标。随着GNSS设备的普及，大型桥梁平面控制网更多地采用GNSS方法测定，与传统方法相比，具有不受时间和天气影响、作业效率高等优点，但其测量结果需用测距仪检验以保证其准确性。GNSS测量的施测方法可参考《铁路工程卫星定位测量规范》（TB 10054—2020）及《铁路工程测量规范》（TB 10101—2018）的有关规定。

跨河正桥施工平面控制网中最弱点的坐标中误差及最弱边的边长相对中误差应满足按式（13-1）估算的精度要求

$$m_x(m_y)\leqslant 0.4M \text{ 或 } \frac{m_S}{S}\leqslant\frac{0.4\sqrt{2}M}{S} \tag{13-1}$$

式中　M——施工中放样精度要求最高的几何位置中心的允许误差（mm）；

S——最弱边的边长（mm）；

m_x——x坐标分量中误差（mm）；

m_y——y坐标分量中误差（mm）；

m_S——最弱边的边长中误差（mm）。

跨河正桥施工平面控制网的测量等级应根据跨河桥长、大跨径桥梁的主跨跨距及桥型桥式、施工精度要求等因素，经过综合分析后确定，并不得低于表13-1的规定。各等级控制网中跨河桥轴线边的边长相对中误差不应低于表13-1的规定值。两岸引桥施工平面控制网

宜在正桥控制网基础上布测，测量等级可较正桥施工平面控制网降低1~2个等级，但最低不得低于四等。

表13-1 跨河正桥施工平面控制测量等级和精度要求

跨河桥长 L/m	大跨径桥梁主跨 L_1/m	测量等级	跨河桥轴线边的边长相对中误差
$2500<L\leqslant3500$	$800<L_1\leqslant1000$	一等	≤1/350000
$1500<L\leqslant2500$	$500<L_1\leqslant800$	二等	≤1/250000
$1000<L\leqslant1500$	$300<L_1\leqslant500$	三等	≤1/150000
$L\leqslant1000$	$L_1\leqslant300$	四等	≤1/100000

对于跨河桥长小于1000m的桥梁或主跨短于500m的大跨径桥梁，当桥址两岸已有足够数量的线路控制点且能满足桥梁施工精度要求时，可直接利用。

13.1.2 桥梁施工高程控制网的建立

建立高程控制网的常用方法是水准测量和三角高程测量。水准基点数量视河宽及桥的大小而异，一般小桥可只布设一个，在桥长200m以内的大、中桥，宜在两岸各设一个；当桥长超过200m时，由于两岸联测不便，为了在高程变化时易于检查，则每岸至少设置两个。大型桥梁工程中，为方便高程传递，还应在每一个桥台、桥墩附近设立一个临时施工水准点，构成附合水准路线。各高程控制点之间应采用水准测量的方法进行联测，一般水准基点之间应采用一等或二等水准测量，施工水准点与水准基点之间可采用三、四等水准测量联测。高程控制点在精度要求低于三等时，也可用三角高程方法建立。

进行水准测量时，对于河面宽度较小或者处于枯水期的河流，可以按照测量规范要求进行水准测量，但是对于大多数河流，由于河面较宽，跨河时水准视线较长，使照准标尺读数精度太低，同时由于前、后视距相差悬殊，使得水准仪的 i 角误差、地球曲率和大气折光的影响增大，这时需要采用跨河水准测量的方法来提高精度。

跨河水准测量时，在选定的跨河场地上，两岸的观测点和立尺点应构成对称图形，如平行四边形、等腰梯形、Z字形（图13-2）。利用两台水准仪分别架设于两岸的 I_1、I_2 点，b_1、b_2 点立水准尺。两台水准仪分别观测两水准尺后，得到两组高差，两组高差较差满足要求时，取平均值作为最终结果。布置点位时尽量使 I_1b_2 与 I_2b_1 相等、I_1b_1 与 I_2b_2 相等，两岸短视线的长度为10~20m。这些图形保证了跨河视线的长度相等、环境一致和独立观测，使望远镜的调焦位置相同，地球曲率和大气折光误差都相近，测量误差在由两岸构成的一测回高差平均值中得到最大限度的抵消。

跨河水准测量场地应尽量选在桥体附近水面最窄处，使跨越视线减至最短，对测量精度有益；为使往返观测视线受相同折光的影响，应尽量选择在两岸地形相似、高度相差不大的地点，并尽量避开草丛、沙滩、芦苇等对大气温度影响较大的不利地区。

跨河两台水准仪器对向观测时，要确保同步进行，尤其是两岸间的跨河视线观测，应做到同时开始、同时结束。

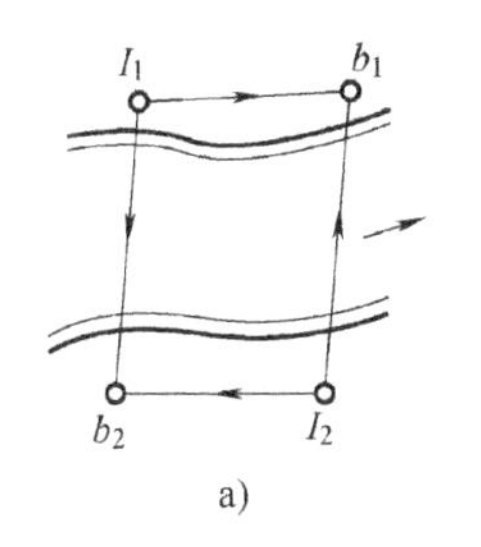

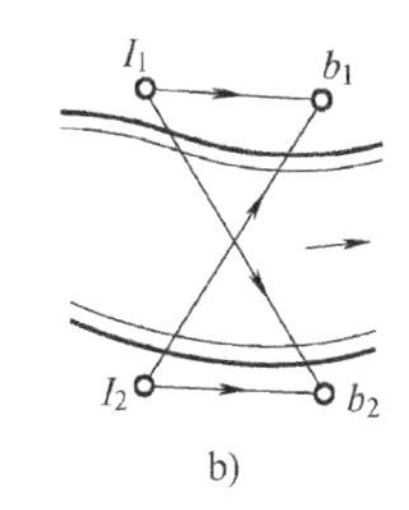

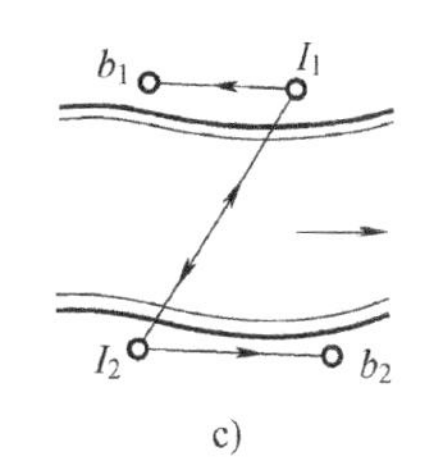

跨河水准测量

图 13-2　跨河水准测量观测方法示意图

a）平行四边形　b）等腰梯形　c）Z 字形

桥梁施工高程控制网中，跨河两水准点间高差的中误差为

$$m_H = 0.2\Delta_H \tag{13-2}$$

式中　m_H——跨河两水准点间高差的中误差（mm）；

Δ_H——施工中放样精度要求最高的结构部位的高程允许误差（mm）。

进行跨河水准测量时，还应注意以下几点：

1）当水准路线通过宽度为各等级水准测量的标准视线长度 2 倍以下的江河、山谷时，可用一般的水准测量观测方法进行，但须在测站上变换一次仪器高度，观测两次。

2）跨河视线长度超过各等级水准测量标准视线长度的 2 倍以上时，应视跨越长度按规范规定选择相应的观测方法，如直接读数法、光学测微法、倾斜螺旋法、测距三角高程法等。

3）跨河水准观测宜在风力微和、气温变化较小的阴天进行，过河视线方向宜避免正对日照方向，不宜在大气折射率变化较大时观测。

铁路桥梁施工高程控制测量等级应根据式（13-2）估算出的必要精度进行设计。铁路跨河正桥高程控制网的精度等级应符合表 13-2 的规定；岸上引桥施工高程控制网的精度等级可较跨河正桥降低一个等级，但不得低于线路水准基点的精度等级。

表 13-2　铁路跨河正桥施工高程控制测量等级

轨道结构	列车设计速度 v/(km/h)	跨河桥长 L/m		大跨径桥梁主跨 L_1/m		
		$L \leqslant 1000$	$L > 1000$	$L_1 < 300$	$300 < L_1 \leqslant 500$	$L_1 > 500$
无砟	$120 < v \leqslant 200$	二等	二等	二等	二等	二等
	$v \leqslant 120$	三等	二等	三等	三等	二等
有砟	$160 < v \leqslant 200$	三等	二等	三等	二等	二等
	$v \leqslant 160$	三等	二等	三等	三等	二等

13.2　桥梁墩、台中心定位及轴线测设

桥梁墩、台的中心位置和它的纵横轴线的测设是桥梁施工测量中最主要的工作，遵循“先整体，后局部”的基本原则，对一座桥梁，应先测设桥轴线，再依桥轴线测设墩、台位置；对一个墩、台，应先测设出墩、台中心位置，然后测设出墩、台的纵横轴线，以固定墩

台方向，再根据墩台轴线放样各个细部。测设时视河宽、水深及墩位的情况，可利用经纬仪、全站仪、RTK，直接测设或用角度交会的方法进行。

13.2.1 桥梁墩、台中心定位

1. 直线桥墩、台中心定位

直线桥的墩、台中心都位于桥轴线方向上，桥轴线上两岸的控制桩 A、B 间的距离称为桥轴线长度（图 13-3），在精确测定桥轴线长度之后，便可由 A 或 B 点测设各桥墩、台中心的位置。如果设计文件中给出的是桥梁各墩、台中心的里程，则可根据轴线控制桩 A、B 及算得的各墩、台中心至控制桩 A 或 B 的距离，利用测距仪、全站仪等仪器进行距离测设，将各墩、台中心位置在实地标定出来。如果设计文件中给出的是各墩、台的中心坐标，则可依据已有控制点，采用极坐标法、交会法等进行放样。在标出墩、台中心位置后，应对其进行检核，直至满足精度要求为止。

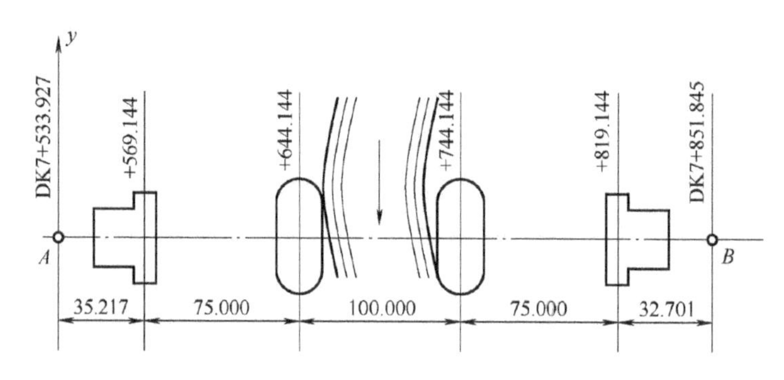

图 13-3　直线桥墩台平面图

2. 曲线桥墩、台中心定位

曲线桥的中线是曲线，而每跨梁却是直线，所以线路中线与梁的中线不能完全吻合。桥梁在曲线上的布置，是将各梁的中线连接起来，构成基本与线路中线相符合的一条折线，这条折线称为桥梁工作线（图 13-4）。桥梁墩、台中心位于折线的交点上，因此墩、台中心测设，就是测设桥梁工作线的交点。

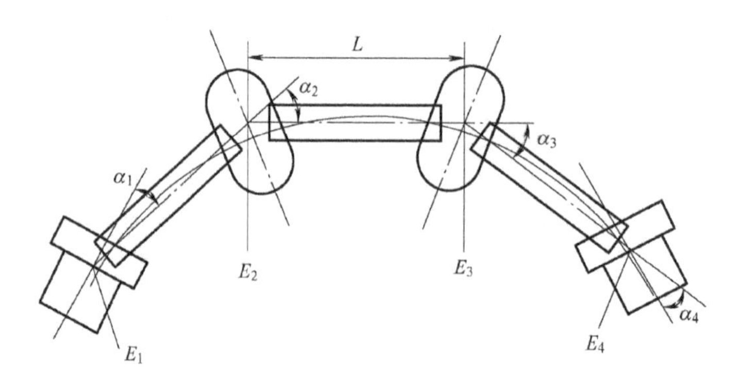

图 13-4　曲线桥墩台平面图

设计桥梁时，为使车辆运行时梁的两侧受力均匀，桥梁工作线的转折点向线路中线外侧

移动一段距离 E，这段距离称为桥墩偏距。桥墩偏距 E 一般等于以梁长为弦线中矢的一半。相邻梁跨工作线构成的偏角 α 称为桥梁偏角；每段折线的长度 L 称为桥墩中心距。E、α、L 在设计图中都明确给出，根据设计值即可计算墩位中心坐标，进而测设墩位。曲线桥梁墩、台的测设一般采用极坐标法或前方交会法，也可采用 RTK 设备直接测设。采用前方交会法测设时，应在三个方向上进行，交会角应以接近 90°为宜，由于不可避免地存在误差，这三个方向会形成一个示误三角形（图 13-5）。示误三角形的最大边长，在墩台下部时不应大于 25mm，在墩台上部不应大于 15mm。若满足要求，则对于直线桥将示误三角形非桥轴线上的顶点投影到桥轴线上作为墩台中心的位置；对于曲线桥则取三角形的重心作为墩中心位置。

随着工程的进展，需要经常进行交会定位。为了工作方便、提高效率，通常在交会方向的延长线上定点，经检核后设置永久标志，供后续直接照准交会，而无须每次测设角度（图 13-6）。为避免混淆，所设立的标志的编号应包含设站点和放样桥墩的信息，如 C_1、C_2、C_3，D_1、D_2、D_3 等。

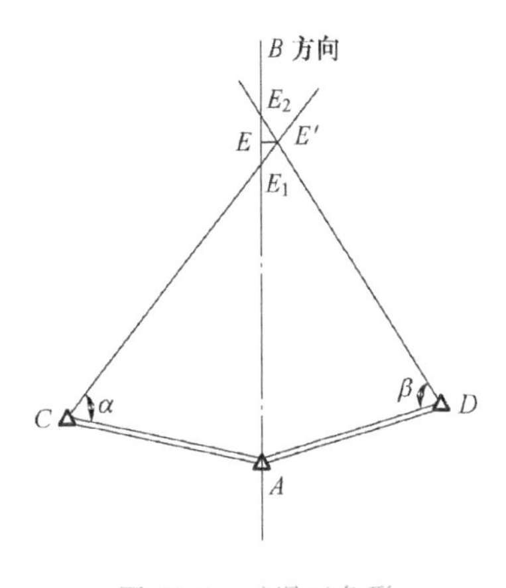

图 13-5　示误三角形

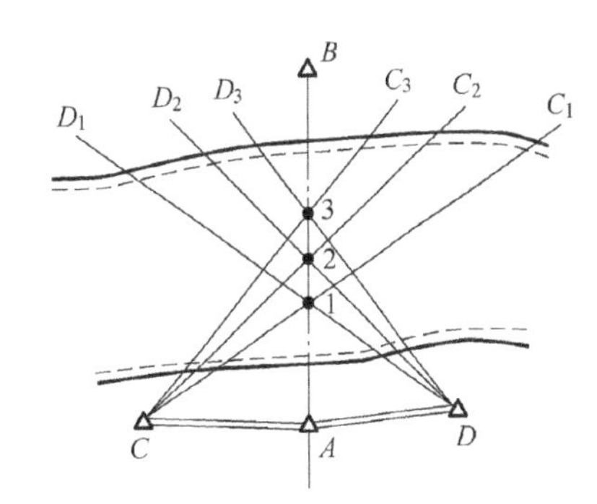

图 13-6　桥墩交会方向标志设立

13.2.2　桥梁墩、台轴线测设

测设桥梁墩、台中心位置后，还应测设出墩、台的纵、横控制轴线。纵轴线是指过墩、台中心平行于线路方向的轴线，而横轴线是指过墩、台中心垂直于线路方向的轴线。墩、台细部放样是在中心定位和标定纵横轴线的基础上进行的。

直线桥墩、台的纵轴线与线路的中线方向重合，可不另行测设；横轴线测设时可在墩、台中心置镜，自线路中线方向测设 90°角（图 13-7）。

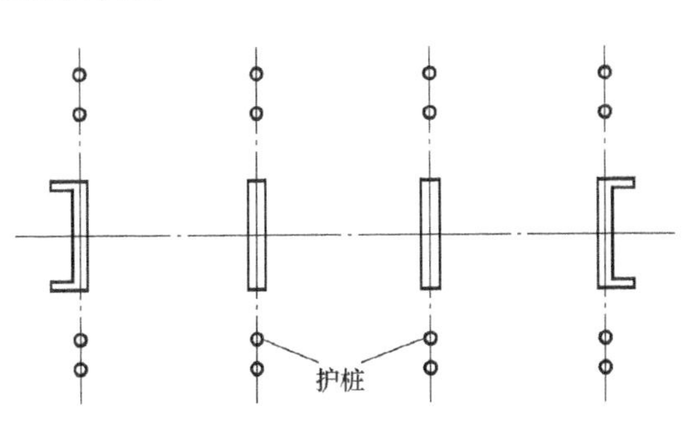

图 13-7　直线桥纵横轴线

曲线桥墩、台的纵轴线位于桥梁偏角 α 的分角线上，测设时，在墩、台中心架设仪器，照准相邻的墩、台中心，测设 $\alpha/2$ 角即得纵轴线的方向。自纵轴线方向测设 90°角，即得横轴线方向（图 13-8）。

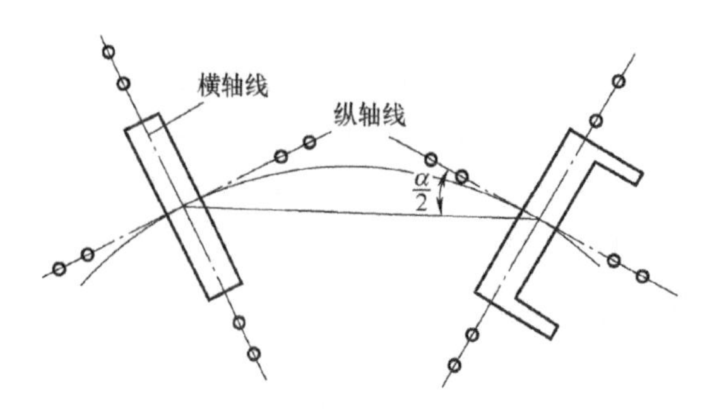

图 13-8　曲线桥纵横轴线

13.3　桥梁细部放样

随着施工的进展，随时都要进行放样工作，但桥梁的结构及施工方法千差万别，所以细部放样的方法及内容也各不相同。总体来说，主要包括基础放样、墩、台细部放样及架梁时的放样工作。

1. 基础放样

中小型桥梁的基础，最常用的是明挖基础和桩基础。明挖基础的构造如图 13-9 所示，在墩、台位置处挖出一个基坑，将坑底平整后再灌注基础及墩身。在开挖基坑前，首先应测设出基坑的边界线，如果坑壁有一定的坡度，则应根据基坑深度及坑壁坡度测设出开挖边界线。

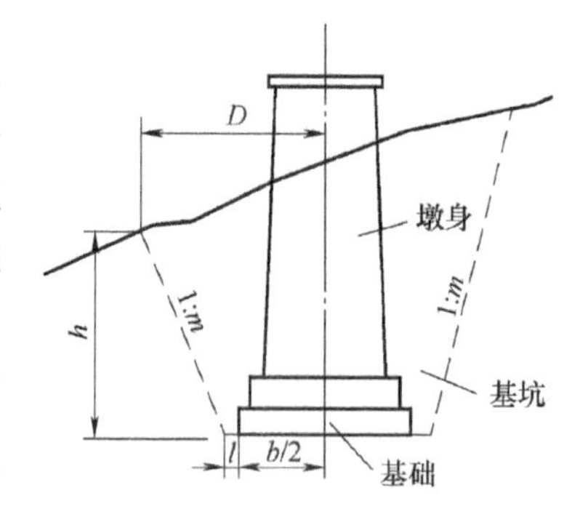

图 13-9　明挖基础

边坡桩至墩、台轴线的距离 D（图 13-8）计算公式为

$$D=\frac{b}{2}+hm+l \tag{13-3}$$

式中　b——基础的长度或宽度；

h——坑底与地面的高差；

m——坑壁坡度系数的分母。

桩基础是在基础的下部打入基桩，在桩群的上部灌注承台，使桩和承台连成一体，再在承台以上修筑墩身（图 13-10）。桩基位置的放样如图 13-11 所示，可以墩台纵、横轴线为坐标轴，按设计位置用直角坐标法直接测设，也可根据桩基的坐标依极坐标法进行测设，后者更适合于斜交桥的情况。在基桩施工完成后，修筑承台前，应再次测定其位置以作为竣工资料。

2. 高程放样

墩、台施工中的高程放样，通常是在墩、台附近设立一个施工水准点，根据这个水准点以水准测量方法放样各部分的设计高程。但在基础底部及墩、台的上部，由于高差过大，难以用水准尺直接传递高程时，可用悬挂钢尺的办法传递高程。

3. 架梁时的测量工作

架梁是建造桥梁的最后一道工序，无论是钢梁还是混凝土梁，都是按预先设计尺寸做好，再运到工地架设。梁的两端用位于墩顶的支座支撑，支座放在底板上，而底板则用螺栓

固定在墩、台的支承垫石上。架梁时的测量工作，主要是测设支座底板的位置，测设时也应先测设出它的纵、横中心线的位置。支座底板的纵、横中心线与墩、台纵横轴线的位置关系在设计图上给出，因而在墩、台顶部的纵横轴线测设出以后，即可根据它们的相互关系，用钢尺将支座底板的纵、横中心线测设出来。

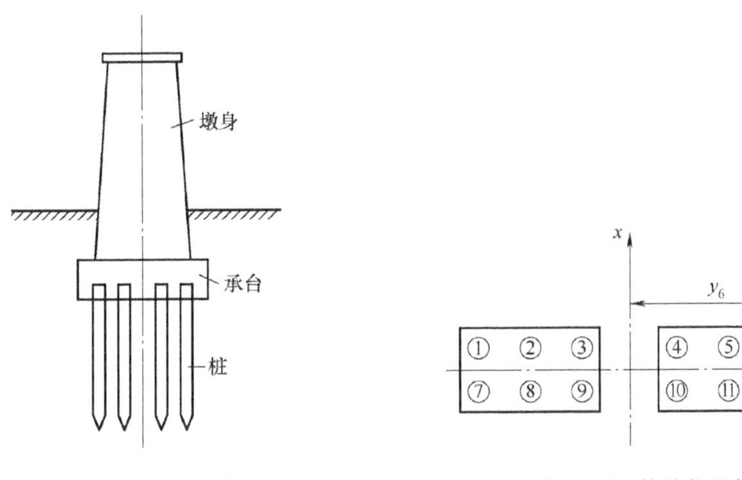

图 13-10　桩基础

图 13-11　桩基位置的放样

在墩、台施工时，对其中心点位、中线方向和垂直方向以及墩顶高程都做了精密测定，但当时是以各个墩、台为单元进行的。架梁时需要将相邻墩、台联系起来，考虑其相关精度，要求中心点间的方向、距离和高差符合设计要求。桥梁中心线方向的测定，在直线部分采用准直法，用经纬仪正倒镜观测，在墩、台上刻划出方向线，如果跨距较大（>100m），应逐墩观测左、右角。在曲线部分，则采用偏角法。相邻桥墩中心点之间距离用光电测距仪观测，需适当调整以使中心点里程与设计里程完全一致。墩、台顶面高程用精密水准测量测定并与两岸基本水准点构成附合水准路线。

大跨度钢桁架或连续梁采用悬臂或半悬臂安装架设。安装开始前，应在横梁顶部和底部的中点做出标志，用来测量架梁时钢梁中心线与桥梁中心线的偏差值，在梁的安装过程中，应不断地测量以保证钢梁始终在正确的平面位置上，同时高程位置应符合设计的大节点挠度和整跨拱度的要求。如果梁的拼装是两端悬臂在跨中合拢，则合拢前的测量重点应放在两端悬臂的相对关系上，如中心线方向偏差、最近节点高程差和距离差等。

13.4　桥梁变形监测

桥梁在施工和建成后的运营期间，由于各种内在因素和外界条件的影响，会产生各种变形。例如，桥梁的自重对基础产生压力，引起基础、墩台的均匀或不均匀沉降；梁体在动荷载的作用下产生挠曲；高塔柱在日照和温度的影响下会产生周期性的扭转或摆动等。为了保证工程施工质量和运营安全，验证工程设计的效果，需对大型桥梁工程定期进行变形观测。

13.4.1　桥梁变形监测的内容

桥梁工程变形监测的内容主要包括以下几点：

1）垂直位移观测：对桥梁各墩、台进行沉降观测。

2）水平位移观测：对桥梁墩、台在桥轴线方向和垂直于桥轴线方向上位移的观测。

3）倾斜观测：对高桥墩和斜拉桥的塔柱进行铅垂线方向的倾斜观测。

4）挠度观测：对梁体在静荷载和动荷载的作用下产生的挠曲和振动的观测。

进行变形监测技术设计时，需分析桥梁变形的特点、变形量的大小、变形的速度以及施测单位本身的条件等因素，既可以采用传统的测量方法，如用精密水准仪测定垂直位移、用全站仪测定水平位移、用垂准仪做倾斜观测，也可采用近年来涌现的测绘新技术，如用地面近景摄影测量方法测定变形、用GNSS进行桥梁动态监测、用三维激光扫描法采集点云数据用于变形分析等。变形监测的频率通常要求既能反映出变化的过程，又不遗漏变化的时刻。在建设初期，变形速率较快，监测频率要大一些，后期可逐步减少，在掌握了一定的规律或变形稳定后，可固定观测周期。

13.4.2 桥梁变形监测的方法

1. 桥梁垂直位移观测

采用水准测量进行垂直位移监测时，基准点应尽量选在桥梁承压区之外，但又不宜离桥梁墩、台太远，一般以不远于桥梁墩、台2km为宜，基准点需成组埋设，以便相互检核。工作基点一般选在桥台上，以便观测布设在桥墩上的观测点，测定各桥墩相对于桥台的变形。工作基点的垂直变形可由基准点测定，以求得观测点相对于稳定点的绝对变形。观测点的布设遵循“既要均匀又要有重点”的原则，均匀布点指在每个墩台上都要布设观测点，以便全面判断桥梁的稳定性，重点布设是指在受力不均匀、地基基础不良或结构的重要部位加密观测点。

基准点测量应每年定期进行一次或二次，各次测量的条件应尽可能相同，以减少外界条件对成果的影响。观测点观测包括：陆上墩、台观测点观测，水中桥墩观测点的观测。

陆上墩、台沉降观测可按等级水准测量方法进行。水中桥墩观测点的观测一般采用跨墩水准测量，即把仪器设站于一墩上，观测后、前两个相邻的桥墩，形成跨墩水准测量。跨墩水准测量施测时，照准误差、大气折光误差等影响较大，必须采取一定的措施来提高观测精度，如选用i角变化小的仪器、增加观测测回数、测回间变动仪器高等，跨墩水准测量无规范可循，经验表明，以前、后视等距的跨墩水准测量代替跨河水准测量是可行的。

2. 桥梁水平位移观测

水平位移监测的工作基点一般处于桥台上或附近不远处，很难保证其稳定性，所以要定期测量工作基点的位移，以改正观测结果。在两岸稳定区域建立基准点，与工作基点组成适宜的网形，可采用边角网、后方边角交会法、GNSS测量等方式测定工作基点的位移。有时也可采用检核基准线法，即墩台面上所布设的基准线的延长线上，选择地基稳定处设置观测墩，形成检核方向线，用此方向线来检核基准线端点在垂直于基准线方向的位移。

水平位移观测的方法与桥梁的形状有关，对于直线形桥梁，一般采用基准线法、测小角法等测定桥墩台的横向位移，而纵向位移可用高精度测距仪直接测定；对于曲线桥梁，一般采用极坐标法、前方交会法、导线测量法等，将观测点不同周期测定的坐标之差投影到桥梁纵、横方向线上，即可获得纵、横向位移量。

3. 桥梁倾斜度观测

如图13-12所示，根据设计，桥墩上的A、B两点位于同一竖直面上，墩柱高为h，若墩柱倾斜时，A点相对于B点沿水平方向偏离某一距离a，则该墩柱的倾斜度为

$$i=\tan\alpha=\frac{a}{h} \tag{13-4}$$

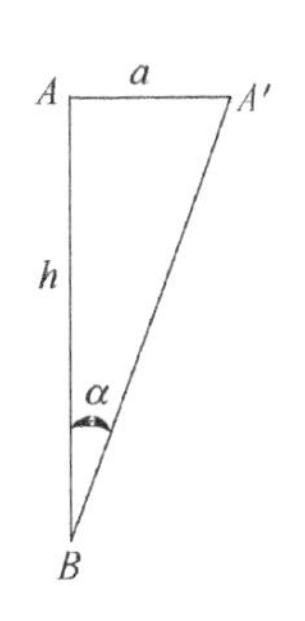

图13-12　桥墩倾斜度

垂直度或倾斜度观测一般是在模板上、下口的立面上相同的位置各设一个监测标志，其高差为h，然后用经纬仪或全站仪测量两个标志的偏离值，便可计算其倾斜度。有时也可利用全站仪测出模板上口标志的平面坐标，与设计坐标进行比较得出实际的偏斜方向和偏斜距离。桥墩倾斜度测定最简单的方法是悬挂垂球，根据其偏差值可直接确定其倾斜度，但该方法有时受各种因素的影响无法实施。因此，为了确定墩柱倾斜度，必须测出a的数值。将经纬仪安置在离墩柱较远的地方（距离最好在1.5h以上），将墩柱顶部的A'投影到B点的水平面内，再通过量距即可得到a的值。

4. 桥梁挠度观测

桥梁建成后，由于承受外界荷载作用，必然会产生挠曲变形。桥梁挠度观测分为静荷载挠度观测和动荷载挠度观测。前者指测定桥梁自重和构件安装误差引起的桥梁的下垂量，后者指测定在车辆通过时的重量和冲量作用下桥梁产生的挠曲变形。

挠度观测通常是在桥面上布设一系列观测点，利用基准点观测各测点在加载前和加载后的高程差，或定期对各测点进行高程测量以求得其高程变化，进而计算挠度变化。目前，挠度观测的常用方法有精密水准法、全站仪观测法、GNSS观测法、液体静力水准观测法、专用挠度仪观测法等，对于不同的仪器和方法，其观测的精度和效率有一定的差异，应根据观测要求选择适当的方法和仪器。

全站仪观测法的实质是光电测距三角高程测量，在测量中，大气折光是一项非常重要的误差来源，但桥梁挠度观测一般在夜里，这时的大气状态较稳定，该项误差相对较小。GNSS观测法主要有三种模式：静态、准动态和动态，在通常情况下，静态测量的精度最高，一般可达毫米级的精度，但其观测时间一般要1h以上；准动态和动态测量所用观测时间短，但精度一般较低，大量的实测资料表明，在观测条件较好的情况下，其观测精度为厘米级，在大挠度的桥梁中是可以考虑的。液体静力水准观测法的测程一般在20cm以内，其精度可达±0.1mm以上。在专用挠度仪观测法中，以激光挠度仪最为常见，该仪器的主要原理为：在被检测点上设置一个光学标志点，在远离桥梁的适当位置安置检测仪器，当桥上有荷载通过时，靶标随梁体振动的信息通过红外线传回检测头的成像面上，通过分析将其位移分量记录下来。该方法的主要优点是可以全天候工作，受外界条件的影响较小。

习　题

1. 桥梁控制网的布设有何特点？布设时有哪些注意事项？
2. 如何实施跨河水准测量？
3. 桥梁墩台中心及轴线测设时，可以使用哪些测设方法？

4. 桥梁的变形监测包括哪些内容？应如何进行？

5. 在图 13-13 中，A、B、C、D 为桥梁施工控制网点，其中 A、B 位于桥轴线上，P_1、P_2、P_3 为三个桥墩的中心位置，已知 $x_A = 0.000\text{m}$，$y_A = 0.000\text{m}$；$x_B = 78.000\text{m}$，$y_B = 0.000\text{m}$；$x_C = -9.223\text{m}$，$y_C = -45.213\text{m}$；$x_D = 6.275\text{m}$，$y_D = 51.808\text{m}$；$x_{P_1} = 20.000\text{m}$，$y_{P_1} = 0.000\text{m}$。试分别计算用方向交会法和极坐标法测设 P_1 的放样数据。

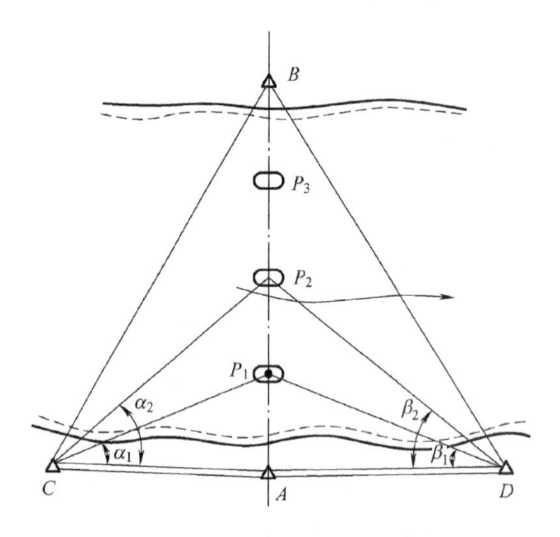

图 13-13　第 5 题图

第14章　隧道施工测量

【学习目标】

1. 了解隧道施工测量的主要工作内容。
2. 熟悉隧道贯通测量的含义及要求，隧道施工放样方法。
3. 掌握洞内、外控制测量的常用方法和要求。

14.1　概述

隧道施工测量概述

随着现代化建设的发展，地下隧道工程日益增加，如公路隧道、铁路隧道和矿山隧道等。

隧道施工测量的主要任务是：测量洞口平面位置和高程，指示掘进方向；标定线路中线控制桩及洞身顶部地面上的中线桩；在地下标定出地下工程建筑物的设计中心线和高程，以保证隧道按要求的精度正确贯通；放样隧道断面的尺寸，放样洞室各细部的平面位置与高程，放样衬砌的位置等。

隧道施工的掘进方向在贯通前无法对接，完全依据各开挖洞口的控制点所扩展的导线来测设隧道的中心线、指导施工。所以，在工作测量中要十分认真细致，按规范的要求严格检验与校正仪器，注意做好校核工作，减少误差积累，避免发生错误。

在隧道施工中，为了加快工程进度，一般由隧道两端洞口相向开挖，长隧道通常还要在两洞口间增加平洞、斜井或竖井，以增加掘进工作面（图14-1）。隧道自两端洞口相向开挖，在洞内预定位置衔接，称为贯通。若相向开挖隧道偏离设计位置，其中线不能完全吻合，使隧道不能准确贯通，这种偏差称为贯通误差，如图14-2所示。贯通误差包括纵向贯通误差（简称为纵向误差）Δt、横向贯通误差（简称为横向误差）Δu、高程贯通误差（简称为高程误差）Δh，其中纵向误差仅影响隧道掘进距离，施工测量时较易满足设计要求，因此一般只规定贯通面上横向误差及高程误差。

隧道测量按工作的顺序可以分为：

1）洞外控制测量。在洞外建立平面和高程控制网，测定各洞口控制点的位置。

2）洞内外联系测量。将洞外的坐标、方向和高程传递到隧道内，建立洞内、洞外统一坐标系统。

3）洞内控制测量，包括隧道内的平面和高程控制测量。

4）隧道施工测量。根据隧道设计要求进行施工放样。

5）竣工测量。测定隧道竣工后的中线位置和断面净空及各建筑物、构筑物的位置尺寸。

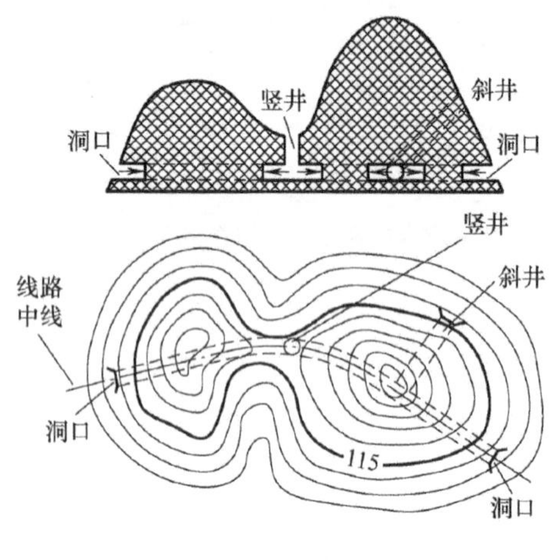

图 14-1 隧道开挖

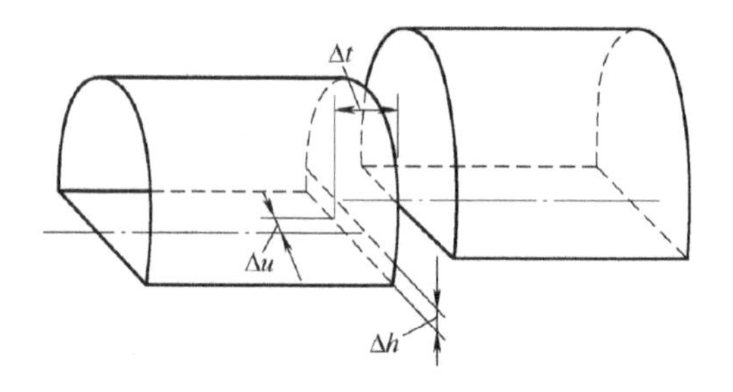

图 14-2 隧道贯通误差

14.2 隧道洞外控制测量

隧道的设计位置一般在定测时已初步标定在地表面上。由于定测时测定的转向角、曲线要素的精度及直线控制桩方向的精度较低，满足不了隧道贯通精度的要求，所以施工之前要进行洞外控制测量。洞外控制测量的作用是在隧道各开挖口之间建立一精密的控制网，以便根据它进行隧道的洞内控制测量或中线测量，保证隧道的准确贯通。

洞外控制测量包括平面控制测量和高程控制测量，平面控制测量技术要求见表 14-1，高程控制测量的技术要求见表 14-2。

表 14-1 隧道平面控制测量技术要求

测量部位	测量方法	测量等级	隧道长度/km	洞外对向边或洞内导线边长/m
洞外	GNSS 测量、导线测量、三角形网测量	一等（GNSS）	≥8~20	≥400
		二等	≥4~8	≥350
		三等	≥2~4	≥300
		四等	<2	≥250
洞内	导线测量	二等	≥8~20	≥400
		隧道二等	≥5~8	≥350
		三等	≥2~5	≥300
		四等	≥1.5~2	≥200
		一级	<1.5	≥200

表 14-2　高程控制测量的技术要求

<table>
<tr><th>测量部位</th><th>测量等级</th><th>每公里高差中数的偶然中误差/mm</th><th>开挖两洞口间水准路线长度/km</th><th>水准仪等级</th><th>水准尺类型</th></tr>
<tr><td rowspan="4">洞外</td><td>二</td><td>≤1.0</td><td>>36</td><td>$S_{0.5}$、S_1</td><td>线条式因瓦水准尺</td></tr>
<tr><td rowspan="2">三</td><td rowspan="2">>1.0~3.0</td><td rowspan="2">>13~36</td><td>S_1</td><td>线条式因瓦水准尺</td></tr>
<tr><td>S_3</td><td>区格式水准尺</td></tr>
<tr><td>四</td><td>>3.0~5.0</td><td>>5~13</td><td>S_3</td><td>区格式水准尺</td></tr>
<tr><td rowspan="3">洞内</td><td>二</td><td>≤1.0</td><td>>32</td><td>S_1</td><td>线条式因瓦水准尺</td></tr>
<tr><td>三</td><td>>1.0~3.0</td><td>>11~32</td><td>S_3</td><td>区格式水准尺</td></tr>
<tr><td>四</td><td>>3.0~5.0</td><td>>5~11</td><td>S_3</td><td>区格式水准尺</td></tr>
</table>

14.2.1　洞外平面控制测量

隧道洞外平面控制测量应结合隧道长度、平面形状、辅助坑道位置以及线路通过地区的地形和环境条件，选用 GNSS 测量、导线测量、三角形网测量及其组合测量方法，对于较短的隧道可直接采用中线法。

1. 中线法

中线法是指将隧道线路中线的平面位置按定测的方法先测设在地表上，经反复核对无误后，把地表控制点确定下来，施工时就以这些控制点为准，将中线引入洞内。

一般当直线隧道短于 1000m，曲线隧道短于 500m 时，可以采用中线作为控制。

如图 14-3 所示，A、C、D、B 为隧道定测时所定中线上的直线转点。由于定测精度较低，在施工之前要进行复测，其方法为：以 A 和 B 作为隧道方向控制点，将经纬仪安置在 C 的初始点 C'点上，后视 A 点，用正倒镜分中法定出 D'点；在置镜 D'点，用正倒镜分中法定出 B'点。若 B'与 B 不重合，可量出 $B'B$ 的距离，则

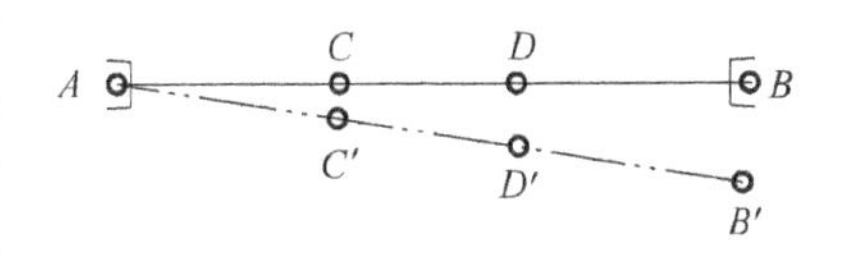

图 14-3　中线法

$$D'D=\frac{AD'}{AB'}B'B$$

自 D'点沿垂直于线路中线方向量出 $D'D$ 定出 D 点，同法也可定出 C 点。然后再将经纬仪分别安置在 C、D 点上复核，证明该两点位于直线 AB 的连线上时，即可将它们固定下来，作为中线进洞的方向。

若用于曲线隧道，则应首先精确标出两切线方向，然后精确测出转向角，将切线长度准确地标定在地表上，以切线上的控制点为准，将中线引入洞内。

中线法简单、直观，但其精度不高。

2. 精密导线法

导线法比较灵活、方便，对地形的适应性比较强。精密导线法应组成多边形闭合环，它可以是独立导线，也可以与线路控制点相连。导线水平角的观测应以总测回数的奇数测回和偶数测回，分别观测导线前进方向的左角和右角，以检查测角错误，将它们换算为左角或右

角后再取平均值，可以提高测角精度。为了增加检核条件和提高测角精度评定的可行性，导线环的个数不宜太少，不应少于4个；每个环的边数不宜太多，一般以4~6条边为宜。

在进行导线边长测量时，应尽量接近测距仪的最佳测程，且边长不应短于300m；导线尽量以直伸形式布设，减少转折角的个数，以减弱边长误差和测角误差对隧道横向贯通误差的影响。我国大瑶山隧道长14.3km，洞外控制采用导线网，取得了很好的效果。

导线的测角中误差按式（14-1）计算，并应满足测量设计的精度要求。

$$m_\beta = \pm\sqrt{\frac{[f_\beta^2/n]}{N}} \tag{14-1}$$

式中 f_β——导线环的角度闭合差（″）；

n——导线环内角的个数；

N——导线环的个数。

导线环（网）的平差计算，一般采用条件平差或间接平差。边与角按式（14-2）定权

$$\begin{cases} P_\beta = 1 \\ P_D = m_\beta^2/m_D^2 \end{cases} \tag{14-2}$$

式中 m_β——导线测角中误差，可按式（14-1）计算，并宜用统计值；

m_D——导线边长中误差，宜用统计值。

当导线精度要求不高时，也可采用近似平差。

3. 三角形网测量

三角形网测量的方向控制较中线法、导线法都高，如果仅从横向贯通精度的观点考虑，是比较理想的隧道平面控制方法。

三角测量除采用测角三角锁外，还可采用边角网和三边网。但从精度、工作量、经济方面综合考虑，以测角三角锁为好。

三角锁一般布置一条高精度的基线作为起始边，并在三角锁另一端增设一条基线，以便检核；其余仅有测角工作，按正弦定理推算边长，经过平差计算可求得三角点和隧道轴线上控制点的坐标，然后以控制点为依据，确定进洞方向。

除了前面所述要求之外，还应注意以下几点：

1）使三角锁或导线环的方向尽量垂直于贯通面，以减弱边长误差对横向贯通精度的影响。

2）尽量选择长边，减少三角形个数或导线边个数，以减弱测角误差对横向贯通精度的影响。

3）每一洞口附近布设不少于3个平面控制点（包括洞口投点及其联系的三角点或导线点），作为引线入洞的依据，并尽量将其纳入主网中，以加强点位稳定性和入洞方向的校核。

4）三角锁的起始边如果只有一条，则应尽量布设于三角锁中部；如果有两条，则应使其位于三角锁两端，这样不仅利于洞口插网，而且可以减弱三角网测量误差对横向贯通精度的影响。

5）三角锁中若要增列基线条件时，两端起始边的测量精度$\frac{m_b}{b}$应满足式（14-3）的要求

$$\frac{m_b}{b} \leqslant \frac{m_\beta}{\sqrt{2}\rho''} \tag{14-3}$$

5. GNSS 测量

GNSS 测量的原理和使用，可参看第 7 章有关内容。

隧道施工控制网可利用 GNSS 相对定位技术，采用静态或快速静态测量方式进行测量。由于定位时仅需要在开挖洞口附近测定几个控制点，工作量少，而且可以全天候观测，故目前已得到普遍应用。

隧道 GNSS 控制网的布网设计，应满足以下要求：

1）控制网由隧道各开挖口的控制点点群组成，每个开挖口至少应布测 3 个控制点。整个控制网应由一个或若干个独立观测环组成，每个独立观测环的边数应尽可能少。

2）网的边长最长不宜超过 30km，最短不宜短于 300m。

3）每个控制点应有 3 个或 3 个以上的边与其连接，极个别的点才允许由两个边连接。

4）GNSS 定位点之间一般不要求通视，但布设洞口控制点时，考虑到用常规测量方法检测、加密或恢复的需要，应当通视。

5）点位上空应视野开阔，保证至少能接收到 4 颗卫星信号。

6）测站附近不应有对电磁波强烈干扰和反射影响的金属和其他物体。

在上述各种方法中，中线法控制形式最简单，但对方向控制较差，故只能用于较短的隧道；三角测量方法其方向控制精度最高，故在光电测距仪未广泛使用之前，是隧道控制最主要的形式，但缺点是三角点的布设要受到地形、地物条件的限制，而且基线边要求精度高，测量工作复杂，平差计算工作量大；精密导线法由于布设简单、灵活、地形适应性强、外业工作量少，而且光电测距导线和光电测距三角高程可以同时进行，大大减少了野外工作量，因而精密导线法成为隧道控制的主要形式之一，只要在水平角测量时适当增加测回数，就可弥补其方向控制的不足；随着全球定位系统的发展和应用普及，GNSS 测量是长大隧道首选的控制方案。

14.2.2　洞外高程控制测量

洞外高程控制测量的任务是按照设计精度施测两相向开挖洞口附近水准点之间的高差，以便将整个隧道的统一高程系统引入洞内，保证按规定精度在高程方面准确贯通，并使隧道工程在高程方面按要求的精度正确修建。

高程控制的二等采用水准测量。三、四、五等可采用水准测量，当山势陡峻采用水准测量困难时，也可采用光电测距仪三角高程的方法测定各洞口高程。每一个洞口应埋设不少于两个水准点，两水准点之间的高差以安置一次水准仪即可测出为宜。

14.3　隧道洞外、洞内联系测量

14.3.1　进洞关系的计算

洞外控制测量完成以后，应把各洞口的线路中线控制桩和洞外控制网联系起来。如果控制网和线路中线的坐标系不一致，应首先把洞外控制点和中线控制桩的坐标纳入同一坐标系

统内，所以必须先进行坐标变换计算，得到控制点在变换后的新坐标。其坐标变换计算公式可以采用解析几何中的坐标转轴和移轴计算公式。一般在直线段以线路中线作为 x 轴；若在曲线上，则以一条切线方向作为 x 轴。用线路中线点和控制点的坐标，反算两点的距离和方位角，从而确定进洞测量的数据。把中线引入洞内。

全站仪、GNSS 技术普遍使用后，洞内、外往往采用相同坐标系统，明确坐标系统之后，进洞关系的计算实质上就是计算洞内任一里程点的坐标，无论其处于直线上、圆曲线上、还是缓和曲线上，坐标的计算均可按第 12 章的有关公式进行。

14.3.2 由洞外向洞内传递方向和坐标

为了加快施工进度，隧道施工中除了进出洞口之外，还会用斜井、横洞或竖井来增加施工开挖面，为此就要经由它们布设导线，把洞外控制成果的方向和坐标传递给洞内导线，构成一个洞内、外统一的控制系统，这种导线称为联系导线，如图 14-4 所示。联系导线属于支导线性质，其测角误差和边长误差直接影响隧道的横向贯通精度，故使用中必须多次精密测定、反复校核，确保无误。

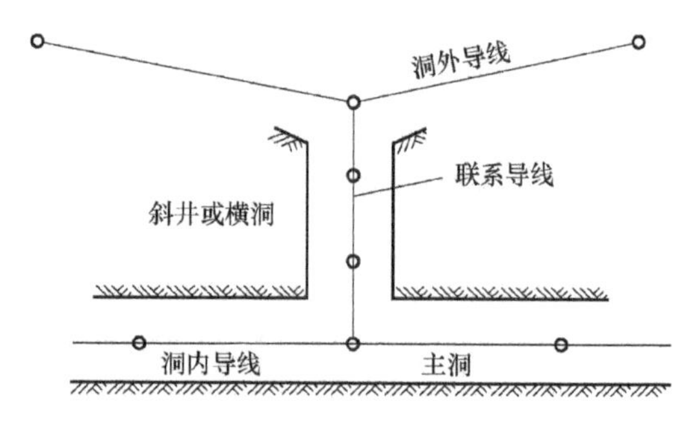

图 14-4 导线联系测量

当由竖井进行联系测量时，可以采用垂准仪光学投点、悬吊钢丝、陀螺经纬仪定向的方法，来传递坐标和方位。图 14-5 是竖井定向联系测量的示意图。定向联系测量应符合以下规定：

1）每次定向应独立进行 3 次测量，取 3 次的平均值作为一次定向成果。

2）井上、井下联系三角形两悬吊钢丝间的距离不应小于 5m，井上、井下测站点至两钢丝方向的夹角宜小于 1°，井上、井下测站点到较近钢丝点的距离与两钢丝间的距离之比宜小于 1.5。

3）联系三角形边长可用全站仪测量，也可用检定过的钢尺测量。钢尺测量估读至 0.1mm。每次应独立测量三测回，每测回读数 3 次，各测回间较差井上应小于 0.5mm，井下应小于 1.0mm。井上、井下测量两钢丝间的距离较差应小于 2mm。

4）水平角应采用 2″级及以上经纬仪按方向观测法观测四测回，测角中误差应小于 4″。

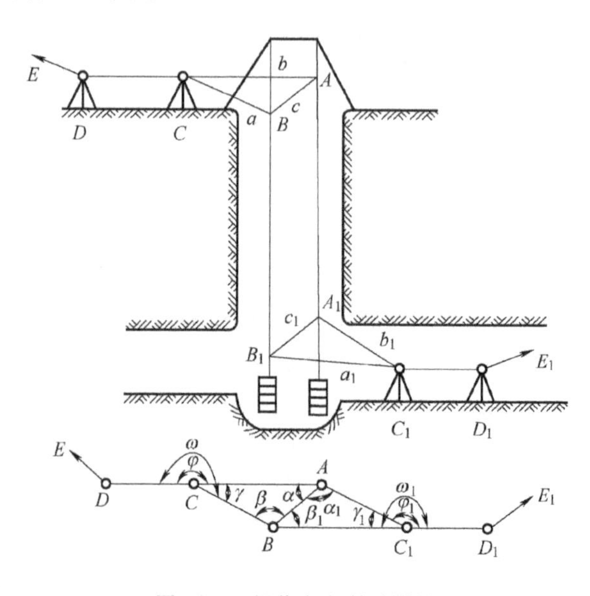

图 14-5 竖井定向联系测量

5）各测回测定的井下起始边方位角较差不应大于 20″，方位角平均值中误差不应超过 ±12″。

14.3.3　由洞外向洞内传递高程

经由斜井或横洞向洞内传递高程时，一般均采用往返水准测量，当高差较差合限时取平均值的方法。由于斜井坡度较陡，视线很短，测站很多，加之照明条件差，故误差积累较大，每隔10站左右应在斜井边脚设一临时水准点，以便往返测量时校核。近年来，用光电测距三角高程测量的方法来传递高程已得到越来越广泛的应用，大大提高了工作效率，但应注意洞中温度的影响，并且应采用对向观测的方法。

经由竖井传递高程时，过去一直采用悬挂钢尺的方法，即在井上悬挂一根经过检定的钢尺（或钢丝），尺零点下端挂一标准拉力的重锤，如图14-6所示，在井上、井下各安置一台水准仪，同时读取钢尺读数 a_1 和 b_1，然后再读取井上、井下水准尺读数 a、b，由此可求得井下水准点 B 的高程计算公式为

$$H_B = H_A + a - [(a_1 - b_1) + \Delta t + \Delta k] - b \tag{14-4}$$

式中　H_A——井上水准点 A 的高程；

a、b——井上、井下水准尺读数；

a_1、b_1——井上、井下钢尺读数，$L = a_1 - b_1$；

Δt——钢尺温度改正数，$\Delta t = \alpha L(t_{均} - t_0)$，$\alpha$ 为钢尺膨胀系数，取 $1.25 \times 10^{-5}/℃$，$t_{均}$ 为井上、井下平均温度；

t_0——钢尺检定时的温度；

Δk——钢尺尺长改正数，$\Delta k = (L/l)\Delta l$；

l、Δl——分别是钢尺的名义长度和钢尺的尺长改正数。

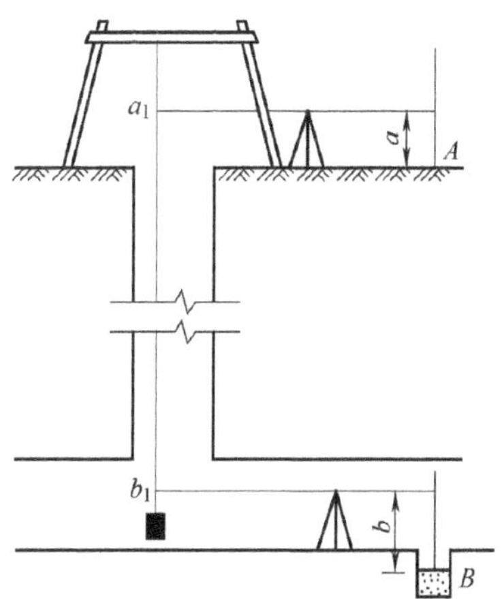

图14-6　高程传递

如果在井上装配一托架，安装上光电测距仪，使照准头向下直接瞄准井底的反光镜测出井深 D_h，然后在井上、井下用两台水准仪，同时分别测定井上水准点 A 与测距仪照准头转动中心的高差（$a_上 - b_上$）、井下水准点 B 与反射镜转动中心的高差（$a_下 - b_下$），即可求得井下水准点 B 的高程 H_B（图14-7）为

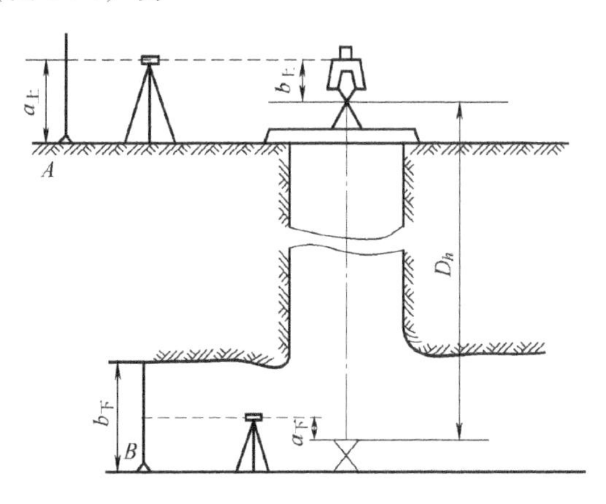

图14-7　光电测距高程传递

$$H_B = H_A + (a_{上} - b_{上}) + (a_{下} - b_{下}) - D_h \tag{14-5}$$

式中 H_A——井上水准点 A 的已知高程。

用光电测距仪测井深的方法远比悬挂钢尺的方法快速、准确，尤其是对于 50m 以上的深井测量，更显现出其优越性。

14.4 隧道洞内控制测量

14.4.1 洞内平面控制测量

为了给出正确的隧道掘进方向，并保证其准确贯通，应进行洞内控制测量。由于隧道洞内场地狭窄，故洞内平面控制常采用中线或导线两种形式。

1. 中线形式

中线形式是指洞内不设导线，用中线控制点直接进行施工放样。一般以定测精度测设出新点，测设中线点的距离和角度数据由理论坐标值反算，这种方法一般用于较短的隧道。将上述测设的新点以高精度测角、量距，算出实际的新点精确点位，再和理论坐标相比较，若有差异，应将新点移到正确的中线位置上。这种方法可以用于曲线隧道 500m 以上、直线隧道 1000m 以上的较长隧道。

2. 导线形式

导线形式是指洞内控制依靠导线进行，施工放样用的正式中线点由导线测设，中线点的精度能满足局部地段施工要求即可。导线控制的方法较中线形式灵活，点位易于选择，测量工作也较简单，而且具有多种检核方法；当组成导线闭合环时，角度经过平差，还可提高点位的横向精度。

洞内导线与洞外导线比较，具有以下特点：洞内导线随着隧道的开挖逐渐向前延伸，故只能敷设支导线或狭长形导线环，而不可能将全部导线一次测完；导线的形状完全取决于坑道的形状；导线点的埋石顶面应比洞内地面低 20～30cm，上面加设护盖、填平地面，以免其在施工中遭受破坏。

洞内导线一般常采用以下几种形式：

1）单导线半数测回测左角，半数测回测右角。

2）导线环如图 14-8 所示，每测一对新点，如 5 和 5′，可按两点坐标反算 5—5′的距离，然后与实地丈量的 5—5′距离比较，这样每前进一步均有检核。

3）主副导线环如图 14-9 所示，双线为主导线，单线为副导线。副导线只测角不量距离，主导线既测角又量距离。按虚线形成第二闭合环时，主导线在 3 点处能以平差角传算 3—4 边的方位角；以后均仿此法形成闭合环。

4）交叉导线如图 14-10 所示，并行导线每前进一段交叉一次，每一个新点由两条路线传算坐标（如 5 点坐标由 4 和 4′两点传算），最后取平均值；亦可以实量 5—5′的距离，来检核 5 和 5′的坐标值。交叉导线不做角度平差。

5）旁点闭合环如图 14-11 所示，点 A、B 为旁点。旁点闭合环一般测内角，做角度平差；旁点两侧的边长，可测可不测。

实际工作中用得最多的是单导线、导线环及交叉导线。当有平行导坑时，还可利用横通

道将正洞和导坑联系起来，形成导线闭合环。无论是采用中线形式，还是采用导线形式进行洞内控制，在测量时应注意以下几点：

1）每次在建立新点之前，必须检测前一个老点的稳定性，只有在确认老点没有发生变动时，才能用它来发展新点。

2）尽量形成闭合环、两条路线的坐标比较、实量距离与反算距离的比较等检查条件，以免发生错误。

3）导线应尽量布设为长边或等边，一般直线地段不宜短于200m，曲线地段不宜短于70m。

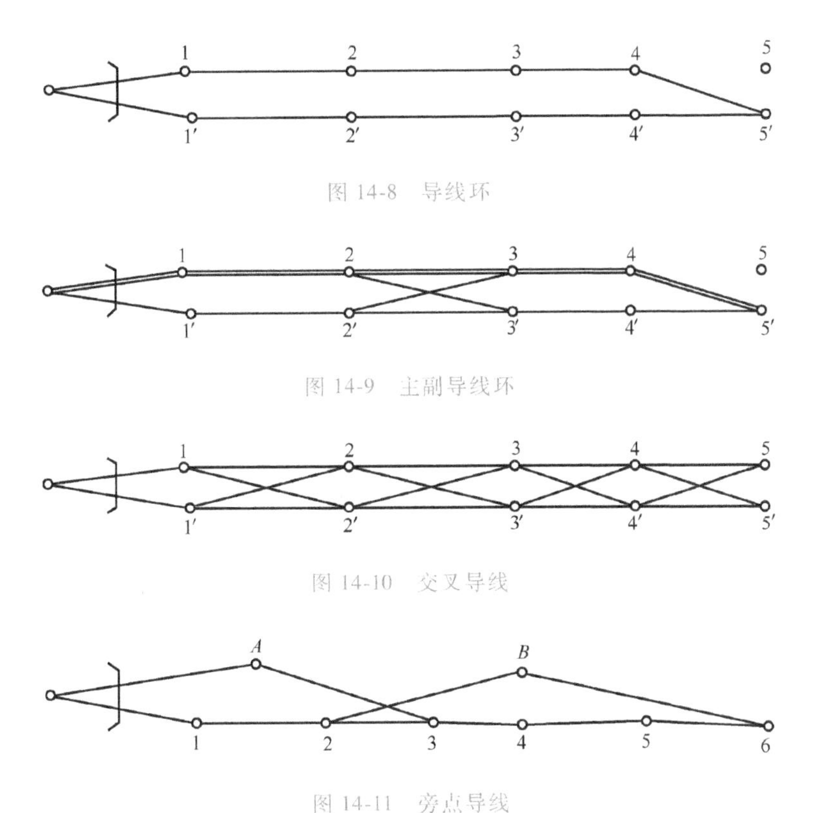

图14-8 导线环

图14-9 主副导线环

图14-10 交叉导线

图14-11 旁点导线

14.4.2 洞内高程控制测量

洞内高程测量应采用水准测量或光电测距三角高程测量的方法。洞内高程应由洞外高程控制点向洞内测量传算，结合洞内施工特点，每隔200~500m设立两个高程点以便检核；为便于施工使用，每隔100m应在拱部边墙上设立一个水准点。

采用水准测量时，应往返观测，视线长度不宜大于50m；采用光电测距三角高程测量时，应进行对向观测，注意洞内的除尘、通风排烟和水汽的影响。限差要求与洞外高程测量的要求相同。洞内高程点作为施工高程的依据，必须定期复测。

当隧道贯通之后，求出相向两支水准路线的高程贯通误差，并在未衬砌地段进行调整。所有开挖、衬砌工程应以调整后的高程指导施工。

14.5 隧道施工放样

隧道是边开挖、边衬砌的，为保证开挖方向正确、开挖断面尺寸符合设计要求，施工测量工作必须紧紧跟上，同时保证测量成果的正确性。

14.5.1 洞内中线测设

隧道洞内施工以中线为依据进行。当洞内敷设导线之后，导线点不一定恰好在线路中线上，更不可能恰好在隧道的结构中线上（即隧道轴线上）。隧道衬砌后两个边墙间隔的中心即隧道中心，在直线部分其与线路中线重合；曲线部分由于隧道衬砌断面的内外侧加宽不同，所以线路中心线就不是隧道的结构中线上。中线的测设方法有两种。

1. 由导线测设中线

以导线形式作为洞内平面控制时，正式中线点由邻近的导线点以极坐标法测设在地面上之后，应在中线点上安置经纬仪，以任何两个已知坐标的点为目标测其角度。用实测角值与坐标反算的角值比较，以检查中线点测设的正确性。

隧道的掘进延伸和衬砌施工应测设临时中线。随着隧道掘进的深入，平面测量的控制工作和中线测量也需紧随其后。当掘进的延伸长度不足一个永久中线点的间距时，应先测设临时中线点，如图 14-12 中的 1、2、……点间距离一般在直线上不大于 30m，曲线上不大于 20m。为了方便掌子面的施工放样，当点间距小于此长度时，可采用串线法延伸标定简易中线，超过此长度时，应该用仪器测设临时中线。当延伸长度大于永久中线点的间距时，就可以建立一个新的永久中线点，如图中的 *e* 点。永久中线点应根据导线或用独立中线法测设，然后根据新设的永久中线点继续向前测设临时中线点。当采用全断面法开挖时，导线点和永久中线点都应紧跟临时中线点，这时临时中线点要求的精度也较高。供衬砌用的临时中线点，在直线上应采用正倒镜压点或延伸，曲线上可用偏角法、长弦支距法等方法测定，宜每 10m 加密 1 点。

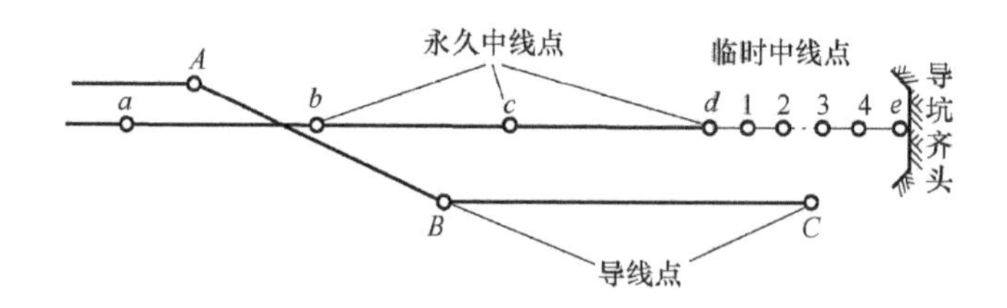

图 14-12　正式中线和临时中线

2. 独立的中线法

若用独立的中线法测设，在直线上应采用正倒镜分中法延伸直线；在曲线上一般采用弦线偏角法。采用独立中线法时，永久中线点间距离为直线上不小于 100m，曲线上不小于 50m。

14.5.2 导坑延伸测量

当导坑从最前面一个临时中线点继续向前掘进时，在直线上延伸不超过 30m，曲线上不

超过 20m 的范围内，可采用“串线法”延伸中线。用串线法延伸中线时，应在临时中线点前或后用仪器再设置两个中线点，如图 14-13 中的 1′、2′，其间距不小于 5m。串线时可在这 3 个点上挂上垂球线，先检验 3 点是否在一直线上，如正确无误，可用肉眼瞄直，在工作面上给出中线位置，指导掘进方向。当串线延伸长度超过临时中线点的间距时（直线为 30m、曲线为 20m），则应设立一个新的临时中线点。

如果用激光导向仪，将其挂在中线洞顶部来指示开挖方向，可以定出 100m 以外的中线点，如图 14-14 所示。这种方法用于直线隧道和全断面开挖的定向，既快捷又准确。

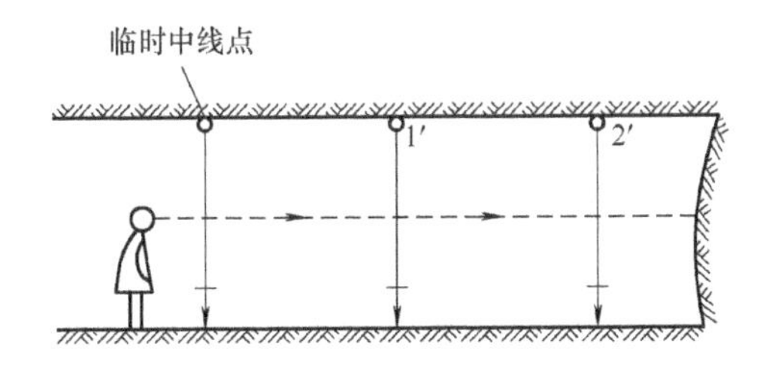

图 14-13　串线法临时中线测设

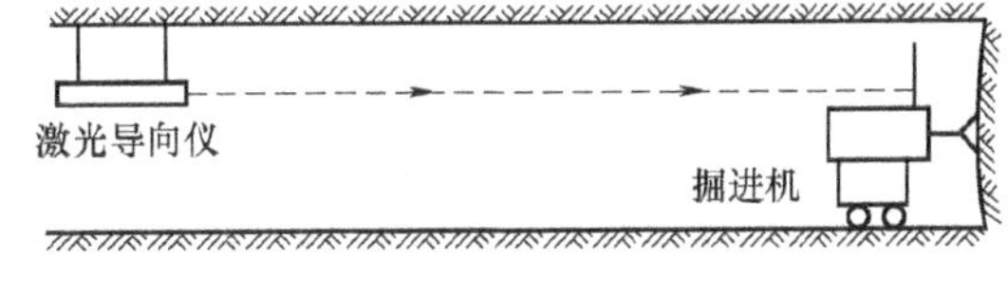

图 14-14　激光导向掘进

在曲线导坑中，常用弦线偏距法和切线支距法。弦线偏距法最方便，如图 14-15 所示，点 A、B 为曲线上已定出的两个临时中线点，如要向前定出新的中线点 C，要求 $BC=AB=s$，则从 B 沿 CB 方向量出长度 s，同时从点 A 量出偏距 d，将两尺拉直使两长度分划相交，即可定出 D 点，然后在 D、B 方向上挂 3 根垂球线，用串线法指导 B、C 间的掘进，掘进长度超过临时中线点间距时，由点 B 沿 DB 延伸方向量出距离 s，即可测设出新的临时中线点 C。

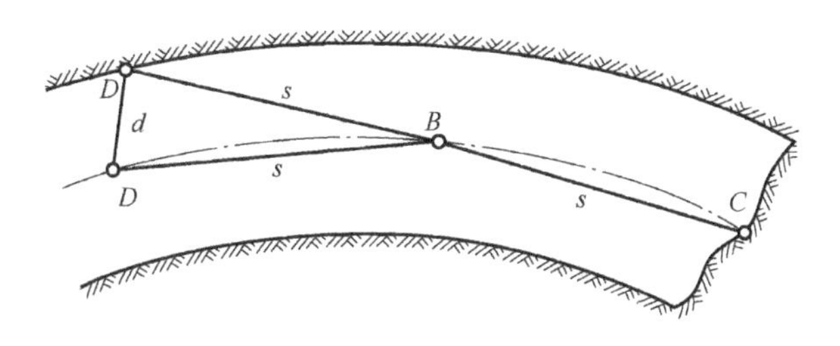

图 14-15　曲线导坑延伸

偏距 d 可按下列近似公式计算：

圆曲线部分
$$d=\frac{s^2}{R} \tag{14-6}$$

缓和曲线部分
$$d=\frac{s^2}{R}\frac{l_B}{l_0} \tag{14-7}$$

式中　s——临时中线点间距；

R——圆曲线半径；

l_0——缓和曲线全长；

l_B——B 点到 ZH（或 HZ）的距离。

14.5.3 上下导坑的联测

采用上、下导坑开挖时，每前进一段距离后，上部的临时中线点和下部的临时中线点应通过漏斗口联测一次，用以改正上部的中线点或向上部导坑引点。联测时，一般用长线垂球、光学垂准器、经纬仪的光学对点器等，将下导坑的中线点引到上导坑的顶板上（图 14-16）。移设 3 个点之后，应复核其准确性；测量一段距离之后及筑拱前，应再引至下导坑核对，并尽早与洞口外引入的中线闭合。

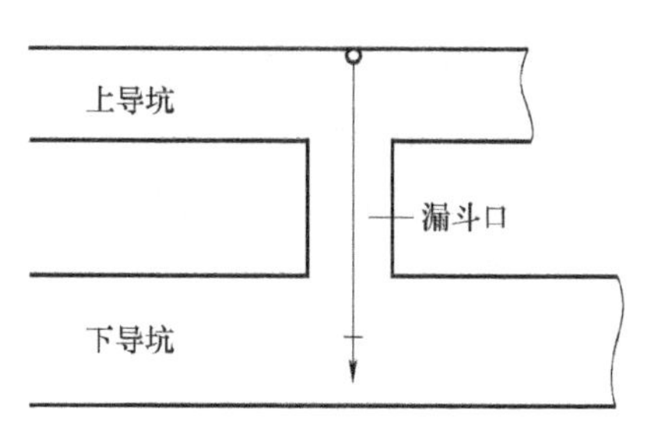

图 14-16 上下导坑联测

14.5.4 腰线的测设

在隧道施工中，为了随时控制洞底的高程，以及进行断面放样，通常在隧道侧面岩壁上沿中线前进方向每隔一定距离（5~10m），标出比洞底设计地坪高出 1m 的坡度线，称为腰线。由于隧道有一定的设计坡度，因此腰线也按此坡度变化。腰线标定后，对于隧道断面的放样和指导开挖都十分方便。洞内测设腰线的临时水准点应设在不受施工干扰、点位稳定的边墙处，每次引测时都要和相邻点检核，确保无误。

14.5.5 隧道结构物的施工放样

1. 洞门施工测量

进洞数据通过坐标反算得到后，应在洞口投点安置经纬仪，测设出进洞方向，并将此掘进方向标定在地面上，即测设洞口投点的护桩。如图 14-17 所示，在投点 *A* 的进洞方向及其垂直方向上的地面上测设护桩，量出各护桩到 *A* 点的距离。在施工中若投点 *A* 被破坏，可以及时用护桩进行恢复。在洞口的山坡面上标出中垂线位置，按设计坡度指导劈坡工作。劈坡完成后，在洞帘上测设出隧道断面轮廓线，就可以进行洞门的开挖施工了。

2. 隧道开挖断面测量

在隧道施工中，为使开挖断面能较好地符合设计断面，在每次掘进前，应在开挖断面上，根据中线和轨顶高程，标出设计断面尺寸线。

分部开挖的隧道在拱部和马口开挖后，全断面开挖的隧道在开挖成形后，应采用断面自动测绘仪或断面支距法测绘断面，检查断面是否符合要求；并用来确定超挖和欠挖工程数量。测量时按中线和外拱顶高程，从上至下每 0.5m（拱部和曲墙）和 1.0m（直墙）向左右量测支距。量支距时，应考虑到曲线隧道中心与线路中心的偏移值和施工预留宽度。

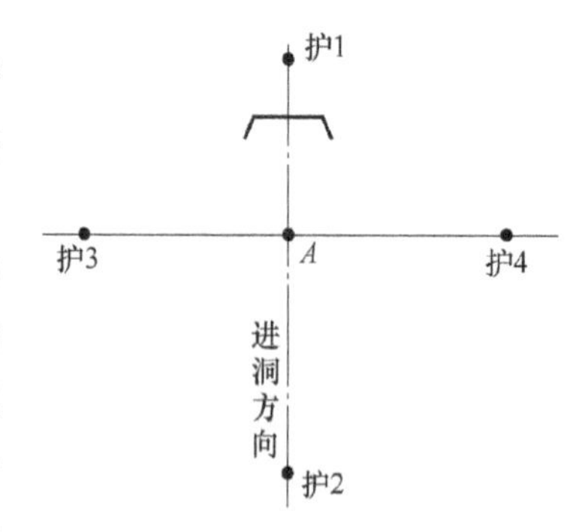

图 14-17 洞门施工测量

仰拱断面测量，应由设计轨顶高程线每隔 0.5m（自中线向左右）向下量出开挖深度。

3. 结构物的施工放样

在施工放样之前，应对洞内的中线点和高程点加密。中线点加密的间隔视施工需要而

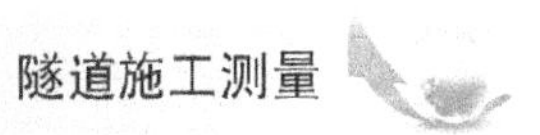

定，一般为5~10m一点，加密中线点可按定测的精度测定。加密中线点的高程均以五等水准精度测定。

在衬砌之前，还应进行衬砌放样，包括立拱架测量、边墙及避车洞和仰拱的衬砌放样，洞门砌筑施工放样等一系列的测量工作。

14.6 隧道竣工测量

隧道竣工以后，应在直线地段每50m，曲线地段每20m，或者需要加测断面处，以中线桩为准，测量隧道的实际净空。测量内容包括：拱顶高程、起拱线宽度、轨顶面以上1.1m、3.0m、5.8m处的宽度。隧道净空测量如图14-18所示。

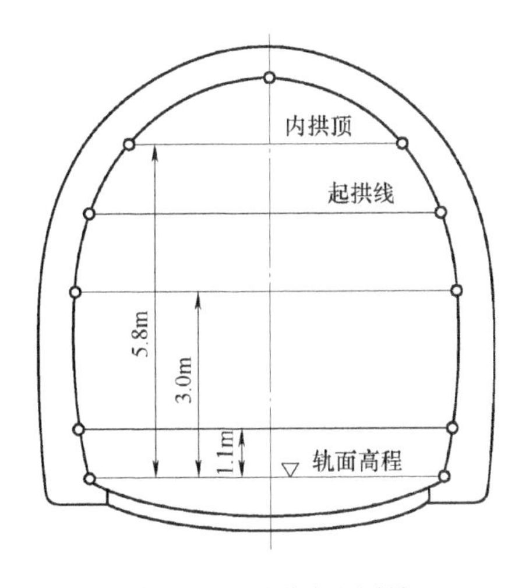

图14-18 隧道净空测量

当隧道中线统一检测闭合后，在直线上每200~500m、曲线上的主点，均应埋设永久中线桩；洞内每1km应埋设一个水准点。无论中线点或水准点，均应在隧道边墙上画出标志，以便以后养护维修时使用。

14.7 隧道贯通误差预计

14.7.1 贯通精度要求

如何保证隧道在贯通时，两相向开挖施工中线的相对错位不超过规定的限值，是隧道施工测量的关键问题。但是，在纵向方面所产生的贯通误差，一般对隧道施工和隧道质量不产生影响，因此规定这项限差无实际意义；高程要求的精度，使用一般水准测量方法即可满足；而横向贯通误差（在平面上垂直于线路中线方向）的大小，则直接影响隧道的施工质量，严重者甚至会导致隧道报废。所以一般说贯通误差，主要是指隧道的横向贯通误差。《铁路工程测量规范》规定，洞外、洞内控制测量的贯通精度要求见表14-3。

表 14-3　洞外、洞内控制测量的贯通精度要求

项　目	横向贯通允许误差							高程贯通允许误差
相向开挖隧道长度 L/km	$L<4$	$4\leqslant L<7$	$7\leqslant L<10$	$10\leqslant L<13$	$13\leqslant L<16$	$16\leqslant L<19$	$19\leqslant L<20$	
洞外贯通中误差/mm	30	40	45	55	65	75	80	18
洞内贯通中误差/mm	40	50	65	80	105	135	160	17
洞内外综合贯通中误差/mm	50	65	80	100	125	160	180	25
贯通限差/mm	100	130	160	200	250	320	360	50

注：本表不适用于利用竖井贯通的隧道。

贯通误差预计

14.7.2　贯通误差预计

影响横向贯通误差的因素有：洞外和洞内平面控制测量误差、洞外与洞内之间联系测量误差。下面介绍贯通误差的计算。

1. 洞外（GNSS 测量）横向贯通误差估算

GNSS 测量对贯通误差的影响值由起算点的坐标误差与起算边的方位误差引起的贯通误差构成。其估算可根据 GNSS 测量的洞口联系边测量精度及其定位点坐标精度，依式（14-8）求得。进出口洞口控制点与贯通面的关系如图 14-19 所示。

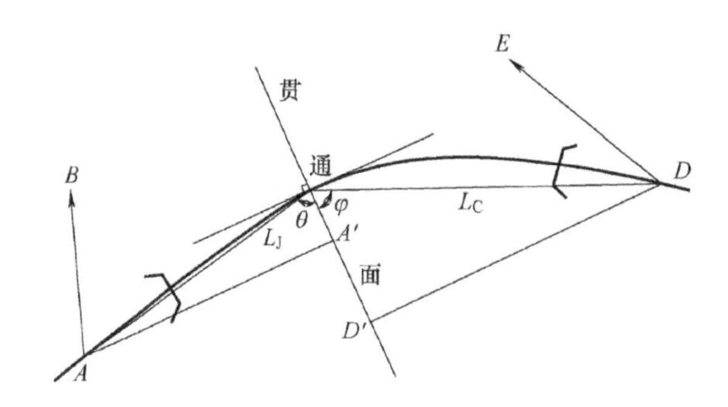

图 14-19　进出口控制点及贯通面的关系

洞外（GNSS）测量横向贯通误差由式（14-8）估算

$$M^2=m_J^2+m_C^2+\left(\frac{m_{\alpha_J}L_J\sin\theta}{\rho}\right)^2+\left(\frac{m_{\alpha_C}L_C\sin\varphi}{\rho}\right)^2 \tag{14-8}$$

式中　m_J、m_C——进、出口 GNSS 控制点坐标误差在贯通面上的投影长度；

L_J、L_C——进、出口 GNSS 控制点至贯通点的长度；

m_{α_J}、m_{α_C}——进、出口 GNSS 联系边的方位角中误差；

θ、φ——进、出口控制点至贯通点连线与贯通点线路法线的夹角。

2. 导线测量贯通误差估算

导线测量贯通误差由式（14-9）估算

$$m=\pm\sqrt{m_{y\beta}^2+m_{yl}^2} \tag{14-9}$$

式中　$m_{y\beta}$——由于测角误差影响，产生在贯通面上的横向中误差（mm）；

m_{yl}——由于测边误差影响，产生在贯通面上的横向中误差（mm）。

$$m_{y\beta}=\pm\frac{m_\beta}{\rho''}\sqrt{\sum R_x^2} \tag{14-10}$$

式中　m_β——由导线环闭合差求算的测角中误差（″）；

R_x——导线环在隧道相邻两洞口连线的一条导线上各点至贯通面的垂直距离（m）。

$$m_{yl}=\pm\frac{m_l}{l}\sqrt{\sum d_y^2} \tag{14-11}$$

式中　m_l/l——导线边边长相对中误差；

d_y——导线环在隧道相邻两洞口连线的一条导线上各边在贯通面上的投影长度（m）。

3. 三角测量贯通误差估算

三角测量贯通误差的计算公式可参考《铁路工程测量规范》中给出的有关公式，也可以按导线测量的误差公式［式（14-9）~式（14-11）］，选取三角网中沿中线附近的连续传算边作为一条导线进行计算。

此时，m_β 为由三角网闭合差求算的测角中误差（″）；R_x 为所选三角网中连续传算边形成的导线上各转折点至贯通面的垂直距离；m_l/l 为取三角网最弱边的相对中误差；d_y 为所选三角网中连续传算边形成的导线各边在贯通面上的投影长度。

【例 14-1】　现以导线为例，说明洞外、洞内控制测量误差对横向贯通精度影响值的估算方法。首先按导线布点，绘出 1：10000 的导线平面图（图 14-20）。$A—B—C—D—E—F$ 为单导线，A、F 为洞外导线的始、终点，使 y 轴平行于贯通面；由各导线点向贯通面方向作垂线，其垂足为 A'、B'、C'、D'、E'、F'；除导线点的始、终点 A、F 之外，量出各点垂距 R_{xB}、R_{xC}、R_{xD}、R_{xE}（用比例尺量，凑整到 10m 即可）；然后以同样精度量出各导线边在贯通方向上的投影长度 d_{y1}、d_{y2}、d_{y3}、d_{y4}、d_{y5}，将各值填入表 14-4。

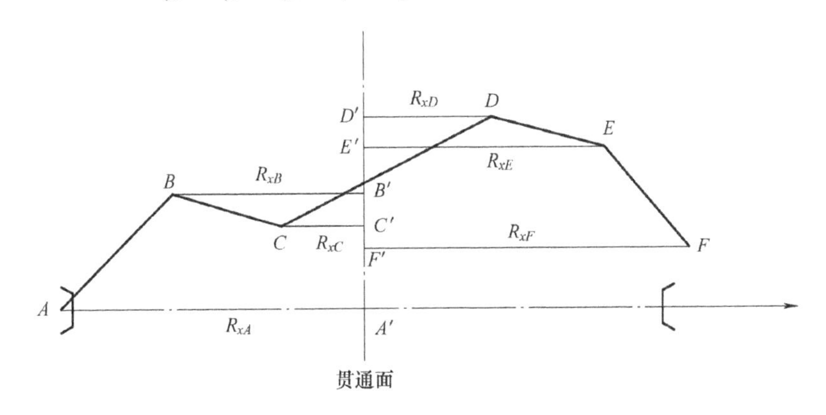

图 14-20　洞外控制贯通误差预计

解：设导线环的测角中误差为 $m_\beta=4''$，导线边长相对中误差为 $m_l/l=1/10000$

则 $m_{y\beta}=\pm\frac{m_\beta}{\rho''}\sqrt{\sum R_x^2}=\left(\pm\frac{4}{206265}\sqrt{475400}\right)\text{m}=\pm13.4\text{mm}$

$$m_{yl}=\pm\frac{m_l}{l}\sqrt{\sum d_y^2}=\left(\pm\frac{1}{10000}\sqrt{68600}\right)\text{m}=\pm26.2\text{mm}$$

$$m_{y外}=\pm\sqrt{m_{y\beta}^2+m_{yl}^2}=\pm29.4\text{mm}。$$

表 14-4 洞外导线测量误差对横向贯通精度影响值计算

各点的投影垂距			各边的投影长度		
点名	R_x/m	R_x^2/m²	线段	d_y/m	d_y^2/m²
B	400	160000	A—B	140	19600
C	150	22500	B—C	40	1600
D	250	62500	C—D	160	25600
E	480	230400	D—E	70	4900
			E—F	130	16900
$\sum R_x^2 = 475400\text{m}^2$			$\sum d_y^2 = 475400\text{m}^2$		

洞内控制无论是中线形式，还是导线形式，一律按导线看待，所以其估算方法与洞外导线测量完全相同，但要注意以下两点：

1）两洞口处的控制点，在引入洞内导线时需要测角，其测角误差算入洞内测量误差。故计算洞外导线测角误差时，不包括始、终点的 R_x 值，而计算洞内导线测角误差时，如图14-18 中的 R_{xA}、R_{xF}，应归入洞内估算值中。

2）两洞口引入的洞内导线不必单独计算，可以将贯通点当作一个导线点，从一端洞口控制点到另一端洞口控制点，当作一条连续的导线来计算。

【例 14-2】 如图 14-21 所示，从 A 到 F 看成一条导线，d 为贯通点，相关数据列于表 14-5。问：设计是否合理？

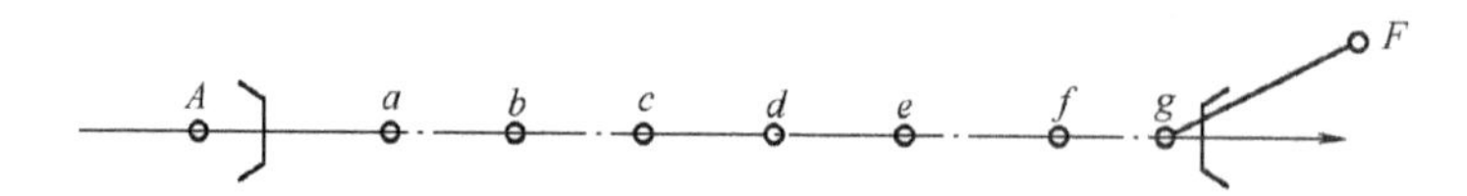

图 14-21 洞内控制贯通误差预计

解：设洞内测角中误差 $m_\beta = \pm 4''$。

洞内测边相对中误差 $m_l/l = 1/5000$。

则
$$m_{y\beta} = \pm\frac{m_\beta}{\rho''}\sqrt{\sum R_x^2} = \left(\pm\frac{4}{206265}\sqrt{1665600}\right)\text{m} = \pm 25.0\text{mm}$$

$$m_{yl} = \pm\frac{m_l}{l}\sqrt{\sum d_y^2} = \left(\pm\frac{1}{5000}\sqrt{3600}\right)\text{m} = \pm 12.0\text{mm}$$

$$m_{y内} = \pm\sqrt{m_{y\beta}^2 + m_{yl}^2} = \pm 27.7\text{mm}。$$

表 14-5 洞内导线测量误差对横向贯通精度影响值计算

各点的投影垂距			各边的投影长度		
点名	R_x/m	R_x^2/m²	线段	d_y/m	d_y^2/m²
A	690	476100	A—a	0	0
a	510	260100	a—b	0	0
b	330	108900	b—c	0	0
c	110	12100	c—d	0	0

（续）

各点的投影垂距			各边的投影长度		
点名	R_x/m	R_x^2/m²	线段	d_y/m	d_y^2/m²
d	0	0	d—e	0	0
e	170	28900	e—f	0	0
f	350	122500	f—g	0	0
g	510	260100	g—F	60	3600
F	630	396900			
$\sum R_x^2=1665600\text{m}^2$			$\sum d_y^2=3600\text{m}^2$		

洞外、洞内测量误差，对隧道横向贯通精度的总影响为

$$m_y=\pm\sqrt{m_{y外}^2+m_{y内}^2}=\pm 40.4\text{mm}$$

按表14-3中要求，两开挖洞口间的长度小于4km时，横向贯通中误差应小于±50mm，现估算值为±40.4mm，故可认为设计的施测精度能够满足隧道横向贯通精度的要求，设计是合理的。

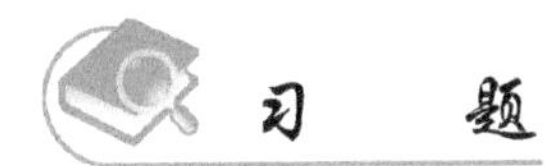

习　题

1. 如图14-22所示，A、C 投点在线路中线上，导线坐标计算如下：A(0,0)，B(238.820,−42.376)，C(1730.018,0)，D(187.596,0.007)，试述仪器安置在 A、C 点时怎样进行进洞测设。

图14-22　第1题图

2. 隧道贯通误差包括哪些？什么贯通误差是主要的？
3. 为什么要进行隧道洞内、洞外联系测量？
4. 隧道洞内平面控制测量有何特点？常采用什么方法？
5. 求洞外导线的测量误差对横向贯通误差影响估算值。设 $m_\beta=\pm1.4''$，$m_l/l=1/100000$，贯通长度4.6km，其导线点垂距及导线边在贯通面上的投影值见表14-6。

表14-6　各导线点垂距及导线边在贯通面上的投影值

点号	各导线点至贯通面的垂距/m	导线边	各导线边的投影长度 d_y/m
B	3160	X—B	120
C	2010	B—C	430
D	510	C—D	70
E	1540	D—E	420

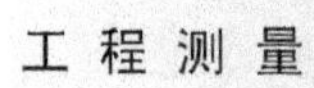

（续）

点号	各导线点至贯通面的垂距/m	导线边	各导线边的投影长度 d_y/m
F	240	$E—F$	210
G	450	$F—G$	170
H	320	$G—H$	360
		$H—K$	150

参考文献

[1] 杨松林，杨腾峰，师红云. 测量学［M］. 2版. 北京：中国铁道出版社，2013.

[2] 胡伍生，潘庆林，等. 土木工程测量［M］. 5版. 南京：东南大学出版社，2016.

[3] 陈永奇. 工程测量学［M］. 4版. 北京：测绘出版社，2016.

[4] 覃辉. 土木工程测量［M］. 重庆：重庆大学出版社，2011.

[5] 王国辉. 土木工程测量［M］. 北京：中国建筑工业出版社，2011.

[6] 佘代俊，崔立鲁. 土木工程测量［M］. 北京：北京理工大学出版社，2016.

[7] 张爱卿，李金云. 土木工程测量［M］. 杭州：浙江大学出版社，2014.

[8] 国家铁路局. 铁路线路设计规范：TB 10098—2017［S］. 北京：中国铁道出版社，2017.

[9] 国家铁路局. 铁路工程测量规范：TB 10101—2018［S］. 北京：中国铁道出版社有限公司，2019.

[10] 国家铁路局. 铁路工程制图标准：TB 10058—2015［S］. 北京：中国铁道出版社，2015.

[11] 中华人民共和国交通部. 公路勘测细则：JTG/T C10—2007［S］. 北京：人民交通出版社，2007.

[12] 中华人民共和国铁道部. 高速铁路工程测量规范：TB 10601—2009［S］. 北京：中国铁道出版社，2009.

[13] 中华人民共和国铁道部. 铁路工程摄影测量规范：TB 10050—2010［S］. 北京：中国铁道出版社，2010.

[14] 国家铁路局. 铁路工程图形符号标准：TB 10059—2015［S］. 北京：中国铁道出版社，2015.

[15] 中华人民共和国铁道部. 铁路工程卫星定位测量规范：TB 10054—2010［S］. 北京：中国铁道出版社，2010.

[16] 中华人民共和国住房和城乡建设部. 建筑变形测量规范：JGJ 8—2016［S］. 北京：中国建筑工业出版社，2016.

[17] 徐绍铨，张华海，杨志强，等. GPS测量原理及应用［M］. 4版. 武汉：武汉大学出版社，2017.

[18] 黄丁发，张勤，张小红，等. 卫星导航定位原理［M］. 武汉：武汉大学出版社，2015.

[19] 王依，过静珺. 现代普通测量学［M］. 北京：清华大学出版社，2009.

[20] 刘庆元，包海，王虎，等. GPS、GLONASS、GALILEO三大系统间时间系统以及坐标系统的转换［J］. 测绘科学，2008，33（5）：13-15.

[21] 中国卫星导航系统管理办公室. 北斗/全球卫星导航系统（GNSS）RTK接收机通用规范：BD 420023—2019［S］. 北京：中国标准出版社，2012.

[22] 中华人民共和国住房和城乡建设部. 卫星定位城市测量技术标准：CJJ/T 73—2019［S］. 北京：中国建筑工业出版社，2019.

[23] 彭冬林，刘文建，丁华祥，等. 基于CORS的PPK服务平台设计与实现［J］. 地理空间信息，2019，17（10）：114-117.

[24] 中华人民共和国建设部. 工程测量标准：GB 50026—2020［S］. 北京：中国标准出版社，2021.

[25] 国家测绘局. 全球定位系统（GPS）测量规范：GB/T 18314—2009［S］. 北京：中国标准出版社，2009.

[26] 国家测绘地理信息局. 国家基本比例尺地地图式：第1部分 1：500 1：1000 1：2000地形图图式：GB/T 20257.1—2017［S］. 北京：中国标准出版社，2017.

[27] 刘耀林. 土地信息系统［M］. 北京：中国农业出版社，2003.

[28] 国家测绘地理信息局. 国家基本比例尺地图测绘基本技术规定：GB 35650—2017［S］. 北京：中国标准出版社，2017.

[29] 国家测绘地理信息局. 国家基本比例尺地形图分幅和编号：GB/T 13989—2012 [S]. 北京：中国标准出版社，2012.

[30] 王冬梅，黄继永. 基于机载 Li DAR 技术测绘大比例尺地形图 [J]. 资源导刊·信息化测绘版，2016 (5)：38-40 .

[31] 刘万华，刘超祥，原野. 基于机载 LiDAR 数据测绘大比例尺地形图的研究与应用：以山地城市为例 [J]. 城市勘测，2015 (2)：9-12 .

[32] 冯志，李俊，郑智成，等. 车载移动测量系统在大比例尺地形图修测中的应用研究 [J]. 测绘与空间地理信息，2018，41 (11)：165-167.

[33] 梁斌，何江斌，等. 交通工程测量 [M]. 北京：中国铁道出版社，2016.

[34] 马小红，陈世文，宾林，等. 建筑工程测量 [M]. 重庆：重庆大学出版社，2016.

[35] 李永喜，王波，董世成. 建筑工程测量 [M]. 北京：航空工业出版社，2012.

[36] 李章树，刘蒙蒙，赵立. 工程测量学 [M]. 北京：化学工业出版社，2019.

[37] 步英伟. 铁路测量 [M]. 北京：中国铁道出版社，2016.

[38] 刘培文. 道路与桥隧测量技术 [M]. 北京：北京交通大学出版社，2013.

[39] 王兵. 工程测量 [M]. 2 版. 重庆：重庆大学出版社，2009.

[40] KAVANAGH B, MASTIN T. Surveying: principles and Applications [M]. 9th ed. New York: Prentice Hall, 2014.

[41] SHANK V. Surveying Engineering and Instruments: World Technologies [M]. Delhi: White Word Publications, 2012.

[42] UREN J, PRICE B. Surveying for Engineers [M]. 5th ed. Basingstoke: Palgrave Macmillan, 2010.

[43] OGUNDARE J O. Precision Surveying: The Principles and Geomatics Practice [M]. Hoboken: John Wiley & Sons, 2015.

[44] KAVANAGH B F, SLATTERY D K. Surveying with Construction Applications [M]. 8th ed. New York: Pearson, 2014.

[45] LEICK A, RAPOPORT L, TATARNIKOV D. GPS Satellite Surveying [M]. 4th ed. Hoboken: John Wiley & Sons, 2015.

[46] WALKER J, AWANGEJ L. Surveying for Civil and Mine Engineers: Theory, Workshops, and Practicals [M]. New York: Springer, 2018.

[47] JOHNSON A, MAHOOTIM. Plane and Geodetic Surveying [M]. 2nd ed. New York: Taylor & Francis, 2014.

[48] CHILANI C D, WOLF P R. Elementary Surveying: An Introduction to Geomatics [M]. 14th ed. New York: Prentice Hall, 2014.